改訂 TensorFlow版

算数&ラズパイから始める ディープ・ラーニング

牧野 浩二, 西崎 博光 共著

本書は2018年発刊の同一名書籍(当時はボード・コンピュータ・シリーズ,表紙がオレンジ色)の改訂版です.
前作ではフレームワークにChainerを利用していました,今回はTensorFlowに置き換えています.
技術解説としては前作と同じ内容です.

CQ出版社

はじめに

プログラミングができなくても大丈夫！
自宅で1人で試して合点

●学生・生徒・社会人の皆さん

本書を手に取ってくださり，ありがとうございます．これからどのような仕事に就くにしても，人工知能の「しくみ」や「できること」を知っておくことは，皆さんが仕事を進める上で大いなる助けとなるでしょう．

本書は，雑誌やテレビで大きく取り上げられているような人工知能の中身，つまり人工知能の代表格であるディープ・ラーニングを皆さんに体験していただくために執筆させていただきました．

人工知能に興味がある，やってみたいと思っていても，皆さんが1歩を踏み出せない理由は「プログラミングができない，自信がない」ことではないでしょうか．安心してください．本書で紹介しているディープ・ラーニングのアルゴリズムには，全てにサンプル・プログラムが付いていますので，プログラミングができなくても体験できます．

●これだけやっておけば試せます

▶ステップ1…特別なコンピュータは不要！普通のWindowsパソコンを用意

職場や学校，家にあるWindows 11（64ビット版）がインストールしてあるパソコンがあれば，ディープ・ラーニングを試せます．もちろん試すアルゴリズムの種類によっては動作に時間がかかりますが，それは著者のパソコンでも同じです．腕が上がってきたら，高いものを買いましょう．

▶ステップ2…Python環境を構築

ディープ・ラーニングはPythonというプログラミング言語で動くことを前提としています．そこで，皆さんのWindows OSのパソコン上でPythonが動くように，Anacondaというソフトウェアをインストールします．これは第2部を見てください．

▶ステップ3…ディープ・ラーニングのプログラミング環境を構築

第2部の通りに，ディープ・ラーニング実行フレームワークTensorFlow（テンソル・フロー，テンサー・フロー）をインストールします．

▶ステップ4…最初にtf_and.pyを動かしてみる

とにかく動かしてみたい人は，第1部と第3部を読み飛ばしても大丈夫です．第4部第3章の`tf_and.py`を動かせるようになると，「ディープ・ラーニングをやってみたことがある」と言えるようになります．

急に細かい話ですみませんが，その手順を紹介しておきます．

1. 著者提供のプログラムを入手(本書サポート・ページから)
   https://interface.cqpub.co.jp/2023deep/
2. デスクトップ上にAnacondaをインストール
3. Anacondaを起動して，TensorFlowをインストールした後に以下のコマンドを実行します.
   ```
   > python tf_and.py
   ```

たったこれだけで，人工知能を動かす第1歩を踏み出せます.

●話題のTransformer

音声やテキストなどの時系列データを扱うDNNとしてTransformerと呼ばれる「自己注意機構メカニズムを備えるモデル」が注目を集めています．自己注意機構とはニューラル・ネットワーク内のデータの流れに注目し，ネットワーク内の途中の計算結果のどの部分を重視すべきかをネットワーク自らが決定し，重視すべき部分を優遇してあげることで，DNNの精度を高めようとするものです.

話題のChatGPTも，Transformerの応用です．また，画像処理用のVision Transformerも提案されており，CNNを使わないモデルとして注目を集めました．膨大な訓練データがある場合は，これらのモデルはとても精度が高いモデルを訓練できるため，現在の音声認識やチャット・システム，機械翻訳システムなどで活躍しています.

一方でTransformerは，モデルの訓練のために事前に人間が設定しておくハイパ・パラメータの調整が難しく，チャレンジしたいタスク(センサ信号の分類などは難しい)によっては，モデルの訓練が上手くできない事例もしばしばあり，RNNを使ったほうが良いことも多々あります．同様に画像データを扱う場合も，ResNetなどのCNNベースのモデルの方が良い場合も多くあります．従って，タスクによってはRNN，あるいはCNN + RNNの組み合わせが有効なこともあります.

本書で扱うDNN，RNN，CNN，AEなどは，ディープ・ラーニングの基礎的な技術であり，習得しておくと今後のディープ・ラーニングを使いこなせるようになりますので，安心して学んでいただければと思います.

2023年4月

牧野 浩二，西崎 博光

全プログラム付きですぐに

本書の歩き方

第1部　ディープ・ラーニングの世界へようこそ

ディープ・ラーニングはいったい何がすごいのでしょうか．そして，読者の皆さんは何ができるようになるのでしょうか．第1部ではディープ・ラーニングで広がる世界を紹介します．併せて，知らないと始まらない基本中の基本とも言える3大アルゴリズムを紹介します．

広がる世界

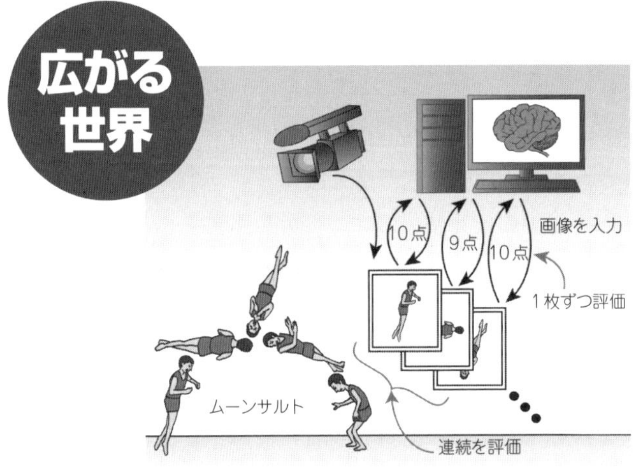

採点競技への応用…見た目に惑わされることがなくなるかも

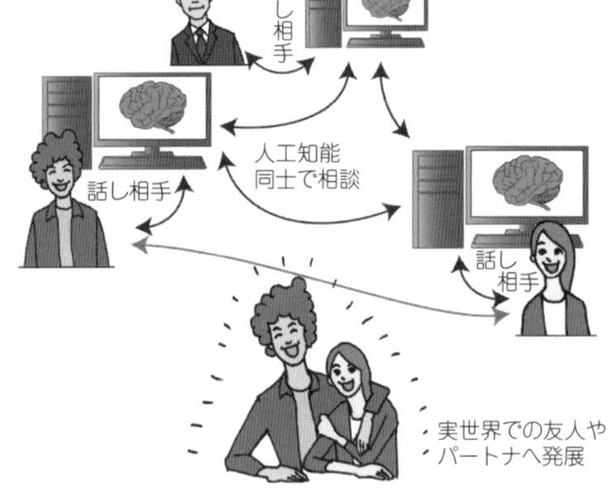

自分と趣味や感性が合う人を紹介してくれるかも

必修の3大アルゴリズム

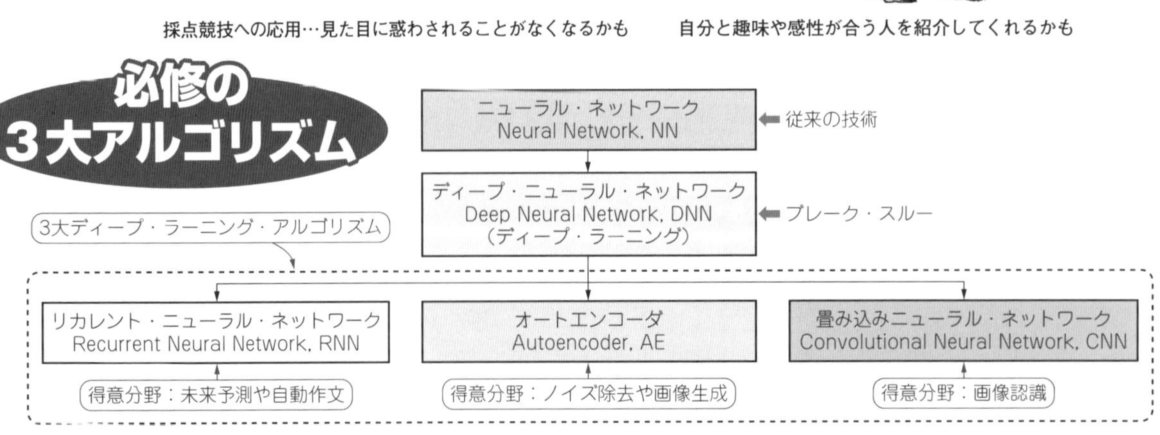

第2部　ラズパイ＆PC 試すための準備

ディープ・ラーニングを試しながら学ぶためには，プログラミング環境を整える必要があります．ビギナにはこれが案外難しいものです．そこで，ハードルを下げるために，インストール方法や環境設定方法をじっくりと解説します．

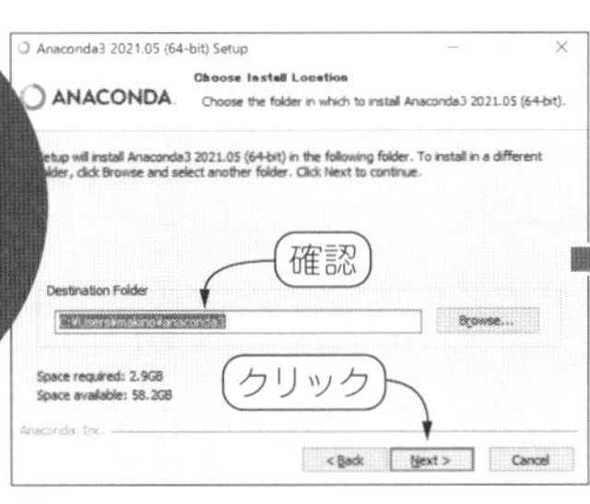

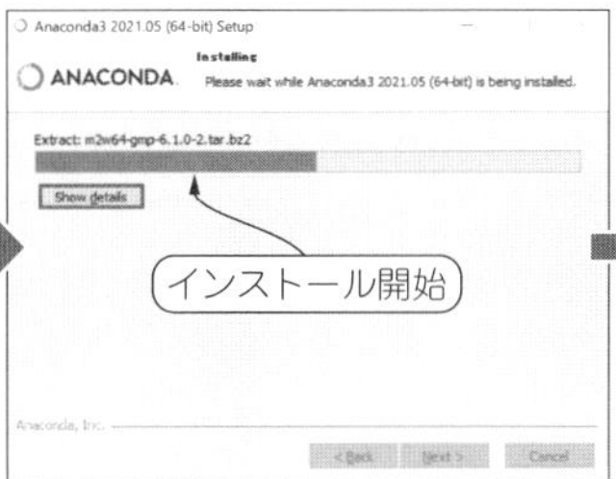

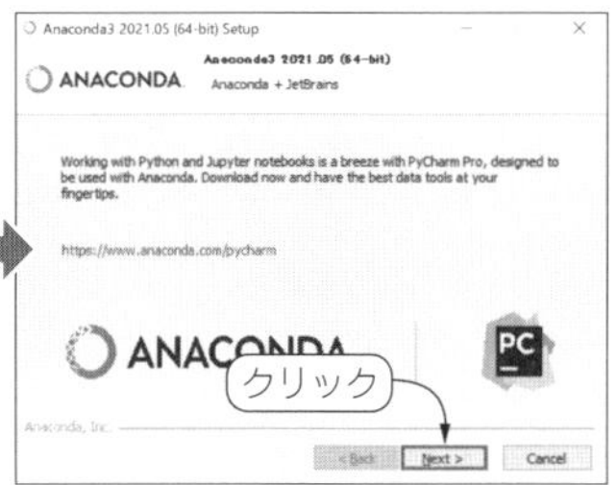

第3部　持っている人はココから…ラズパイで体験

難しそうなディープ・ラーニング，まずは10,000円コンピュータ・ボード「ラズベリー・パイ」を動かして，画像や音の認識，成長するAI作りを体験してみましょう（持っていない人は第4部以降だけでも十分に楽しめます）．

音でお菓子の種類当て

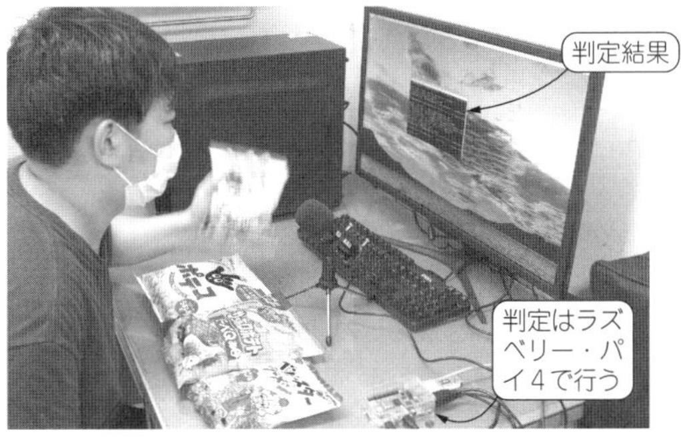

画像でお菓子の種類当て

迷路脱出

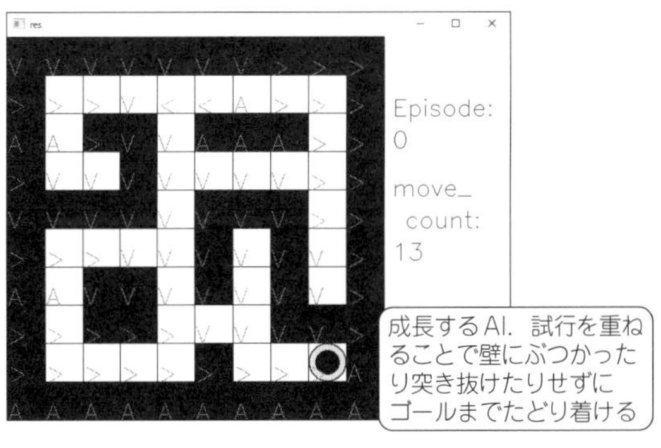

話者認識

第4部　算数&プログラミング練習 ステップ・バイ・ステップ

ディープ・ラーニングを学ぶ際に難関とされるニューラル・ネットワークなるものを，算数で解きほぐします．同時にニューラル・ネットワークの計算および学習を行うためのツール TensorFlow（無償）の使い方も覚えます．

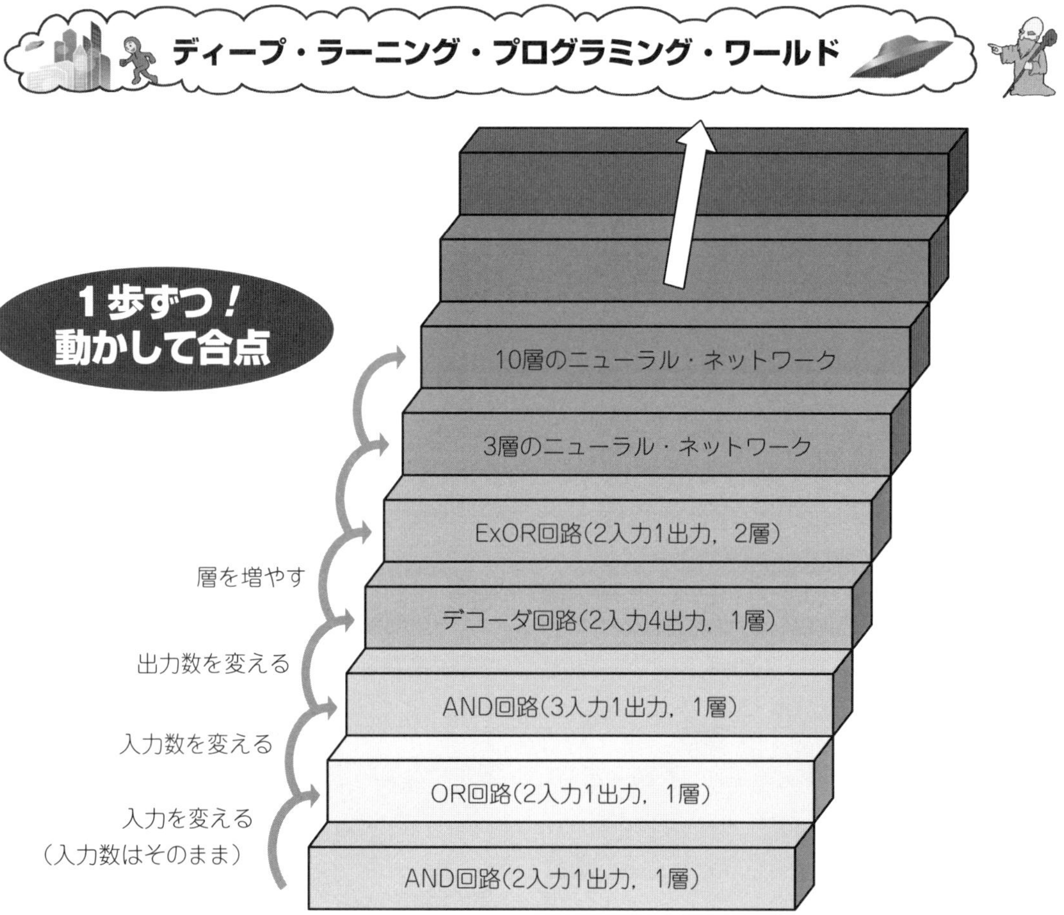

ディープ・ラーニング・プログラミング・ワールド
1歩ずつ！
動かして合点
10層のニューラル・ネットワーク
3層のニューラル・ネットワーク
ExOR回路(2入力1出力，2層)
層を増やす
デコーダ回路(2入力4出力，1層)
出力数を変える
AND回路(3入力1出力，1層)
入力数を変える
OR回路(2入力1出力，1層)
入力を変える
（入力数はそのまま）
AND回路(2入力1出力，1層)

最初はコレ
少しずつ
進化していきます
1
b
x1
w1
y
w2
x2
b11
b12
w111
w112
w121
w122
s1
s2
b21
b22
w211
w212
w221
w222
y1
y2

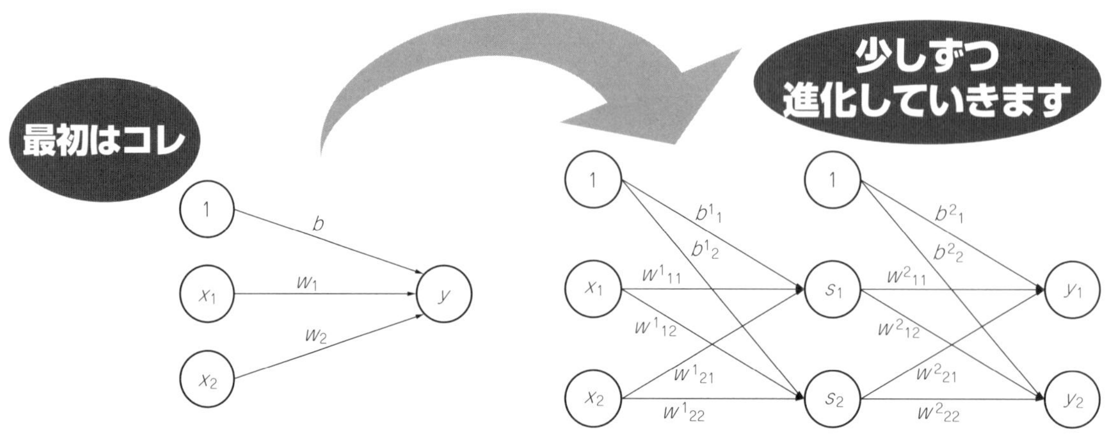

第5部　画像/データ分析/音声…3大ディープ・ラーニング体験

お待たせしました．いよいよ本腰を入れてディープ・ラーニングのプログラムを作っていきます．ここでは，画像認識，感情認識，為替予測，文章生成，画像生成，音声ノイズ除去を体験できます．

クセを真似た文字を生成

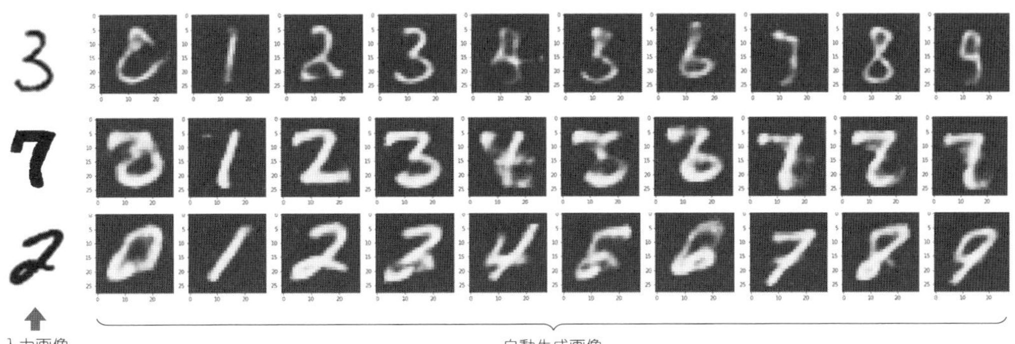

ノイズ除去

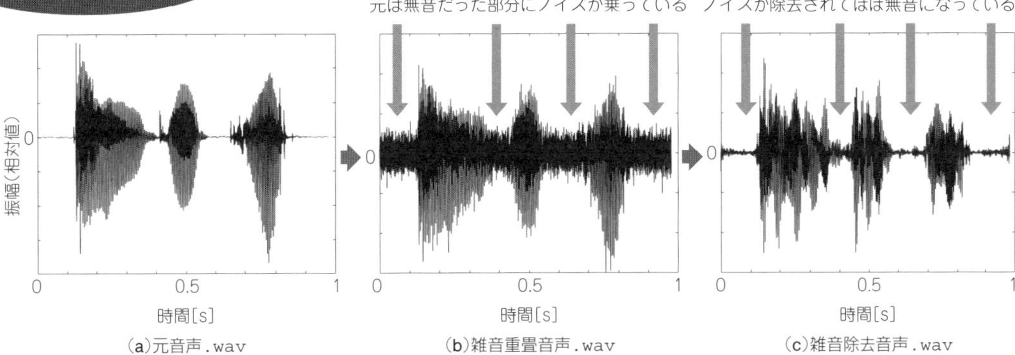

第6部　自動運転や対戦AIのもと深層強化学習

テレビで取り上げられることの多い対局や自動運転に取り入れられている「深層強化学習」なるアルゴリズムを，プログラムを示しながら，じっくりと解説します．これから活躍する人工知能を作るためには必須の知識です．

成長するAIづくりを対局ゲームを例に

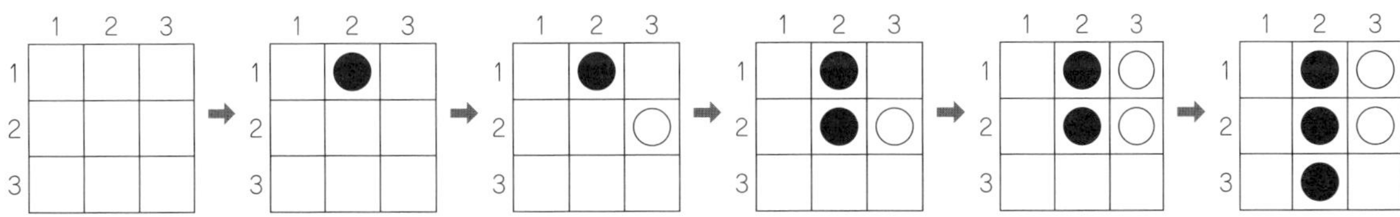

プログラミングができなくても大丈夫！
はじめに　自宅で１人で試して合点 ……… 2

全プログラム付きですぐに
本書の歩き方 ……… 4

第１部　ディープ・ラーニングの世界へようこそ

個人でもスゴいことがアイディア次第！
第１章　できるようになること ……… 16
既にこんなことが ……… 16
これからのポテンシャル ……… 17
人工知能の代表「ディープ・ラーニング」 ……… 18
研究室や個人でも ……… 20

画像／データ分析／音声…得意分野丸見え！
第２章　必修の３大アルゴリズム ……… 22
巷で目にするスゴいAIはおよそこの３つから派生していく ……… 22
その１：画像向きCNN ……… 23
その２：言語やデータ分析向きRNN ……… 24
その３：音声／画像向きオートエンコーダAE ……… 26
これも注目：深層強化学習 ……… 27
コラム１ ディープ・ラーニング発達の理由 ……… 28
コラム２ ディープ・ラーニングと量子コンピュータ ……… 30

ディープ・ラーニングの長所
第３章　音声や画像処理の知識がなくても大丈夫 ……… 31
ディープ・ラーニングが他のAIと比べて優れている点 ……… 31
ディープ・ラーニングの欠点 ……… 34

本書は2018年発刊の同一名書籍（当時はボード・コンピュータ・シリーズ，表紙がオレンジ色）の改訂版です．
前作ではフレームワークにChainerを利用していました，今回はTensorFlowに置き換えています．
技術解説としては前作と同じ内容です．

第2部　ラズパイ＆PC試すための準備

Googleが作っているフレームワーク
第1章　開発環境にTensorFlowを選んだ理由……38
理由1…人気のフレームワーク……38
理由2…さまざまなハードウェアに対応……39
理由3…日本語の解説がある……39
理由4…実績が豊富……39
理由5…オンラインで試せる……40

ディープ・ラーニングのフレームワーク
第2章　TensorFlowのインストール……41
インストール方法はOS，動作環境ごとに異なる……41
必要なライブラリのインストール……42

お手軽Python環境
第3章　Anacondaのインストール……45
ステップ1…Anacondaのインストール……45
ステップ2…仮想環境の構築……47
ステップ3…TensorFlowのインストール……48

サンプル・プログラムを使った
第4章　TensorFlowの動作確認……49

OS，TensorFlow，TS-Agentsのインストール
第5章　ラズベリー・パイの準備……52
用意するもの……52
OSのインストール……53
PCからラズベリー・パイへのファイル転送……56
TensorFlowのインストール……57
ラズベリー・パイ用プログラムへの書き換え……61

なくても動くけど学習はどうしても時間がかかるから…
第6章　GPUボードの設定 Windows OS編……62
CUDAツールキットのインストール……63
cuDNNのインストール……65

Appendix　番外編…Linux OSのPCを作る……70

第3部　持ってる人はココから…ラズパイで体験

エンジン音で車種判定やMyロボの異常検知などに
第1章　体験①…音でお菓子認識……74
トライすること……74
準備……75
ステップ1…お菓子の音データを作る……76
ステップ2…学習済みモデルを作る……78
ステップ3…ラズベリー・パイで判定する……78
応用するにはどこを変えればよいか……80
コラム ディープ・ラーニング処理の流れ……81

画像処理を知らなくてもOK! きのことたけのこを判別してみる
第2章　体験②…画像認識1(お菓子の種類)……82
ステップ1…画像を集める……83
ステップ2…画像を増やす……85
ステップ3…学習する……85
ステップ4…学習済みモデルを用いて判別する……86

ペットの判定や果物の出荷検査に
第3章　体験③…画像認識2(本物/偽物)……89
ステップ1…自分の顔データを用意……91
ステップ2…自分以外の顔データを用意……93
ステップ3…顔画像を学習する……94
ステップ4…ラズベリー・パイでリアルタイムに顔判定する……94

第6部で解説する自動運転や対戦AIのもとをまずは
第4章　体験④…迷路脱出……97
ステップ1…迷路の準備……98
ステップ2…迷路の学習……99
ステップ3…ラズベリー・パイでRCサーボモータを動かす準備……100
ステップ4…ラズベリー・パイで迷路脱出……102

スマート・スピーカや自動操縦に
第5章　体験⑤…話者認識……103
ステップ1…音声データの用意……105
ステップ2…音声データを分割する……106
ステップ3…抽出した個人の特徴を学習する……107
ステップ4…ラズベリー・パイでリアルタイムに判定する……107

第4部　算数&プログラミング練習ステップ・バイ・ステップ

人間の脳に近い?! ニューラル・ネットワークをAND回路から
第1章　イメージでつかむ! ディープ・ラーニング ……110
人工知能の基本「ニューラル・ネットワーク」…… 110
重み付けのイメージ …… 113
ディープ・ラーニングその①…画像向きCNN …… 116
ディープ・ラーニングその②…データ分析/文章向きRNN …… 117
ディープ・ラーニングその③…音声向きオートエンコーダ …… 119
コラム リカレント・ニューラル・ネットワークをもう少し詳しく …… 119

基本原理を理解する!
第2章　算数で解きほぐすニューラル・ネットワーク …… 123
その1：1層のニューラル・ネットワーク …… 124
その2：ディープ・ニューラル・ネットワーク …… 125
その3：3大ディープ①… リカレント・ニューラル・ネットワーク …… 126
その4：3大ディープ②…オートエンコーダ …… 129
コラム1 ディープ・ラーニングのメカニズム理解用Excelシートあります … 125
コラム2 追加問題の答え …… 130

TensorFlowの使い方も覚えてしまおう
第3章　プログラミング・ステップ1…
最小構成ニューラル・ネットワーク …… 132
プログラムを動かしてみる …… 132
ステップ1…ライブラリのインポート …… 135
ステップ2…ニューラル・ネットワークの構造の設定 …… 136
ステップ3…オプションの設定 …… 139
ステップ4…データの作成とニューラル・ネットワークの設定 …… 141
ステップ5…実行と結果の評価 …… 142
ステップ6…モデル構造の表示 …… 142
ステップ7…学習データをTensorBoardのグラフで確認 …… 144
コラム1 関数その1：ニューラル・ネットワークによる結果の判断に用いる
ソフトマックス，クロス・エントロピー …… 135
コラム2 関数その2：活性化関数あれこれ …… 137
コラム3 関数その3：最適化関数あれこれ …… 141
コラム4 関数その4：損失関数あれこれ …… 144

いろいろなパターンを試して腕みがき
第4章　プログラミング・ステップ2…層数や入出力を増やす ………… 145
2段目…入力と出力の関係だけを変えてみる …………………………………… 145
3段目…入力の数を変えてみる …………………………………………………… 146
4段目…出力の数を変えてみる …………………………………………………… 148
5段目…中間層を設ける …………………………………………………………… 150
6段目…ディープ・ラーニングへの旅立ち ……………………………………… 151
つまづきポイントをまとめて紹介 ………………………………………………… 152
コラム 追加問題の答え ……………………………………………………………… 153

ここまで来るといろいろできそう
第5章　プログラミング・ステップ3…
突入! ディープ・ラーニング・ワールド ……………………………… 156
実験…手書き文字を分類する ……………………………………………………… 157
MNIST学習のためのプログラム…………………………………………………… 160
分類用プログラム …………………………………………………………………… 162
まとめ ………………………………………………………………………………… 164
コラム 学習データと検証データの確認 …………………………………………… 159

3大ディープ・ラーニングのさわりを体感してみる
第6章　プログラミング・ステップ4…
初めての畳み込みニューラル・ネットワーク ……………………… 165
「畳み込み」の計算法…画像のフィルタリングを例に …………………………… 166
情報を一気に捨てて画像サイズを小さくする「プーリング」 ………………… 170
ステップアップのために …………………………………………………………… 171
コラム 追加問題の答え ……………………………………………………………… 172

第5部　画像/データ解析/音声…3大アルゴリズム体感

定番データセットの文字認識で体験
第1章　画像向きCNN①…手書き認識 ……………………………………… 174
実験 …………………………………………………………………………………… 175
プログラムで作ったニューラル・ネットワークの構造 ………………………… 177
学習のためのプログラム …………………………………………………………… 179

画像の収集や学習を体験
第2章　画像向きCNN②…感情認識 ………………………………………… 182
実験 …………………………………………………………………………………… 182

感情推定の学習のためのプログラム …… 185
自分用に改造する …… 187

「予測が得意」なアルゴリズムを体験
第3章 データ分析向きRNN①…値の未来予測 …… 190
実験 …… 190
学習プログラム …… 192
予測プログラム …… 198
コラム1 リカレント・ニューラル・ネットワークの表し方 …… 192
コラム2 ブラックボックス扱いにされがちなニューラル・ネットワークLSTMの中身を少しだけのぞいてみる …… 196
コラム3 学習データの構造＆作成方法 …… 198
コラム4 オーソドックスなディープ・ニューラル・ネットワークは予測が不得意 …… 200

人間のアシスタントとして一大分野に発展するかも
第4章 データ分析向きRNN②…文章の自動生成 …… 204
実験 …… 205
日本語文の作成プログラム …… 206
おさらい …… 212
コラム1 過学習を抑制するドロップアウト …… 206
コラム2 単語は数字に置換 …… 210
コラム3 学習に使うデータの構造と作成方法 …… 214

学習データが不要の便利なアルゴリズムを体験
第5章 音声/画像生成向きオートエンコーダ①…ノイズ・フィルタ …… 217
実験 …… 217
ノイズ除去プログラム …… 223
おさらい …… 226
コラム1 PCを使った音声の録音と変換 …… 218
コラム2 音声データ変換用プログラムの概要 …… 227
コラム3 追加問題の答え …… 228

単純作業を劇的に減らせる可能性がある「変分オートエンコーダ」
第6章 音声/画像生成向きオートエンコーダ②…筆跡生成 …… 230
実験1：画像の生成と融合 …… 230
実験2：同じ書体をまねして自動生成 …… 233

第6部　自動運転や対戦AIのもと深層強化学習

プロローグ　深層強化学習をマスタした方がよい理由 …… **238**

こんなところで使われている …… 239
強化学習がディープQネットワークに進化するまで …… 239
ディープQネットワークをプログラムする …… 240

未来への1歩
第1章　ステップ1…基となるQラーニングの仕組み …… **242**

迷路探索問題を例に仕組みを知る …… 243

シンプルな迷路を例に
第2章　ステップ2…数式でひも解くQラーニング …… **247**

「なんとなくわかってきた」からのステップアップ
第3章　ステップ3…プログラミングで理解するQラーニング …… **252**

プログラミング …… 255
ステップアップのために…迷路を変える …… 262
出力ファイルの見方 …… 264
コラム1 表1の0から24までの数字を4つに分類する
ニューラル・ネットワーク …… 254
コラム2 ダメな行動をする確率を残しておくと思わぬ成功を収めることも …… 263

Qラーニングを理解したらいよいよ
第4章　ステップ4…プログラミングで理解する深層強化学習 …… **266**

開発環境 …… 266
まずは動かしてみる …… 266
プログラミング …… 272

ついに人間と対決!
第5章　深層強化学習総仕上げ…成長して強くなるAIづくり …… **280**

まずは対AI戦を体験 …… 280
AI同士が成長するプログラム …… 280
人間と対戦するAIのプログラム …… 291

索引 …… 296
著者略歴 …… 301
初出一覧 …… 303

第1部

ディープ・ラーニングの世界へようこそ

第1章

個人でもスゴいことがアイディア次第！
できるようになること

既にこんなことが

人工知能が世界で注目を集めています．例えば，企業や専門家が行った以下の事柄はニュースになっていましたので，皆さんもよく知っていると思います．

●人間（その道のプロ）に勝つ

人工知能が囲碁のプロに勝てるようになったというニュースから，5～6年経ったような気がします（**図1**）．人工知能には石の位置を座標データとして入力するようです．すると，次の1手が座標データとして出力されます．そのため，学習データも座標データとなっています．何万という盤面を学習し，2つの人工知能搭載コンピュータで対局させながら，どんどん強くなっています．他には盤面を画像として状況を認識する方法もあるようです．

●実用①…記事を書く

天気予報に用いる画像には，これまでに記事になった膨大なテキスト・データも存在します．そのパターンというのは割と限られています．画像とテキスト・データを人工知能で学習し，最新の

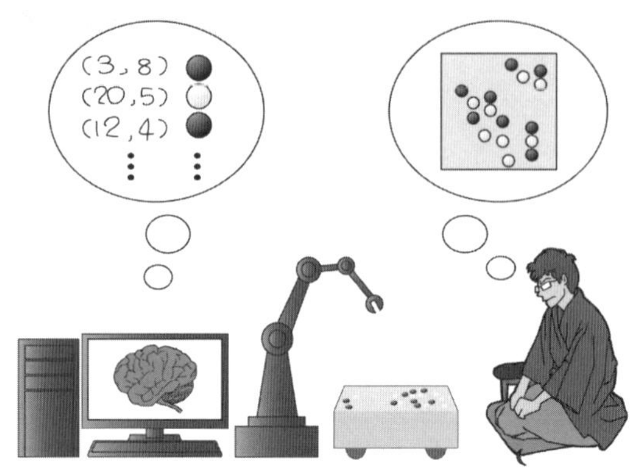

図1　人工知能は人間（しかもその道のプロ）に勝てる時代が来ている

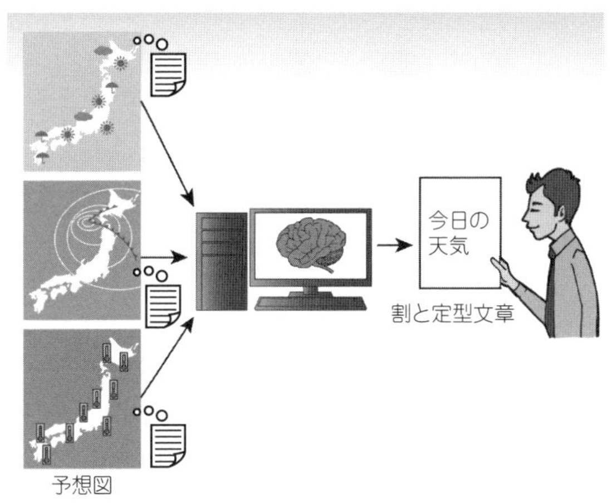

図2　すでに実用①…天気予報の記事などは書ける

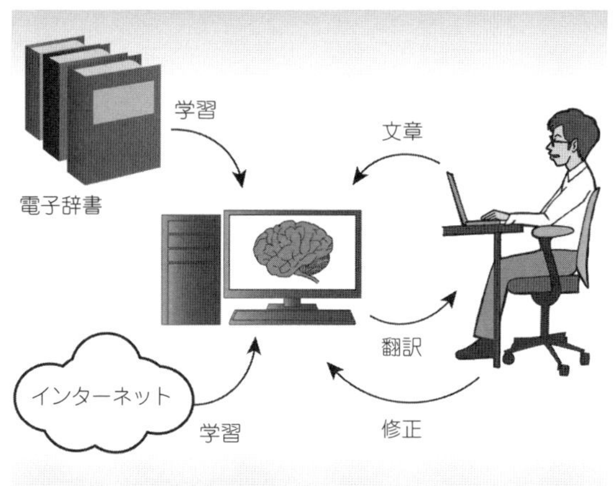

図3　実用②…気の利いた翻訳をする

気象情報と合わせて天気予報の記事を書いています(**図2**).

これを応用して，経済や政治，スポーツなど，ジャンルを区切って学習させることで新聞記事も書けるようになってきたようです.

●実用②…気の利いた翻訳をする

1対1に単語を置き換えるエンコーダ－デコーダ・モデルに，文脈を理解するための人工知能をミックスして実現しています．さらに，その出力された訳文と過去に記憶した辞書などに載っている英語と日本語の対訳を基に修正をしています(**図3**).

オンライン翻訳(Google翻訳など)では，出力された翻訳結果を使用者が修正する機能があります．この修正された情報も加えて学習することで，翻訳の精度が向上しました.

これからのポテンシャル

●画像認識の能力は人間を超える

普通の写真(背景のある画像)の中に何が(猫や車など)写っているかを判定するコンテスト(1)があります．人間にその画像を見せて答えさせると，認識率は95％程度となります．それに対して人工知能は97％以上の認識率を実現しました(**図4**).

これには，畳み込みニューラル・ネットワークという人工知能の1手法が大きく貢献しています．ただし，使われる写真はぶれていないことや白飛びしていないこと，という一定条件下にあります.

●生かしどころ…人を超える能力を利用して人をアシストする

これまでに出版された医学書や医学論文を学習し症状を入力すると，それに対応した治療法や病名が出力されます(**図5**).

最近は研究のスピードが上がり，毎年膨大な数の医学論文が発表されています．一般的な症例であれば医師が診断できますが，特殊な症例(100万人に1人の症例)は，その道の専門家でなければ「知らない」ということもあります．人工知能は疲れることなく学習しますので，特殊な例も判別できるようになってきました.

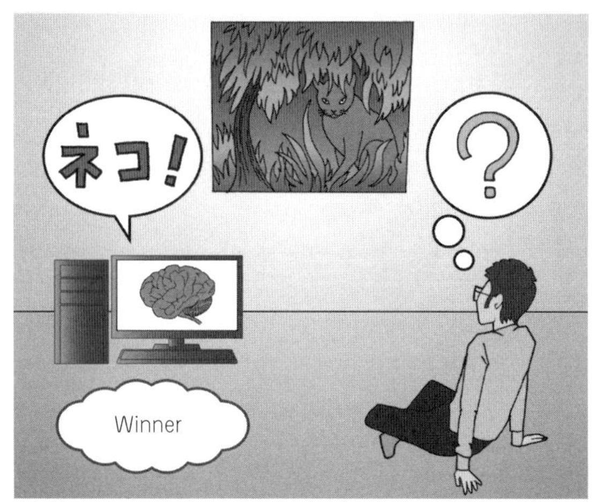

図4　画像認識の能力は人を超える

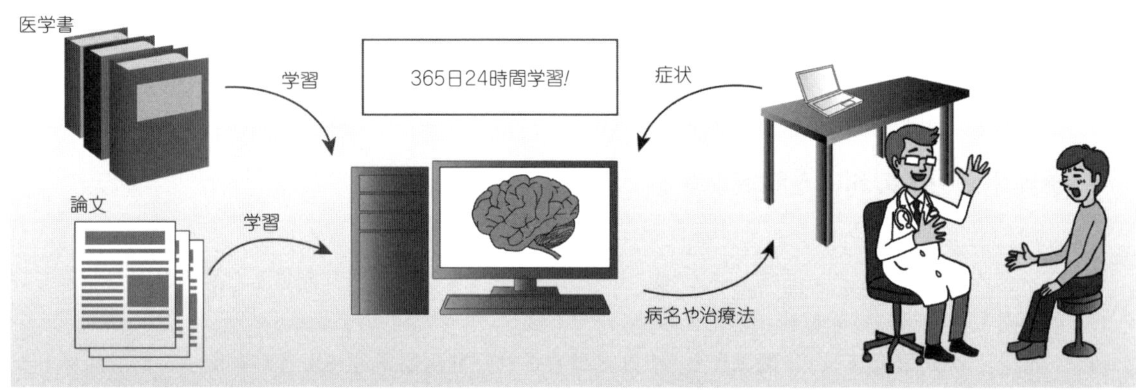

図5　記憶容量や調査範囲が無限であることが人工知能のすごさ…人のアシストに利用したい

●注目テクノロジ…自動運転

「どこに，どんなもの」があるのか，画像処理によって認識し，アクセルやブレーキの踏み具合，ハンドルの切り具合を出力しています．

画像処理は人間の能力を超えたと書きましたので，簡単にできるとお考えかもしれません．しかし，例えば道路標識「止まれ」の認識に限っても，見る角度，陽の当たり方，時間帯によって見え方がかなり異なりますし，車の速度によっても異なります(**図6**)．

さらに，標識以外にも，たくさんの物がどこにあるのかも重要になります．これは「物体認識」と呼ばれています．これは，YOLOv7などの新しい方法が開発され急激に発展しています(2)．

人工知能の代表「ディープ・ラーニング」

「人工知能はすごい」という話題から入りました．人工知能と言っても，その言葉の指し示す範囲はとても広いです．実は上記の事例は，人工知能の中の，「ディープ・ラーニング(深層学習とも呼ばれる)」というアルゴリズムを用いて実現されています．今世間をにぎわせている人工知能の正体は，ディープ・ラーニングと言っても過言ではなさそうです．

「ディープ・ラーニング」なる言葉を聞いたことがある方もいるでしょうが，具体的なアルゴリ

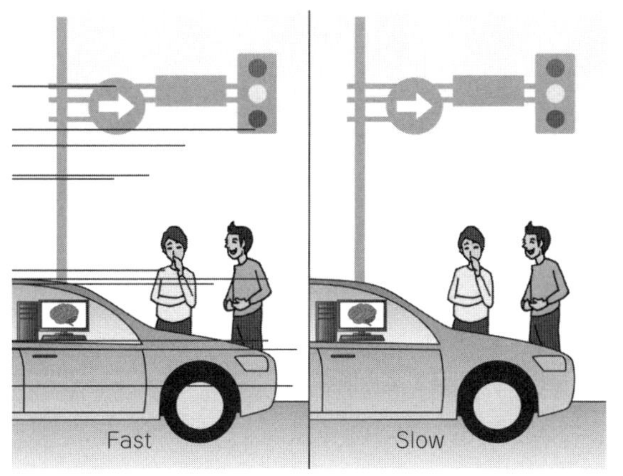

図6　注目テクノロジ…自動運転
もちろん課題は残る…標識1つとっても速度や時間帯で見え方が異なるが，アルゴリズムの進化がこれを解決するだろう

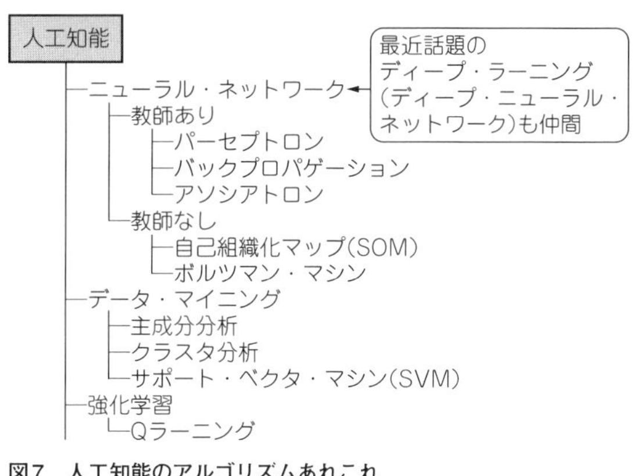

図7　人工知能のアルゴリズムあれこれ

人工知能
ニューラル・ネットワーク
ディープ・ラーニング
学習
Qラーニング
山登り法
畳み込みニューラル・ネットワーク
リカレント・ニューラル・ネットワーク
オートエンコーダ
進化
遺伝的アルゴリズム
SOM
囚人のジレンマ
LIFEゲーム
主成分分析
クラスタ分析
If-Thenルール
生物模倣
boid
ゲーム
データ・マイニング

図8　人工知能といっても定義ははっきりしていないのだが「ディープ・ラーニング」の位置付けをなんとなく図示してみる

ズムや利用方法をイメージできる方は少ないかと思います．そこを解説させていただくのが本書の狙いです．

●適用範囲が広いのが注目の理由

著者は月刊誌Interfaceで6年以上，「人工知能アルゴリズム探検隊」や「AI自習ドリル」なる連載を担当しています．連載では人工知能の全体像として，**図7**を紹介しています．この図をもう少し詳しく，ディープ・ラーニングと人工知能の関係を整理したものが**図8**となります．

人工知能の方が範囲が広く，それを実現する1つの手法に学習やデータ・マイニング，ディープ・ラーニングがあります．

図8をよく見ると学習とニューラル・ネットワークが重なっています．学習の中にニューラル・ネットワークが入るという分類もあるからです．また，SOM（自己組織化マップ）はニューラル・ネットワークの一種という考え方もありますが，データ・マイニングに分類される場合もあります．

人工知能というものの定義がしっかりと決まっているわけではありませんので，この図こそ人工知能を表す絶対的なものだとは思わないようにしてください．

まとめると，人工知能とは，これまで開発されたいろいろな手法の集合体を総動員して作るものであり，ディープ・ラーニングはその一翼を担うツールなのです．そして，ディープ・ラーニングはいろいろな手法の中でも解決できる問題の範囲が広いため，とても注目されている手法なのです．

研究室や個人でも

前述のような応用ができていると，もう研究する対象がないように感じますが，大学や研究機関では，ディープ・ラーニングの先を見据えてさまざまな研究が行われています．例えば，著者らが専門としている音声に絞ると，以下の3つのような研究が行われています．

●音の例1…音声認識の高精度化

東京大学の峯松・齋藤研究室では，ディープ・ラーニングを用いた音声認識の高精度化の研究を行っています．音声認識では単語の並び方が重要となりますが，それに加えて感情認識で使われる音響的な特徴も一緒に学習しています(3)．

●音の例2…マイクが遠くても認識精度を維持

口からマイクまでの距離が遠いと，録音された音声の品質が劣化します．ディープ・ラーニングを用いることで，音声認識精度の悪化を抑制できるようになります．これは遠隔発話認識と呼ばれる分野で静岡大学の甲斐研究室で研究しています(4)．

●音の例3…声質変換

名古屋工業大学の徳田・南角研究室では，ディープ・ラーニングを応用して声質変換の研究を行っています．従来の声質変換ではあまり重要視されていなかった音韻(各音の後ろの方の音)の情報も組み込むことで，従来よりも高品質の変換ができるようになりました(5)．

●出荷するキュウリのサイズを判別

普通は企業や大学が行うような最先端の研究を，個人が趣味として行うことはできませんが，ディープ・ラーニングは個人でも行えることがすごいところです．例えば以下のものがあげられます．

書籍「小池誠：IT農家のラズベリー・パイ製ディープ・ラーニング・カメラ，CQ出版社」では，キュウリのサイズを9段階に判定しました．事前に用意したサイズ別の計1万枚の学習データから，キュウリのサイズを見分けられるようになったのです．すごいのは元エンジニアで現農家の個人の方が，1人で学習から判定装置の開発までを行った点です(6)．

●白黒写真に色を付ける

早稲田大学の石川研究室が開発した手法で，白黒写真に自然な色を付けることができます．第2章で説明するオートエンコーダと畳み込みニューラル・ネットワークで処理をしています(7)．

●画像を自動生成

ネット上からポケモンの画像を大量に集めて学習させることで自動的に新しいポケモンを作成した人がいます．これには，DCGAN (Deep Convolutional Generative Adversarial Network) という

(a) 車

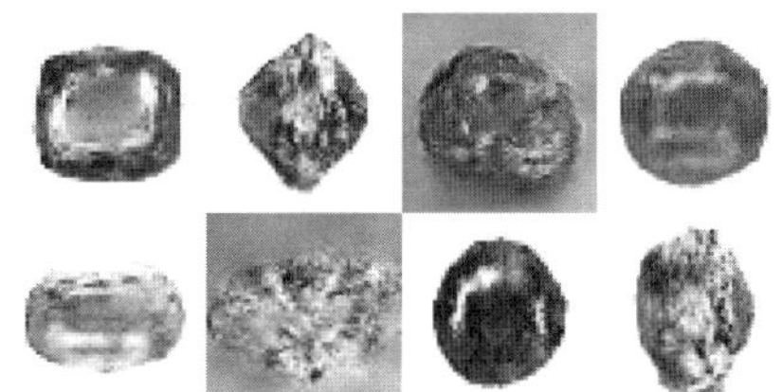
(b) 宝石

図9[9] **自動生成した画像**

新しい手法を実装しています[8].

DCGANとは，画像を生成する人工知能と，その画像が本物かどうかを判別する人工知能の2種類から成り立っていて，その2つを競い合わせることでより良い画像を作り出す手法です.

図9に宝石や車を生成した例を示します[9].

●自動作曲

LSTM(Long Short Term Memory)というディープ・ラーニングの特別な手法を多層に重ねることによって，自動的に曲を作ります．作成した曲をウェブ・ページ上で聞くことができます[10].

LSTMは本書でも取り上げますが，昔の情報の重要な部分を引き継ぎながら，必要のない情報を忘れていく手法で，前後関係が重要となるものを扱うときに使われる人工知能の手法です．音楽は流れが重要ですので，LSTMを使うとうまく作曲できるようになります.

＊　＊　＊

このように，ディープ・ラーニングを使うと，これまで考えられなかったようなことができるようになります.

その反面，まだまだできないこともたくさんあります．テレビや新聞では，人工知能に職を奪われるとか，人工知能に社会を乗っ取られるとか…ありますよね．自分で人工知能を操れるようになれば，余計な心配することはありませんし，アイディアを自分の手で実現できるようになるでしょう.

◆参考・引用*文献◆

(1) ILSVRC2015,Stanford Vision Lab.
`http://image-net.org/challenges/LSVRC/`

(2) Kin-Yiu, Wong WongKinYiu - GitHub.
`https://github.com/WongKinYiu/yolov7`

(3) 峯松・齋藤研究室，東京大学.
`https://www.gavo.t.u-tokyo.ac.jp/index.html.ja`

(4) 甲斐研究室，静岡大学.
`http://www.spa.sys.eng.shizuoka.ac.jp/`

(5) 徳田・南角研究室，名古屋工業大学.
`https://www.sp.nitech.ac.jp/`

(6) 小池 誠；ラズパイ×Google人工知能，Interface 2017年3月号特集，CQ出版社.

(7) 飯塚里志，シモセラ エドガー，石川博；ディープネットワークを用いた大域特徴と局所特徴の学習による白黒写真の自動色付け，早稲田大学.
`http://hi.cs.waseda.ac.jp/~iizuka/projects/colorization/ja/`

(8) ディープ・ラーニングで新しいポケモン作ろうとしたら妖怪が生まれた.
`http://bohemia.hatenablog.com/entry/2016/08/13/132314`

(9) *山本 大輝，速川 徹；メカニズム実験③…それらしい写真を自動生成する人工知能，Interface 2017年12月号，p.74，図1，CQ出版社.

(10) 深層学習で自動作曲(Stacked LSTM編).
`http://qiita.com/komakomako/items/de5077efa344a8689fa0`

第2章

画像/データ分析/音声…得意分野丸見え！
必修の3大アルゴリズム

巷で目にするスゴいAIはおよそこの3つから派生していく

ディープ・ラーニングは**図1**に示すように，ニューラル・ネットワークを拡張したディープ・ニューラル・ネットワーク（Deep Neural Network, DNN）を基にして，大きく3つの分野に分かれています．それぞれに得意分野があります．3つの分野についてどんなことができるのかを紹介します．ただし，最近は3大ディープ・ラーニングを単体で使うことはなくなりつつあり，組み合わせて使うことが多いです．

本書では，Python言語で動作するTensorFlowというライブラリを使います．理由は後述します．ここでは3大ディープ・ラーニングで何ができるかを紹介します．TensorFlowを開発しているAlphabet社（Google）が発表している事例も紹介します．

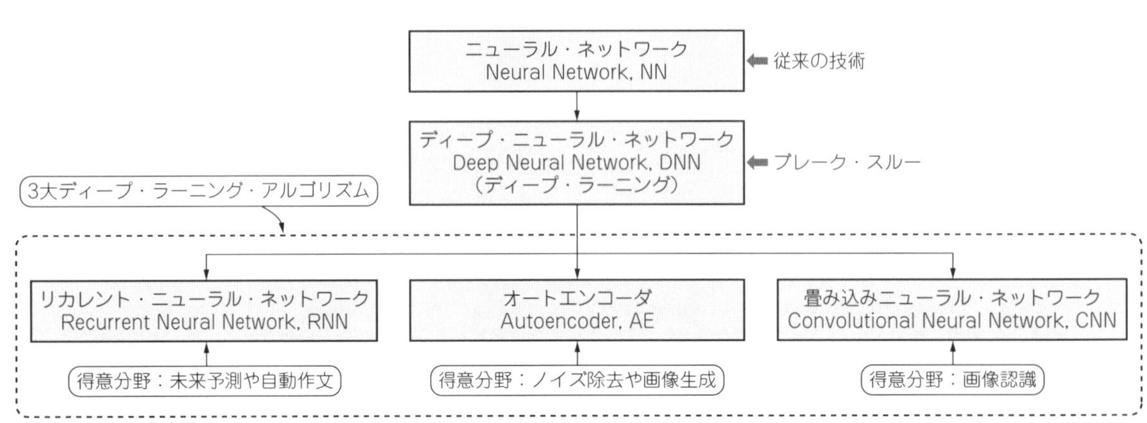

図1　ニューラル・ネットワークから派生した3大ディープ・ラーニング・アルゴリズム

その1：画像向きCNN

●特徴

畳み込みニューラル・ネットワーク(Convolutional Neural Network, CNN)は，画像処理によく利用されています．ディープ・ラーニングの発展に最も貢献していて，「The ディープ・ラーニング」というべき方法です．

従来は画像をぶつ切りにして1列に並べていましたが，画像というのは縦/横/斜めの関係性が重要となっています．画像のまま処理する方法が考案され，性能が飛躍的に向上しました．

●できていること

▶画像認識

ILSVRC 2015という画像認識のコンテストで，**図2**に示すように，人間の認識レベルを超えたことが示されました[(1)]．

▶画像に文章を付ける

スタンフォード大学のAndrej Karpathy，Li Fei-Fei氏らのグループは，画像から文章を作成す

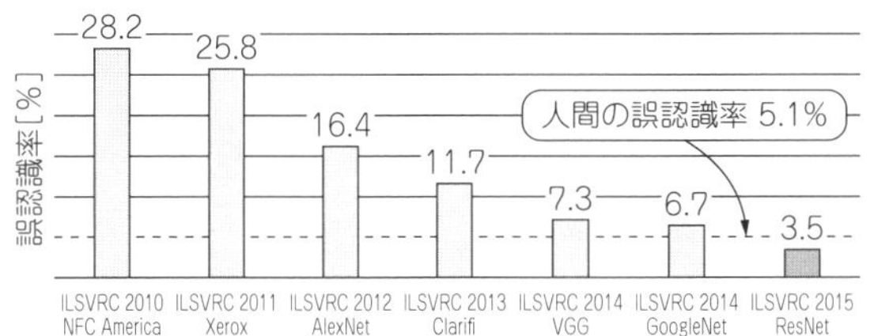

図2　ILSVRC 2015という画像認識のコンテストで人間の認識レベルを超えたとされる

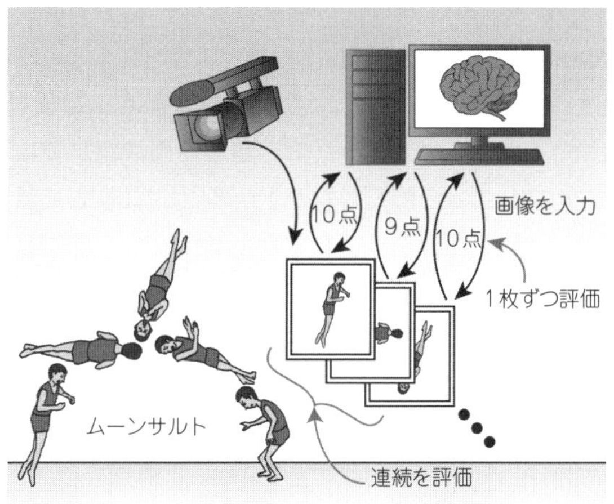

図4　採点競技への応用…見た目に惑わされることがなくなるかも

(a) 入力画像

(b) AIに学習させた画像

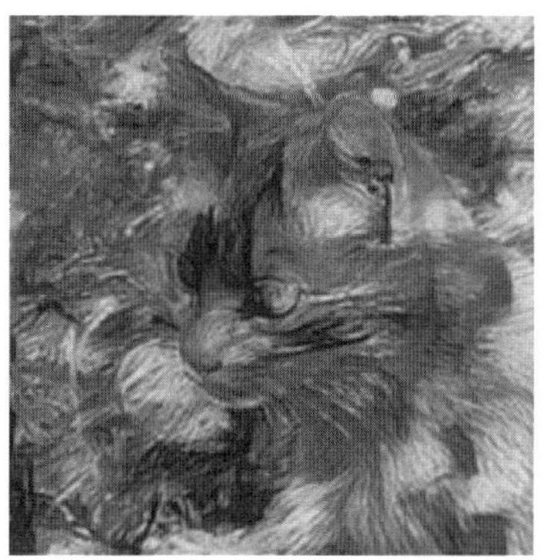

(c) 生成された画像

図3[(5)]　猫の写真をゴッホが描いたようにアレンジ

ることを行っています[2].

▶運転支援

オムロンが「ドライバ運転集中度センシング技術」を開発しドライバの状態を判別する車載センサを開発しました[3].

▶画像からリアルタイムにブドウの粒を検出

山梨大学ではシャイン・マスカットの粒数を画像から推定する手法を開発しました[4].

▶採点競技

体操などの採点競技は見た目に惑わされることもあるかもしれません．画像から本質を抽出することができる畳み込みニューラル・ネットワークを用いれば動作の本質が見えてくるため，公正で正確な採点ができるようになると考えられます(**図4**).

●今後できること

▶一目で確認

医者は一目見ただけで患者の調子の良し悪しが分かったり，職人はちらっと見ただけで作品や製品の出来栄えが分かったりします．「一目見て」というところがポイントで，1枚の画像情報から多くの情報を引き出せる可能性があるということになります．

現在は画像の解像度を下げなければならないので，細かいところまでは判別ができませんが，今後ハードウェアの発展に伴い一目で判断ができるようになるかもしれません．

▶農業の自動化

自然を相手にする仕事の場合は，対象(農作物や地面の状態)が一定ではなく，1つ1つが異なっています．そのため，通常の画像認識ではそれらを処理することは困難でした．

この技術レベルが上がると，これまで難しかった認識ができるようになり，収穫だけでなく農薬散布などの作業もできるようになるのではないかと期待されています．

その2：言語やデータ分析向きRNN

●特徴

リカレント・ニューラル・ネットワーク(Recurrent Neural Network, RNN)の特徴は，ずばり「過去を引きずる」です．文章の場合だと，前の単語が次の単語に影響を与えています．

「本日　は　晴天　なり　.」

もし，前の単語が次の単語に影響を与えない場合，次のように並べることもできますね．

「晴天　は　なり　.　本日」

この場合，意味が通じなくなってしまいます．また，為替や天気などは，前日までの状態がちょっと先の未来に多少なりとも影響していると考えられます．例えば，ブラック・マンデーやリーマン・ショックのような突然の変化もありますが，多くの場合，直近の数日間の値動きに左右されていることが多いのではないでしょうか．

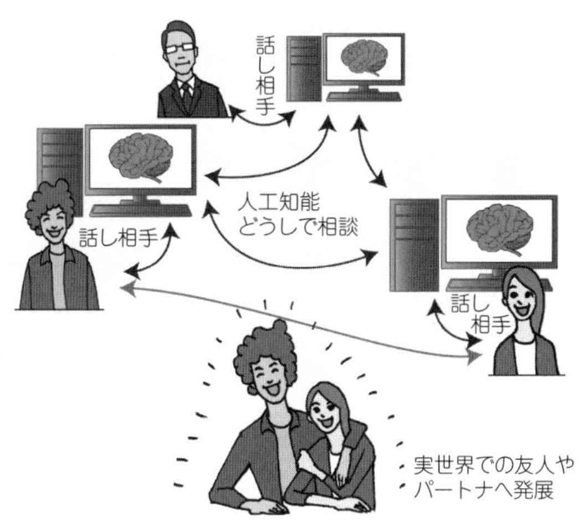

図5　自分と趣味や感性が合う人を紹介してくれるかも

図6　個々人に合った学習方法を提案してくれるかも

●できていること

▶翻訳

Googleなどの翻訳に利用されています.

▶小説作成

公立はこだて未来大学の松原 仁氏らのグループが小説を書いて「星新一賞」へ応募しています(6).

▶電力予測

中部電力が気象データから電力を予測するシステムを開発しています(7).

▶自動記事作成

NTTデータがニュース原稿の自動生成の実証試験を実施しています(8).

▶犯罪防止

人間の行動認識の研究も進んでいますが，これをさらに進めると犯罪を起こしそうな行動を察知できそうです．もし犯罪が起こりそうであれば，警官を配備するなどの措置を取ることができます.

●今後できること

▶話し相手

話し相手といえば，Siri（Apple）や，りんな（Microsoft）が有名ですが，これを超える話し相手が登場するのではないかと考えられます．そして，誰の話にも合わせるのではく，話しているうちに成長し，ユーザに合わせた人格に育っていくのではないかと予測されます.

さらに，その人工知能が，趣味/感性の合う人工知能同士で会話することで，リアルな友達やパートナを紹介してくれるようになるかもしれません（**図5**）.

▶学習進度の個別管理

学習の進度は人それぞれに違います．これまでは，教師1人が30名程度を担当するため，1人1人の進度に合わせることは難しくなっていました．ディープ・ラーニングを使えば，これまでの学習成果を加味しながら適切な進度を保つことができ，学習効果が飛躍的に高まると考えられています（**図6**）.

その3：音声/画像向きオートエンコーダAE

●特徴

オートエンコーダ（Autoencoder，AE）とは，入力と出力が同じになるように特徴を自動的に学習する「まねっこ」が特徴です．通常，ディープ・ラーニングでは，教師データという入力に対する答えのデータが必要となります．この教師データを作ることは結構手間のかかることで，人手が必要でした．

オートエンコーダは教師データを作る必要がありません．教師という人の手が入らなくても学習できるようになり，学習量が飛躍的に増大しました．

応用例として，ノイズのある画像や音声からノイズのない画像や音声への復元があります．さらに，オートエンコーダを応用した変分オートエンコーダ（Variational Autoencoder, VAE）というものがあります．この変分オートエンコーダを使うと，入力画像から似たものを生成したり，ちょっと特徴を変えたりできます．そして，これを使うと「新しいものを生み出す」ことができるようになると期待されています．

●できていること

▶超解像度やハイレゾ

昔の写真の解像度を上げたり，低品質の音をCD並みの音質に変換したりする際に使われています．

▶Google翻訳の写真版

スマートフォンのGoogle翻訳で英語をカメラで撮影すると近いフォントを使って訳してくれます（図7）．

▶顔を変える

鈴木雅大氏の研究でモナリザの顔を変えることを行っています(10)(11)．

●今後できること

▶3次元復元

オートエンコーダは復元が得意ですので，平面の写真から3次元画像を復元できると予想されます．現在は学習する3次元画像が少ないのですが，3次元画像が大量にインターネット上にあふれる時代になれば，それをどんどん学習することで実現できる技術だと考えています．

（a）元画像

（b）変換画像

図7　Google翻訳の写真版

スマホのGoogle翻訳で英語をカメラで撮影すると近いフォントを使って訳してくれる

▶ゴッホ再来

現在でも1文字書けばその筆跡に合わせた他の文字を生成できます．そして，画風をまねするだけならば，だんだんうまくできるようなディープ・ラーニングも開発されつつあります．

一方，その絵が本物かどうかを判定するディープ・ラーニングも作られ，競い合わせています．これがどんどん進むと本物かどうか分からなくなりそうです．このように想像していたら，2017年3月に作ってしまった人がいました(14)．

▶合成音声で声優

インターネットに流れる多種多様な音を自動的に学んでおくことで，例えば，とても聞きやすいダンディーな声やハスキーな声など，どんな声色も出せるようになると考えられます．

これとは別に音声と感情とを結びつけようという試みも進んでいます．感情をイントネーションに組み込んで合成音声を作れるようになると，どんな役柄でもこなしてしまうかもしれません．

これも注目：深層強化学習

ディープ・ラーニングには3つの派生があると述べました．これらは全てニューラル・ネットワークの派生でした．これとは別に，強化学習にディープ・ラーニングを組み込む深層強化学習という手法が注目をされつつあります．

強化学習にはいろいろな手法があるように深層強化学習にもいろいろな手法があります．ここではその中の1つの手法である，ディープQネットワーク（Deep Q Network，DQN）について，3大ディープ・ラーニングのように紹介します．

●特徴

強化学習はちょっと難しい言い方をすると「行動した結果が望ましい状況ならば報酬を与える」という学習法です．

例えば，遊園地のようなテーマパークを移動しながら掃除するサービス・ロボットを考えてみます．そのロボットが移動したとき，人にぶつからなかったとか，作業（例えばゴミ拾いなど）が達成できたとか，行動の結果が「ほめられる」ような状況となったとき，報酬という値を得られるようにします．強化学習は，この報酬をたくさんもらえるような行動を選択するように学習します．

ここで注目する点は行動に対して報酬を与えるのではなく，動作の結果に対して報酬が与えられる点です．完全な教師がいる（答えが与えられる）わけではなく，全く教師がいない（何もかも自分で判断する）わけではないため，半教師付き学習と呼ばれています．

実際の世界では，何かをしてほしい動作というものを設定することは結構簡単にできるので，未来のロボットを動かすのに有効な方法と考えられています．

●できていること

▶ゲーム

スーパーマリオブラザーズやパックマンなどを人間よりも上手に操作することができています．早くクリアすると多くの報酬が得られ，敵にぶつかると報酬が得られないとしています．

コラム1 ディープ・ラーニング発達の理由

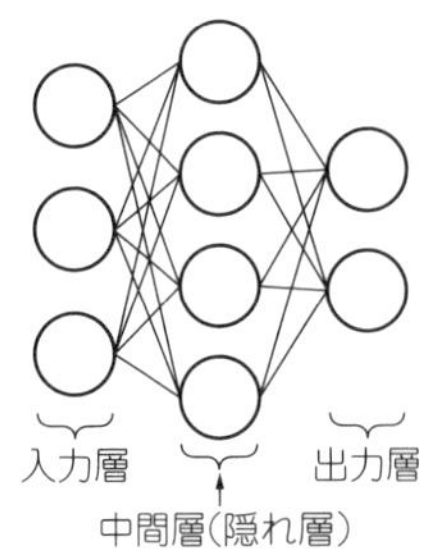

図A ニューラル・ネットワークの構成

ディープ・ラーニングは新しい技術ではなく，ニューラル・ネットワークを改良したものです．

ニューラル・ネットワークは**図A**に示す構造をしていますが，ディープ・ニューラル・ネットワークは**図B**のように中間層がたくさんあります．この層が深いため，ディープ・ニューラル・ネットワークと呼ばれています．

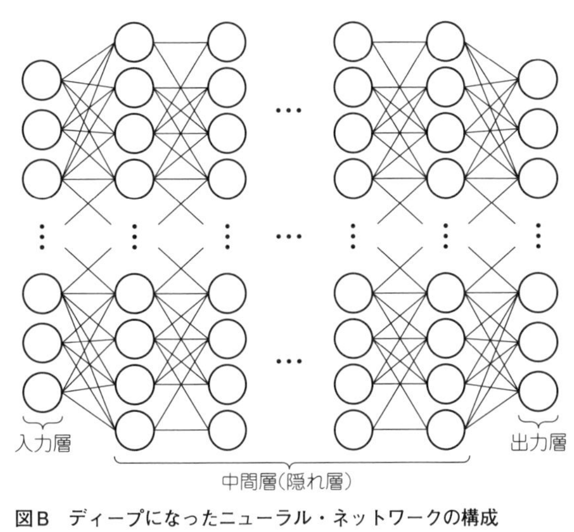

図B ディープになったニューラル・ネットワークの構成

● 注目された理由1…軽い学習アルゴリズムの登場

では，なぜ昔はディープにできなかったのでしょうか．その原因の1つに学習の仕方がありました．ニューラル・ネットワークは出力されたデータと教師データ(入力に対する答えのデータ)の差を，出力から順に入力の方へ伝えることで学習を行います．

このイメージは**図C**のように出力から入力へ大声で知らせるというようなものです．

しかし，昔のニューラル・ネットワークはその差が伝搬するに従って小さくなってしまいました．これを勾配(こうばい)消失問題といいます(これは，次のシグモイド関数の特性による)．

$$f(x)=\frac{1}{1+e^{-x}}$$

現在のディープ・ラーニングのイメージは**図D**のようになり，出力と教師データの差がよく聞こえる

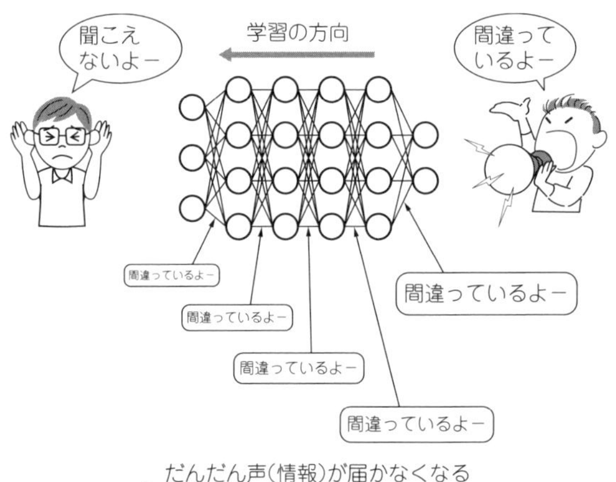

図C 昔のニューラル・ネットワークは「出力データと教師データの差」が入力側に伝搬するに従って小さくなっていた 勾配消失問題という

▶ドローン

自律的に障害物を避けながら目的地に飛んで行くドローンが開発されています．一定時間ごとに短い距離のゴールを作り，その位置までなるべく早く移動することで報酬が得られ，障害物にぶつかると報酬が得られないとしています．

●今後できること

▶金融取引

これまでのディープ・ニューラル・ネットワークは予測まででしたが，これに深層強化学習を組み込むと，良い状態と悪い状態を設定できますので，自動的に学習しながら売買することができる

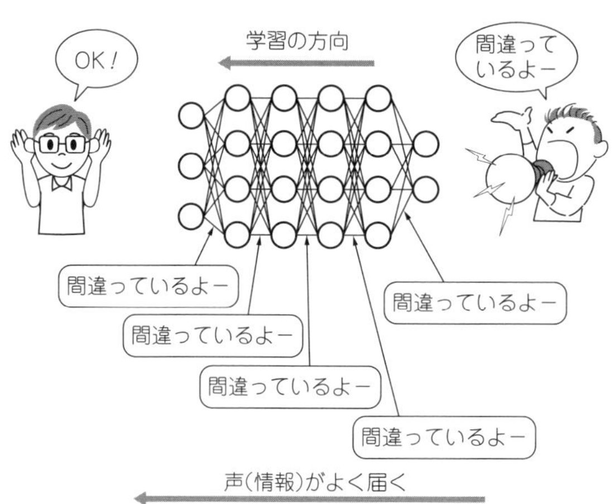

図D 現在のニューラル・ネットワークは「出力データと教師データの差」の情報が入力側まで戻る

ようになりました．これにより，ディープにしても学習ができるようになりました．これはReLU (Rectified Linear Unit) 関数という，0以下は0，それ以外はそのまま出力するという簡単な関数に置き換えたことによります．

ReLU関数はシグモイド関数に比べて計算量が小さく，GPUを使って高速に計算できるため，学習がしやすくなったこともディープ・ラーニングが発展している理由の1つです．

● 注目の理由2…計算性能の向上

ディープ・ラーニングが急速に発達した理由の1つに，計算機性能の向上があげられます．特に貢献したのがGPUボードです．なぜGPUボードを使うと速くなるのでしょうか．次のような1024回の繰り返し計算を考えます．

Pythonの書き方は以下です．

```
for i in range(0,1024)
        a[i] = b[i] + c[i]
```

▶ CPUで計算

これをCPUで計算する場合，1つずつ計算するため，1024回の計算をします．

```
a[0]  = b[0]  + c[0]
a[1]  = b[1]  + c[1]
a[2]  = b[2]  + c[2]
…中略…
a[1022]  = b[1022]  + c[1022]
a[1023]  = b[1023]  + c[1023]
```

▶ GPUで計算

GPUは例えば一度に256個の計算を行うことができます．そのため，1024回の計算がたった4回 (=1024/256) の計算となります．これをベクトル化と呼びます．

```
1回目の計算
 a[0]  = b[0]  + c[0]
 …
 a[255]  = b[255]  + c[255]
2回目の計算
 a[256]  = b[256]  + c[256]
 …
 a[511]  = b[511]  + c[511]
3回目の計算
 a[512]  = b[512]  + c[512]
 …
 a[767]  = b[767]  + c[767]
4回目の計算
 a[768]  = b[768]  + c[768]
 …
 a[1023]  = b[1023]  + c[1023]
```

GPUを4個使うと，それぞれのGPUで計算しますので，たった1回の計算で済んでしまいます．これを並列化と呼びます．

と考えられます．

▶ 人間との関係性があるものはなんでも

強化学習は良いこと悪いことを記述するだけですので，人間の世界に組み込みやすい技術です．そのため，工夫次第でなんでもできそうです．これまでの強化学習では複雑すぎてあきらめていた面白いネタ（人間と協調するロボットなど）を実現できると期待されています．

◆参考・引用*文献◆

(1) Large Scale Visual Recognition Challenge 2015 (ILSVRC2015).
http://image-net.org/challenges/LSVRC/2015/results
(2) Deep Visual-Semantic Alignments for Generating Image Descriptions.

コラム2 ディープ・ラーニングと量子コンピュータ

アルゴリズムの改良，ハードウェアの進化という2つのブレークスルーを経て，ディープ・ラーニングはとても高速に動作するようになりました．

ディープ・ラーニングをさらに速くする第3のブレークスルーとして，量子コンピュータが期待されています．

量子コンピュータとは，これまでのディジタル・コンピュータとは一線を画した革新的な方法で，ニューラル・ネットワークのような問題はとても速く解けると期待されている技術です．

例えば，巡回セールスマン問題（幾つかの都市を重複することなく移動する最適な経路を見つける問題）を日本で一番速いスーパコンピュータ「富岳」を使って30都市をめぐる問題を解くと約1900万年かかるそうです．量子コンピュータは解き方が全く異なるので，一瞬で終わってしまうというのです．

実現はまだまだ先（あと50年後くらい）と思われていました．しかし，2011年にD-wave社が量子コンピュータの1つである，「量子アニーリング・マシン」を発売しました．これを皮切りに，GoogleやIBM，Intelなど，名だたる企業が巨額の投資（100億円規模）をして，量子コンピュータの開発に乗り出しています．さらに，量子コンピュータの開発は米国の国家プロジェクトとして行われ，EU（もはや国単位ではない！）がプロジェクトとして始めました．

そしてなんと，Intelは2018年1月に49量子ビットの量子コンピュータを実現しました．さらにIBMが2021年に127量子ビットを実現したと発表しました．未来は思ったよりも早くやってきそうです．

http://cs.stanford.edu/people/karpathy/deepimagesent/

(3) 世界初「最先端AIを搭載した車載センサー」を開発，オムロン．
http://www.omron.co.jp/press/2016/06/c0606.html

(4) スマートグラスでブドウの粒数を数える！人工知能（AI）が摘粒作業を強力バックアップ！
https://agri.mynavi.jp/2020_09_11_131278/

(5) *mattya；画風を変換するアルゴリズム，
https://research.preferred.jp/2015/09/chainer-gogh/

(6) 気まぐれ人工知能プロジェクト「作家ですのよ」，公立はこだて未来大学等．
https://www.fun.ac.jp/~kimagure_ai/

(7) 小林 正行；環境変化に対応した電力需要予測システムの開発，中部電力．
https://www.chuden.co.jp/resource/corporate/news_123_N12325.pdf

(8) 人工知能を用いたニュース原稿の自動生成に関する実証実験を実施，NTTデータ．
http://www.nttdata.com/jp/ja/news/release/2017/012702.html

(9) gomi-kuzu；RNNで人間行動認識．
http://qiita.com/gomi-kuzu/items/9ee1fe6c20f6175f3a15

(10) 鈴木 雅大，松尾 豊；深層生成モデルを用いたマルチモーダル学習，東京大学．
https://kaigi.org/jsai/webprogram/2016/pdf/727.pdf

(11) 鈴木 雅大；深層生成モデルを用いたマルチモーダル学習．
https://www.slideshare.net/masa_s/ss-62920389

(12) 岡野原 大輔；IPAB2017 深層学習を使った新薬の探索から創造へ．
https://www.slideshare.net/pfi/ipab2017-72723336

(13) 大野 健太；再生医療分野でのデータ分析．
https://research.preferred.jp/2013/11/pfi_bi/

(14) Jun-Yan Zhu,Taesung Park, Phillip Isola, Alexei A. Efros；Unpaired Image-to-Image Translation using Cycle-Consistent Adversarial Networks, UC Berkeley.
https://arxiv.org/pdf/1703.10593.pdf

第3章

ディープ・ラーニングの長所
音声や画像処理の知識がなくても大丈夫

ディープ・ラーニングが他のAIと比べて優れている点

●従来はセンサのしくみやAIアルゴリズムに詳しくないと作れなかった

ディープ・ラーニングには，従来の人工知能と比べて大きく優れている点があります．それはデータの前処理に特別なスキルを必要としない点です．前処理とは，取得したデータの特徴を人間が抜き出して，それぞれの学習プログラムで使いやすいように変換する処理のことです．

この前処理にはいろいろあり，それ自体が世界中で研究の対象になっています．そのため，「これがこのデータにとってベストな前処理だ!」という解はありません．ディープ・ラーニング以外の人工知能アルゴリズムでは，音やセンサ，画像データの何を抽出して，それをどう解析するのかを人間が考えていました．例えば，加速度センサを使うなら，走る/歩くの違いを抽出するには何の値を○○アルゴリズムで解析すると違いが分かりそうだ，と人間が考えるのです．

これまでの学習プログラムでは，この前処理の出来が，人工知能における学習や認識の精度に大きく影響していました．そのため，ニューラル・ネットワークや機械学習，人工知能の出来は人間の経験や直感によるものに影響されていました．

ディープ・ラーニングでも前処理は必要ですが，それほど「お膳立て」しなくても良い点がとても優れています．例として，月刊誌Interfaceで著者が隊長を務めていた連載「人工知能アルゴリズム探検隊」で過去に行った前処理を紹介します．かなり面倒なことをしています．

●比較1…「きのこの山」と「たけのこの里」の分類では

「きのこの山」と「たけのこの里」の分類を，サポート・ベクタ・マシン(SVM)で行いました(Interface誌2016年10月号)．**写真1**のように，きのこの山とたけのこの里をUSBカメラで撮影し2値化した後，以下の2つの情報へ変換する前処理を行いました(**図1**)．

①面積の比

図1に示すように，きのこの山/たけのこの里を囲む長方形を作成します．その中の黒い部分と白い部分の面積の比を特徴量として使いました．きのこの山の場合はきのこの柄の部分が細く，たけのこの里はずんぐりしているので，たけのこの里の場合は黒い部分の比率が大きくなると予想したためです．

写真1　実験のようす…USB接続のカメラを使って画像を取り込み，PCで種類を判別した

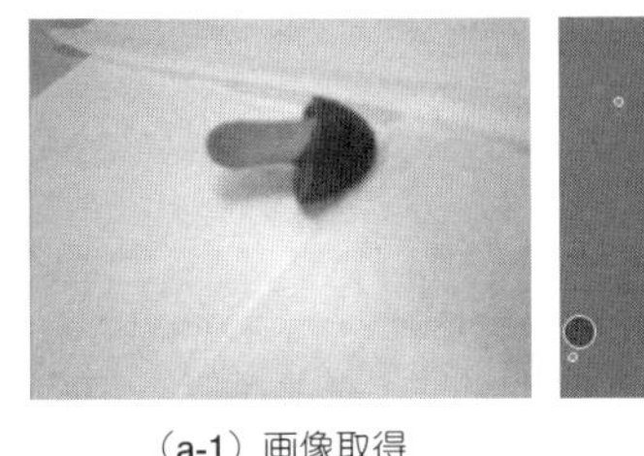

(a-1) 画像取得

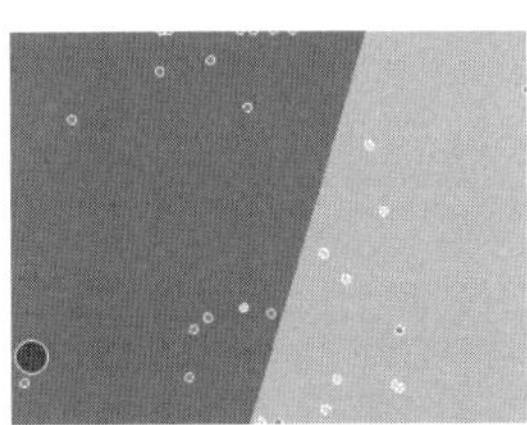

(a-3) SVMで分類

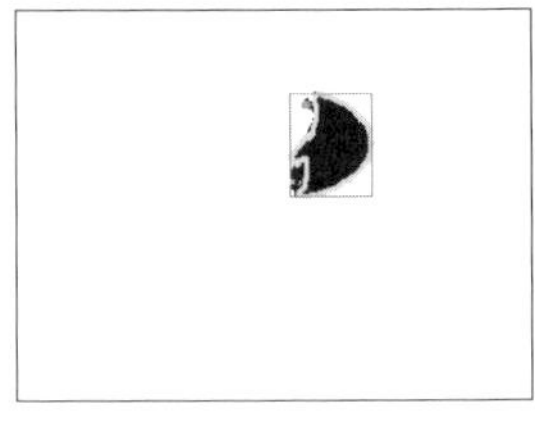

(a-2) 2値化して面積と頂点の数を求める

(a-4) 判定結果

(a) ターゲット①…きのこの山

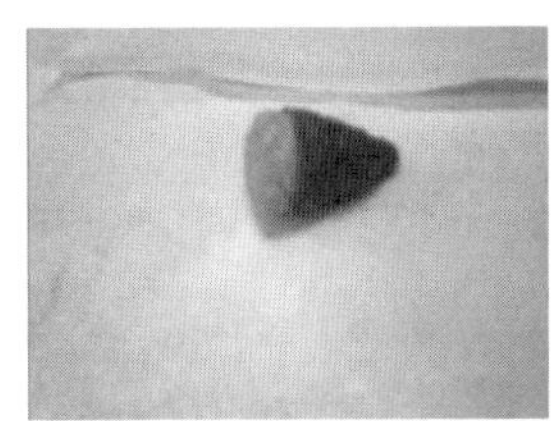

(b-1) 画像取得

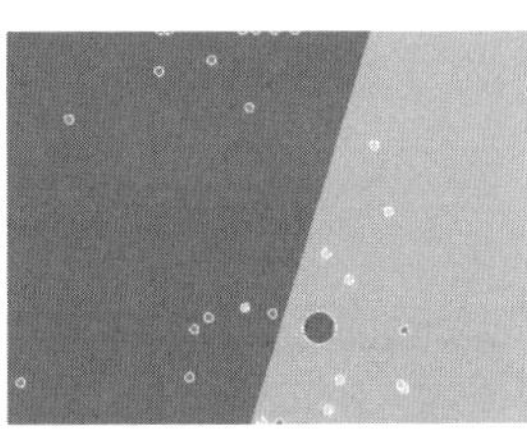

(b-3) SVMで分類

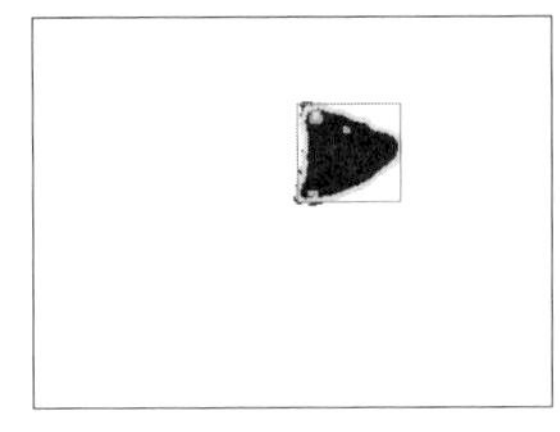

(b-2) 2値化して面積と頂点の数を求める

(b-4) 判定結果

(b) ターゲット②…たけのこの里

図1　ディープ・ラーニング以外(例えばSVM)の画像判定は画像の専門家でないと難しい
「面積や特徴点の数を入力データとして与えるといいんじゃないか」と自分で予想して処理しないといけない

②頂点の数

頂点の数を特徴量として使いました．きのこの山の方が傘の部分に凸凹が多いため，たけのこの里に比べてきのこの山の方が頂点が多くなると予想したためです．

▶本書のディープ・ラーニングでは画像データを集めただけ

きのこの山とたけのこの里の画像を100枚程度作り，それらを10倍から100倍に加工することで大量の画像を作成しました．その画像をそのまま学習データに使うことで，前処理を省略できました．

●比較2…未開封お菓子の音による分類では

未開封のお菓子の分類では，ニューラル・ネットワークの学習手法の1つであるバック・プロパゲーションの説明を行いました(Interface誌2016年11月号)．**写真2**のように，5種類のスナック菓子を1つずつ「カシャカシャ」と振って録音しました．そして，その音の違いによって分類を行いました．

音の違いは周波数成分の違いに現れると予想したため，**図2**のような，切り出し，高速フーリエ変換(FFT)，絶対値，スケール変換を用いて音を周波数成分に変換する前処理を行いました．

ディープ・ラーニングの場合，入力に音のデータ［**図2(a)**］をそのまま渡すことが可能です[注1]．

注1：用意した5分程度のデータではまだまだデータ数が少ないと考えるとともに，切り出し，FFT解析，絶対値，スケール変換などは，ニューラル・ネットワークの入力として一般的に行われているため，本書ではFFTなどをしてから学習データに使うことにした．

写真2　実験のようす…PCのマイクに向かってお菓子を振った

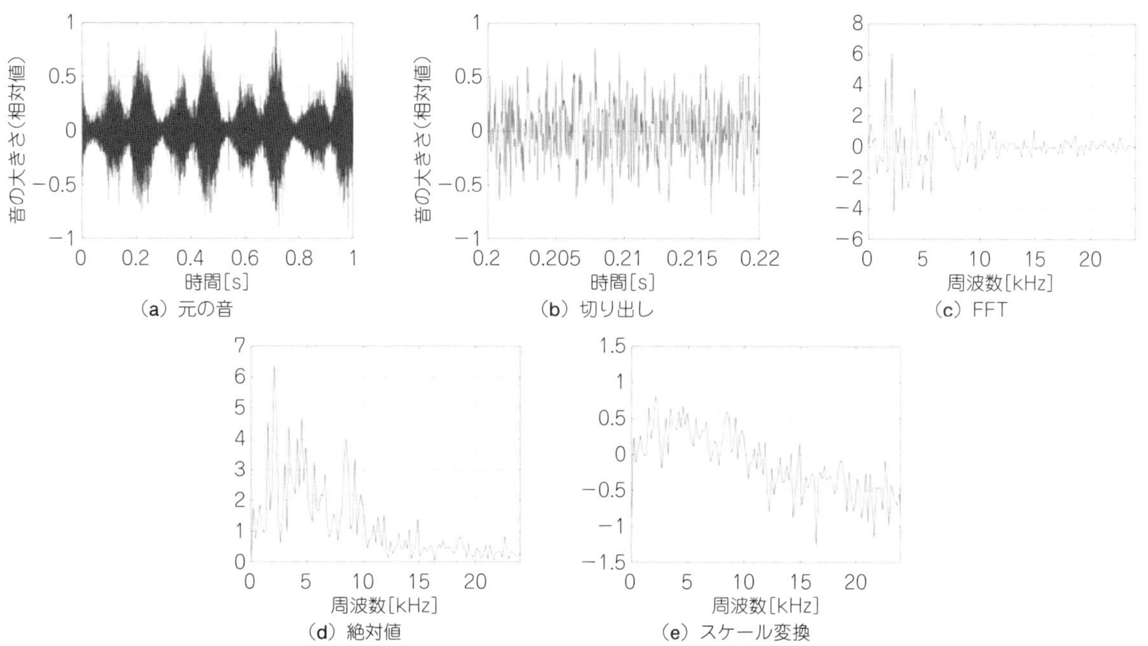

図2　ディープ・ラーニング以外の音判定は音の専門家でなければ難しい
音データの前処理で周波数成分などを取り出してから与えないといけない

●比較3…けん玉の動作の分類では

写真3のように「とめけん」(球を垂直に引き上げてけん玉の先にさす技)を，未経験者/初心者/経験者に行ってもらい，その動作を3軸加速度計で計測することで，動作の違いを分類しました(Interface誌2016年12月号～2017年2月号)．**写真4**のように取り付けた3軸加速度センサの時間変化は，**図3**のようになります．

このグラフをそのまま使うのではなく，3方向(x，y，z)の最大加速度と最小加速度の振幅差と時間差，振り上げから剣先に当たるまでの時間の7つの値へ変換する前処理を行いました(**表1**)．これは未経験者と経験者の違いは振り上げ方に違いがあると予想したためです．

ディープ・ラーニングの場合，加速度データを前処理することなく，時系列に入れることが可能です．

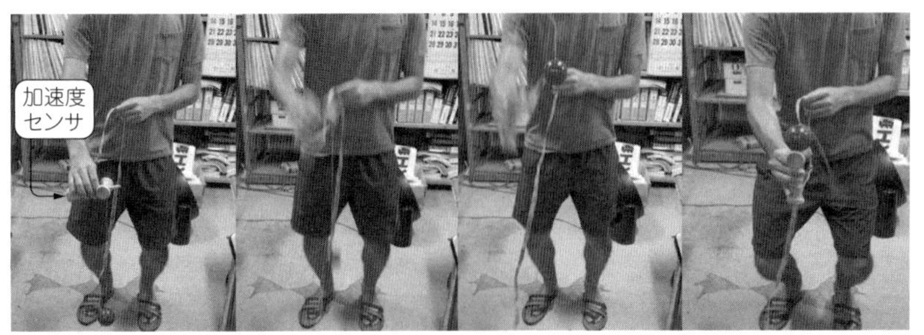

（a）精神統一　（b）振り上げ　（c）剣先より上に　（d）成功

写真3　けん玉の技「とめけん」の動作を3軸加速度センサで取得

写真4　けん玉の「さら」にとりつけた加速度センサ

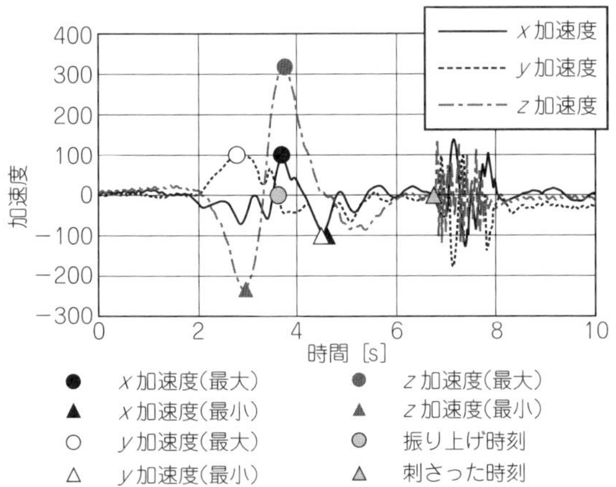

図3　ディープ・ラーニング以外でセンサによる動作判定を行うのは動作解析の専門家じゃないと難しい

どの値に意味があるのか自分で予想して取り出してから与えないといけない．経験者が成功したときのデータ．他にも経験者失敗，未経験者成功/失敗，初心者成功/失敗のデータが必要だった

表1　データの前処理によって抽出された経験者/未経験者/初心者ごとの動き

プレーヤ＼入力するデータ	xa	xt	ya	yt	za	zt	tt
KS1	184	87	192	176	550	78	326
KS2	179	93	189	166	485	83	282
KS3	202	32	221	91	503	99	323.5
KS4	125	79	175	171	522	70	308.5
KS5	186	78	202	77	417	90	342.5
〜							
MF3	134	51	235	102	466	99	53
MF4	130	88	168	154	418	112	157
MF5	195	129	231	215	452	127	272.5
MF6	81	321	79	172	159	170	141

S：成功，F：失敗

K：経験者，S：初心者，M：未経験者

- xa：x軸の加速度の最大と最小の差
- ya：y軸の加速度の最大と最小の差
- za：z軸の加速度の最大と最小の差
- xt：x軸の最大加速度が生じた時刻と最小加速度が生じた時刻の差の絶対値
- yt：y軸の最大加速度が生じた時刻と最小加速度が生じた時刻の差の絶対値
- zt：z軸の最大加速度が生じた時刻と最小加速度が生じた時刻の差の絶対値
- tt：y軸軸加速度が最大となる時刻と最小となる時刻の中央の時刻と剣先に当たった時刻（x軸の加速度変化がしきい値以上となった時刻）の差（振り上げてから剣先に当たるまでの時間に相当）

ディープ・ラーニングの欠点

●大量のデータを用意しないといけない

このように従来型の人工知能アルゴリズムを利用するには，データの前処理が大変でした．ディープ・ラーニングの場合は前処理を頑張る必要がないのですが，弱点として大量の学習データが必要となります．

人間が予測して行っていた上記の前処理は，人間自身がこれまでに行った経験を反映した処理で

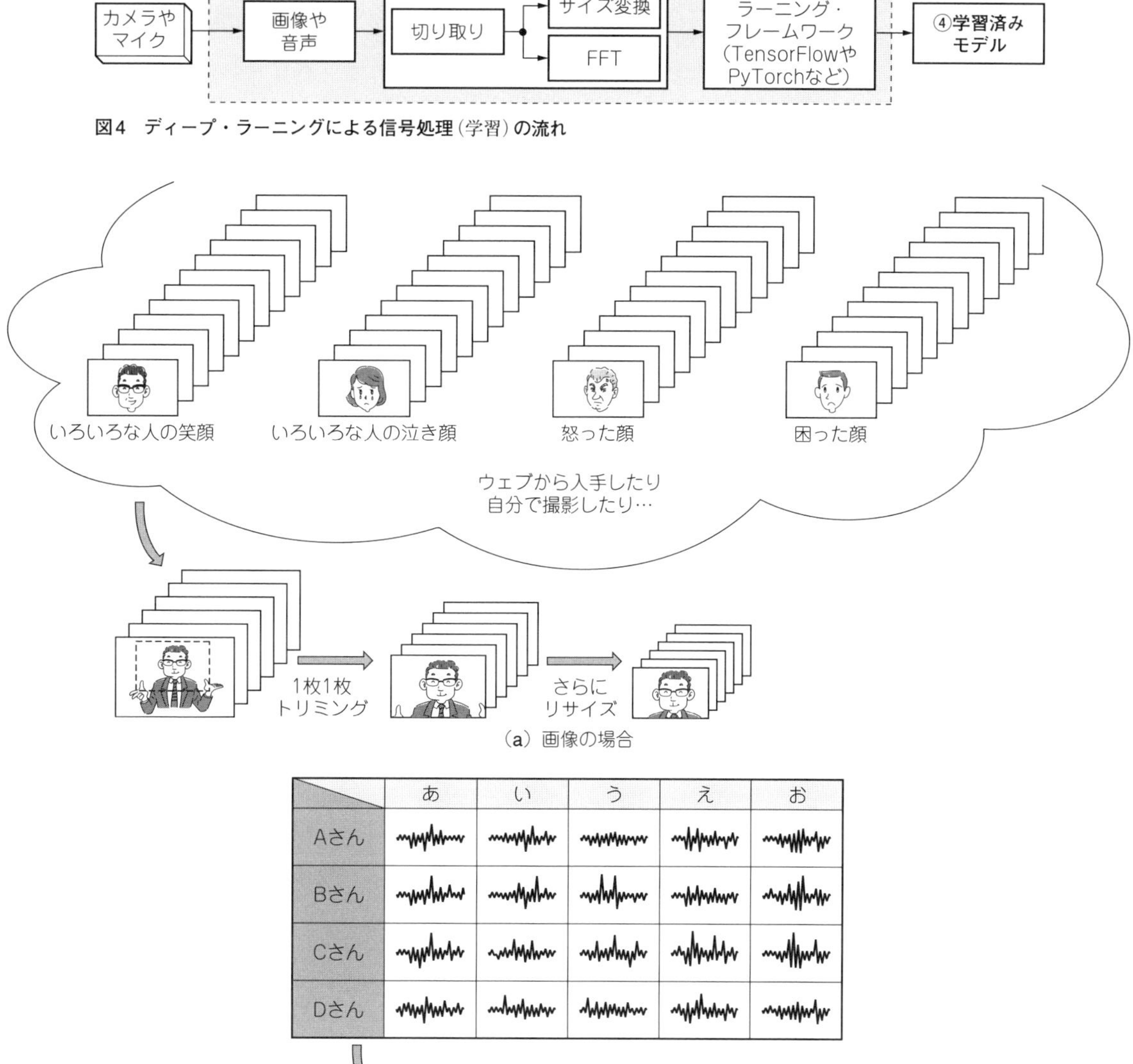

図4　ディープ・ラーニングによる信号処理(学習)の流れ

図5　学習データを用意するのは時間がかかる

す．

その経験をディープ・ラーニングに積ませて前処理を行ったことにするためには，大量の学習データが必要になってしまいます．

図4にディープ・ラーニングにおける信号処理の流れを示します．大変なのは①と②のブロックです．

例えば，感情認識ができる人工知能を作ろうと思ったら，自分で笑顔や泣き顔，怒り顔の画像を大量(できれば数千枚)に集めてくる必要があります[**図5(a)**]．

さらに集めた画像に対して，顔の部分だけを抜き出すトリミングを行い，さらに画像のサイズをそろえておく必要があります．ここにはかなり時間がかかります(数日～数週間)．

ですが，2010年ごろから，スマートフォンの普及によって大量の画像/音声データが手に入るようになったため，ディープ・ラーニングの発展には追い風となりました．

第2部

ラズパイ＆PC 試すための準備

第1章

Googleが作っているフレームワーク
開発環境にTensorFlowを選んだ理由

ディープ・ラーニングは一からプログラムして実現することもできます．そのための書籍も販売されています[1]．原理を全て知ってディープ・ラーニングを使いこなすことはとても良いことですが，たいていの場合は，簡単にディープ・ラーニングを使うための「フレームワーク」というものを使います．

簡単に使いこなせるからといっても，単なる初心者向けであるだけでなく，ディープ・ラーニングを用いた研究や仕事にも十分使える能力を持っています．実際，世界の最先端の学会でもフレームワークを使った成果が多く発表されています．

フレームワークはさまざまな企業や団体から公開されています．本書ではAlphabet社（Google）が開発したTensorFlowを選びました．理由を以下に示します．

理由1…人気のフレームワーク

現在よく用いられているフレームワークをGitHubのスターの数で比較したグラフを**図1**に示します．スターの数は「いいね！」と同じような意味を持っています．159kや52.6kのkはキロの意味なので，159kとは159000個のスターの数を意味します．KerasはTensorFlowと一緒に使うことが多いので，TensorFlowに合わせて考えてもよいフレームワークです．

これを見ると圧倒的にTensorFlowのスターの数が多いことが分かると思います．比較対象とし

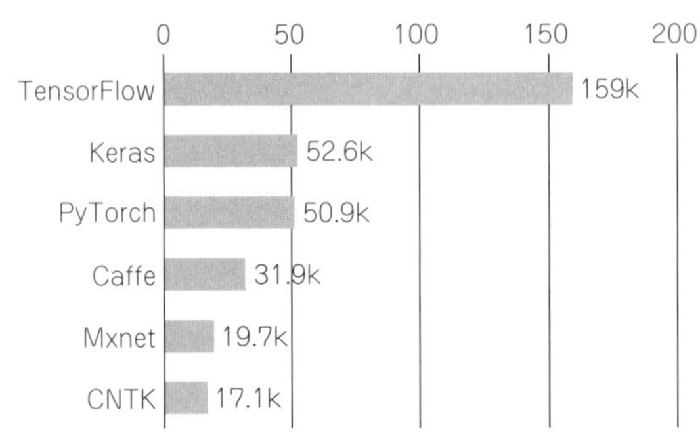

図1　フレームワークをGitHubのスター数で比較したグラフ

たのは，Facebookが開発する「PyTorch」，ディープ・ラーニングの黎明期からよく用いられているバークレー大学の研究センタ（Berkeley Vision and Learning Center）が開発するCaffe，Amazon Web Servicesが開発する「MXNet」，Microsoftが開発するCNTK（Computational Network Toolkit）です．特に，PyTorchは人気が急上昇しており，最近ではTensorFlowとPyTorchは2大人気フレームワークとなっています．

この2つの違いをあえて分けるとすると，TensorFlowはビジネス分野でよく使われ，PyTorchは研究分野でよく使われている傾向が見られます．ただし，TensorFlowも研究分野で使われていないというわけでなく，最先端の学会でも多く使われていますので安心してお使いください．

理由2…さまざまなハードウェアに対応

TensorFlowは単にコンピュータ上で計算するだけでなく，

- ウェブ・ブラウザ上（TensorFlow.js）
- モバイルおよびエッジ上（TensorFlow Lite）
- サーバ上（TFX）

など，さまざまなプラットフォームで使用できるような環境が整っています．

まず，ウェブ・ブラウザ上で動かすことができるTensorFlow.jsを使うとJavaScriptで開発することができます．さまざまなデモが公式ウェブ・ページ内の下記のページで紹介されています．

`https://www.tensorflow.org/js/demos`

例えば，画像でパックマンを動かすことができるものを作ることができます．

モバイルおよびエッジ向けに，AndroidやiOS，ラズベリー・パイなどのパソコンに比べて計算能力の劣る機器でも動かすためのTensorFlow Liteというバージョンも公開されています．最近では，ArduinoやESP32などのマイコンでも動かすことができるバージョンも公開されています．

モバイル向けとは反対に，大規模な本番環境を想定したサーバ上で動くTensorFlow Extended（TFX）というバージョンも公開されています．このように，多様な環境で実行できるように整備されている点も魅力の1つです．

理由3…日本語の解説がある

TensorFlowの公式ウェブ・ページの多くは，**図2**のように日本語化されています．チュートリアルも分かりやすく書かれていますので，英語に不慣れな初心者でも使いこなすことができます．

高度な使い方はまだ日本語化されていない部分もありますが，徐々に日本語化されたページが増えてきています．また，人気の高いフレームワークなので日本語の解説記事も多くあります．

理由4…実績が豊富

公式ウェブ・ページ（`https://www.tensorflow.org/about/case-studies`）で事例が紹介されています．

図2 TensorFlowの公式ウェブ・ページ

図3 TensorFlowのチュートリアルはGoogle Colaboratory上で動作する

その中で筆者が興味を引かれた事例を挙げます．ここでは，そのウェブ・ページの内容を抜粋して示します．

①Coca-Cola：TensorFlowでモバイルでの購入証明を実現

人口知能の進歩とTensorFlowの発達により，Coca-Cola Companyは，長年の課題だったポイント・プログラム用の簡易的な購入証明機能を実現することができました．

②Twitter：TensorFlowによるツイートのランク付け

Twitterは，TensorFlowを使用して「タイムラインのランク付け」機能を作成しました．

これにより，何千人もフォローしているユーザでも，自分にとって特に重要なツイートを見逃すということがなくなります．

③PayPal：TensorFlowを使用して最先端の不正検出を実現

PayPalでは，TensorFlow，転移学習，生成モデルを使用して，一時的に変化する複雑な不正パターンを認識し，不正による不承認の精度を高めるとともに，正当なユーザの識別精度も向上させています．

理由5…オンラインで試せる

Google Colaboratoryというクラウド上で（オンラインで）プログラムを実行できるサービスがあります．TensorFlowはColaboratoryと連動して動かすこともできるようになっています．

特にチュートリアル（`https://www.tensorflow.org/tutorials`）は**図3**のように，そのままGoogle Colaboratory上で動作します．

第2章

ディープ・ラーニングのフレームワーク TensorFlowのインストール

インストール方法はOS，動作環境ごとに異なる

本書では，ディープ・ラーニングを実行するためのフレームワークとしてTensoFlowを利用します．TensorFlowをインストールできるOSとして，公式にはLinux（Ubuntu）やmacOS，Windowsがサポートされています．

ここからは，以下の環境にTensorFlowをインストールする方法を紹介します[注1]．

1，Ubuntu … 第2章のみ
2，Windows + Anaconda …第2章，第3章
3，ラズベリー・パイ … 第2章，第5章

【重要】Ubuntu，ラズベリー・パイを使うときの注意

本書では特に断りのない限り，Windows + Anacondaで試すことを想定します．そのため，Pythonのプログラムを動かす場合は，【python】コマンドを用います．また，pipによるインストールを行う場合は【pip】コマンドを用います．

それ以外の環境で実行する場合は，【python3】と【pip3】コマンドを用います．そこで，Ubuntu，ラズベリー・パイを使うときは，

python → python3
pip → pip3

と読み替えてください．

なお，インストールに関する補足，追加情報をサポート・ページにアップロードする予定です．

https://interface.cqpub.co.jp/2023deep/

注1：macOSでも検証は行ったが詳細は省略する．検証はインテル版macbookのみで行ったため，M1プロセッサ搭載macではうまくいかない可能性がある．

●Windows + Anaconda

Windows+Anacondaでは[編注1]，TensorFlowのインストールを以下のコマンドで行います．

```
> pip install tensorflow
```

また，深層強化学習を行う場合は以下のコマンドでTF-Agentsをインストールします．

```
> pip install tf-agents
```

詳細を第2部第3章に示します．

●Ubuntu

まず，Pythonとpipのバージョンを以下のコマンドで調べます．Pythonのバージョンは3.6～3.9，pipのバージョンは19.0以降が必要です．

```
$ python3 --version
$ pip3 --version
```
[注2]

実行して，例えば以下のように表示された場合は要件を満たしています．

```
Python 3.8.11
pip 21.0.1
```

UbuntuではTensorFlowとTF-Agentsのインストールを以下のコマンドで行います．

```
$ sudo apt update
$ sudo apt upgrade
$ sudo apt install python3-dev python3-pip python3-venv
$ pip3 install --user --upgrade tensorflow
$ pip3 install tf-agents
```

Ubuntuではアップデートや開発環境のインストールを行います．ただし，インストール・オプションによってはすでに終わっている場合があります．

●ラズベリー・パイ

ラズベリー・パイへのインストールはだいぶ複雑です．第2部5章を参考にしてください．

必要なライブラリのインストール

本書で必要となるライブラリのインストール方法を以下に示します．必要に応じてインストールしてください．

●Windows + Anaconda

- NumPy（数値計算用）

```
> pip install numpy
```

- matplotlib（画像表示用）

```
> pip install matplotlib
```

編注1：WindowsにAnacondaをインストールし仮想環境を構築する方法は第3章参照．
注2：エラーになった場合はpython3-pipがインストールされていない．python3-pipのインストールは次ページで説明する．

• scipy（数値解析・計算用）

```
> pip install scipy
```

• pydot, graphviz（ネットワーク可視化用）

```
> conda install -c anaconda pydot
```

• pyaudio（音用）

```
> pip install pyaudio
```

• OpenCV（画像処理用）

```
> pip install opencv-python
```

• Pillow（画像処理用）

```
> pip install Pillow
```

• dlib（顔の切り出し用）

```
> conda install -c conda-forge dlib
```

• perl（自動作文時の文書変換用）

```
> conda install -c anaconda perl
```

• librosa（数値分析用）

```
> pip install librosa
```

• sox（音声変換用）

```
> conda install -c conda-forge sox
```

● Ubuntu

• アップデート

```
$ sudo apt update
$ sudo apt upgrade
$ sudo apt install python3-pip
$ sudo apt install python3-dev
$ sudo apt install python3-venv
$ pip3 install --upgrade pip
```

• matplotlib（画像表示用）

```
$ pip3 install matplotlib
```

• NumPy（数値計算用）

```
$ pip3 install numpy
```

• SciPy（科学計算用）

```
$ pip3 install scipy
```

• pyaudio（音用）

```
$ sudo apt install portaudio19-dev
$ pip3 install pyaudio
```

• pydot, graphviz（ネットワーク可視化用）

```
$ sudo apt install graphviz
$ pip3 install pydot
```

• OpenCV（画像処理用）

```
$ pip3 install opencv-python
```

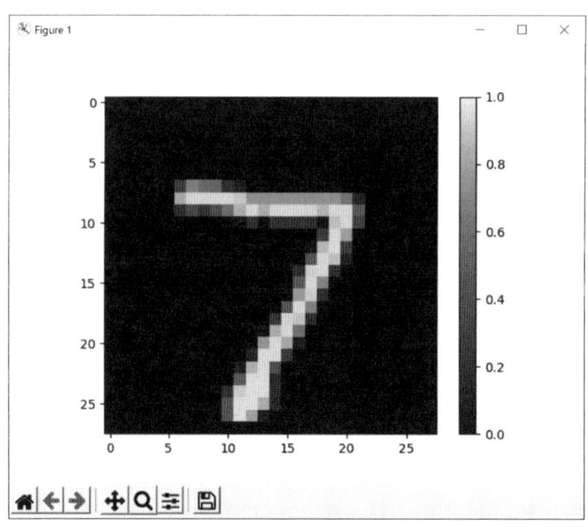

図1　サンプルの表示画像

- dlib（顔の切り出し用）

```
$ pip3 install cmake
$ pip3 install dlib
```

- nkf（自動作文時の文字コード変換用）

```
$ sudo apt install nkf
```

- mecab（自動作文時の文書解析用）

```
$ sudo apt install mecab
```

- sox（音声変換用）

```
$ sudo apt install sox
```

● サンプル・プログラムの実行

本書のサンプル・プログラムは本書サポート・ページからダウンロードできます．

```
https://interface.cqpub.co.jp/2023deep/
```

TensorFlowがインストールできたかどうかを試すには第2部第4章を参考にしてください．

なお，前述したライブラリmatplotlibをインストールしておくと，**図1**のような画像が表示されます．

第3章

お手軽Python環境 Anacondaのインストール

Anaconda はPython言語の実行環境です．Anacondaには数値計算やデータ解析に必要なライブラリが組み込まれています．本章では，Anaconda と TensorFlow を Windows OS搭載のパソコンにインストールする方法を説明します．

ステップ1…Anacondaのインストール

Anacondaの公式サイトにアクセスします．

`https://www.anaconda.com/`

図1の「Download」をクリックします．以下のファイルがダウンロードされます．なお，バージョンは変わる場合があります．

`Anaconda3-2021.05-Windows-x86_64.exe`

そのダウンロードしたファイルをダブルクリックしてインストールを開始します．初めに**図2**が表示されますので，[Next] ボタンをクリックします．

次に**図3**の使用許可書が表示されます．同意して次に進む場合は[I Agree]ボタンをクリックし

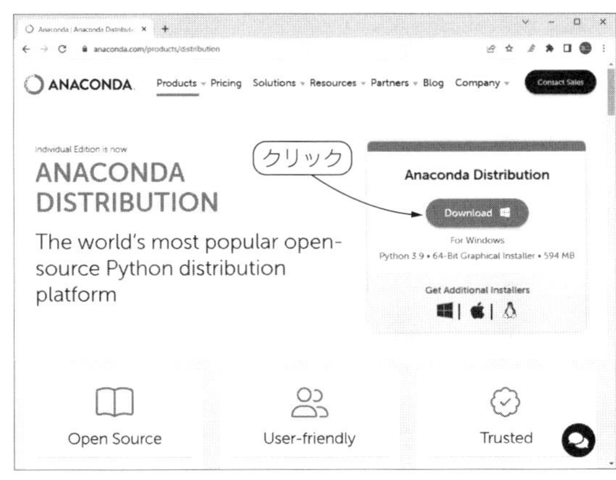

図1　Anacondaをダウンロード

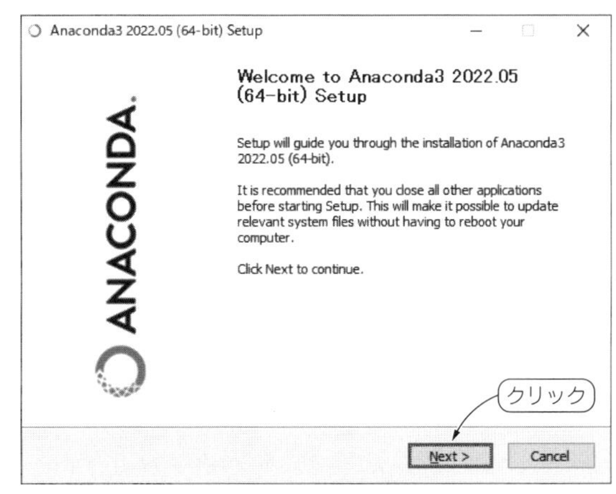

図2　インストール開始後に表示される画面

ます．**図4**が表示されますので，「Just Me (recommended)」を選択し，［Next］ボタンをクリックします．

図5のようなインストール先を選択するダイアログが表示されます．このインストール先のパスを環境変数に追加することとなります．特に変更せずに［Next］ボタンをクリックしたとして，以

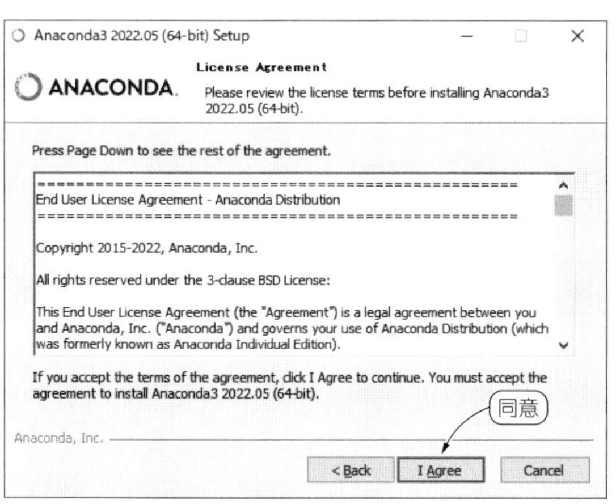

図3　使用許可書に同意

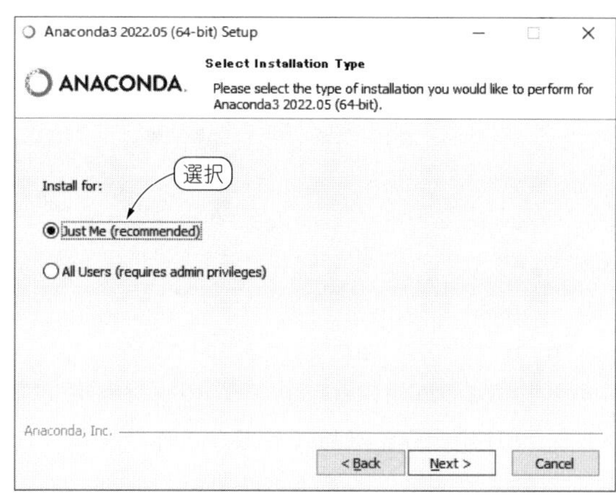

図4　インストール・タイプは自分だけを選択

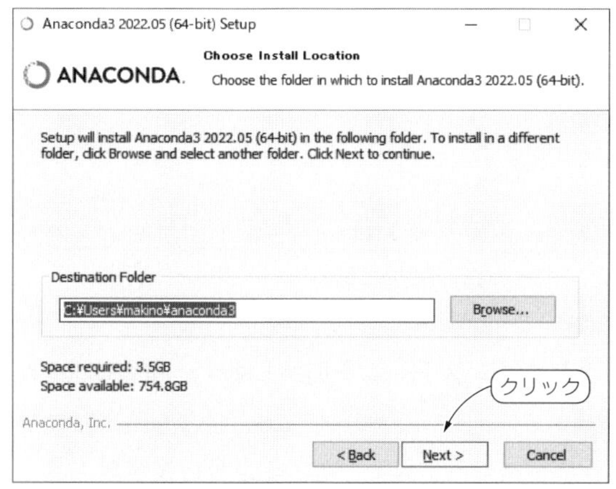

図5　インストール先を指定

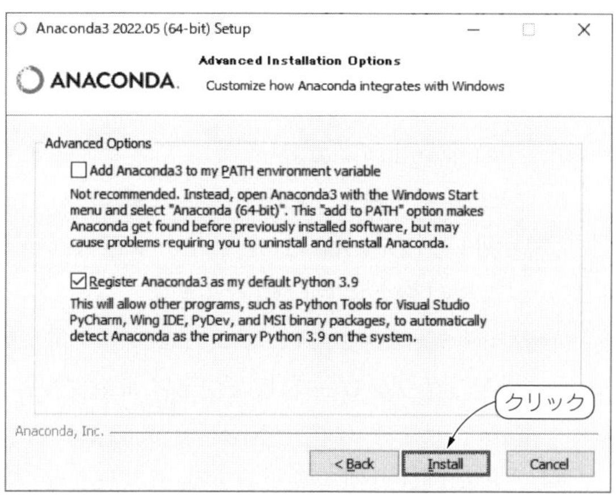

図6　オプションの選択

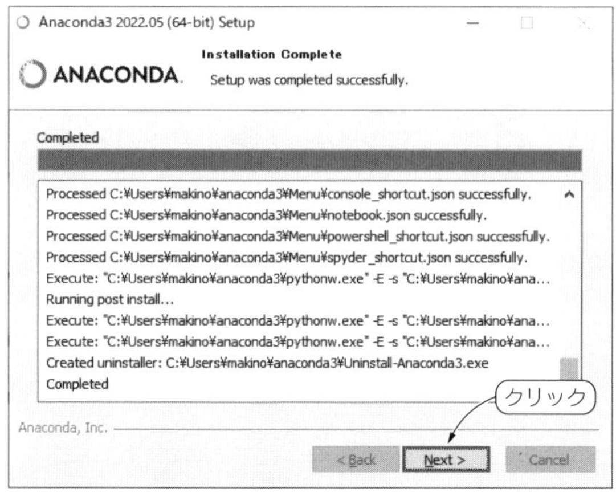

図7　インストール完了直後の画面

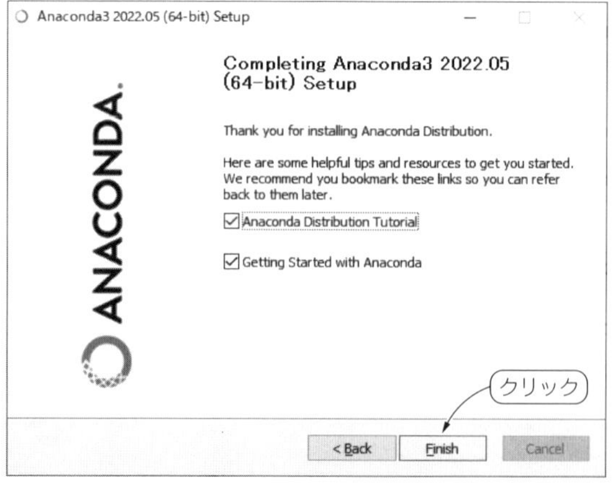

図8　インストール完了後のオプション選択画面

下の説明を行います．

図6が表示されますので，そのまま[Install]ボタンをクリックします．インストールには10分程度かかります．インストールが終了すると**図7**が表示されますので，[Next]ボタンをクリックします．最後に**図8**が表示されますので，[Finish]ボタンをクリックします．

ステップ2…仮想環境の構築

スタート・ボタンを押すとインストールした「Anaconda Navigator(anaconda3)」が表示されますので(**図9**)，クリックして起動します(または，Anaconda3フォルダ下にあります)．

起動後に左側の「Environments」をクリックすると**図10**が表示されますので，下の「Create」をクリックします．

図11のようなダイアログが表示されますので，仮想環境の名前を付けます．ここでは“TF”としました．そして，[Create]ボタンをクリックします．少し待つと**図12**のようにTFが追加されます．これで仮想環境ができました．

その後，左側の「Home」をクリックして**図13**を表示し，Applications onの右の選択ボックスからTFを選びます．そして，「CMD.exe Prompt」の下の[Install]ボタンをクリックしてインストールします．

図14のように「Install」が「Launch」に変わりますので，[Launch]ボタンをクリックしてプロンプトを起動すると**図15**が表示されます．

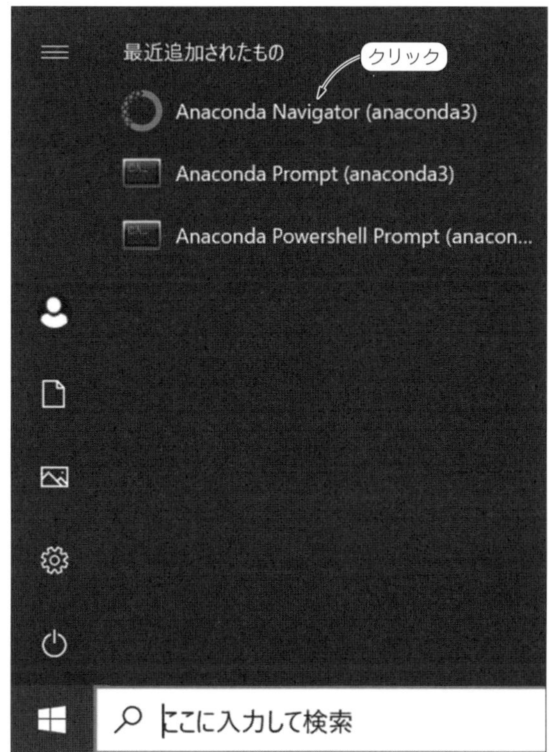

図9　Anaconda Navigatorを起動

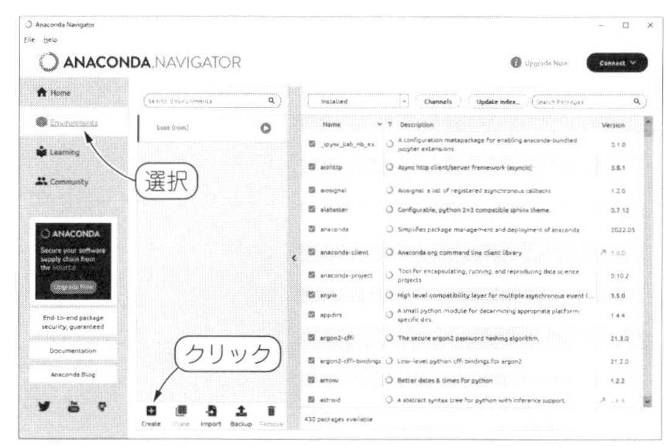

図10　「Environments」をクリック

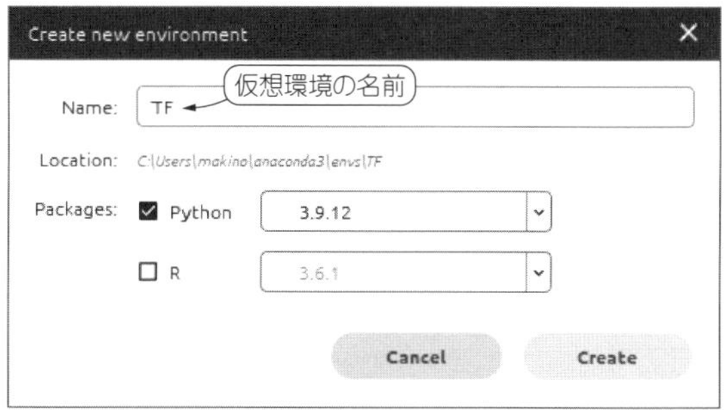

図11　仮想環境の名前を設定

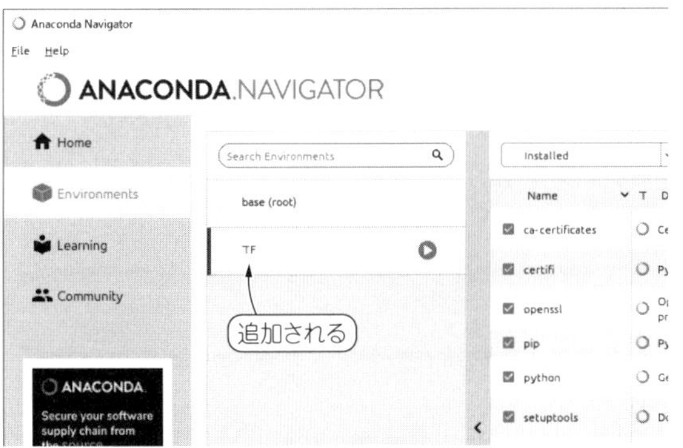

図12　仮想環境が追加された画面

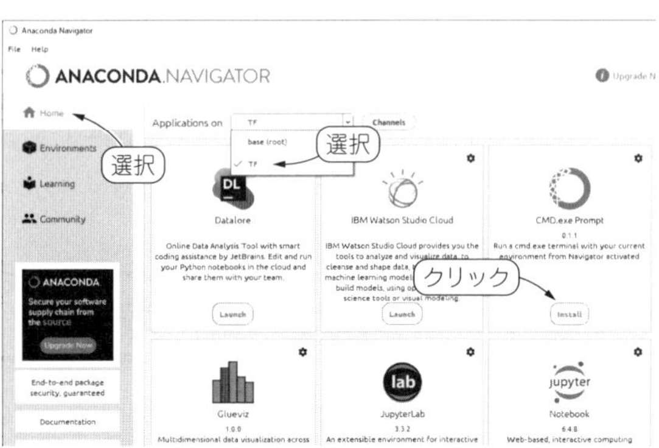

図13　「Home」をクリックし「Applications on」の選択ボックスから「TF」を選び「CMD.exe Prompt」下の［Install］ボタンをクリック

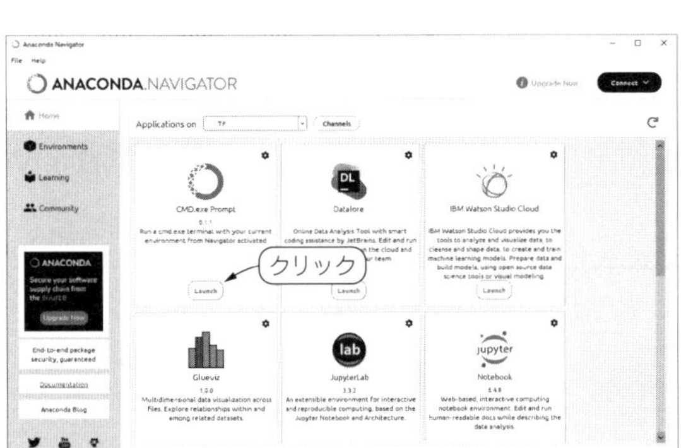

図14　「Install」が「Launch」に変わる

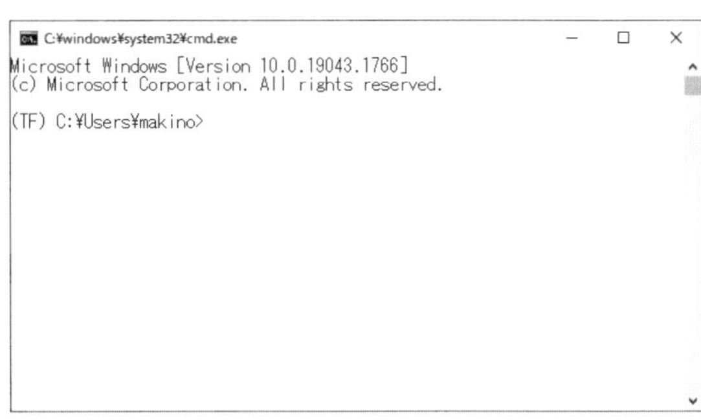

図15　起動したコマンドプロンプト

ステップ3…TensorFlowのインストール

起動したプロンプトで以下のコマンドを実行してTensorFlowをインストールします．

```
> pip install tensorflow
```

深層強化学習を行うためには以下を実行してTF-Agentsをインストールします．

```
> pip install tf-agents
```

これで準備が整いました．そのほかに必要なライブラリは，第2部第2章を参考にインストールしてください．

第4章

サンプル・プログラムを使った TensorFlowの動作確認

ここでは，TensorFlowの動作環境が正しくインストールできていることを，MNISTなる定番のサンプル（手書き文字認識）で確かめます．

●サンプル・プログラムの実行方法

本書のサンプル・プログラムのtf_train_mnist.pyを実行します．まず，tf_train_mnist.pyがあるフォルダ（ディレクトリとも呼ぶ）に移動します．

Windowsのコマンドプロンプトの場合を例にとり，フォルダの移動方法を説明します．ここではtf_train_mnistフォルダがDocumentsフォルダの下にあるとします．

Anacondaの「CMD.exe Prompt」（**図1**）の「Launch」ボタンをクリックして実行すると以下のように表示されます．なお，xxxはユーザ名ですので環境によって異なります．

```
(TF) C:¥Users¥xxx>
```

フォルダの移動はcdというコマンドの後ろにフォルダ名を書きます．Documentsフォルダに移動するには以下のようにします．移動できるとxxxの後ろにDocumentsが表示されます．

```
(TF) C:¥Users¥xxx>cd Documents
(TF) C:¥Users¥xxx¥Documents>
```

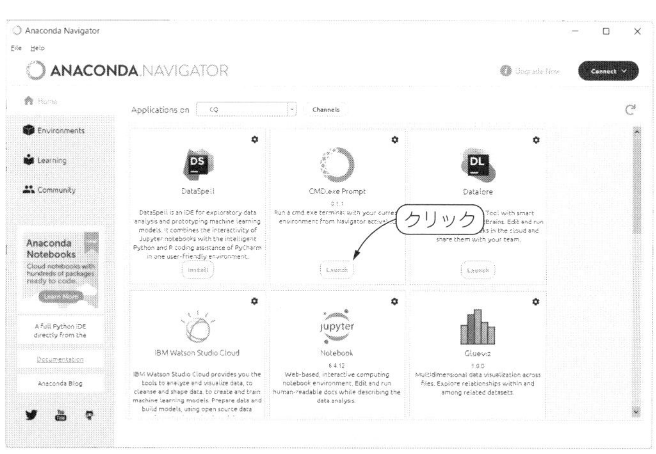

図1 「CMD.exe Prompt」の「Launch」ボタンをクリック

同じようにしてtrain_mnistフォルダは以下のようにして移動します．

```
(TF) C:¥Users¥xxx¥Documents>cd train_mnist
(TF) C:¥Users¥xxx¥Documents¥train_mnist>
```

このようにしてtrain_mnistフォルダに移動します．そのフォルダでtf_train_mnist.pyを実行します．

Anacondaを使っている場合：

まずはmatplotlibを以下のコマンドでインストールしてください．

```
> pip install matplotlib
```

その後に以下のコマンドで実行します．

```
> python tf_train_mnist.py
```

Ubuntu，ラズベリー・パイを使っている場合：

まずはOpenCVとmatplotlibを以下のコマンドでインストールしてください．

```
$ pip3 install opencv-python
$ pip3 install matplotlib
```

その後に以下のコマンドで実行します．

```
$ python3 tf_train_mnist.py
```

といった具合にコマンドが異なりますので注意してください．ただし，フォルダ名まで書くと長くなってしまうので，上記のようにフォルダ名を省略して書きます．

●サンプル・プログラムの実行結果

実行結果を**リスト1**に示します．まず，Epoch 1/5から始まる行が表示されます．これは5回中1回目の学習であることを示しています．

その後，**図2**が表示されます．これが，テストとして入力した画像です．

最後に「7」という数字が表示されます．この数字がディープ・ラーニングが予測した数となります．正しく分類できたことが分かりますね．他の数字で行う場合は，tf_train_mnist.pyの中にある

```
test_number = 0
```

となっている数字を変えることで他の数字を試せます．例えば，

```
test_number = 1
```

とすると**図3**が表示されます．この場合も「2」と分類できました（**リスト2**）．

リスト1　tf_train_mnist.pyの実行結果

```
> python tf_train_mnist.py
Epoch 1/5
1875/1875 [==============================] - 1s 582us/step - loss: 0.4969 - accuracy: 0.8546
Epoch 2/5
1875/1875 [==============================] - 1s 626us/step - loss: 0.1486 - accuracy: 0.9558
Epoch 3/5
1875/1875 [==============================] - 1s 636us/step - loss: 0.1139 - accuracy: 0.9658
Epoch 4/5
1875/1875 [==============================] - 1s 612us/step - loss: 0.0878 - accuracy: 0.9734
Epoch 5/5
1875/1875 [==============================] - 1s 614us/step - loss: 0.0714 - accuracy: 0.9766
313/313 [==============================] - 0s 411us/step - loss: 0.0733 - accuracy: 0.9772
7 ←(分類した数字)
```

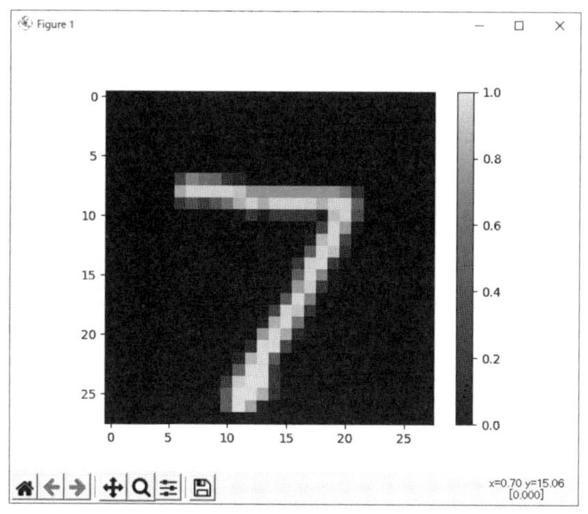

図2　テストとして入力した画像

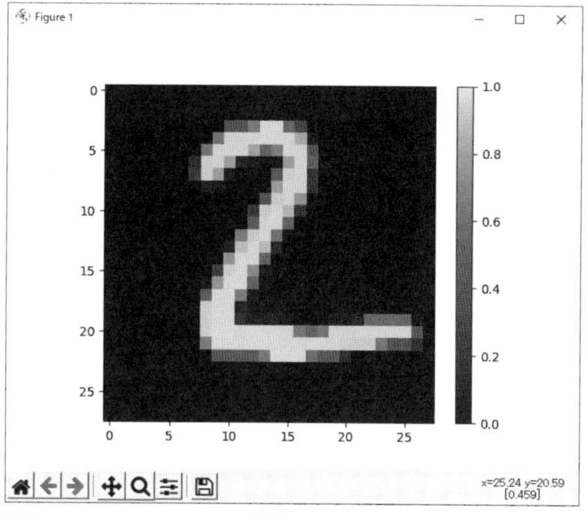

図3　test_number = 1での結果

リスト2　**tf_train_mnist.py**の実行結果(test_number=1)

```
> python tf_train_mnist.py
Epoch 1/5
1875/1875 [==============================] - 2s 1ms/step - loss: 0.2995 - accuracy: 0.9125
Epoch 2/5
1875/1875 [==============================] - 2s 1ms/step - loss: 0.1459 - accuracy: 0.9567
Epoch 3/5
1875/1875 [==============================] - 2s 1ms/step - loss: 0.1092 - accuracy: 0.9666
Epoch 4/5
1875/1875 [==============================] - 2s 1ms/step - loss: 0.0893 - accuracy: 0.9728
Epoch 5/5
1875/1875 [==============================] - 2s 1ms/step - loss: 0.0758 - accuracy: 0.9758
313/313 [==============================] - 0s 817us/step - loss: 0.0843 - accuracy: 0.9749
2
```

ただし，このプログラムはインストールができているかどうかを確認するためのプログラムですので，毎回学習をします．

実際にはディープ・ラーニングでは学習した結果(モデル)を保存しておいて，その学習結果(モデル)を使うことでいろいろなことを行います．

第5章

OS，TensorFlow，TS-Agentsのインストール
ラズベリー・パイの準備

ラズベリー・パイは手のひらサイズのコンピュータです．Linuxが動きますので，PCとほぼ同じことができます．さらに，入出力のためのピンがたくさん付いており，電子工作が簡単にできるようになっています．

人工知能のエッジ端末[注1]として期待されているだけでなく，IoTを実現する機器としても期待されています．

他にも多くの機器が出ていますが，現在ラズベリー・パイが頭一つ抜きん出ている状態です．

用意するもの

ラズベリー・パイを利用するには，次の物を用意します（**図1**）．なお，本書ではラズベリー・パイ 4を対象とします．

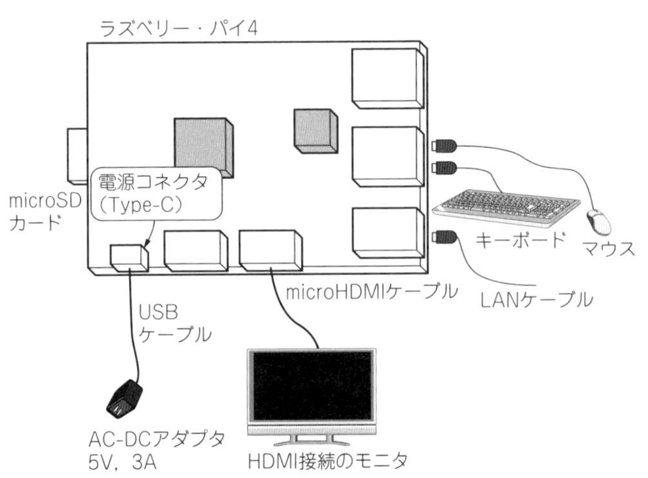

図1　ラズベリー・パイを動かすために必要なハードウェア

注1：学習済みモデルを使って入力されたデータをその場で処理する機器．

- PC…SDカードにラズベリー・パイのOSを書き込む
- ラズベリー・パイ 4
- マウス（USB接続）
- キーボード（USB接続）
- ディスプレイ（HDMI接続）
- microSDカード（32Gバイト以上，Class 10）
- LANケーブル＋インターネット環境
- ACアダプタ（USB Type-C端子を持つ5V，3A出力）
- microHDMI端子付きHDMIケーブル

OSのインストール

●インストール・ソフトウェアをダウンロード

ラズベリー・パイの公式ウェブ・ページ（`https://www.raspberrypi.org/`）を開き，上部にあるComputersの中にあるSoftwareをクリックすると**図2**が表示されます．左側の[Download for Windows]をクリックします．

図3のように，ファイル（`imager_1.7.2.exe`）がダウンロードされます．

●インストール・ソフトウェアのインストール

ダウンロードしたファイルを実行すると**図4**が表示されます．[Install]ボタンを押してしばらく待つとインストールが完了します．

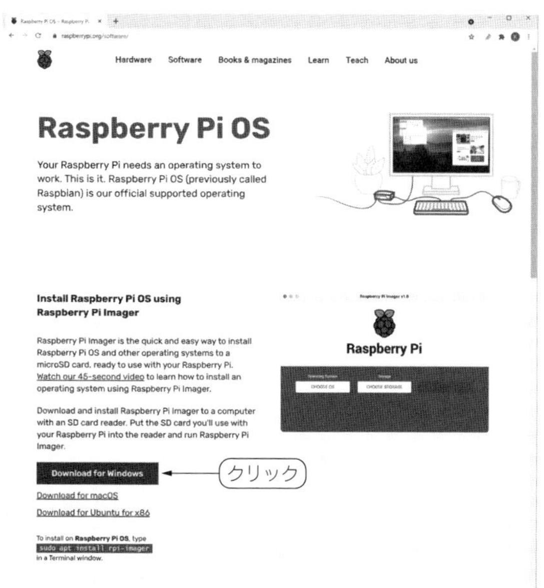

図2　Raspberry Pi OSのページ

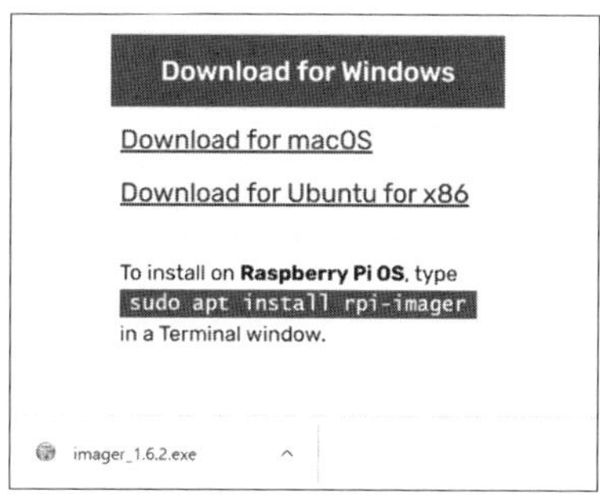

図3　Raspberry Pi Imagerのインストール・ファイルをダウンロード

図4　ダウンロードしたファイルを実行

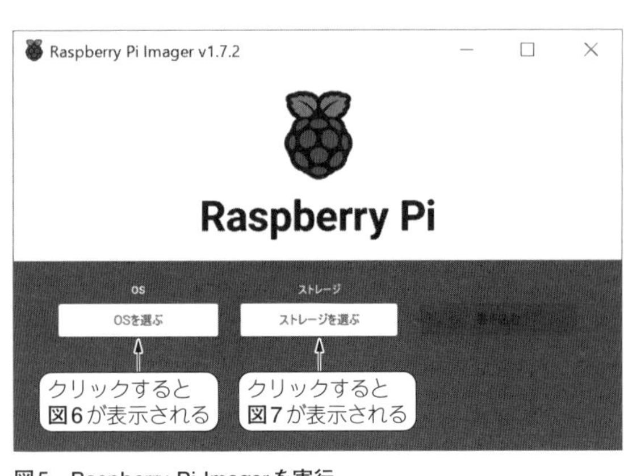

図5　Raspberry Pi Imagerを実行

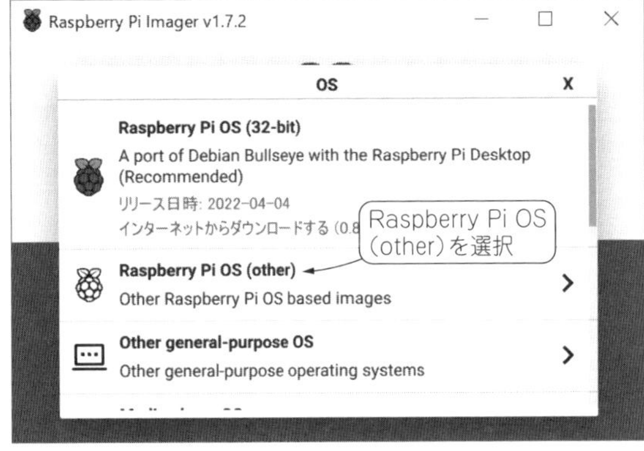

(a) Raspberry Pi OS (Other) を選択

(b) Raspberry Pi OS (64-bit) を選択

図6　「OSを選ぶ」画面

●インストール・ソフトウェアの実行

Raspberry Pi Imagerを実行すると**図5**が表示されます．

▶OSの選択

まずはラズベリー・パイにインストールするOSを選択します．「OSを選ぶ」をクリックすると**図6(a)**が表示されます．その中の「Raspberry Pi OS (other)」を選択すると**図6(b)**が表示されます．その中の「Raspberry Pi OS (64-bit)」を選択します．

▶保存先の選択

注意：
選択先を間違えてハードディスクやUSBメモリを選択すると，その中に保存してあるデータがすべて消えますので慎重に行ってください．

次に，OSを書き込むSDカードを選択します．「ストレージを選ぶ」をクリックすると**図7**が表示されます．USB機器がつながっていると，この図のように複数表示されます．

この例ではUSB接続のハードディスクが2つ，USBメモリが1つ，SDカードが1つの4つのストレージがつながっています．その中から対象となるSDカードを選択します．

図7　「ストレージを選ぶ」画面でmicroSDカードを選択
注：ハードディスクやUSBメモリ・カードも選択できる

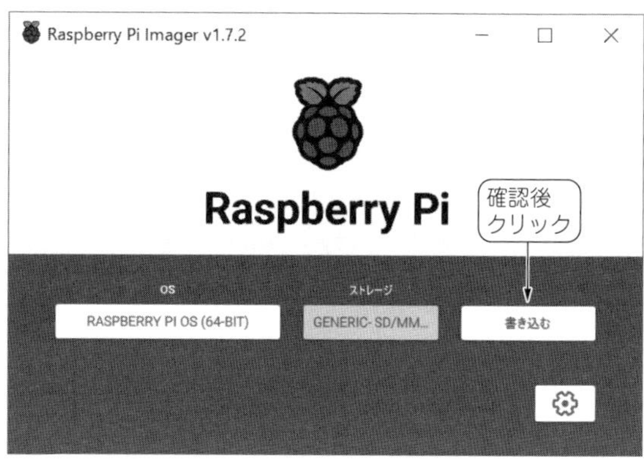

図8　「OSを選ぶ」と「ストレージを選ぶ」が選択したものに変わる

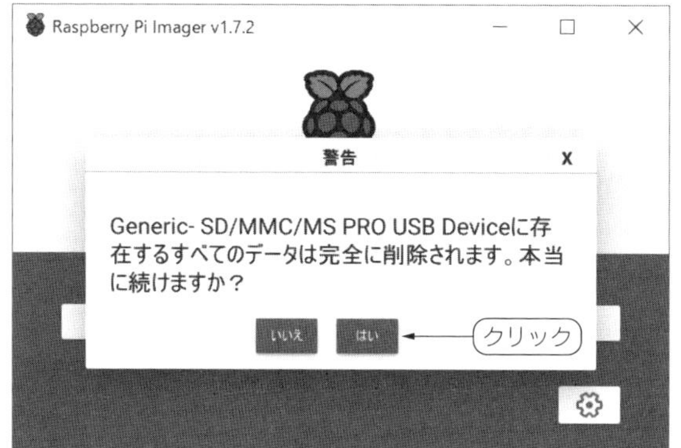

図9　正しいSDカードが選択されているかどうかを確認

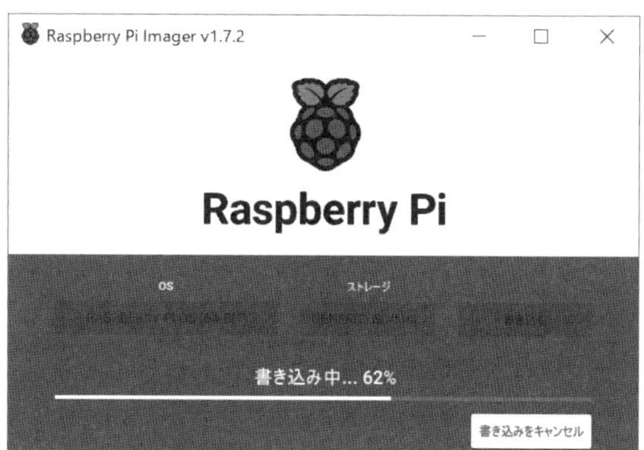

図10　書き込み開始

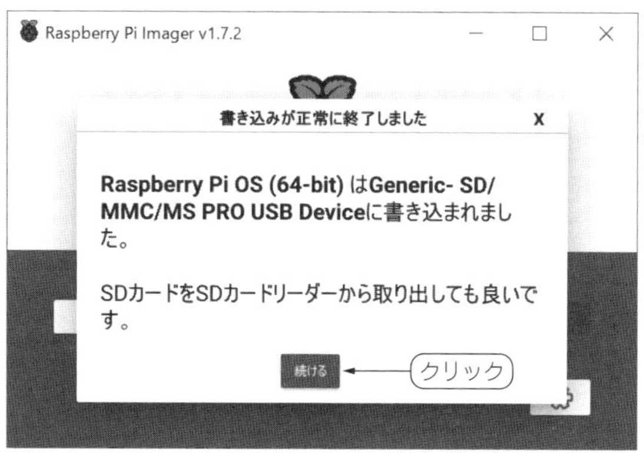

図11　書き込み終了

▶書き込みの実行

OSと保存先の選択を行うと**図8**のように「OSを選ぶ」と「ストレージを選ぶ」が選択したものに変わります.

ストレージの選択で，書き込むSDカードが間違いなく選択されていることを再度確認してから，「書き込む」をクリックします.

クリック後に**図9**のように正しいSDカードが選択されているかの確認が表示されます．間違いなければ「はい」をクリックします.

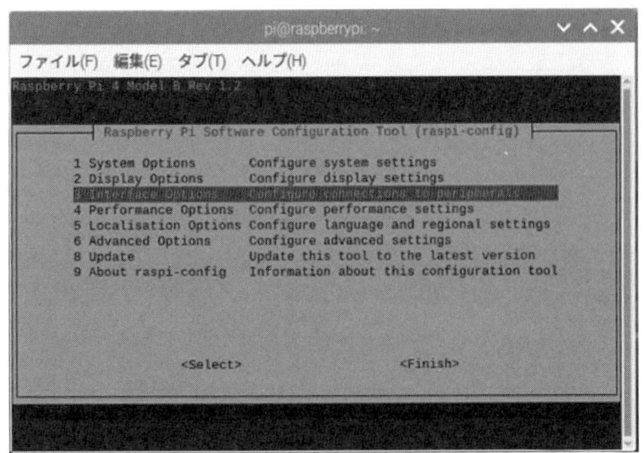

図12　コンフィグレーション画面でインターフェース・オプションを選択

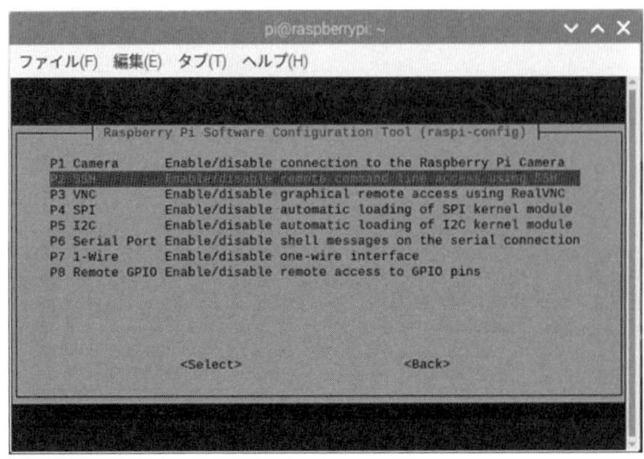

図13　インターフェースでSSHを選択

リスト1　ラズベリー・パイのIPアドレスが表示された

```
pi@raspberrypi:~ $ ifconfig
eth0: flags=4163<UP,BROADCAST,RUNNING,MULTICAST>  mtu 1500
        inet xxx.xxx.xxx.xxx  netmask 255.255.255.0  broadcast yyy.yyy.yyy.255
```

（ラズベリー・パイのIPアドレス）

その後，**図10**のように変わり書き込みが始まります．書き込みが終わると**図11**が表示されます．

PCからラズベリー・パイへのファイル転送

PC上で学習したファイルをラズベリー・パイにコピーすることがあります．その場合，WinSCPというファイル転送ソフトウェアを使うと，比較的簡単にファイルを転送できます．

●ラズベリー・パイの作業

WinSCPを使うには，ラズベリー・パイ上でSSHを起動して，ファイル転送を受け入れる用意をしておく必要があります．以下のコマンドを実行すると**図12**が表示されます．

```
$ sudo raspi-config
```

「Interfacing Options」を選択すると**図13**が表示されますので「SSH」を選択してください．その後，「はい」と「了解」を選択します．この画面はESCキーで終了できます．

次にLANケーブルを差し込み，ルータにつないでください．ターミナル上で以下のコマンドを入力します．

```
$ ifconfig
```

すると，**リスト1**のように表示されます．その中の`eth0`の中の`inet`の後ろに書かれたIPアドレスを使ってWinSCPとつなぎます．なお，ここではIPアドレスを`xxx.xxx.xxx.xxx`として表しています．

●PCの作業

WinSCP(`https://winscp.net/eng/download.php`)をインストールします．WinSCPを起動すると**図14**が表示されます．ログインと書かれたダイアログのテキスト・ボックスに以下を入

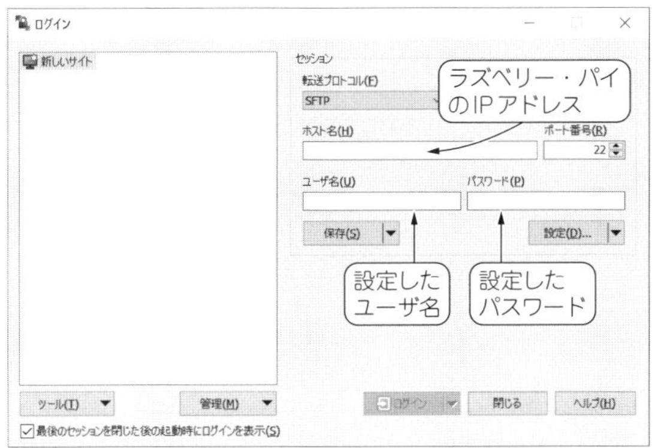

図14　ファイル転送ツールWinSCPをPC上で起動

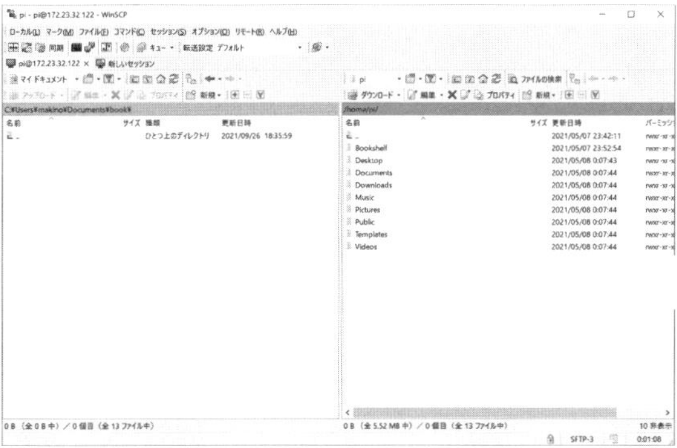

図15　WinSCP起動後
左側にWindowsのフォルダが右側にRaspberry Piのディレクトリが表示される

力し，ログインをクリックするとラズベリー・パイとつながります．

ホスト名：ifconfigで調べたラズベリー・パイのIPアドレス
ユーザ名：設定したユーザ名
パスワード：設定したパスワード

ラズベリー・パイとつながると**図15**のように，左側にWindowsのフォルダが，右側にラズベリー・パイのディレクトリが表示されます．ドラッグ&ドロップでファイルを移動できます．

TensorFlowのインストール

ラズベリー・パイへのTensorFlowのインストールは少し面倒です．ラズベリー・パイを起動後，ターミナルを開き，以下のコマンドを順に実行していきます．なお，以下のコマンドが通らないときは，サポート・ページの更新情報を確認してください．

https://interface.cqpub.co.jp/2023deep/

質問があれば，supportinter@cqpub.co.jpへ問い合わせください．回答には時間をいただく場合があります．

```
$ sudo apt update
$ pip3 install pip --upgrade
$ pip3 install --upgrade setuptools
$ sudo apt install -y libhdf5-dev libc-ares-dev libeigen3-dev gcc gfortran libgfortran5 libatlas3-base libatlas-base-dev libopenblas-dev libopenblas-base libblas-dev liblapack-dev cython3 libatlas-base-dev openmpi-bin libopenmpi-dev python3-dev python-is-python3
$ sudo pip3 install keras_applications==1.0.8 --no-deps
$ sudo pip3 install keras_preprocessing==1.1.2 --no-deps
$ sudo pip3 install h5py==3.6.0
$ sudo pip3 install numpy==1.22.3
$ sudo pip3 install pybind11==2.9.2
$ pip3 install -U --user six wheel mock
```

```
$ wget "https://raw.githubusercontent.com/PINTO0309/Tensorflow-bin/main/
previous_versions/download_tensorflow-2.9.0-cp39-none-linux_aarch64.sh"
$ chmod +x download_tensorflow-2.9.0-cp39-none-linux_aarch64.sh
$ ./download_tensorflow-2.9.0-cp39-none-linux_aarch64.sh
$ sudo pip3 uninstall tensorflow
$ sudo -H pip3 install tensorflow-2.9.0-cp39-none-linux_aarch64.whl
$ sudo reboot
```

再起動します.

```
$ sudo apt install default-jdk
$ sudo apt install build-essential python zip unzip
$ cd ~
$ mkdir bazel;cd bazel
$ wget https://github.com/bazelbuild/bazel/releases/download/0.26.1/
bazel-0.26.1-dist.zip
$ unzip bazel-0.26.1-dist.zip
$ env EXTRA_BAZEL_ARGS="--host_javabase=@local_jdk//:jdk"
$ nano compile.sh
```

compile.shが開きますので, 以下のように変更します.

★修正前

```
bazel_build "src:bazel_nojdk${EXE_EXT}" ¥
  --action_env=PATH ¥
  --host_platform=@bazel_tools//platforms:host_platform ¥
  --platforms=@bazel_tools//platforms:target_platform ¥
  || fail "Could not build Bazel"
bazel_bin_path="$(get_bazel_bin_path)/src/bazel_nojdk${EXE_EXT}"
[ -e "$bazel_bin_path" ] ¥
  || fail "Could not find freshly built Bazel binary at '$bazel_bin_
path'"
cp -f "$bazel_bin_path" "output/bazel${EXE_EXT}" ¥
  || fail "Could not copy '$bazel_bin_path' to 'output/bazel${EXE_EXT}'"
chmod 0755 "output/bazel${EXE_EXT}"
BAZEL="$(pwd)/output/bazel${EXE_EXT}"
```

★修正後(2行目を追加)

```
bazel_build "src:bazel_nojdk${EXE_EXT}" ¥
  --host_javabase=@local_jdk//:jdk ¥
  --action_env=PATH ¥
  --host_platform=@bazel_tools//platforms:host_platform ¥
  --platforms=@bazel_tools//platforms:target_platform ¥
```

```
  || fail "Could not build Bazel"
bazel_bin_path="$(get_bazel_bin_path)/src/bazel_nojdk${EXE_EXT}"
[ -e "$bazel_bin_path" ] ¥
  || fail "Could not find freshly built Bazel binary at '$bazel_bin_
path'"
cp -f "$bazel_bin_path" "output/bazel${EXE_EXT}" ¥
  || fail "Could not copy '$bazel_bin_path' to 'output/bazel${EXE_EXT}'"
chmod 0755 "output/bazel${EXE_EXT}"
BAZEL="$(pwd)/output/bazel${EXE_EXT}"
```

その後，compile.shを書き換えるために以下を実行します．

```
$ nano scripts/bootstrap/compile.sh
```

scripts/bootstrap/compile.shが開きますので，以下のように変更します．

★修正前

```
run "${JAVAC}" -classpath "${classpath}" -sourcepath "${sourcepath}" ¥
     -d "${output}/classes" -source "$JAVA_VERSION" -target "$JAVA_
     VERSION" ¥
     -encoding UTF-8 ${BAZEL_JAVAC_OPTS} "@${paramfile}"
```

★修正後（最後の「-J-Xmx800M」を追加）

```
  run "${JAVAC}" -classpath "${classpath}" -sourcepath "${sourcepath}" ¥
     -d "${output}/classes" -source "$JAVA_VERSION" -target "$JAVA_
     VERSION" ¥
     -encoding UTF-8 ${BAZEL_JAVAC_OPTS} "@${paramfile}" -J-Xmx800M
```

さらに，gettidが重複して定義されることを防ぐための処理を行うために，log_linux.ccを書き換えます．

```
$ nano third_party/grpc/src/core/lib/gpr/log_linux.cc
```

third_party/grpc/src/core/lib/gpr/log_linux.ccが開きますので，以下のように変更します．

★修正前

```
static long gettid(void) { return syscall(__NR_gettid); }
（中略）
  if (tid == 0) tid = gettid();
```

★修正後（gettidをmygettidに変更）

```
static long mygettid(void) { return syscall(__NR_gettid); }
（中略）
  if (tid == 0) tid = mygettid();
```

これらの設定をした後に以下を実行します.

```
$ sudo bash ./compile.sh
$ sudo cp output/bazel /usr/local/bin
$ sudo reboot
```

再起動します.

これでTensorFlowのインストールが終わります.

TF-Agentsのインストール前に, 以下のコマンドで確認を行います. これを行わないとTF-Agentsのインストールがうまくいかないことがありました.

```
$ python3
>>> import tensorflow
>>> tensorflow.__version__
'2.9.0'
Ctrl+Zキーで終了
```

●TF-Agentsのインストール

この後, TF-Agentsのインストールを行います. 今回インストールしたTensorFlowは2.5.0ですので, それに合わせたバージョンのTF-Agentsをインストールします.

```
$ sudo pip3 install dm-tree==0.1.6
$ sudo pip3 install tf-agents==0.13.0
$ nano .bashrc
```

.bashrcが開きますので, 最後の行に以下を追加します. なお, インストールしたバージョンによってlibatomic.so.1のディレクトリが異なる場合があります.

```
export LD_PRELOAD=/usr/lib/aarch64-linux-gnu/libatomic.so.1
```

その後, .bashrcの内容を更新するために以下のコマンドを実行します.

```
$ source .bashrc
```

インストールの確認は以下のようにして, エラーが起きないことで確認します.

```
$ python3
>>> import tf_agents
>>> tf_agents.__version__
'0.13.0'
Ctrl+Zキーで終了
```

●インストールの確認

▶TensorFlowのインストールの確認

本書のサポート・ページ(https://interface.cqpub.co.jp/2023deep/)からダウンロードしたサンプル・プログラムのRasPiフォルダの中にあるrp_tf_and.pyを実行することで, インストールができていることを確認できます.

```
$ python3 rp_tf_and.py
```

▶TF-Agentsのインストールの確認

三目並べでコンピュータと対戦することでインストールの確認を行います. 本書のサポート・ページ(https://interface.cqpub.co.jp/2023deep/)からダウンロードしたサンプル・プ

ログラムのRasPiフォルダの中にあるsanmoku_DQN_TF2.5を実行することで，インストールができていることを確認できます．

```
$ python3 tf_play_sanmoku.py
```

ラズベリー・パイ用プログラムへの書き換え

この後は慣れてきてからの話となります．ラズベリー・パイは深層学習をするには性能が低いため，学習を確認するためのプログラムは削除した方が良いです．

例えば，tf_and.pyをラズベリー・パイで実行するときにはモデルの構造を画像で表示したりTensorBoardと呼ばれる実行の様子を確認するためのプログラムが書かれています．

これらを削除したものがrp_tf_and.pyです．変更点は，tf_and.pyから以下の2行を削除し，

```
# モデル構造を保存(画像)
tf.keras.utils.plot_model(model, show_shapes=True, show_layer_names=True, to_file='model.png')
# TensorBoardの設定
tensorboard_callback = tf.keras.callbacks.TensorBoard(log_dir='log/', histogram_freq=1)
```

以下のように，TensorBoardを使わないように設定をした点です．

```
model.fit(train_ds, epochs=epoch)
```

第6章

なくても動くけど学習はどうしても時間がかかるから…

GPUボードの設定 Windows OS編

PCに，NVIDIAが提供する並列コンピューティング・アーキテクチャ CUDAを利用したGPU（Graphics Processing Unit）ボードが搭載されていれば，ディープ・ラーニングの計算処理を5～10倍程度向上させることができます．

ただし，CUDAに対応するGPUボードがPCに搭載されている必要があります．対応状況は次

表1　TensorFlowが動くGPUボードの例

GeForce and TITAN Products	
Geforce RTX 3060 Ti	GeForce GTX 780 Ti
Geforce RTX 3060	GeForce GTX 780
GeForce RTX 3090	GeForce GTX 770
GeForce RTX 3080	GeForce GTX 760
GeForce RTX 3070	GeForce GTX 750 Ti
GeForce GTX 1650 Ti	GeForce GTX 750
NVIDIA TITAN RTX	GeForce GTX 690
Geforce RTX 2080 Ti	GeForce GTX 680
Geforce RTX 2080	GeForce GTX 670
Geforce RTX 2070	GeForce GTX 660 Ti
Geforce RTX 2060	GeForce GTX 660
NVIDIA TITAN V	GeForce GTX 650 Ti BOOST
NVIDIA TITAN Xp	GeForce GTX 650 Ti
NVIDIA TITAN X	GeForce GTX 650
GeForce GTX 1080 Ti	GeForce GTX 560 Ti
GeForce GTX 1080	GeForce GTX 550 Ti
GeForce GTX 1070 Ti	GeForce GTX 460
GeForce GTX 1070	GeForce GTS 450
GeForce GTX 1060	GeForce GTS 450*
GeForce GTX 1050	GeForce GTX 590
GeForce GTX TITAN X	GeForce GTX 580
GeForce GTX TITAN Z	GeForce GTX 570
GeForce GTX TITAN Black	GeForce GTX 480
GeForce GTX TITAN	GeForce GTX 470
GeForce GTX 980 Ti	GeForce GTX 465
GeForce GTX 980	GeForce GT 740
GeForce GTX 970	GeForce GT 730
GeForce GTX 960	GeForce GT 730 DDR3,128bit
GeForce GTX 950	

GeForce Notebook Products		
GeForce RTX 3080	GeForce 830M	GeForce GT 630M
GeForce RTX 3070	GeForce 820M	GeForce GT 625M
GeForce RTX 3060	GeForce 800M	GeForce GT 720M
GeForce RTX 3050 Ti	GeForce GTX 780M	GeForce GT 620M
GeForce RTX 3050	GeForce GTX 770M	GeForce 710M
Geforce RTX 2080	GeForce GTX 765M	GeForce 705M
Geforce RTX 2070	GeForce GTX 760M	GeForce 610M
Geforce RTX 2060	GeForce GTX 680MX	GeForce GTX 580M
GeForce GTX 1080	GeForce GTX 680M	GeForce GTX 570M
GeForce GTX 1070	GeForce GTX 675MX	GeForce GTX 560M
GeForce GTX 1060	GeForce GTX 675M	GeForce GT 555M
GeForce GTX 980	GeForce GTX 670MX	GeForce GT 550M
GeForce GTX 980M	GeForce GTX 670M	GeForce GT 540M
GeForce GTX 970M	GeForce GTX 660M	GeForce GT 525M
GeForce GTX 965M	GeForce GT 755M	GeForce GT 520MX
GeForce GTX 960M	GeForce GT 750M	GeForce GT 520M
GeForce GTX 950M	GeForce GT 650M	GeForce GTX 485M
GeForce 940M	GeForce GT 745M	GeForce GTX 470M
GeForce 930M	GeForce GT 645M	GeForce GTX 460M
GeForce 920M	GeForce GT 740M	GeForce GT 445M
GeForce 910M	GeForce GT 730M	GeForce GT 435M
GeForce GTX 880M	GeForce GT 640M	GeForce GT 420M
GeForce GTX 870M	GeForce GT 640M LE	GeForce GT 415M
GeForce GTX 860M	GeForce GT 735M	GeForce GTX 480M
GeForce GTX 850M	GeForce GT 635M	GeForce 710M
GeForce 840M	GeForce GT 730M	GeForce 410M

のウェブ・サイトで確認できます．**表1**に一部を抜粋しました．

https://developer.nvidia.com/cuda-gpus

手元のパソコンにこれら対応ボードが搭載されている場合のみ次の手順を行うことができます．なお，CUDAは32ビット版OSをサポートしていません．

CUDAツールキットのインストール

●環境に合わせて選択しダウンロード

CUDAツールキットをダウンロードするために，以下のサイトにアクセスします．

https://developer.nvidia.com/cuda-toolkit

図1が表示されますので［Download Now］をクリックします．

図2が表示されますので，使用環境に合わせて選択します．**図2**ではWindows，x86_64，10，exe（network）を選択しています．選択すると［Download］ボタンが表示されますので，ダウンロードしてください．

●実行

ダウンロードしたファイルを実行すると**図3**が表示されます．ここではデフォルトのまま［OK］をクリックします．**図4**が5分程度表示されます．その後，**図5**が表示されますので，［同意して続行する］をクリックします．

図1　CUDAダウンロード・サイト

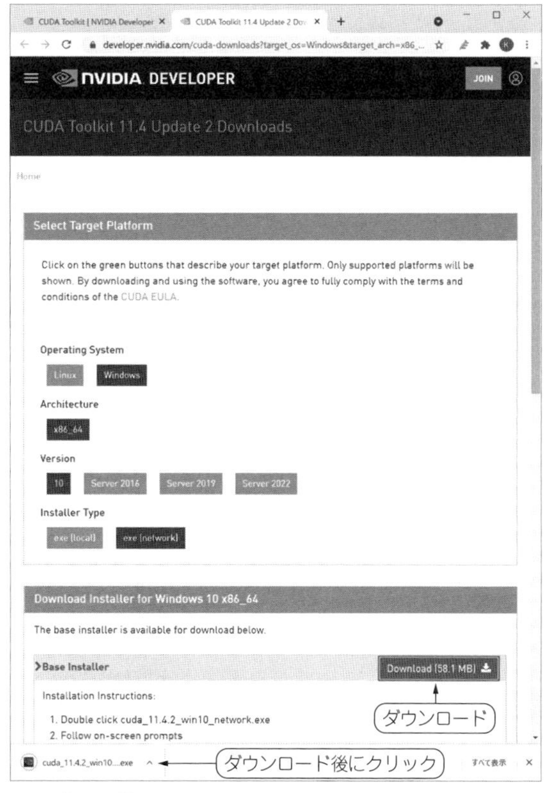

図2　使用環境に合わせてファイルを選択

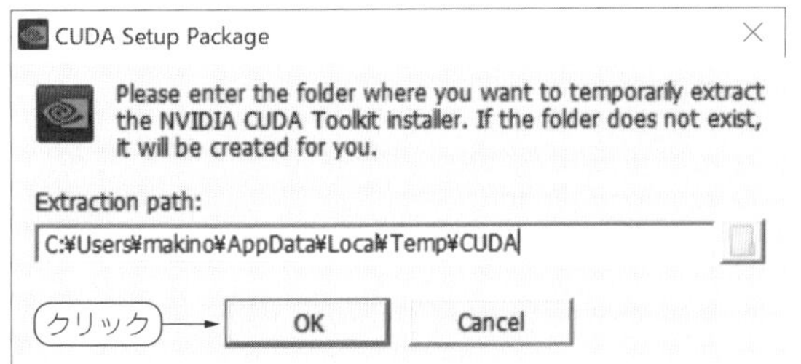

図3　CUDAインストーラの一時保存先を選択

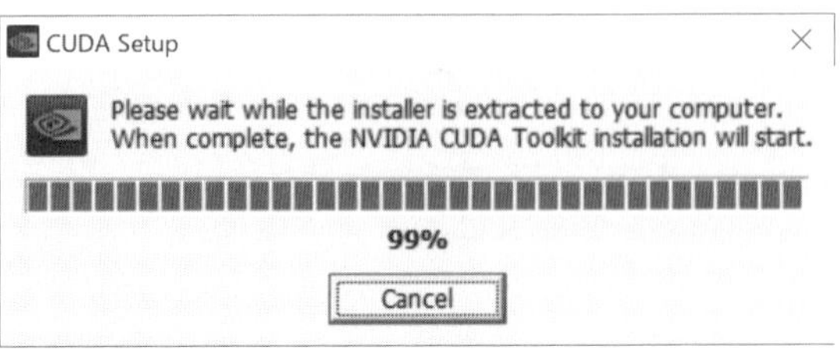

図4　インストール・ファイルを展開中

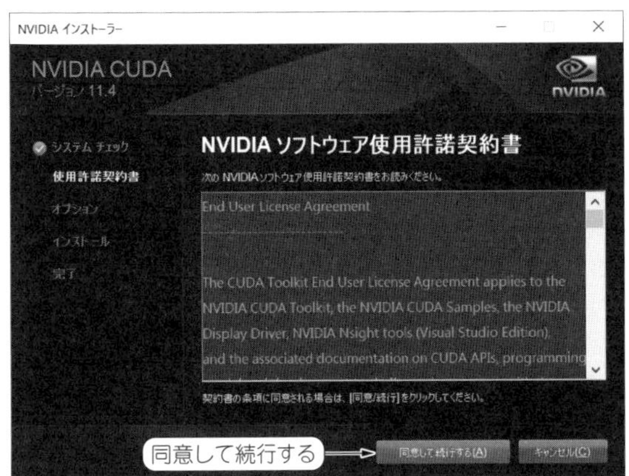

図5　使用許諾に同意

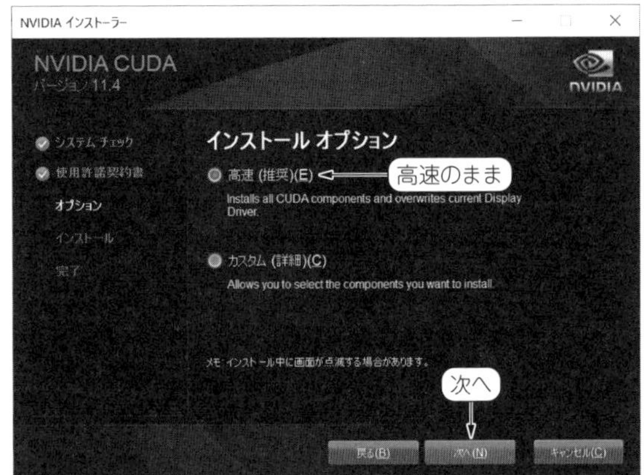

図6　インストール・オプションは高速のまま

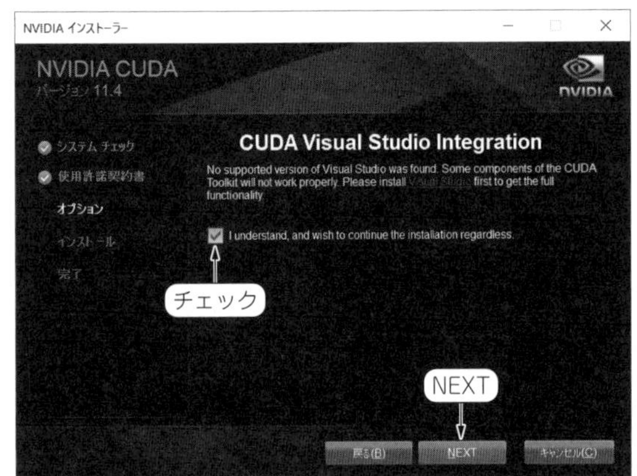

図7　Visual Studioとの統合

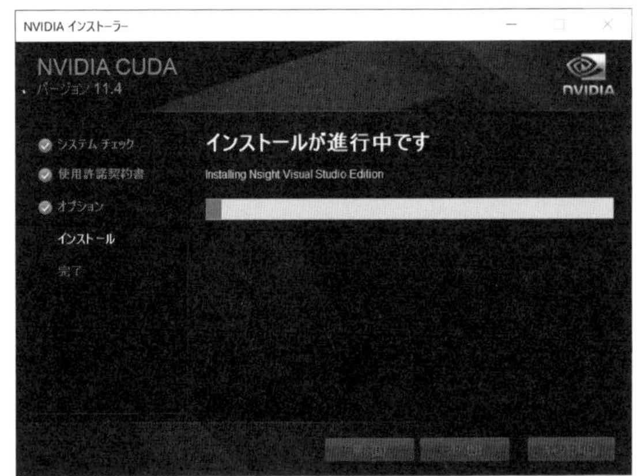

図8　インストール中…20分ほど続く

図6に示すインストール・オプションの選択ダイアログが表示されますので，そのまま[次へ]をクリックします．**図7**に示すVisual Studioのインストールに関するダイアログが表示されますので，チェックして，[NEXT]をクリックします．

図8のような画面が20分程度表示されます．インストール中は画面が黒くなることが何度かあります．

インストールが終わると**図9**が表示されますので，[次へ]をクリックしてください．最後に**図10**が表示されます．[閉じる]をクリックします．

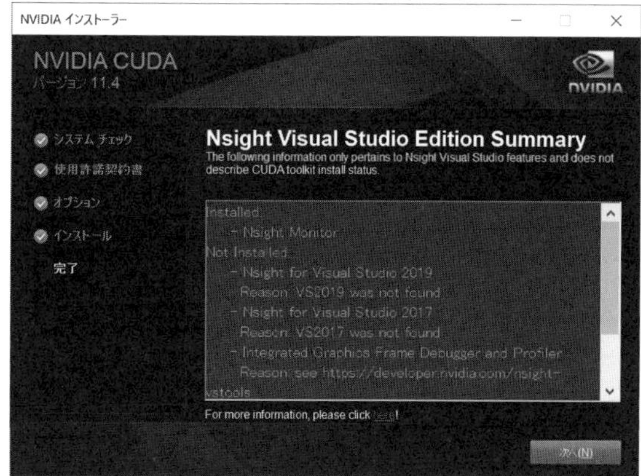

図9　インストール後のまとめの表示

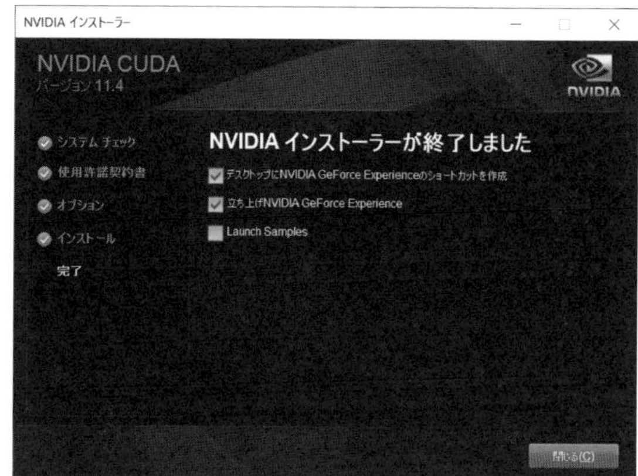

図10　インストール終了の画面

cuDNNのインストール

●ダウンロード

cuDNNはディープ・ラーニングをCUDAで行うためのライブラリです．これをダウンロードするために以下のサイトにアクセスします．

`https://developer.nvidia.com/cudnn`

［Download cuDNN］をクリックします（**図11**）．**図12**が表示されます．NVIDIA DEVELOPERへログインするための画面が表れます．

●NVIDIA 開発者登録

NVIDIA DEVELOPERのIDを持っていない場合は［Join now］をクリックします．**図13**が表示されるので，登録するEメール・アドレスを入力します．

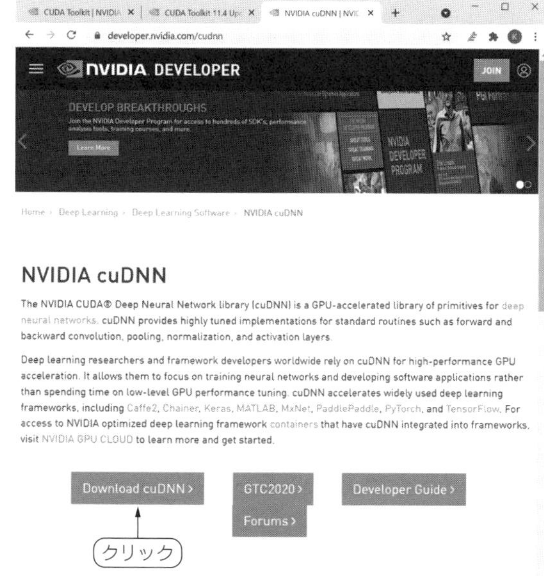

図11　cuDNNのダウンロード・ページ

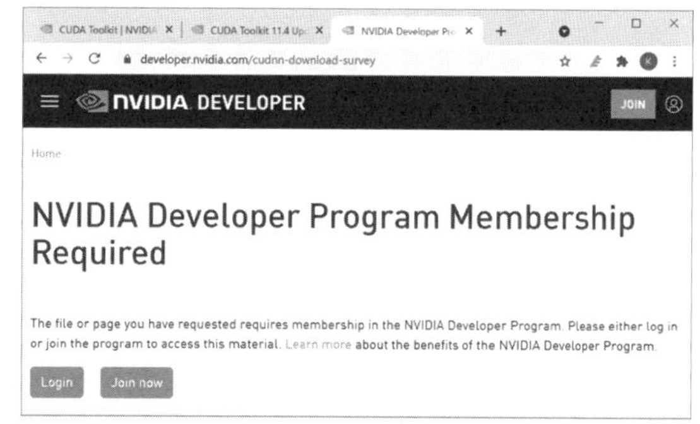

図12　NVIDIA DEVELOPERログイン画面

図14が表示されるので，［アカウントを作成する］をクリックします．なお，FacebookやGoogleのアカウントでもログインできます．

図15が表示されるので，ディスプレイ名(表示される名前)，生年月日，パスワード，同意するにチェック，「私は人間です」にチェックしてから［アカウントを作成する］ボタンをクリックします．

図16が表示されます．登録したメールをチェックします．メールは**図17**に示すようなメールです．

「電子メールアドレスの確認」をクリックすると**図18**が表示されます．［参加する］をクリックすると**図19**が表示されます．*印が付いている項目を埋めて，チェックをしてから［Submit］ボタンをクリックします．

図12に戻り「Login」を行います．登録したEメール・アドレスとパスワードでログインします．

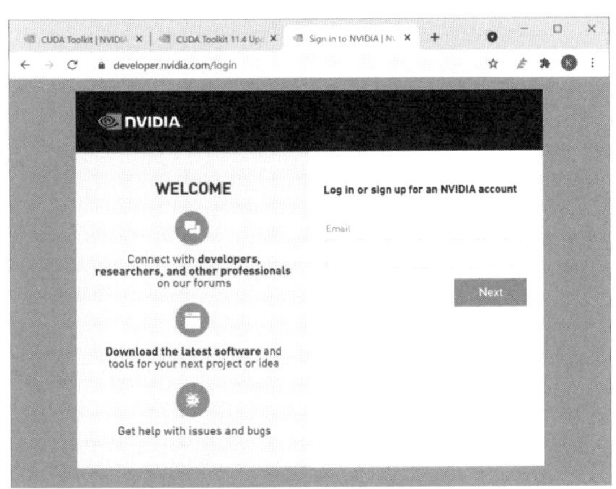

図13　登録するEメール・アドレスを入力

図14　［アカウントを作成する］をクリック

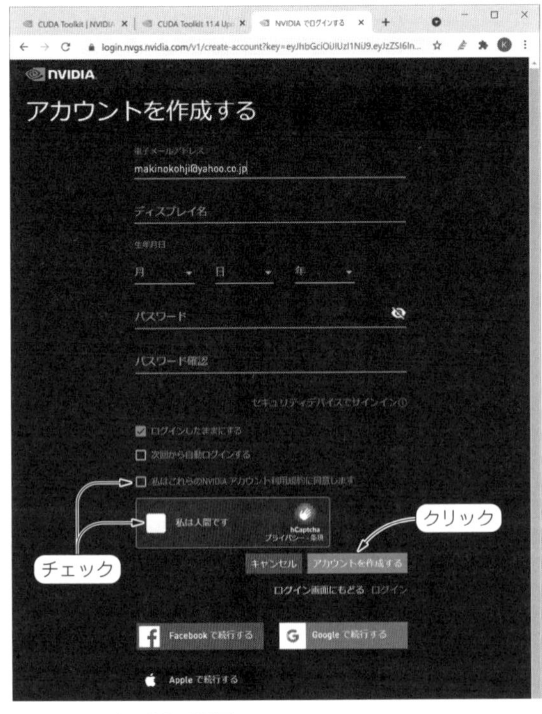

図15　アカウント作成画面

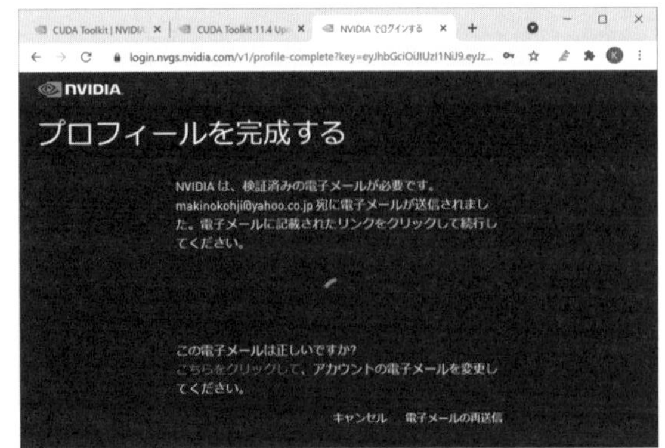

図16　プロフィール完成後メールが送信される

その後，**図11**に戻り［Download cuDNN］ボタンをクリックします．幾つか質問があり，それに答える必要があります．

ディープ・ラーニングのフレームワークは，**図20**の1番目の「TensorFlow」にチェックを入れて［Submit］ボタンをクリックします．

ライセンス条項が示されますので（**図21**），同意するのチェック・ボックスにチェックを入れます．**図22**で，ダウンロードするバージョンを選択します．著者は「Download cuDNN v8.2.4 (September 2nd, 2021), for CUDA 11.4」を選択しました．**図23**でライブラリを選択します．

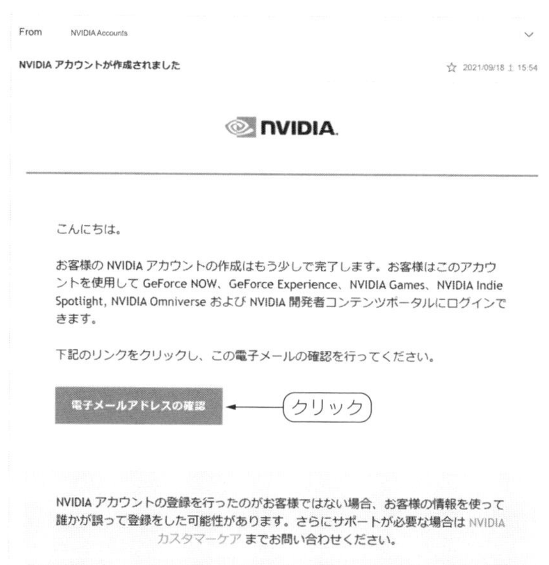

図17　確認メール

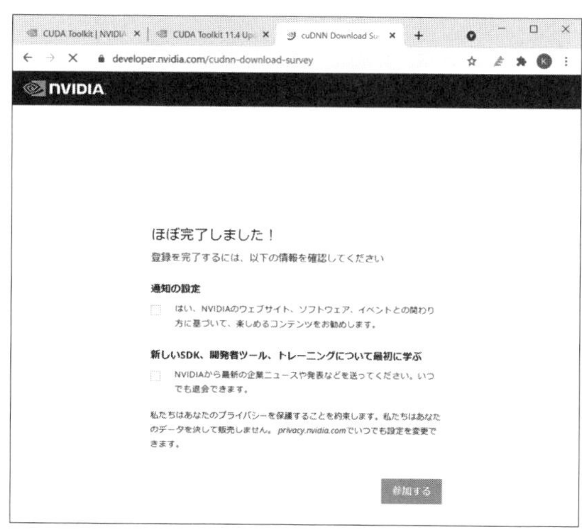

図18　「ほぼ完了しました！」画面

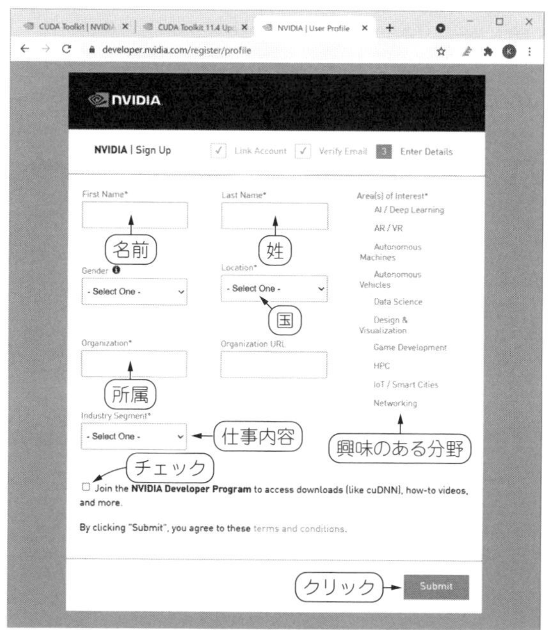

図19　*印が付いている項目を入力

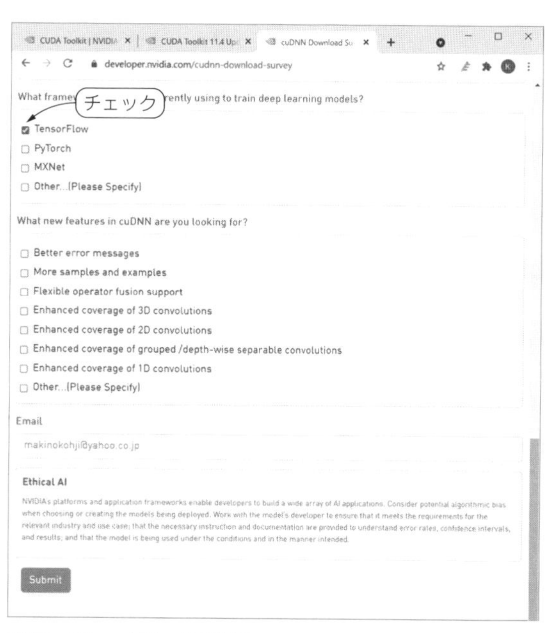

図20　フレームワークの選択

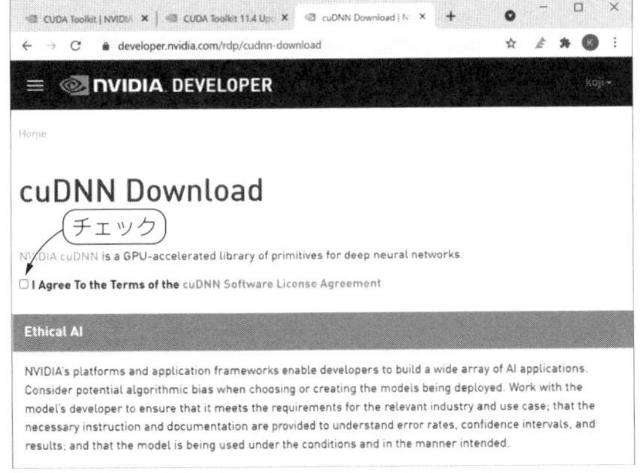

図21　ライセンス条項の確認

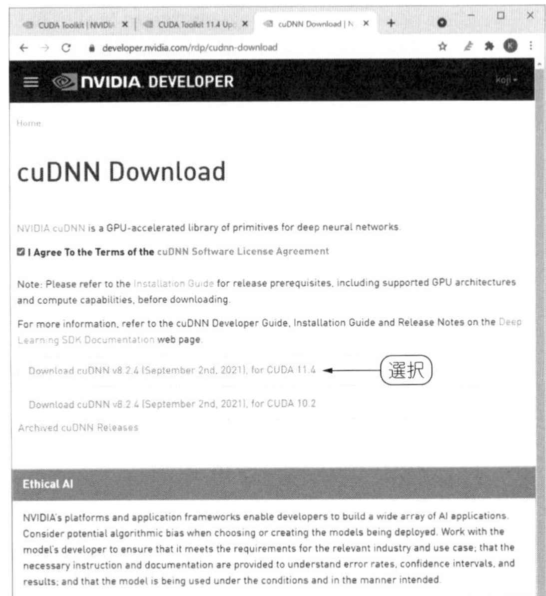

図22　ダウンロードするバージョンを選択

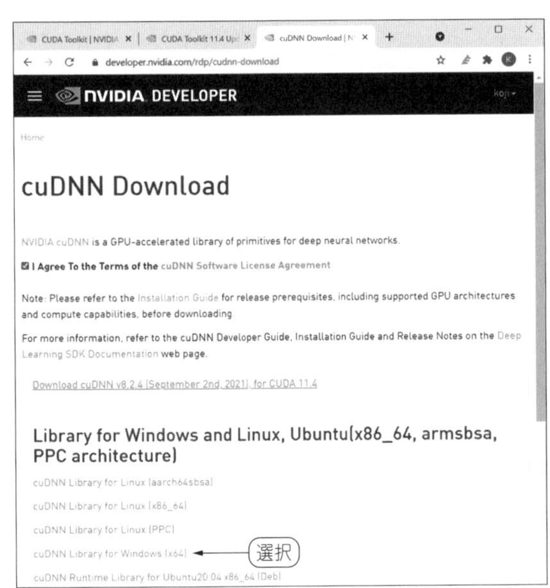

図23　ライブラリを選択

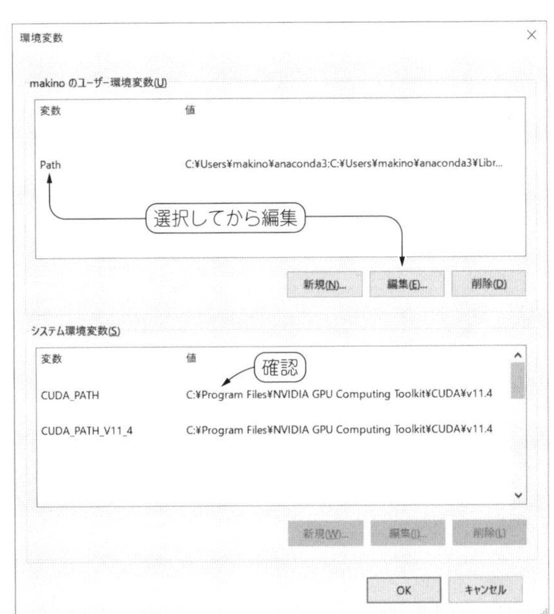

図24　［環境変数］の設定

●ダウンロードしたファイルを展開

zipファイルがダウンロードされますので，解凍します．解凍されたフォルダの中にある`cudnn-11.4-windows-x64-v8.2.4.15`フォルダの中のcudaフォルダの中にある，以下の3つのフォルダ

- `bin`
- `include`
- `lib`

リスト1　サンプル・プログラムの**tf_train_mnist.py**実行結果（NVIDIA GeForce GTX 1050 Ti使用）

```
2021-09-18 14:50:14.957233: I tensorflow/core/platform/cpu_feature_guard.cc:142] This TensorFlow binary is
optimized with oneAPI Deep Neural Network Library (oneDNN) to use the following CPU instructions in performance-
critical operations:  AVX AVX2
To enable them in other operations, rebuild TensorFlow with the appropriate compiler flags.
2021-09-18 14:50:16.021922: I tensorflow/core/common_runtime/gpu/gpu_device.cc:1510] Created device /
job:localhost/replica:0/task:0/device:GPU:0 with 2776 MB memory:  -> device: 0, name: NVIDIA GeForce GTX 1050
Ti, pci bus id: 0000:01:00.0, compute capability: 6.1
2021-09-18 14:50:17.173661: I tensorflow/compiler/mlir/mlir_graph_optimization_pass.cc:185] None of the MLIR
Optimization Passes are enabled (registered 2)
Epoch 1/5
1875/1875 [==============================] - 5s 2ms/step - loss: 0.2992 - accuracy: 0.9133
Epoch 2/5
1875/1875 [==============================] - 4s 2ms/step - loss: 0.1472 - accuracy: 0.9566
Epoch 3/5
1875/1875 [==============================] - 4s 2ms/step - loss: 0.1103 - accuracy: 0.9666
Epoch 4/5
1875/1875 [==============================] - 4s 2ms/step - loss: 0.0920 - accuracy: 0.9711
Epoch 5/5
1875/1875 [==============================] - 6s 3ms/step - loss: 0.0777 - accuracy: 0.9750
313/313 [==============================] - 1s 2ms/step - loss: 0.0775 - accuracy: 0.9762
7
```

を以下のフォルダにコピーします．

```
C:¥Program Files¥NVIDIA GPU Computing Toolkit¥CUDA¥v11.4
```

まとめてコピーできない場合は，フォルダの中身を1つずつコピーしてください．

その後，「システム」→「システム情報」→「システムの詳細設定」で開くダイアログにある［環境変数］を開きます（**図24**）．

下側のシステム環境変数からCUDA_PATHに以下のフォルダが設定されているか確認します．

```
C:¥Program Files¥NVIDIA GPU Computing Toolkit¥CUDA¥v11.4
```

次に，Pathを選択してから編集を押し，以下の2つのパスを追加します．

```
C:¥Program Files¥NVIDIA GPU Computing Toolkit¥CUDA¥v11.4¥bin
C:¥Program Files¥NVIDIA GPU Computing Toolkit¥CUDA¥v11.4¥libnvvp
```

●サンプル・プログラムで確認

tf_train_mnist.pyで確認します．

リスト1のように，NVIDIA GeForce GTX 1050 Tiが使われていることが分かります．ただし，MNISTは問題のサイズが大きくないので，GPUを使ってもあまり効果はありません．

Appendix

番外編…Linux OSのPCを作る

ここでは，新しいハード・ディスクにLinux OS(Ubuntu)をインストールする方法を紹介します．なお，Ubuntuをインストールすると Windowsが消えてしまいます．WindowsとUbuntuのデュアル・ブートという方法もあります．

●光ディスク用アーカイブ・ファイルをダウンロード

以下のサイトにアクセスします．

`https://www.ubuntulinux.jp/`

「Ubuntuのダウンロード」をクリックし，「日本語 Remix イメージのダウンロード」をクリックします．

その後「`ubuntu-ja-20.04.1-desktop-amd64.iso`(ISOイメージ)」をクリックしてISOイメージ(光ディスク用アーカイブ・ファイル)をダウンロードします．

●光ディスクへの書き込み

これを以下の手順でDVDに書き込みます．

1. 空のDVD-RをDVDドライブに挿入します．
2. ディスクの書き込みに使用するISOファイルを右クリックします．
3. 「ディスク イメージの書き込み」をクリックします．
4. 「書き込み用ドライブ」でドロップダウンからDVDドライブを選択します．
5. 「書き込み後のディスクの確認」チェック・ボックスにチェックを入れます(省略可)．
6. ディスクへのディスク・イメージの書き込みが終了したら[閉じる]をクリックします．

●Ubuntuをインストール

インストールしたいPCに，書き込んだディスクを入れてPCを起動します．この操作を実行するとOSが上書きされます．そのためWindowsが残っている人は上書きされ，全てのデータが失われます．

PC起動後にDVDが読み込まれると，**図A**が表示されます．後は以下のように進みます．

ようこそ：「日本語」を選択，[続ける]をクリック．

Ubuntuのインストール準備：[続ける]をクリック．

インストールの種類：「ディスクを削除してUbuntuをインストール」を選択，[インストール]をク

図A　インストールの初期画面

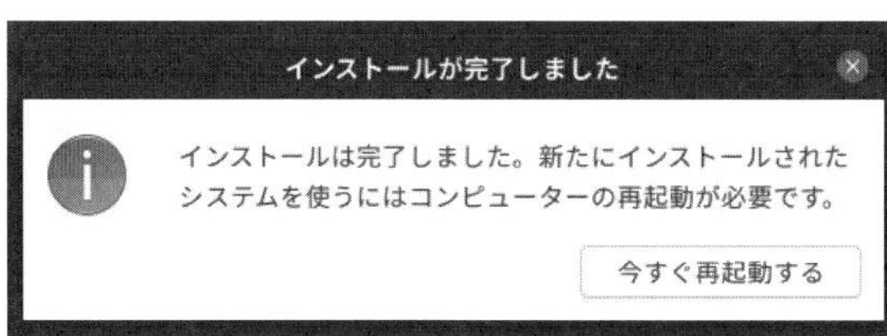

図B　インストール終了

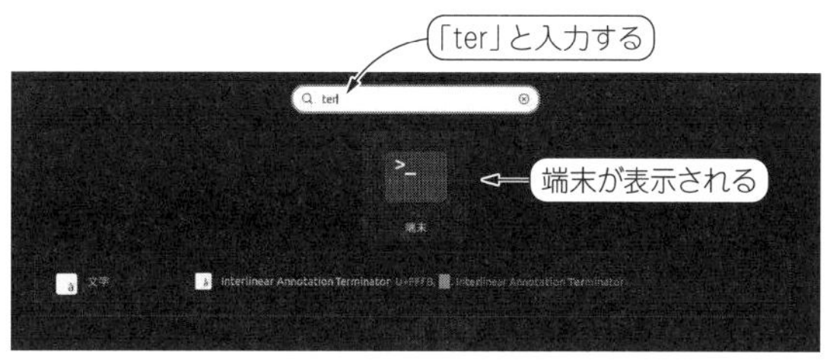

図C　ターミナルの起動

リストA　アップデートのコマンド実行

```
$ sudo apt update
[sudo] Administrator のパスワード:
ヒット:1 http://archive.ubuntulinux.jp/ubuntu focal InRelease
ヒット:2 http://archive.ubuntulinux.jp/ubuntu-ja-non-free focal InRelease
ヒット:3 http://jp.archive.ubuntu.com/ubuntu focal InRelease
ヒット:4 http://jp.archive.ubuntu.com/ubuntu focal-updates InRelease
ヒット:5 http://jp.archive.ubuntu.com/ubuntu focal-backports InRelease
取得:6 http://security.ubuntu.com/ubuntu focal-security InRelease [114 kB]
114 kB を 1秒 で取得しました (97.4 kB/s)
パッケージリストを読み込んでいます... 完了
依存関係ツリーを作成しています
状態情報を読み取っています... 完了
パッケージはすべて最新です。
$ sudo apt upgrade -y
```

リック（この場合全てのデータが失われます）.

どこに住んでいますか？：例えば「Tokyo」を選択して，［続ける］をクリック.

キーボードのレイアウト：左右とも「日本語」を選択して［続ける］をクリック.

あなたの情報を入力してください：名前とパスワードなどを入力.

プログレス・バーが最後まで伸びるまで待ちます．**図B**が表示されるとUbuntuのインストールが終わります.

●アップデートと日本語設定

再起動後，**図C**のようにして端末（Terminal）を起動します.

アップデートのために**リストA**のコマンドを実行します．この後，コマンドラインでの作業を行

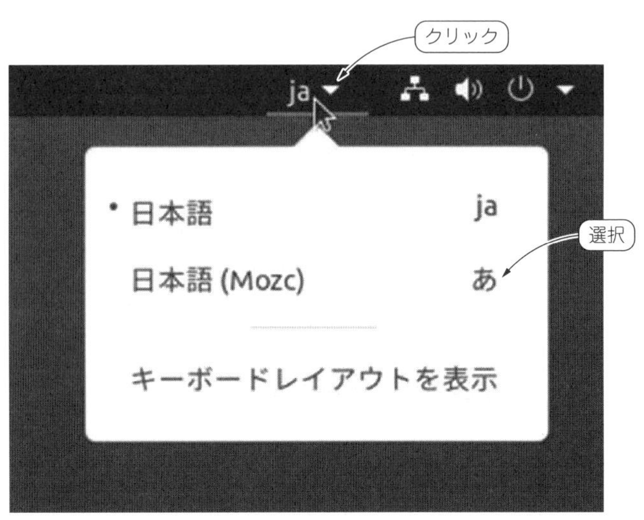

(a)「日本語(Mozc)」を選択

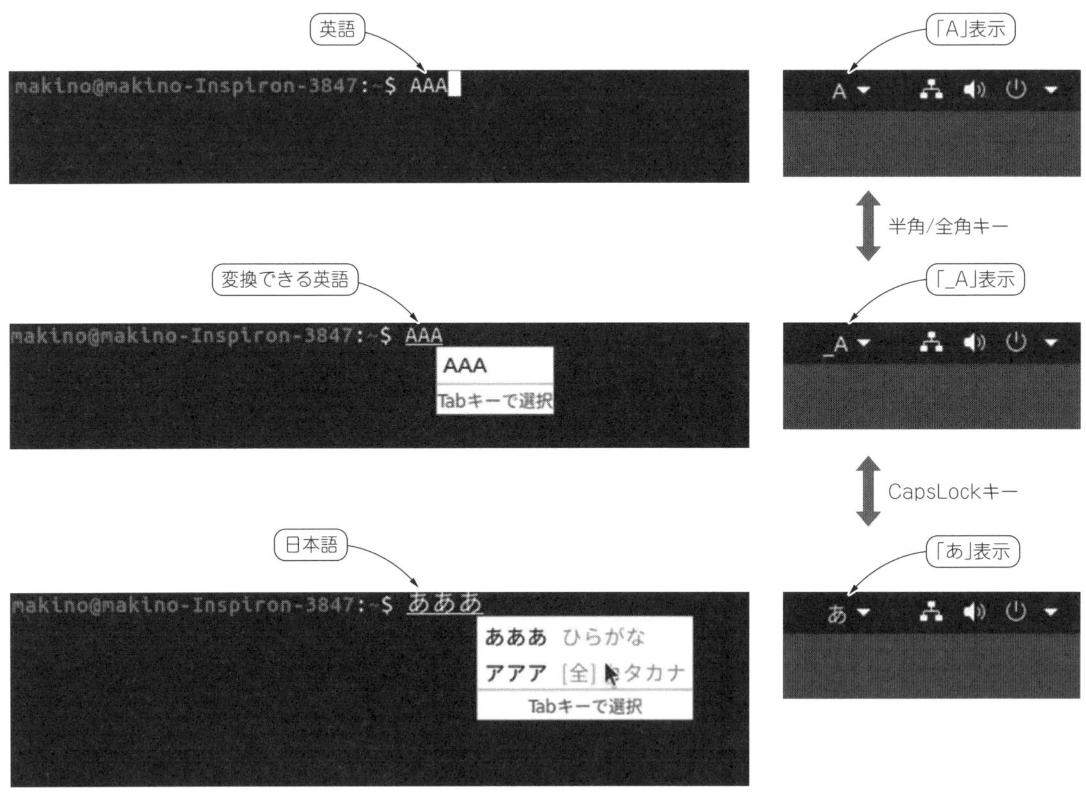

(b) 日本語変換

図D　日本語の選択

います．その際に，日本語が使えるように日本語の設定を行います．

```
$ sudo apt install ibus-mozc
```

画面の右上にある「A▼」を**図D**のようにクリックして「日本語(Mozc)」を選択します．「半角キー」や「CapsLockキー」で日本語を入力できるようになります．

第3部

持ってる人はココから…ラズパイで体験

第1章

エンジン音で車種判定やMyロボの異常検知などに

体験①…音でお菓子認識

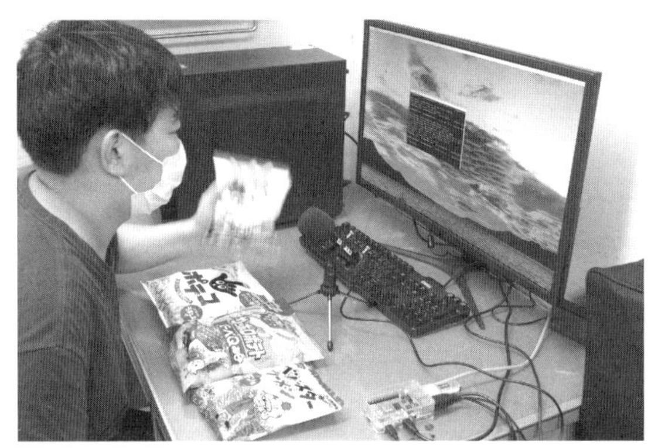

写真1　ディープ・ラーニングにより音でお菓子の中身（種類）判定をラズベリー・パイを使って体験してみた

```
pi@raspberrypi:~/Desktop/CQ_tensorflow_used/Raspi_okashi $ python3 tf_test_snack.py
2021-09-20 19:21:27.512980: W tensorflow/core/framework/cpu_allocator_impl.cc:80] Allocation of 1048576 exceeds 10% of free system me
mory.
2021-09-20 19:21:27.517288: W tensorflow/core/framework/cpu_allocator_impl.cc:80] Allocation of 1048576 exceeds 10% of free system me
ALSA lib pcm_usb_stream.c:486:(_snd_pcm_usb_stream_open) invalid type for card
ALSA lib pcm_dmix.c:1108:(snd_pcm_dmix_open) unable to open slave
* recording start.
* recording finish.
判定結果: corn
```

判定：corn（とんがりコーン）

写真2　ラズベリー・パイでディープ・ラーニングしてお菓子の種類を判定

トライすること

●第3部の構成

第3部では，人気の人工知能「ディープ・ラーニング」を使ったプログラミングができるようになるために，ステップ・バイ・ステップで知識を習得していきます．

体験すると，やる気が出やすいと思いますので，まず人工知能をラズベリー・パイ上で動かしてみます．具体的には，PC上でディープ・ラーニングの学習済みモデル（判定用データ）を作ります．それをラズベリー・パイ上で動かし，リアルタイムに対象物を分類してみます．第3部では次の実験を行います．

- 4種類のスナック菓子の音を聞き分ける(**写真1**, **写真2**)
- 「きのこの山」と「たけのこの里」をカメラで見分ける(第2章)
- 顔画像から本人/別人を見分ける(第3章)
- 自分で迷路の脱出方法を学習するAIを作る(第4章)
- 声から話している人を認識する(第5章)

いずれも，ディープ・ラーニングのアルゴリズムを用いています．ここでは，使い方とリアルタイムに判別する際のポイントを重点的に説明します．

●用意するもの

▶ハードウェア

1. ラズベリー・パイ4
2. USB接続のマイク
3. キーボード
4. マウス
5. PC(著者提供の学習済みモデルを利用する場合は不要)
6. ディスプレイ

▶ソフトウェア(著者提供)

1. 学習済みモデル(PCで自分で作る場合は不要)
2. ラズベリー・パイ上で動く判定用プログラム
3. お菓子を振ったときの音(1を使う場合は不要)
4. PC上で動く学習用プログラム(1を使う場合は不要)

準備

●ライブラリのインストール

▶ PC (Windows + Anaconda)

Anacondaに，以下のコマンドで関連ライブラリをインストールします．なお，TensorFlowのインストールは第2部を参考にしてください．

- scipy(数値解析・計算用)

```
> pip install scipy
```

- pydot, graphviz(ネットワーク可視化用)

```
> conda install -c anaconda pydot
```

- pyaudio(音用)

```
> pip install pyaudio
```

これらは一度実行しておけば次回以降は不要です．なお，今回のサンプル・プログラムでは，PCを用いたマイク入力で判定することはできません．

▶ラズベリー・パイ

TensorFlowのインストールは第2部を参考にしてください．

ラズベリー・パイでマイクを使うためには，USB接続のマイクをつないでから**リスト1**のライブラリをインストールする必要があります．その後で，以下の設定とテストを行います．

Nanoエディタでalsa-base.confを開きます.

```
$ sudo nano /etc/modprobe.d/alsa-base.conf
```

以下の3行を書き込みます.

```
options snd slots=snd_usb_audio,snd_bcm2835
options snd_usb_audio index=0
options snd_bcm2835 index=1
```

ここで, 以下の2つの注意点があります.

- cat /proc/asound/modulesで確認したデバイスを並べて書く.
- usb_audioのindexは必ず0とする.

ファイルを書き換えたらリブートします.

```
$ sudo reboot
```

以下は録音できることの確認です.

```
$ arecord -f S16_LE -r 44100 -D hw:0,0 sound.wav
```

Ctrl+Cで停止できます. エラーが表示されず, sound.wavが作られていれば成功です.

●著者提供のプログラム

以下のサンプル・プログラムを使います.

- ディレクトリ名:Raspi_okashi
- 学習プログラム(PC用):tf_train_okashi.py
- 評価プログラム(ラズベリー・パイ用):rp_tf_test_okashi.py
- 学習済みモデル:SNACK_MODEL.h5
- お菓子を振ったときの音:**.wav

プログラムは本書サポート・ページから入手できます.

https://interface.cqpub.co.jp/2023deep/

ステップ1…お菓子の音データを作る

ここではPCで作業します. ラズベリー・パイでもできますが, 相当な時間がかかります. 著者提供の学習済みモデルを利用する場合は, ステップ3へ進んでください.

スナック菓子を振ったときの音を学習し, その音を聞き分けるものを作ります. 使うのは次の4種類のスナック菓子としました.

- サッポロポテト(バーベキュー味)
- とんがりコーン

リスト1 ラズベリー・パイでUSBマイクを使うための準備

```
$ sudo pip3 install scipy
$ sudo apt install python3-pyaudio
$ cat /proc/asound/modules

以下の2行が表示される

0 snd_usb_audio
1 snd_bcm2835
```

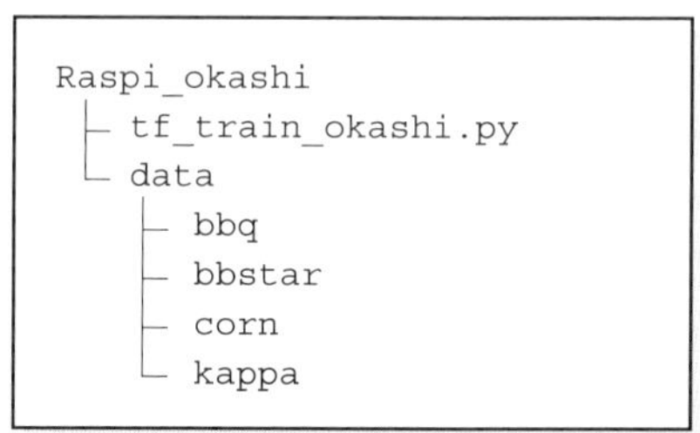

図1 お菓子の音を保存するためのディレクトリ構造

• ベビースター　　　　　　　　　　　　　　　• かっぱえびせん

●1…保存場所の作成

お菓子の音を保存するディレクトリを，**図1**の構造になるように作成しておきます．

●2…録音＆フォーマット変換

sox（音声形式を変換するプログラム）をインストールしておきます．一度実行しておけば次回以降は不要です．

Windows + Anacondaの場合は，以下でインストールします．

• sox（音声変換用）

```
> conda install -c conda-forge sox
```

ラズベリー・パイの場合は，以下でインストールできます．

• sox（音声変換用）

```
$ sudo apt install sox
```

Windowsでは，ボイスレコーダのようなツールを用いてお菓子の音を録音します．拡張子は「.wav」で保存してください．その音データはPC上の`Raspi_okashi`の下に，`input.wav`として保存します．

その音声を「16kHz, 16ビット・サンプリング，モノラル」へ，以下のコマンドを用いて変換します．

```
> sox input.wav -b 16 -c 1 -r 16000 output.wav
```

●3…音声ファイルを移動

変換した音声ファイルを，対応するディレクトリへ移動します．名称は`output.wav`から`01.wav`，`02.wav`などに変更します．それぞれの波形を**図2**に示します．

●4…周波数変換

ディープ・ラーニングにおいては，この音の波形を入力データとして学習できますが，現在，多く行われている最先端の研究でも学習を効果的に行うために，以下の処理を行います．

元データ→FFT→パワー・スペクトル

その結果を**図3**に示します．なお，これは`tf_train_okashi.py`の中で自動的に行われます．

●5…学習データを増やす

ディープ・ラーニングには，学習データが大量に必要となります．そこで**図4**のように長い学習データを用意し，512点（32ms）の長さの窓を掛けて小さい音に切り分けます．窓を10msごとにオー

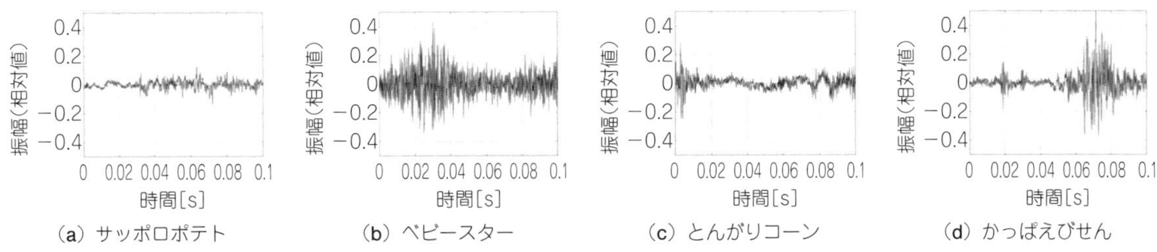

図2　それぞれのお菓子の袋を振ったときの音信号を「学習用」に集める

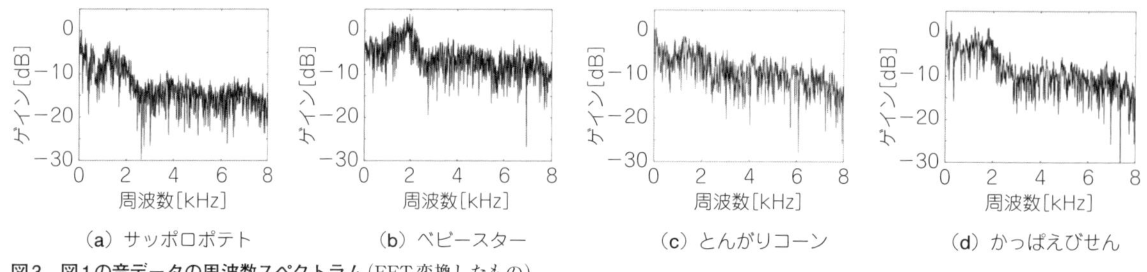

図3　図1の音データの周波数スペクトラム(FFT変換したもの)

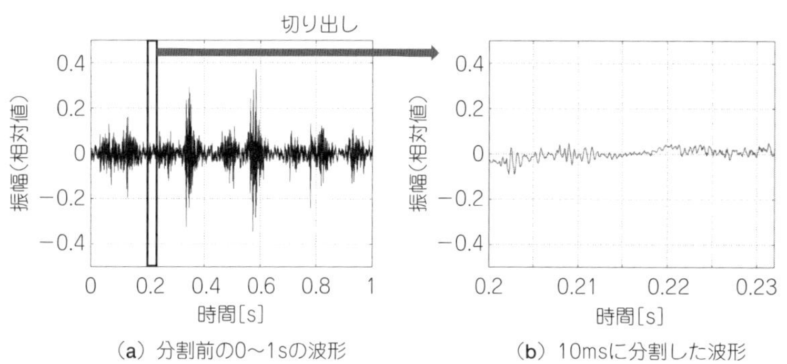

図4　学習データを増やす…60秒ぶんのデータを10msごとに分割して6000個に

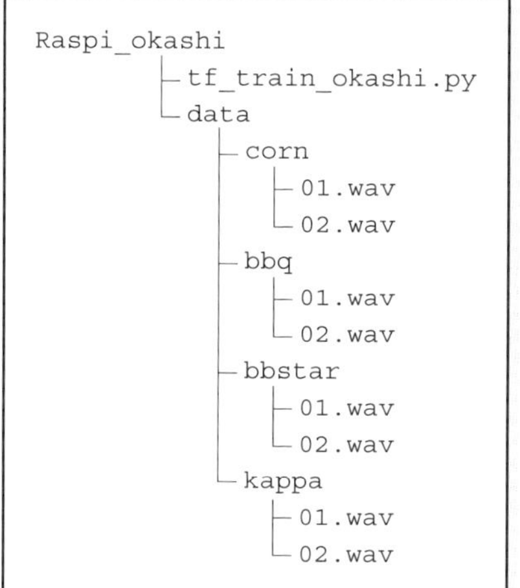

図5　学習時のメイン・プログラムと音声データのディレクトリ構造

バラップしながらずらすことで，60秒の音声から約6000個の学習データが得られます．

これにより，約6000個(60秒÷0.01秒)の学習データとなります．検証データも同じようにデータを増やしています．これも`tf_train_okashi.py`の中で自動的に行われます．

ステップ2…学習済みモデルを作る

学習はPCでの作業を勧めます．`data`ディレクトリに学習したいファイルを保存した場合は，以下のように引き数なしで実行できます．`data`ディレクトリ以外に保存した場合は，`-d`オプションでディレクトリを指定してください．

```
> python tf_train_okashi.py
```

なお，ここではディレクトリ構造として**図5**のようにしました．実行すると指定した`data`ディレクトリの下にあるディレクトリを自動的に探してIDを付けてくれます．実行結果を**リスト2**に示します．

ステップ3…ラズベリー・パイで判定する

●ハードウェア

図6にハードウェア構成を示します．ラズベリー・パイにマイクとディスプレイをつないで，マ

リスト2　学習済みモデルの生成結果

```
> python tf_train_okashi.py
Loading dataset ...
label: bbq, label id: 0
    data\bbq\01.wav loaded
    data\bbq\02.wav loaded
label: bbstar, label id: 1
    data\bbstar\01.wav loaded
    data\bbstar\02.wav loaded
label: corn, label id: 2
    data\corn\01.wav loaded
    data\corn\02.wav loaded
label: kappa, label id: 3
    data\kappa\01.wav loaded
    data\kappa\02.wav loaded
done.

Model: "model"
_________________________________________________________________
Layer (type)                 Output Shape              Param #
=================================================================
input (InputLayer)           [(None, None, 256)]       0
_________________________________________________________________
lstm1 (LSTM)                 (None, 256)               525312
_________________________________________________________________
dropout (Dropout)            (None, 256)               0
_________________________________________________________________
fc1 (Dense)                  (None, 128)               32896
_________________________________________________________________
dropout_1 (Dropout)          (None, 128)               0
_________________________________________________________________
output (Dense)               (None, 4)                 516
=================================================================
Total params: 558,724
Trainable params: 558,724
Non-trainable params: 0
_________________________________________________________________

Epoch 1/10
2021-09-19 08:11:36.281357: I tensorflow/stream_executor/cuda/cuda_dnn.cc:369] Loaded cuDNN version 8204
225/225 [==============================] - 7s 17ms/step - loss: 0.8166 - sparse_categorical_accuracy: 0.6836
- val_loss: 0.2072 - val_sparse_categorical_accuracy: 0.9800
Epoch 2/10
225/225 [==============================] - 3s 15ms/step - loss: 0.1872 - sparse_categorical_accuracy: 0.9652
- val_loss: 0.1046 - val_sparse_categorical_accuracy: 0.9800
Epoch 3/10
225/225 [==============================] - 3s 15ms/step - loss: 0.1166 - sparse_categorical_accuracy: 0.9848
- val_loss: 0.1390 - val_sparse_categorical_accuracy: 0.9720
Epoch 4/10
225/225 [==============================] - 3s 15ms/step - loss: 0.0917 - sparse_categorical_accuracy: 0.9911
- val_loss: 0.0794 - val_sparse_categorical_accuracy: 0.9920
Epoch 5/10
225/225 [==============================] - 3s 15ms/step - loss: 0.0842 - sparse_categorical_accuracy: 0.9929
- val_loss: 0.0688 - val_sparse_categorical_accuracy: 0.9960
Epoch 6/10
225/225 [==============================] - 4s 16ms/step - loss: 0.0769 - sparse_categorical_accuracy: 0.9951
- val_loss: 0.1082 - val_sparse_categorical_accuracy: 0.9840
Epoch 7/10
225/225 [==============================] - 4s 16ms/step - loss: 0.0806 - sparse_categorical_accuracy: 0.9938
- val_loss: 0.0860 - val_sparse_categorical_accuracy: 0.9920
Epoch 8/10
225/225 [==============================] - 4s 16ms/step - loss: 0.0725 - sparse_categorical_accuracy: 0.9964
- val_loss: 0.1004 - val_sparse_categorical_accuracy: 0.9880
Epoch 9/10
225/225 [==============================] - 4s 17ms/step - loss: 0.0727 - sparse_categorical_accuracy: 0.9964
- val_loss: 0.0785 - val_sparse_categorical_accuracy: 0.9880
Epoch 10/10
225/225 [==============================] - 4s 16ms/step - loss: 0.0631 - sparse_categorical_accuracy: 0.9982
- val_loss: 0.0810 - val_sparse_categorical_accuracy: 0.9920
save the trained model: SNACK_MODEL.h5
```

イクに向かってお菓子を振ります(**写真1**).

●実行

① 録音したファイルを使ってオフラインで行う場合

最初に，事前に録音して用意したファイルを読み込んで分類する方法を説明します．このファイルとしてtestフォルダの下にbbq.wavがあるとします．ファイルを使う場合は，-wオプションの後ろにファイル名を書きます．

```
$ python3 rp_tf_test_okashi.py -w test/bbq.wav
（モデル構造が表示されるが省略）
判定結果：bbq
```

② USBマイクを使ってオンラインで行う場合

USBマイクを使うために，**リスト1**の手順でライブラリのインストールを行っておきます．使用する**図7**の3つのファイルは同じディレクトリへ保存しておいてください．

list.txtはtf_train_okashi.pyの実行時に作成されます．その内容は**リスト3**のように，ラベルの数字とディレクトリ名となっています．TensorFlowでは分類結果が数字で出てきますので，数字と名前を関連付けられるようにしています．

お菓子の音を判定するプログラムは，以下のコマンドで動かせます．

```
$ python3 rp_tf_test_okashi.py -m SNACK_MODEL.h5
```

すると，**リスト4**のようにRaspberry Pi OSのターミナル・ソフトに表示されます．分類には0.5秒程度かかります．

応用するにはどこを変えればよいか

皆さんが他の音の分類をしたくなった場合の変更点を示します．例えば，上記の4つのスナック菓子にポテトチップスを加えて実行したい場合はdata/potatoディレクトリの中に，

```
01.wav  02.wav
```

を置きます．

たったこれだけで，potatoも判別するように学習します．なお，ディレクトリごとに種類を分けていますので，ファイル名はこの例のように01.wavのような数字でなくても問題ありません．

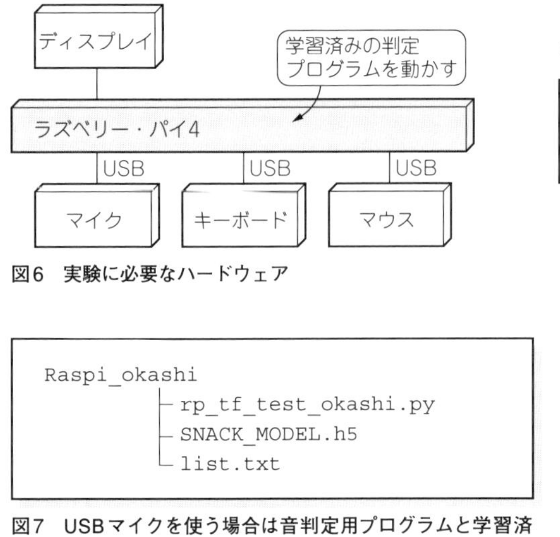

図6　実験に必要なハードウェア

図7　USBマイクを使う場合は音判定用プログラムと学習済みモデルは同じディレクトリに置く

リスト3　list.txtの内容

```
0,bbq
1,bbstar
2,corn
3,kappa
```

リスト4　お菓子の袋を振ったときの音を判別した結果

```
recording...
recording fnish.
判別結果：corn
recording...
recording fnish.
判別結果：corn
recording...
recording fnish.
判別結果：bbstar
recording...
recording fnish.
判別結果：kappa

（以下Ctrl+Cが押されるまで続く）
```

コラム ディープ・ラーニング処理の流れ

本書では，皆さんにディープ・ラーニングを使って「やってみたいこと」が実現できるように，データ作りから結果の見方までを説明していきます．

● PCで学習［図A(a)］

①人工知能への入力データの作成

写真を撮ったり音を録音したりします．ウェブから持ってくることもできます．

②人工知能へ与えるデータを最適に加工する

画像を作成したけど，どうやってディープ・ラーニングに入力にするのか分からないということがよくあります．サンプル・プログラムを動かすことができても，ここを乗り越えられずに挫折してしまうことがあります．

③④学習済みモデル生成

入力の形式が決まったら，ディープ・ラーニングで学習済みモデル④を生成します．これは，与えたデータの特徴を抽出してくれる「特別なフィルタ」だと思ってください．

この考え方はTensorFlowやPyTorchといったフレームワークを利用することが前提ですので，「入力に適したパラメータや出力の仕方を設定できれば」さほど難しくはありません．

● ラズベリー・パイで判定［図A(b)］

判定の流れを説明します．

⑤データの取り込み

マイクやカメラでデータを取り込みます．

⑥データの前処理

⑦学習済みモデルの取り込み

フレームワーク上に学習済みモデル④を取り込んでおきます．

⑧学習済みモデルを使って判定

生成した学習済みモデルを用いて，新たに入ってきたデータを仕分けます．学習済みモデルをPCで生成するよりはCPU負荷が少ないため，ラズベリー・パイで実行できます．

⑨評価

ディープ・ラーニングによる学習が，どの程度正しいかを検証する方法を知っておきましょう．例えば，2択の問題を学習して正答率が50％だったら，何も学習できていないことになります．

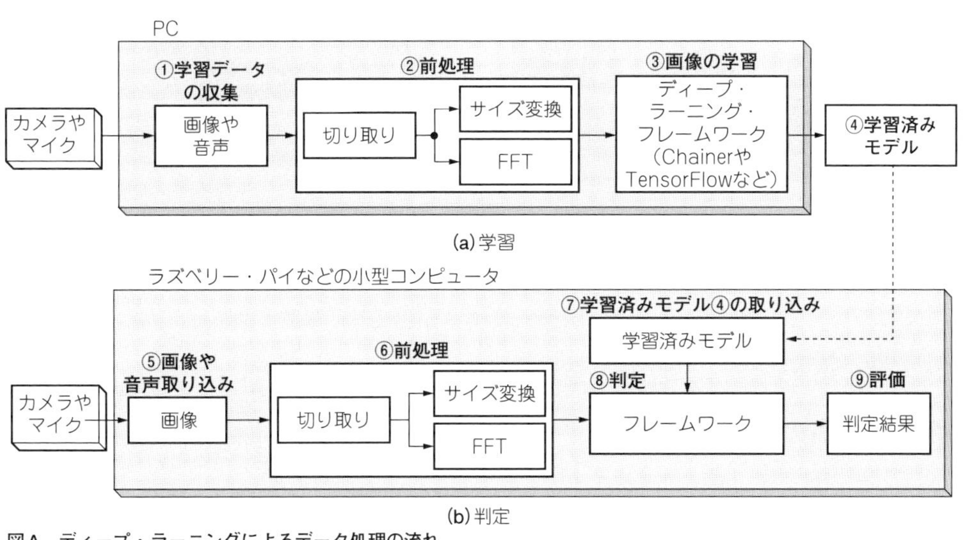

図A　ディープ・ラーニングによるデータ処理の流れ

第2章

画像処理を知らなくてもOK！ きのことたけのこを判別してみる

体験②…画像認識1（お菓子の種類）

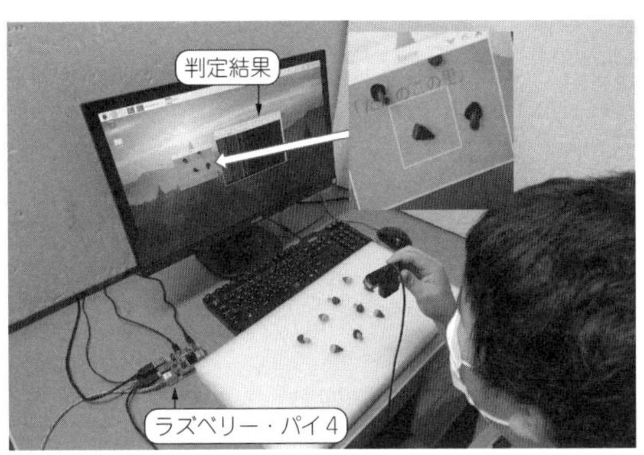

写真1　画像ディープ・ラーニングによるお菓子判定をラズベリー・パイで行う

写真2　ラズベリー・パイによる画像ディープ・ラーニングでお菓子判定

●実験すること

お菓子「きのこの山」と「たけのこの里」をカメラで撮って，見分ける装置を作ります（**写真1**）．この装置は，一定時間ごとに画面の画像上に文字が出ます（**写真1**参照）．さらに，**写真2**のように判定結果の文字が表示されます．

●用意するもの

▶ハードウェア

1. ラズベリー・パイ4
2. USB接続のカメラ
3. キーボード
4. マウス
5. PC（学習済みモデルを利用する場合は不要）
6. ディスプレイ

▶ソフトウェア（著者提供）

1. 学習済みモデル（自分で作る場合は不要）
2. ラズベリー・パイ上で動く判定用プログラム

3. PC上で動く学習用プログラム（1を使う場合は不要）

準備

●著者提供のプログラムを入手

以下のプログラム類を使います．

ディレクトリ名：Raspi_kinoko_takenoko
学習プログラム（PC用）：tf_train_kinoko_takenoko.py
評価プログラム（ラズベリー・パイ用）：rp_tf_test_kinoko_takenoko.py
画像の前加工プログラム（PC用）：tf_data_argment.py
学習済みモデル：KT_MODEL.h5
画像：my_photos

これは本書のサポート・ページから入手できます．

https://interface.cqpub.co.jp/2023deep/

●ライブラリのインストール

「きのこの山」と「たけのこの里」を見分けるプログラムを動かすときには，前章に加えて，以下のコマンドでライブラリをインストールします

▶ Windows + Anaconda

• OpenCV（画像処理用）

```
> pip install opencv-python
```

• Pillow（画像処理用）

```
> pip install Pillow
```

これらは一度実行しておけば，次回以降は不要です．

▶ ラズベリー・パイ

```
$ sudo apt install python3-opencv
$ sudo pip3 install 'django<2.0'
$ sudo pip3 install image
```

ステップ1…画像を集める

「きのこの山」と「たけのこの里」を見分けるためには以下を行う必要があります．

(1) 写真を撮るまたは集める
(2) 画像を増やす
(3) ディープ・ニューラル・ネットワークで学習する
(4) 学習したモデルを用いて判別する

著者が提供する学習済みモデルを使用すれば，(4) から始めることも可能です．

(1) から実践しましょう．まずはPCでの作業です．**図1**の構造のディレクトリを作成します．そして，きのこの山とたけのこの里の画像を，それぞれのディレクトリに保存します．ここでの例

```
Raspi_kinoko_takenoko
 ├ my_photos
 │  ├ kinoko
 │  └ takenoko
 └ train
    ├ kinoko
    └ takenoko
```

図1　作成するディレクトリ構造

では，それぞれ40枚程度の画像を保存しました．画像サイズがばらばらでも，そのまま使えるようになっています．以降の作業はすべてラズベリー・パイで行うこともできます．

リスト1　お菓子画像の学習の実行結果

```
$ python tf_train_kinoko_takenoko.py
GPU: /device:GPU:0
訓練データ: data/train
隠れ層ユニット数: 128
ミニバッチサイズ: 16
エポック数: 20
シード値: 0
ラベル名一覧:
0 kinoko
1 takenoko
Model: "model"
_________________________________________________________________
Layer (type)                 Output Shape              Param #
=================================================================
INPUT (InputLayer)           [(None, 64, 64, 3)]       0
_________________________________________________________________
CNN1 (Conv2D)                (None, 64, 64, 16)        1216
_________________________________________________________________
POOL1 (MaxPooling2D)         (None, 32, 32, 16)        0
_________________________________________________________________
dropout (Dropout)            (None, 32, 32, 16)        0
_________________________________________________________________
CNN2 (Conv2D)                (None, 32, 32, 32)        12832
_________________________________________________________________
POOL2 (MaxPooling2D)         (None, 16, 16, 32)        0
_________________________________________________________________
dropout_1 (Dropout)          (None, 16, 16, 32)        0
_________________________________________________________________
CNN3 (Conv2D)                (None, 16, 16, 64)        51264
_________________________________________________________________
POOL3 (MaxPooling2D)         (None, 8, 8, 64)          0
_________________________________________________________________
FLATTEN (Flatten)            (None, 4096)              0
_________________________________________________________________
FC1 (Dense)                  (None, 128)               524416
_________________________________________________________________
OUTPUT (Dense)               (None, 2)                 258
=================================================================
Total params: 589,986
Trainable params: 589,986
Non-trainable params: 0
_________________________________________________________________
Epoch 1/20
74/74 [==============================] - 7s 29ms/step - loss: 7.9416 - sparse_categorical_accuracy: 0.5030 -
                                          val_loss: 7.9765 - val_sparse_categorical_accuracy: 0.5051
Epoch 2/20
74/74 [==============================] - 1s 16ms/step - loss: 8.0797 - sparse_categorical_accuracy: 0.4987 -
                                          val_loss: 7.9765 - val_sparse_categorical_accuracy: 0.5051
Epoch 3/20
74/74 [==============================] - 1s 16ms/step - loss: 8.0797 - sparse_categorical_accuracy: 0.4987 -
                                          val_loss: 7.9765 - val_sparse_categorical_accuracy: 0.5051
Epoch 4/20
```

ステップ2…画像を増やす

PCでの作業です．この作業もラズベリー・パイで行うこともできます．集めた40枚程度の画像では，学習がうまく進まない可能性があります．そこで，回転や反転，拡大や縮小を行って，画像を増やすことを行います．

これは以下のコマンドで実現できます．-iの後ろが撮影した画像があるディレクトリの名前，-oの後ろが変換した画像を保存するディレクトリの名前です．

```
> python tf_data_argment.py -i my_photos -o train
```

ステップ3…学習する

ここもPCでの作業です．この作業もラズベリー・パイで行うこともできます．以下のコマンドで学習できます．

```
74/74 [==============================] - 1s 16ms/step - loss: 8.0797 - sparse_categorical_accuracy: 0.4987 -
                                                          val_loss: 7.9765 - val_sparse_categorical_accuracy: 0.5051
Epoch 5/20
74/74 [==============================] - 1s 16ms/step - loss: 8.0797 - sparse_categorical_accuracy: 0.4987 -
                                                          val_loss: 7.9765 - val_sparse_categorical_accuracy: 0.5051
Epoch 6/20
74/74 [==============================] - 1s 16ms/step - loss: 8.0797 - sparse_categorical_accuracy: 0.4987 -
                                                          val_loss: 7.9765 - val_sparse_categorical_accuracy: 0.5051
Epoch 7/20
74/74 [==============================] - 1s 17ms/step - loss: 8.0797 - sparse_categorical_accuracy: 0.4987 -
                                                          val_loss: 7.9765 - val_sparse_categorical_accuracy: 0.5051
Epoch 8/20
74/74 [==============================] - 1s 18ms/step - loss: 8.0797 - sparse_categorical_accuracy: 0.4987 -
                                                          val_loss: 7.9765 - val_sparse_categorical_accuracy: 0.5051
Epoch 9/20
74/74 [==============================] - 1s 16ms/step - loss: 8.0797 - sparse_categorical_accuracy: 0.4987 -
                                                          val_loss: 7.9765 - val_sparse_categorical_accuracy: 0.5051
Epoch 10/20
74/74 [==============================] - 1s 18ms/step - loss: 8.0797 - sparse_categorical_accuracy: 0.4987 -
                                                          val_loss: 7.9765 - val_sparse_categorical_accuracy: 0.5051
Epoch 11/20
74/74 [==============================] - 1s 16ms/step - loss: 8.0797 - sparse_categorical_accuracy: 0.4987 -
                                                          val_loss: 7.9765 - val_sparse_categorical_accuracy: 0.5051
Epoch 12/20
74/74 [==============================] - 1s 17ms/step - loss: 8.0797 - sparse_categorical_accuracy: 0.4987 -
                                                          val_loss: 7.9765 - val_sparse_categorical_accuracy: 0.5051
Epoch 13/20
74/74 [==============================] - 1s 17ms/step - loss: 8.0797 - sparse_categorical_accuracy: 0.4987 -
                                                          val_loss: 7.9765 - val_sparse_categorical_accuracy: 0.5051
Epoch 14/20
74/74 [==============================] - 1s 17ms/step - loss: 8.0797 - sparse_categorical_accuracy: 0.4987 -
                                                          val_loss: 7.9765 - val_sparse_categorical_accuracy: 0.5051
Epoch 15/20
74/74 [==============================] - 1s 17ms/step - loss: 8.0797 - sparse_categorical_accuracy: 0.4987 -
                                                          val_loss: 7.9765 - val_sparse_categorical_accuracy: 0.5051
Epoch 16/20
74/74 [==============================] - 1s 17ms/step - loss: 8.0797 - sparse_categorical_accuracy: 0.4987 -
                                                          val_loss: 7.9765 - val_sparse_categorical_accuracy: 0.5051
Epoch 17/20
74/74 [==============================] - 1s 18ms/step - loss: 8.0797 - sparse_categorical_accuracy: 0.4987 -
                                                          val_loss: 7.9765 - val_sparse_categorical_accuracy: 0.5051
Epoch 18/20
74/74 [==============================] - 1s 19ms/step - loss: 8.0797 - sparse_categorical_accuracy: 0.4987 -
                                                          val_loss: 7.9765 - val_sparse_categorical_accuracy: 0.5051
Epoch 19/20
74/74 [==============================] - 1s 16ms/step - loss: 8.0797 - sparse_categorical_accuracy: 0.4987 -
                                                          val_loss: 7.9765 - val_sparse_categorical_accuracy: 0.5051
Epoch 20/20
74/74 [==============================] - 2s 20ms/step - loss: 8.0797 - sparse_categorical_accuracy: 0.4987 -
                                                          val_loss: 7.9765 - val_sparse_categorical_accuracy: 0.5051
Save the trained model: KT_MODEL.h5
```

なお，画像データはRaspi_kinoko_takenokoディレクトリ下のtrainディレクトリに配置すれば，引き数なしで学習できます．他のディレクトリに学習データを保存した場合は-tオプションの後ろにディレクト名を書きます．

```
> python tf_train_kinoko_takenoko.py
```

実行結果が**リスト1**です．学習済みモデルはKT_MODEL.h5に保存されます．

ステップ4…学習済みモデルを用いて判別する

ここでは画像を判別します．**図2**ようにファイルを配置します．

● Windowsで体験

まずは，保存した画像を用いて判別します．この場合は以下のように，-iオプションで画像ファイルを指定します．

```
> python tf_test_kinoko_takenoko.py -i train/kinoko/arg_0001.jpg
「きのこの山」
```

なお，この画像は学習に用いたものと同じ大きさにしておく必要があります．この例では，学習に使った画像を使っています．また，このプログラムではOSに合わせてフォントを指定する必要があります．エラーが出た場合は，プログラムを開いて正しいフォントを設定してください．

カメラを使った判定もできます．この場合は，以下のように引き数を指定しません．

```
> python tf_test_kinoko_takenoko.py
```

実行結果は**写真2**，**写真3**のようになります．

● ハードウェアの準備

ここからはラズベリー・パイでの作業となります．**図3**に構成を示します．USBカメラで画像を取得し（**写真1**），学習済みモデルでリアルタイムに判別するプログラムを作成します．

ラズベリー・パイで実行したときにフォントに関する問題があった場合は，先ほどインストール

```
Raspi_kinoko_takenoko
├ rp_tf_test_kinoko_takenoko.py
└ KT_MODEL.h5
```

図2　プログラム・ファイルの配置

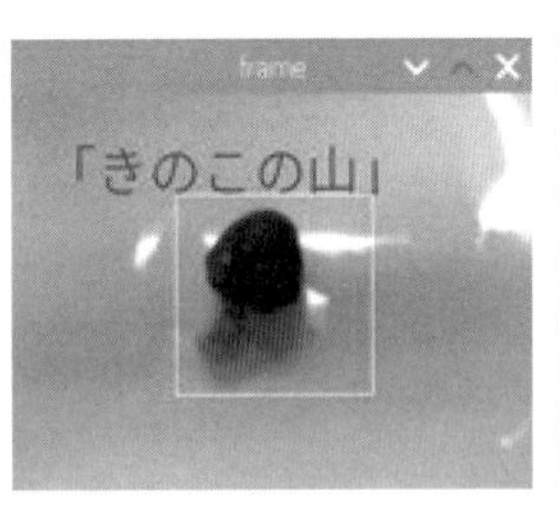

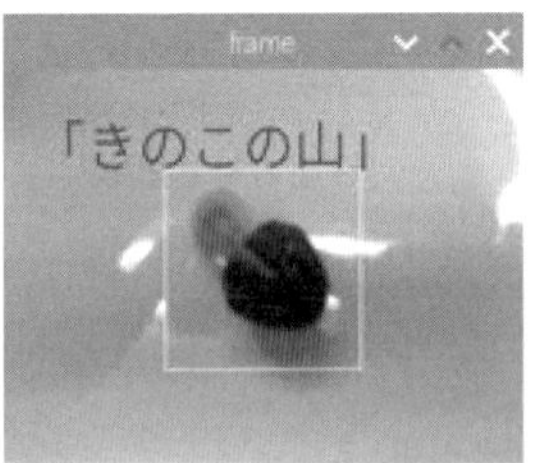

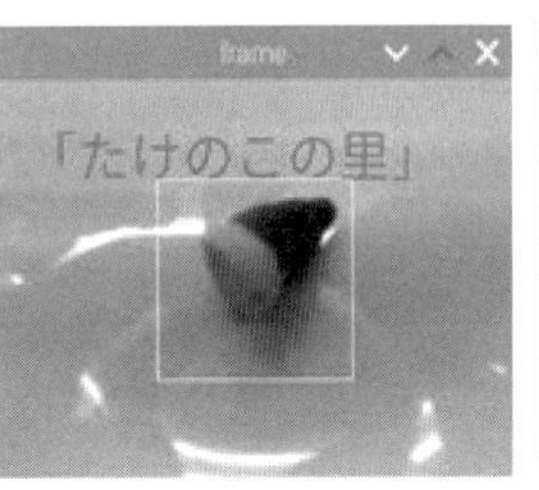

写真3　カメラ画像から2種類のお菓子を判定

したOpenCVなどのほかに，日本語フォントを以下の手順でインストールする必要があります．

```
$ sudo apt install fonts-noto
```

使用できるフォントは以下のコマンドで調べることができます．この中からNotoSansCJK-Light.ttcを選びました．

```
$ fc-list | grep NotoSans
/usr/share/fonts/opentype/noto/NotoSansCJK-Light.ttc: Noto Sans CJK HK,Noto Sans CJK HK Light:style=Light,Regular
/usr/share/fonts/opentype/noto/NotoSansCJK-Black.ttc: Noto Sans CJK SC,Noto Sans CJK SC Black:style=Black,Regular
(多くのフォントが見つかる)
```

その後，以下を実行します．

```
$ python3 rp_tf_test_kinoko_takenoko.py
```

実行結果を**写真2**と**写真3**に示します．

● リアルタイムに処理するためのフロー

リアルタイムに判定するポイントは，**図4**のように繰り返しとなっている点です．また，画像をそのまま入力形式に変換する点もポイントです．`eval_kinoko_takenoko.py`の一部（撮影，データ変換，判定する部分）を**リスト2**に示します．

7行目でカメラ画像を取り込み`frame`変数へ保存しています．

8～10行目でその画像を小さくするように変換しています．

11～12行目でトリミングと正規化を行っています．

13行目で学習モデルを用いた推論（分類）を行っています．

14行目の推論結果が0だったら「きのこの山」，そうでなければ「たけのこの里」として，出力しています．

23行目でカメラ画像の表示を行っています．

25～30行目では，画面上に「きのこの山」や「たけのこの里」という文字を表示するための設定を行っています．フォントの設定がうまくいかない場合は，3行目と28行目をコメントアウトすると文字は表示されなくなりますが，実行はできます．この場合は**写真2**のようにコンソールで確認してください．

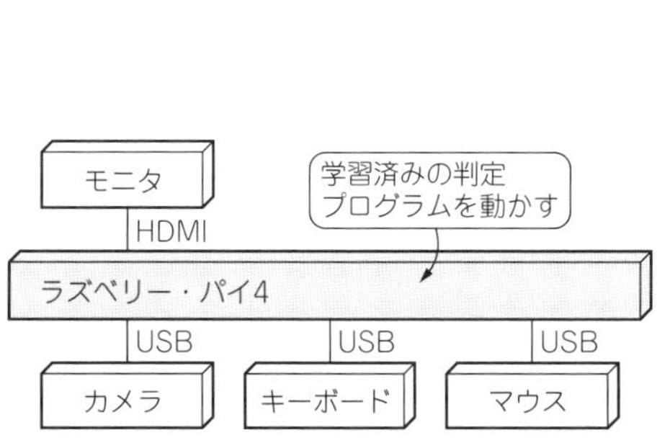

図3　判定に用いたハードウェア

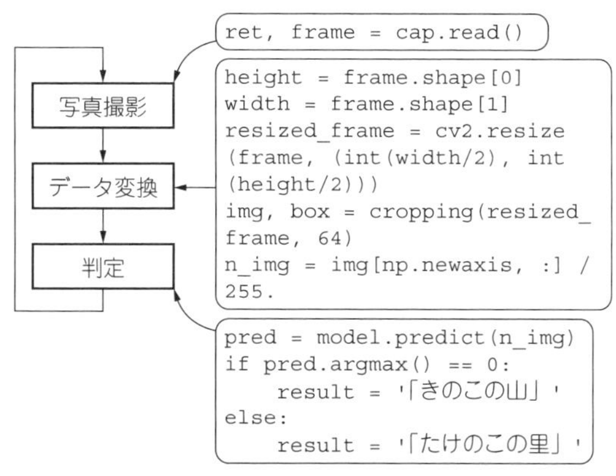

図4　リアルタイムに処理するためのプログラム・フロー

リスト2　お菓子の種類判定プログラムeval_kinoko_takenoko.pyの一部
撮影，データ変換，判定する部分

```
1  # フォントの指定(ここのフォントは変えないといけないので注意してください)
2# font = ImageFont.truetype('HiraMinPro-W3.ttf', 32)            #MacOS
3  font = ImageFont.truetype('NotoSansCJK-Light.ttc', 32)        #RaspberryPi
4# font = ImageFont.truetype('C:\Windows\Fonts\meiryo.ttc', 32) #Windows
5
6      while True:
7          ret, frame = cap.read()
8          height = frame.shape[0]
9          width = frame.shape[1]
10         resized_frame = cv2.resize(frame, (int(width/2), int(height/2))) # 処理速度の関係で画像サイズを小さくする
11         img, box = cropping(resized_frame, 64)
12         n_img = img[np.newaxis, :] / 255. # バッチ次元の追加と正規化
13         pred = model.predict(n_img) # 推論
14         if pred.argmax() == 0:
15             result = '「きのこの山」'
16             b = 255
17             r = 0
18         else:
19             result = '「たけのこの里」'
20             b = 0
21             r = 255
22         print(f'判定結果は{result}です。')
23         cv2.imshow('frame', frame)
24
25         # 結果の描画
26         img_pil = Image.fromarray(resized_frame)
27         draw = ImageDraw.Draw(img_pil)
28         draw.text((20, 20), result, font=font, fill=(b, 0, r)) # 推論結果のテキスト表示
29         show_img = np.array(img_pil)
30         cv2.rectangle(show_img, (box[0], box[1]), (box[2], box[3]), (255, 255, 255)) # 切り出した座標を白枠で表示
31         cv2.imshow('frame', show_img)
32         if cv2.waitKey(1) & 0xff == ord('q'):
33             break
```

32行目では「q」キーが押されたかどうかを調べ，押されていたら終了するようにしています．なお，ウィンドウを閉じるための右上の×ボタンを押してもプログラムは終了しません．

第3章

ペットの判定や果物の出荷検査に

体験③…画像認識2(本物/偽物)

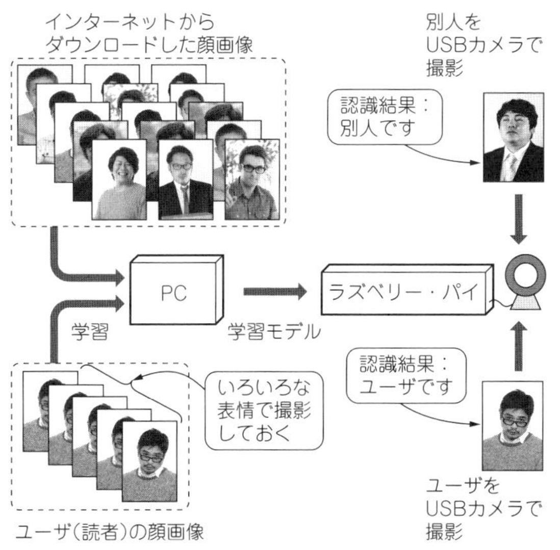

図1　製作する装置は本人と別人とを見分けられる

●実験すること

3大ディープ・ラーニングの1つ，畳み込みニューラル・ネットワーク(CNN)を使って，顔を認識する装置を作ります[注1].

ここでは**図1**のように，インターネットからダウンロードした大量の顔画像とユーザ(読者)の顔画像を一緒に学習し，ユーザの顔にだけ反応する装置を作ります．なお，学習はPCで，判定はPCとラズベリー・パイで行います．

●用意するもの

▶ハードウェア

1. ラズベリー・パイ4
2. ディスプレイ

注1：畳み込みニューラル・ネットワークのアルゴリズムは第5部で解説する．

3. USB接続のカメラ
4. キーボード
5. マウス
6. PC（顔画像の学習用．ラズベリー・パイだけでも試せる）

▶ソフトウェア

1. PCとラズベリー・パイ上で動く判定用プログラム
2. PCとラズベリー・パイ上で動く撮影用プログラム
（ラズベリー・パイに付けたUSBカメラで撮影する場合）
3. PCとラズベリー・パイ上で動く画像変換プログラム
（手持ちのディジタル・カメラで撮影する場合）
4. PC上で動く学習用プログラム

●プログラム

ディレクトリ名：`Raspi_face`
学習プログラム（PC用）：`tf_train_face.py`
評価プログラム（ラズベリー・パイ用）：`rp_tf_test_face.py`
撮影用プログラム（PC用）：`tf_record_myface.py`
画像変換用プログラム（PC用）：`tf_data_preprocessing.py`
画像移動用プログラム（PC用）：`tf_data_move.py`
学習モデル：`FACE_MODEL.h5`
顔検出用データ：`dlib_face_recognition_resnet_model_v1.dat`
顔予測用データ：`shape_predictor_68_face_landmarks.dat`

プログラムは，本書サポート・ページから入手できます（p.304参照）．

学習はPC上で行うことをお勧めしますが，ラズベリー・パイでも行えます．

また，ここでの顔判定は，ラズベリー・パイで行うことを前提にしますが，PCでも行えます．

●ライブラリのインストール

以下のコマンドを実行して，必要なライブラリをインストールします．

▶ Windows + Anaconda

既にインストールされているので必要ありません．

▶ラズベリー・パイ

```
$ sudo apt install python3-pip
$ sudo apt install cmake -y
$ sudo apt update
$ sudo reboot
```

（再起動後）

```
$ sudo apt install libgtk-3-dev -y
$ sudo apt install libboost-all-dev -y
$ wget https://bootstrap.pypa.io/get-pip.py
$ sudo python3 get-pip.py
```

●顔認識用ライブラリのインストール

dlibという顔認識用のライブラリをインストールします．インストールは以下のコマンドで行います．なお，インストールには2時間程度かかる場合があります．

▶ Windows + Anaconda

```
> pip install opencv-python
> conda install -c conda-forge dlib
> pip install Pillow
```

▶ラズベリー・パイ

```
$ sudo pip3 install dlib
$ sudo pip3 install Pillow
$ sudo apt install python3-opencv
```

ステップ1…自分の顔データを用意

●用意する画像の条件

最初に自分の顔画像を用意します．写真の枚数はたくさんあった方がよく，100枚くらいは欲しいところです．同じような表情ではなく，笑ったり，怒ったり，変顔したりなど，バリエーションに富んだものを用意します．

用意した顔画像は1人だけで写るようにしてください．著者が用意したプログラムで顔の抽出を行いますので，画像の中心に顔がある必要はありません．写真の解像度の変更は著者が用意したプログラムで行いますので，読者が解像度を設定する必要はありません．

なお，今回のディープ・ラーニングの学習では，100×100ピクセルの画像に変換して使いますので，元となる写真の解像度は低くても構いません．

●画像の用意の仕方

ここでは顔画像の用意の仕方を2つ紹介します．

▶ 1，ディジタル・カメラやスマートフォンでたくさん撮る

顔認識用のプログラムが入っているフォルダの下にimgフォルダを作成し，そのフォルダに画像をコピーします（**図2**）．なお，拡張子はjpgとしてください．

次に，extract_datasetフォルダがある場合はフォルダを削除してください．

その後，以下のコマンドを実行すると，顔の抽出と画像のサイズ変更を行い，extract_

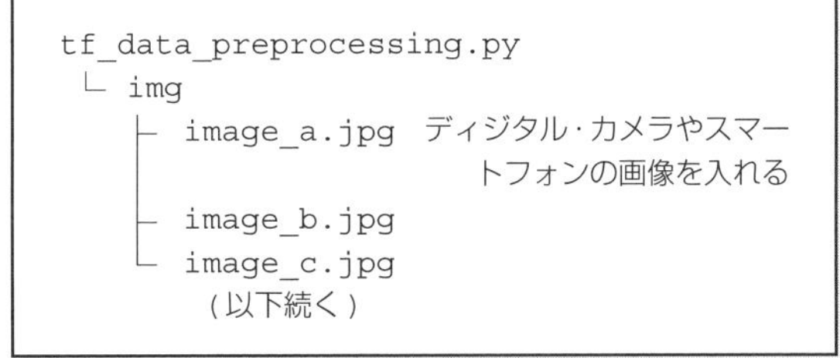

図2　imgフォルダ内に顔画像を入れる

datasetフォルダに保存されます.

```
> python tf_data_preprocessing.py -path img -t True
num of CPU: 12
Writing :extract_dataset¥image_a.jpg........0
Writing :extract_dataset¥image_b.jpg........1
Writing :extract_dataset¥image_c.jpg........3
(以下続く)
```

これにより，フォルダ構造は**図3**のようになります.

最後に，以下のコマンドでextract_datasetフォルダに保存された画像の名前を，-nameの後ろに書いた名前に変更して，data/train/[指定した名前]のフォルダに移動します.

```
> python tf_data_move.py -name taro
```

これにより，フォルダ構造は**図4**のようになります.

▶2，著者が用意したプログラムで撮影する

著者提供のプログラムで画像を収集するという方法もあります．提供プログラムはラズベリー・パイ上で動作することを前提としていますが，カメラを認識していればPCでも実現できます.

ノートPCのような内蔵カメラを持っている場合，カメラの番号は0となり，外付けのカメラの場合は1以降となります．幾つか番号を試してみてください.

新しい人の画像を撮影する際には，撮影前に保存するフォルダを空にしておくことをお勧めします．なお，追加で撮影する場合はディレクトリを空にするコマンドを実行する必要はありません.

●撮影

撮影は以下のコマンドで行います．-nameで指定した名前のフォルダがdataフォルダの下のtrainフォルダに作られ，その中に画像が100枚保存されます.

```
> python tf_record_myface.py -n 100 -name taro -d 0
```

-nameの後ろには保存するフォルダ名を書きます.

-nの後ろには撮影する画像の枚数を指定します．この例では100枚としています.

そのほかには，以下のオプションを指定することができます.

```
rp_tf_data_preprocessing.py
├ img
│ ├ image_a.jpg  ディジタル・カメラやスマー
│ │              トフォンの画像を入れる
│ ├ image_b.jpg
│ └ image_c.jpg
└ extract_dataset
  ├ image_a.jpg  変換された画像
  ├ image_b.jpg
  └ image_c.jpg
```

図3　顔抽出と画像サイズが変更されextract_datasetフォルダ内に保存される

```
tf_data_preprocessing.py
├ img
│ ├ image_a.jpg  ディジタル・カメラやスマー
│ │              トフォンの画像を入れる
│ ├ image_b.jpg
│ └ image_c.jpg
├ extract_dataset
│   中身が空になる(ただしフォルダがある場合は残
│                                         る)
└ data
  └ train
    └ taro
      ├ taro_0000.jpg  名前が変更される
      ├ taro_0001.jpg
      ├ taro_0002.jpg
```

図4　extract_datasetフォルダ内の画像を名前変更(この場合はtaro)

-dの後ろには先ほど調べたカメラのデバイス番号を書きます．指定しない場合は0番としています．

-oの後ろには出力先のフォルダ名を書きます．指定しない場合はdataフォルダの下のtrainフォルダとしています．

実行すると**図5**のように表示され，このウィンドウが出ている間は顔画像を撮影し続けます．撮影間隔はPCの性能によって異なります．ラズベリー・パイを使った場合は，カクカクとした撮影になります．

ステップ2…自分以外の顔データを用意

ここでの作業はPCをお勧めしますが，ラズベリー・パイでも作業できます．今回は登録した人かそれ以外の人かを判定しますので，自分以外の顔画像が必要となります．そこで，以降に示すコマンドを実行し，自分以外の顔画像の学習データと検証データを用意します．

● PC（WindowsのAnaconda）

まずは，さまざまな人の顔をダウンロードします．Chromeなどのウェブ・ブラウザで以下にアクセスすると`lfw.tgf`（200Mバイト近くある）がダウンロードできます．

```
http://vis-www.cs.umass.edu/lfw/lfw.tgz
```

ダウンロードした`lfw.tgf`を`dataset`フォルダに移動して，7-zip（`https://sevenzip.osdn.jp/`）を用いて展開します．7-zipを用いると，`lfw.tgf`はまず`lfw.tar`に展開され，もう一度展開を行うとフォルダが作成されます．これにより，フォルダ構造は**図6**のようになります．

展開後は`lfw.tgf`と`lfw.tar`は削除して問題ありません．

●ラズベリー・パイ

顔のデータをダウンロードする手順は以下となります．

```
$ wget http://vis-www.cs.umass.edu/lfw/lfw.tgz
$ mkdir dataset
```

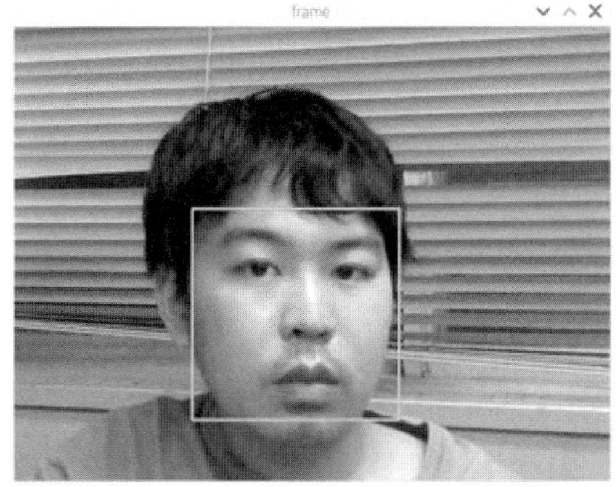

図5　撮影した顔画像の例

```
tf_data_preprocessing.py
 └ dataset
    ├ lfw.tgf
    ├ lfw.tar
    └ lwf
       ├ Aaron_Eckhart
       ├ Aaron_Guiel
       └ Aaron_Patterson
         （以下続く）
```

図6　`lfw.tgf`を2回展開すれば顔データが得られる

```
$ tar zxvf lfw.tgz -C dataset
```

●共通

この後は，ディジタル・カメラで写真を集めたときとほぼ同じ手順となります．

まず，以下のコマンドで顔の切り抜きなどを行い，それをextract_datasetフォルダに保存します．このとき，-pathの後ろはdatasetとします．この作業にはPCで20分程度かかります．

```
> python tf_data_preprocessing.py -path dataset -t True
```

次に，これらの画像をunknownという名前に変更して，dataフォルダ下のtrainフォルダの下にunknownフォルダを作り移動します．これは以下のコマンドで行います．

```
> python tf_data_move.py -name unknown
```

これにより，図7のようにdataフォルダ下のtrainフォルダの下にtaroフォルダとunknownフォルダができました．

ここでは，tf_record_myface.pyを使ってtaroを撮影したとしています．ここでは，taroだけ設定しましたが，2名以上の画像を登録してもOKです．

ステップ3…顔画像を学習する

ここではPC上での作業をお勧めします．ラズベリー・パイで行うと学習にかなりの時間がかかります．学習は以下のコマンドで実行します．

```
> python tf_train_face.py
```

実行結果例はリスト1のようになります．なお，この計算はGPUを使った結果となります．

ステップ4…ラズベリー・パイでリアルタイムに顔判定する

●PCから学習済みモデルをコピー

ここは，ラズベリー・パイでの作業です．まず，学習済みモデル（FACE_MODEL.h5）をラズベリー・パイにコピーします．

```
tf_data_preprocessing.py
 └ data
    └ train
        ├ taro
        │  ├ taro_0000.jpg
        │  ├ taro_0001.jpg
        │  ├ taro_0002.jpg
        │  │ (以下続く)
        └ unknown
           ├ unknown_0000.jpg
           ├ unknown_0001.jpg
           ├ unknown_0002.jpg
           │ (以下続く)
```

図7　trainフォルダ下にtaroとunknownフォルダを作る

リスト1　顔画像の学習結果

```
$ >python tf_train_face.py
GPU: /device:GPU:0
訓練データ: data/train
隠れ層ユニット数: 256
ミニバッチサイズ: 10
エポック数: 50
シード値: 0
ラベル名一覧:
0 taro
1 unknown

Model: "model"
_________________________________________________________________
Layer (type)                 Output Shape              Param #
=================================================================
INPUT (InputLayer)           [(None, 100, 100, 1)]     0
_________________________________________________________________
CNN1 (Conv2D)                (None, 100, 100, 16)      416
_________________________________________________________________
POOL1 (MaxPooling2D)         (None, 50, 50, 16)        0
_________________________________________________________________
dropout (Dropout)            (None, 50, 50, 16)        0
_________________________________________________________________
CNN2 (Conv2D)                (None, 50, 50, 32)        12832
_________________________________________________________________
POOL2 (MaxPooling2D)         (None, 25, 25, 32)        0
_________________________________________________________________
dropout_1 (Dropout)          (None, 25, 25, 32)        0
_________________________________________________________________
CNN3 (Conv2D)                (None, 25, 25, 64)        51264
_________________________________________________________________
POOL3 (MaxPooling2D)         (None, 12, 12, 64)        0
_________________________________________________________________
FLATTEN (Flatten)            (None, 9216)              0
_________________________________________________________________
FC1 (Dense)                  (None, 256)               2359552
_________________________________________________________________
OUTPUT (Dense)               (None, 2)                 514
=================================================================
Total params: 2,424,578
Trainable params: 2,424,578
Non-trainable params: 0
_________________________________________________________________
2021-09-28 15:17:16.174400: I tensorflow/compiler/mlir/mlir_graph_optimization_pass.cc:185] None of the MLIR
Optimization Passes are enabled (registered 2)
Epoch 1/50
18/18 [==============================] - 5s 36ms/step - loss: 0.0124 - sparse_categorical_accuracy: 1.0000
- val_loss: 5.3727 - val_sparse_categorical_accuracy: 0.6667
Epoch 2/50
18/18 [==============================] - 0s 17ms/step - loss: 0.0063 - sparse_categorical_accuracy: 1.0000
- val_loss: 5.3727 - val_sparse_categorical_accuracy: 0.6667
(中略)
Epoch 50/50
18/18 [==============================] - 0s 16ms/step - loss: 1.1921e-07 - sparse_categorical_accuracy: 1.0000
- val_loss: 5.3727 - val_sparse_categorical_accuracy: 0.6667
Save the trained model: FACE_MODEL.h5
```

なお，ラズベリー・パイを使わなくてもPCで同じことができます．

● 判定

▶画像ファイル

画像ファイルを用いて，以下のように判定を行うこともできます．

```
$ python3 rp_tf_test_face.py -i data/train/taro/taro_0000.jpg
Result: taro
```

▶カメラ

以下のコマンドで判定します．

```
$ python3 rp_tf_test_face.py
```

(a) 判定例1

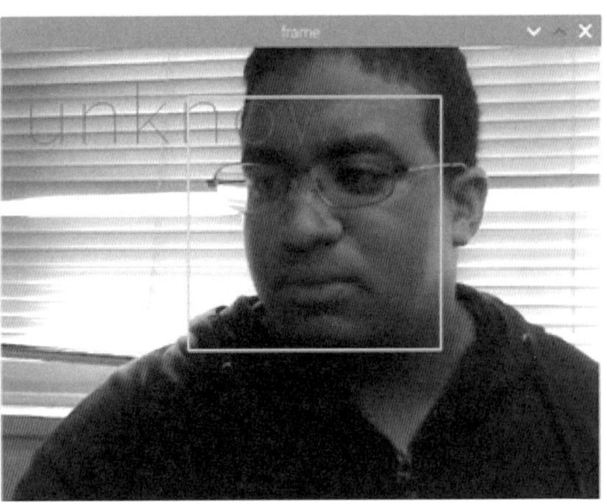

(b) 判定例2

図8　ラズベリー・パイでリアルに本人/別人を判定

実行すると**図8**が表示され，認識結果は画面の中に表示されます．枠内の画像が判定に使用する入力画像となります．

なお，テキストがうまく表示されない場合は次のようにコメントアウトして，コンソールに出力するように変更してください．

```
# cv2.putText(frame, text=result, org=(20, 100),
fontFace=cv2.FONT_HERSHEY_SIMPLEX, fontScale=3, color=(0, 0, 255))
                print(result)
```

（print(result) ← アンコメント，1〜2行目：実際は1行）

taroとなった場合は，学習した人と判断したこととなります．一方，unknownとなった場合は，学習した人以外の人が映っていることとなります．

第4章

第6部で解説する自動運転や対戦AIのもとをまずは

体験④…迷路脱出

●実験すること

これから注目のディープ・ラーニングである深層強化学習を実装する方法の1つである「ディープQネットワーク」を使って迷路をクリアします．

3大ディープ・ラーニングは必ず教師データが必要ですが，ディープQネットワークは半教師付き学習と呼ばれ，良い行動と悪い行動を教えておくと，良い行動をとるように自動的に進化するものです．

そこで，壁にぶつかると「悪い行動」，ゴールすると「良い行動」として教えることとします．アルゴリズムは本書の第6部で詳しく解説します．

ここではPC上で迷路を解きます．PCでの学習結果を使って，ラズベリー・パイに取り付けた2つのRCサーボモータを動かし，迷路を脱出します．なお，学習時間をかければ，ラズベリー・パイ上でRCサーボモータを動かしながら，実際の環境を学習することもできます．

●用意するもの

▶ハードウェア

1. ラズベリー・パイ4
2. ディスプレイ
3. キーボード
4. マウス
5. RCサーボモータとマウント，モータ・ドライバ
6. PC（学習用）

▶ソフトウェア

1. ラズベリー・パイ上で動く移動用プログラム
2. PC上で動く学習用プログラム

●プログラム

ディレクトリ名：`Raspi_maze`
動作確認用プログラム（ラズベリー・パイ用）：`rp_tf_play_maze_DQN.py`

サーボ確認用プログラム（ラズベリー・パイ用）：rp_servo_test.py
ロボット用プログラム（ラズベリー・パイ用）：rp_tf_play_maze_DQN_with_servo.py
学習プログラム（PC用）：tf_train_maze_DQN.py
動作確認プログラム（PC用）：tf_play_maze_DQN.py
ポリシ：policy

学習はPC上で行います．テストはラズベリー・パイで行います．

TF-Agentsを使った深層強化学習ではライブラリのバージョンを合わせる必要があります．執筆時，TensorFlowのバージョンは2.9.0，TF-Agentsのバージョンは0.13.0でした．

最近のバージョンでは，バージョンが違っていても動作する場合もあることを確認しています．

ステップ1…迷路の準備

迷路は**図1**のように10×10のマス目に描かれたものを対象とします．2つのRCサーボモータで棒を上下左右に動かせるハードウェアを作り（**写真1**），迷路を脱出するものを作ります．

●ハードウェア構成

ラズベリー・パイと2つのRCサーボモータ，モータ・ドライバ，ACアダプタを**図2**のように接続します．棒を上下に動かすRCサーボモータ（**図2**の上側）はモータ・ドライバの0番ポート，棒を左右に動かすRCサーボモータ（**図2**の下側）はドライバの3番ポートに接続します．なお，このポートは実行時に変えられます．RCサーボモータ SG90の場合，茶色がGND，赤がV+，オレンジがPWM信号線となるように，モータ・ドライバに接続してください．

図2は**表1**の部品を使って製作しています．なお，著者が購入した店名も併せて示します．購入の参考にしてください．

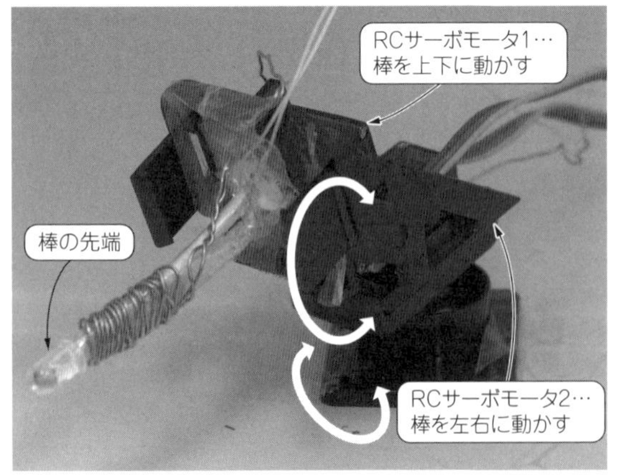

（a）2軸カメラ・マウントに取り付けられたサーボモータ

（b）仮想迷路脱出中（黒い枠は後から描画）

写真1　ラズベリー・パイからRCサーボモータを動かし迷路を解く

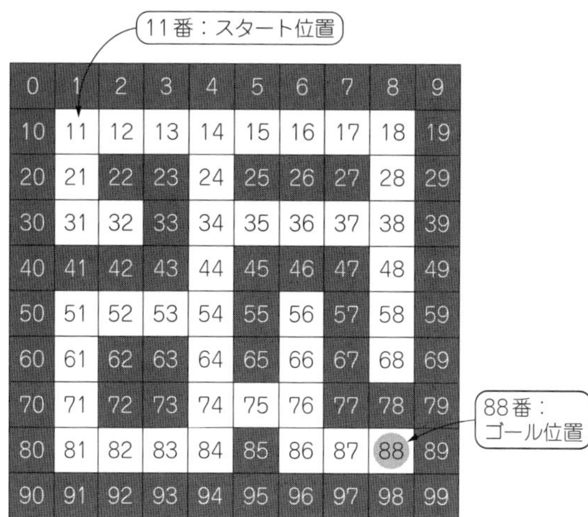

図1　10×10のマス目に描かれた迷路

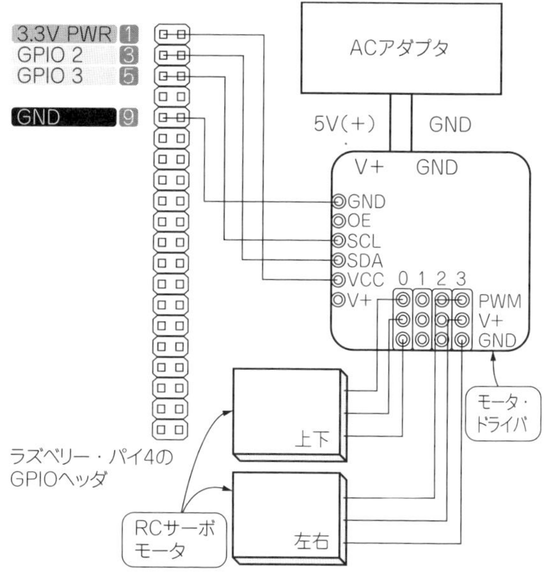

図2　モータ/ラズベリー・パイ/ACアダプタの接続

表1　製作する迷路脱出装置の部品（原稿執筆時の情報）

品　名	説　明	入手先	参考価格［円］
SG90 サーボ用 2 軸 カメラマウント（マウント+2個SG90）	2つのRCサーボモータとマウント	Amazon	1990
PCA9685 16Channel 12 ビット PWM サーボドライバ	RCサーボモータを動かすためのドライバ回路	Amazon	1120
超小型スイッチングACアダプタ 5V1.2A　100～240V　GF06-US0512A	RCサーボモータを動かすためのACアダプタ（5V，1.2A）	秋月電子通商	720
2.1mm標準DCジャック（4A）　ユニバーサル基板取付用	DCジャック	秋月電子通商	30
ブレッドボード		秋月電子通商	200
ブレッドボード・ジャンパーワイヤ（メス-メス）	ジャンプ・ワイヤ	秋月電子通商	330

ステップ2…迷路の学習

●学習

迷路の学習はPCで行います．この学習アルゴリズムは第6部で解説します．まずは本書のサポート・ページから，ダウンロード・データを入手します．

`https://interface.cqpub.co.jp/2023deep/`

迷路の学習は以下のコマンドで実行できますが，PCで行っても12時間程度かかりましたので，この段階ではお勧めはしません．

```
> python tf-train_maze.py
```

学習済みのポリシ（モデルのようなもの）を用意しましたので，それを使って行います

●学習済みモデルをラズベリー・パイにコピー

PCで学習を行った場合は，`policy`もしくは`policy_10000`などと書かれているディレクトリをラズベリー・パイにコピーして使います．

PCで実行したTensorFlowのバージョンとラズベリー・パイのバージョンを合わせておくと，問題が発生しにくくなります．

ステップ3…ラズベリー・パイでRCサーボモータを動かす準備

ラズベリー・パイでRCサーボモータを動かして，迷路を脱出するプログラムを実行するには以下の手順が必要となります．

- RCサーボモータを使う準備
- モータ・ドライバを使う準備

●RCサーボモータを使う準備

ラズベリー・パイでRCサーボモータを使うための準備を行います．まずは用意したサーボ・ドライバを使うために，I²Cを起動する必要があります．そこで，次のコマンドを実行し**図3**を表示します．

```
$ sudo raspi-config
```

上下のカーソル・キーで「Interfacing Options」に合わせて，エンター・キーで選択すると**図4**が得られます．「I2C」にカーソルを合わせて，スペース・キーで選択することでI²Cが有効になります．

その後，次のコマンドを実行します．再起動後のコマンドによって，「--」がたくさん並んだ結果が得られます．なお，これが表示されない場合は「`sudo i2cdetect -y 0`」ではなく「`sudo i2cdetect -y 1`」としてください．

```
$ sudo apt-get install python-smbus i2c-tools
$ sudo nano /etc/modules
```

エディタが開きますので，以下の2行を追加してください．

```
i2c-dev
i2c-bcm2708
```

エディタを保存して終了した後，次のコマンドで再起動します．

```
$ sudo reboot
```

再起動後，次のコマンドを実行します．

```
$ sudo i2cdetect -y 0
```

結果を**リスト1**に示します．

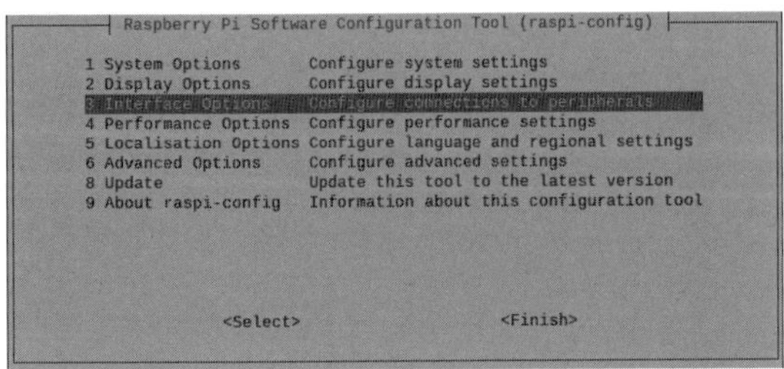

図3　ラズベリー・パイのコンフィグレーション画面からInterfacing Optionsを選択

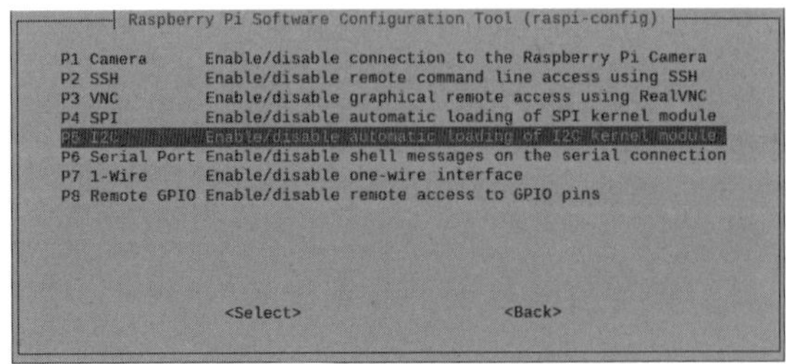

図4　コンフィグレーション画面からI2Cを選択
「スペース」キーで選択するとI²Cが起動する

リスト1　これが表示されればI²Cが有効となる

```
     0  1  2  3  4  5  6  7  8  9  a  b  c  d  e  f
00:                         -- -- -- -- -- -- -- --
10: -- -- -- -- -- -- -- -- -- -- -- -- -- -- -- --
20: -- -- -- -- -- -- -- -- -- -- -- -- -- -- -- --
30: -- -- -- -- -- -- -- -- -- -- -- -- -- -- -- --
40: -- -- -- -- -- -- -- -- -- -- -- -- -- -- -- --
50: -- -- -- -- -- -- -- -- -- -- -- -- -- -- -- --
60: -- -- -- -- -- -- -- -- -- -- -- -- -- -- -- --
70: -- -- -- -- -- -- -- --
```

リスト2　サーボモータの動作確認(rp_servo_test.py)

```
1 import Adafruit_PCA9685
2 
3 pwm = Adafruit_PCA9685.PCA9685()
4 pwm.set_pwm_freq(60)#サーボモータの周期の設定
5 while True:
6   angle = input('[200-600]:')#200から600までの数値を入力
7   pwm.set_pwm(0,0,int(angle))#ドライバの接続位置，i2cdetectで調べた番号，サーボモータの回転
```

●モータ・ドライバを使う準備

次のコマンドを実行します．

```
$ sudo apt install git
$ cd ~
$ git clone https://github.com/adafruit/Adafruit_Python_PCA9685.git
$ cd Adafruit_Python_PCA9685
$ sudo python3 setup.py install
```

● ディープQネットワーク用TF-Agentsのインストール

TensorFlowのインストールができていれば，以下のコマンドでインストールできます．詳しくは第2部を参考にしてください．

```
$ sudo pip3 install dm-tree==0.1.6
$ sudo pip3 install tf-agents==0.13.0
$ nano .bashrc
```

.bashrcが開きますので，最後の行に以下を追加します．なお，インストールしたバージョンによってlibatomic.so.1のディレクトリが異なる場合があります．

```
export LD_PRELOAD=/usr/lib/aarch64-linux-gnu/libatomic.so.1
```

その後，.bashrcの内容を更新するために以下のコマンドを実行します．

```
$ source .bashrc
```

● サーボモータの確認

サーボモータの動作を確認します．これは**リスト2**に示すrp_servo_test.pyを使います．

これは以下のコマンドで実行でき，実行後200～600までの数字を入れるとサーボモータが動きます．

```
$ python3 rp_servo_test.py
[200-600]:300 ←(数値を入力してEnter)
```

(1) うまく動かない場合

リスト2の7行目のpwm.set_pwm関数の2つ目の引き数を1に変更してください．それでも動か

リスト3　実行結果

```
$ python3 rp_tf_play_maze_DQN.py
0 11
1 12
2 13
3 14
4 24
5 34
6 44
7 54
8 64
9 74
10 75
11 76
12 86
13 87
14 88
```

ない場合は，サーボモータがモータ・ドライバの0番につながっていることを確認してください．

(2) もう1つのサーボモータを動かす場合

pwm.set_pwm関数の1つ目の引き数を3に変更してください．

(3) 角度を決める

8段階で動作させるためにいろいろ試しました．

横は以下の値を入れるとうまくいきました．

```
241, 252, 263, 274, 285, 296, 307, 318
```

縦は以下の値を入れるとうまくいきました．

```
230, 268, 306, 344, 382, 420, 458, 496
```

これらの値を入れて試してみましょう．

ステップ4…ラズベリー・パイで迷路脱出

● 移動を確認

まずは，ポリシを読み込んで動作できることを確認します．PCでは以下のコマンドを実行することで確認できます．実行すると，アニメーションが表示されます．

```
> python tf_play_maze_DQN.py
```

次に，ラズベリー・パイではrp_tf_play_maze_DQN.pyを実行します．ゴールに到達するまでのマスの番号が出力されます（**リスト3**）．なお，マスの番号は**図1**のとおりです．スタート位置は11番，ゴール位置は88番としています．以下に示す出力結果から，11番から88番まで黒い部分を通らずに移動できています．

左の数字は0からの通し番号，右の数字がマスの位置を表しています．なお，このプログラムはPCでも動かすことができます．

● サーボモータで確認

最後にサーボモータを動かしてみましょう．これにはrp_tf_play_maze_DQN_with_servo.pyを実行します．

```
$ python3 rp_tf_play_maze_DQN_with_servo.py
```

1秒おきにサーボモータが動きます．これは**写真1(b)**と同じ動きになっています．

第5章

スマート・スピーカや自動操縦に

体験⑤…話者認識

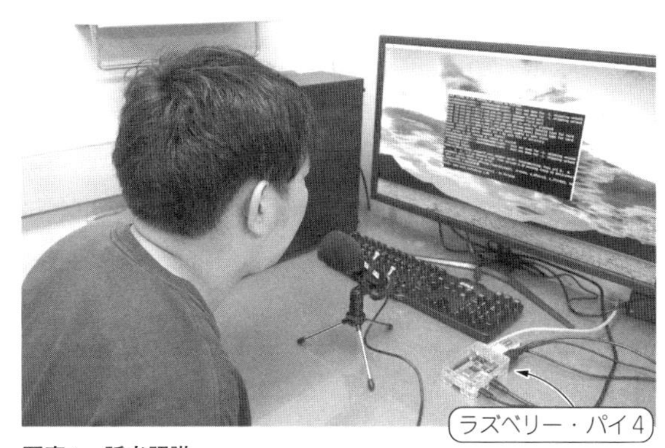

写真1　話者認識

●実験すること

3大ニューラル・ネットワークの1つ，リカレント・ニューラル・ネットワーク（RNN．第1部，第5部で解説）を使って，話している人を声から認識する装置を作ります（**写真1**）．

声の質に着目し，どんな言葉であっても声を発した人（話者）を特定するというものです．本章はすべてラズベリー・パイで行うことを前提にします．

●用意するもの

▶ハードウェア（図1）

1. ラズベリー・パイ4
2. ディスプレイ
3. USB接続のマイク
4. キーボード
5. マウス

▶ソフトウェア

1. ラズベリー・パイ上で動く判定用プログラム
2. ラズベリー・パイ上で動く録音用プログラム（ラズベリー・パイに取り付けたUSBマイクで録音する場合）

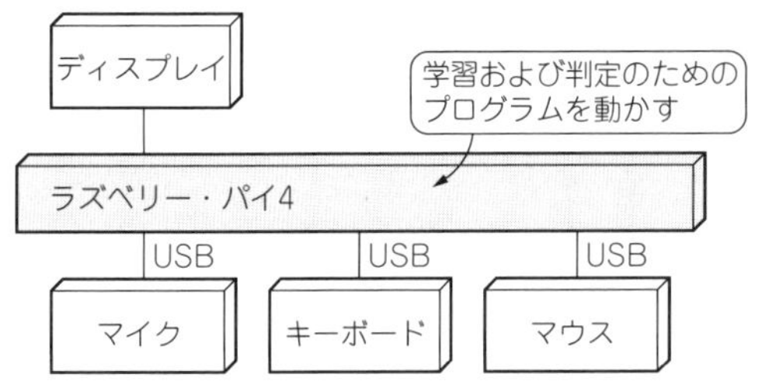

図1　実験に用いたハードウェア

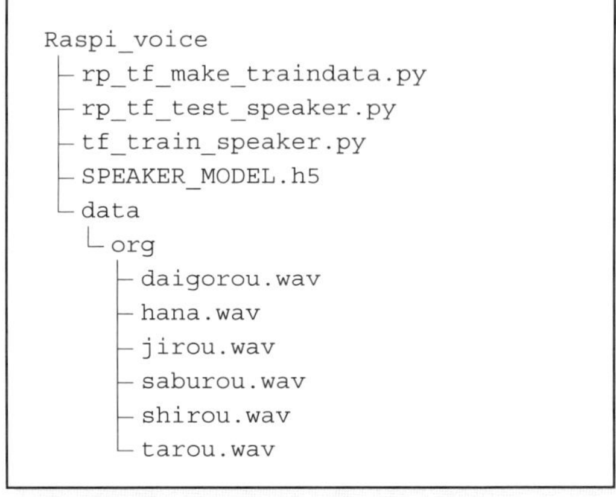

図2　ラズベリー・パイ中のディレクトリ，プログラムの関係

3. ラズベリー・パイ上で動く音声データ変換プログラム
4. ラズベリー・パイ上で動く学習用プログラム

●プログラム

ディレクトリ名：Raspi_voice
データ作成用プログラム（ラズベリー・パイ用）：rp_tf_make_traindata.py
学習プログラム（ラズベリー・パイ，PC用）：rp_tf_train_speaker.py
評価プログラム（ラズベリー・パイ用）：rp_tf_test_speaker.py
モデル：SPEAKER_MODEL.h5

プログラムはダウンロードしたデータ中に入っています．このラズベリー・パイ中のディレクトリ，プログラムの関係を図2に示します．

●ライブラリのインストール

▶ PC（Anaconda）

学習にはlibrosa（数値分析用）が必要なのでインストールします．

```
> pip install librosa
```

▶ ラズベリー・パイ

以下のコマンドを実行して必要なライブラリとツールをインストールします．

```
$ sudo apt install tcsh
$ sudo apt install python3-pip
$ wget http://downloads.sourceforge.net/sp-tk/SPTK-3.11.tar.gz
$ tar -zvxf SPTK-3.11.tar.gz
$ cd SPTK-3.11
$ ./configure --build=aarch64-unknown-linux-gnu
$ make
$ sudo make install
$ sudo pip3 install librosa
```

mfccが使える状態にあるか（ディレクトリにパスが通っているか）を，次のコマンドでチェックします．

```
$ which mfcc
```

何も表示されなかった場合，以下のコマンドを実行してください．

```
$ cd ~
$ nano .bashrc
```

.bashrcがエディタで開きますので，最終行に以下を追加してください．

```
export PATH=/usr/local/SPTK/bin:$PATH
```

そして，以下のコマンドを実行してください．

```
$ source ~/.bashrc
```

ステップ1…音声データの用意

音声は同じ環境，同じデバイスで録音した方が精度が高くなりますので，ここではラズベリー・パイで録音します．PCではできませんのでご注意ください．

●USBマイクで録音するための準備

第3部でも登場したUSBマイクで録音するためのライブラリのインストールは，以下のコマンドで行います．

```
$ sudo pip3 install scipy
$ sudo apt install python3-pyaudio
```

●USBマイクを使用するための準備

USBマイクを使用するための設定ファイルを作ります．以下のコマンドを実行し，最後に再起動します．

```
$ sudo nano /etc/modprobe.d/alsa-base.conf
```

alsa-base.confファイルがエディタで開きますので，以下の3行を追加してください．

```
options snd slots=snd_usb_audio,
snd_bcm2835
options snd_usb_audio index=0
options snd_bcm2835 index=1
```

追加後，ラズベリー・パイを再起動します．

```
$ sudo reboot now
```

再起動後，以下のコマンドを実行します．

```
$ cat /proc/asound/modules
0 snd_usb_audio
1 snd_bcm2835
```

実行結果がこのとおりになっていることを確認します．もしなっていなかったら，上述の設定を再度行ってください．

●録音

次のコマンドで録音します．

```
$ arecord -f S16_LE -r 16000 -D
plughw:0,0 sound.wav
```

マイクに向かって以下の言葉を話します．この言葉は音声資源コンソーシアム（SRC）が公開しているATR音素バランス503文（http://research.nii.ac.jp/src/ATR503.html）となります．

日本語の発音で使われている音素をバランスよく含む文章ですので，この言葉以外の音声でも認識させることができます．これを読み上げるときの注意点として，無音なしで続けて読み上げた方がよいです．

▶録音する内容

あらゆる　現実を　すべて　自分の　ほうへ　ねじ曲げたのだ．
1週間ばかり　ニューヨークを　取材した．
テレビゲームや　パソコンで　ゲームを　して　遊ぶ．
物価の　変動を　考慮して　給付水準を　決める　必要がある．
救急車が　十分に　動けず　救助作業が　遅れている．
言論の　自由は　一歩　譲れば　百歩も　千歩も　攻めこまれる．
会場の　周辺には　原宿駅や　代々木駅も　あるし　ちょっと　歩けば　新宿御苑駅も　ある．
老人ホームの　場合は　健康器具や　ひざ掛けだ．
ちょっと　遅い　昼食を　とるため　ファミリーレストランに　入ったのです．
嬉しいはずが　ゆっくり　寝ても　いられない．

その後，以下のコマンドでsound.wavをdataディレクトリの下のorgディレクトリに移動します．この例ではファイル名をRen.wavに変更しています．

```
$ mv sound.wav data/org/Ren.wav
```

●複数名のデータが要る

話している人を見分けるため，数名の声が必要となります．サンプル・ファイル（voiceディレクトリ）には，6人分のデータ（男性5名，女性1名）を入れてあります．

自分で複数名の音声サンプルを用意する場合は削除してください．

ステップ2…音声データを分割する

ラズベリー・パイ上で録音した音声データを分割します．これはラズベリー・パイ，PCどちらでもできます．

音声データはdata/orgディレクトリに入っているものとし，data/trainにそれぞれのファイル名のディレクトリが作られ，その下に分割された音声データが保存されます．

なお，以下はPCで実行したときのコマンドです．

```
> python tf_make_traindata.py
```

分割されるデータは2秒間のデータとなります．そのため，分割される数はそれぞれのデータによって異なります．

ステップ3…抽出した個人の特徴を学習する

分割されたデータを用いて学習します.

```
> python tf_train_speaker.py
```

ラズベリー・パイ4で学習した場合, 約80分かかりました. PCでGPUを使った場合は約5分で終わりました. 学習はPCで行った方がよいです.

学習では, 音声認識によく使われる特徴量であるメル化周波数ケプストラム係数を音声から抽出したデータを用いています. なお, その抽出にはlibrosaというPythonのライブラリを使用します

実行すると学習モデル(SPEAKER_MODEL.h5)とラベルが書かれたテキスト(label.txt)が生成されます. label.txtは音声ファイルと学習するときに振られたIDの対応が以下のように書かれています. 例えば, hanaは1番のIDが振られています.

```
0,daigorou
1,hana
2,jirou
3,saburou
4,shirou
5,tarou
```

ステップ4…ラズベリー・パイでリアルタイムに判定する

先ほど学習したSPEAKER_MODEL.h5を用いて, 話者認識を行います.

●保存された音声で話者を判定

ファイルを指定するには-wオプションを使います. そして, 以下のコマンドで実行できます.

```
$ python3 tf_test_speaker.py -w data/train/daigorou/daigorou_000.wav
Result: daigorou with confidence 1.00
```

ここでは学習に用いたデータを用いていますが, daigorouの音声はちゃんとdaigorouとして認識できています. また, 他の引き数として, -mで学習モデルを指定できます.

●マイクで話した音声を判定

写真2のようにマイクに向かって話した音声で判定します. これは以下のように引き数なしでプログラムを実行します.

```
$ python tf_test_speaker.py
中略
* recording start.
* recording finish.
```

実行すると**リスト1**のように表示されます. recordingが出たら録音開始ですので, 何か話してください.「もしもし」などの学習した言葉以外でも構いません. その後, **リスト1**のように表示されます. ここではsaburouである信頼度が87%と表示されています.

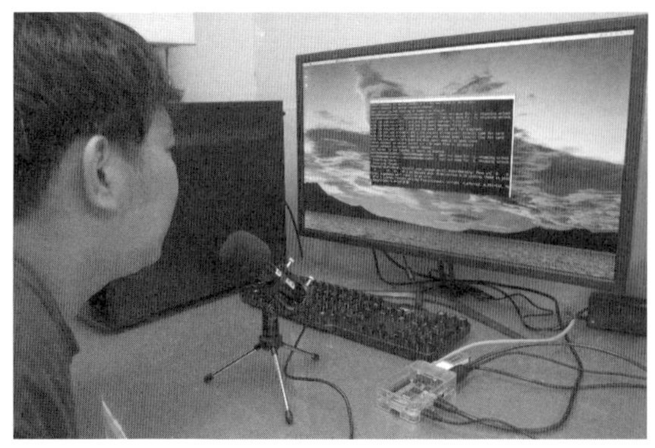

(a) 話し中

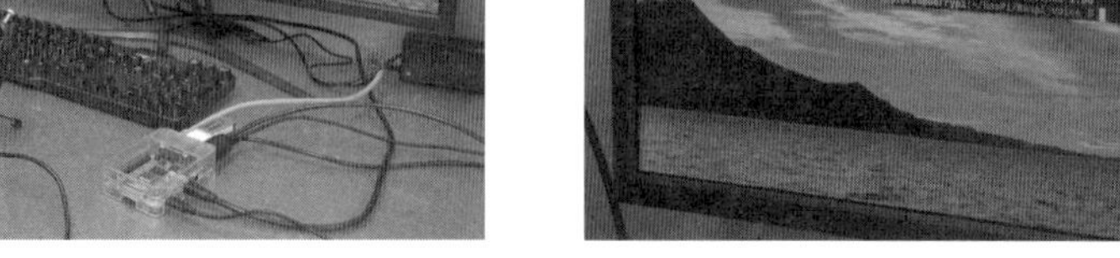

(b) 認識結果

写真2　話し声をもとに人物を認識している

リスト1　話者認識の実行結果

```
* recording start.
* recording finish.
/home/pi/RasPi/Raspi_voice/tf_test_speaker.py:65: FutureWarning: Pass y=[ 0.  0.  0. ... -3. -2. -3.] as
keyword args. From version 0.10 passing these as positional arguments will result in an error
   mfcc = librosa.feature.mfcc(np.float32(input), sr=rate, n_mfcc=13, n_fft=512, hop_length=160) # MFCCの計算
1/1 [==============================] - 9s 9s/step
Result: saburou with confidence 0.87
```

信頼度は87%

第4部

算数＆プログラミング練習
ステップ・バイ・ステップ

第1章

人間の脳に近い?!
ニューラル・ネットワークをAND回路から
イメージでつかむ!
ディープ・ラーニング

第3部では，人工知能の中でも話題のディープ・ラーニングをラズベリー・パイで体験しました．この後そのアルゴリズムを解説するのですが，やはり何もイメージがないと，読み進めるのが大変だと思います．そこで本章では，

- ニューラル・ネットワーク
- ディープ・ラーニング

がどのようなものか，イメージを説明します．

人工知能の基本「ニューラル・ネットワーク」

●人間の脳神経を模したところから

ニューラル・ネットワーク(Neural Network)は，神経回路網と訳されます．ニューラル・ネットワークが人間の脳における信号の伝達網に近いといわれても，なかなか理解できませんね．人間の脳はどのようになっているのかというと，**図1**のような神経細胞の集まりであることが分かっています．

そして，この神経細胞にはたくさんの入り口と1つの出口があり，それがたくさんつながっているとされています．

ニューラル・ネットワークは，この神経細胞と同じような働きをするものを「○」として表し，「—」でその細胞同士がつながっていることを表しています(**図2**)．つまり，ニューラル・ネットワークは人間の脳細胞のレベルから同じものを作ろうとしています．

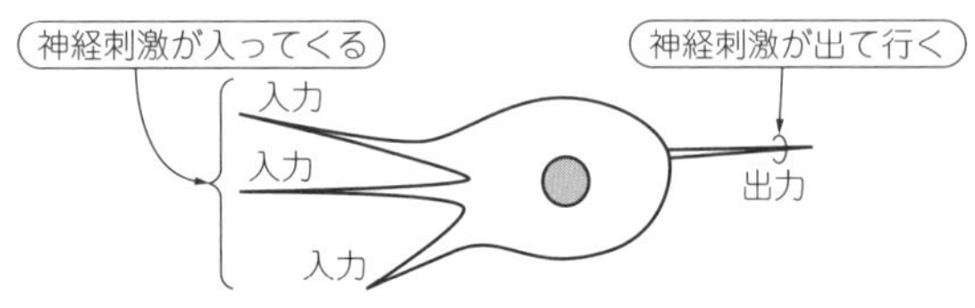

図1　神経細胞

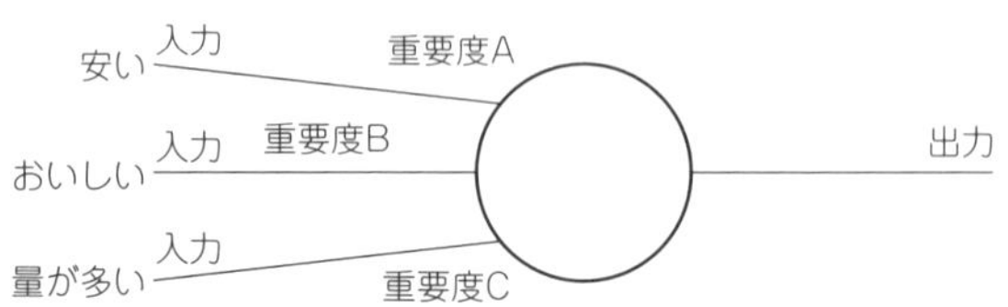

図2　ニューラル・ネットワークは神経細胞のつながりを模したモデルとされる

●重要度によって結果が変わる

図2がどのような働きをするのかを具体的に説明します．例えば，レストランを選ぶときに気になることとして，「安い」，「おいしい」，「量が多い」の3つの基準があるとします．

おなかがとても空いているときであれば，「安い」と「量が多い」レストランを選びますし，気になる人との初デートのときには「おいしい」の要素の強いレストランを選びますね．この3つの要素がそれぞれ入力としてあり，それぞれどの程度重視するのかを丸印のところで決めることとなります．

初デートのときは重要度Bがとても大きく，他の重要度は0に近くなりそうです．レストランを見ておいしそうであれば出力する（行動に移す）ことになりますが，そうではないときには出力（レストランに入らない）されません．この重要度をうまく決めることで意思決定を行っているのです．

●気付いたら脳の構造に近づいていた

これがたくさん集まるともっと複雑なことができそうですね．これがたくさん集まったものがニューラル・ネットワークになります．さらに，ニューラル・ネットワークは以降で示すように層状になっています．

ニューラル・ネットワークが発明されたころには分からなかったのですが，人間の脳も層状になっていることが分かってきました．これは偶然の一致ですが，「層状にしたことで脳に近い構造になっていた」というのはすごいことです．

●構造を詳しく

ニューラル・ネットワークの構造を詳しく見てみましょう．

▶人間

図3のように人間は何かを，

①知覚し
②考え
③答え

を出します．

そして，その答えが合っているかどうかを，

④確認

します．間違っていれば，脳の中身を修正してちゃんと答えが出せるように，

⑤学習

します．

図3　人間が学習するまでの流れ

▶ニューラル・ネットワーク

ニューラル・ネットワークも人間の脳の構造に近いといわれています．それぞれの意味はこの後説明しますが，ニューラル・ネットワークは**図4**に示すように3つの部分（層）から成り立っています．

①入力層：知覚する部分
②中間層：考える部分
③出力層：答えを出す部分

そして**図4**に示すように，出力層の後にさらに答えを確認する部分が付いています．

④誤差

出力と「教師信号（教師データ，ラベル）」と呼ばれる答えの差を計算する部分です．この誤差を使って，

⑤学習

し，○印（ノード）につながる接続状態を表す矢印（リンク）を更新します．

●よく出てくる「○」「ー」ネットワーク図形の見方

まず初めに最も簡単なニューラル・ネットワークを紹介します．これは**図5**に示す構造です．x_1とx_2が入力，yが出力を表していて，線には重みが付いています．そして，**図5**の中にある式でyの値を計算します．これを基本として，たくさん並べたものがディープ・ニューラル・ネットワークになります．

ニューラル・ネットワークがうまく動くかどうかは，重みを幾つにするかにかかっています．つまり**図5**の場合だと，w_1，w_2，bの3つの重みをうまく決めればよいこととなります．

しかし，ディープ・ラーニングはこの重みの組み合わせの数がとてもたくさんあります．例えば1万以上の重みがあります．そして，これから体験するように，重みは一意に決まらないことが多いのです．そのため，重みを決めることはとても難しい問題になります．この方法については世界中で研究され，日進月歩で良い方法が生み出されています．

このように書くと「最先端の研究を使うなんて無理！」と思う読者もいるかもしれませんが，簡単にプログラミングするためのソフトウェアがいろいろ用意されているので安心してください．

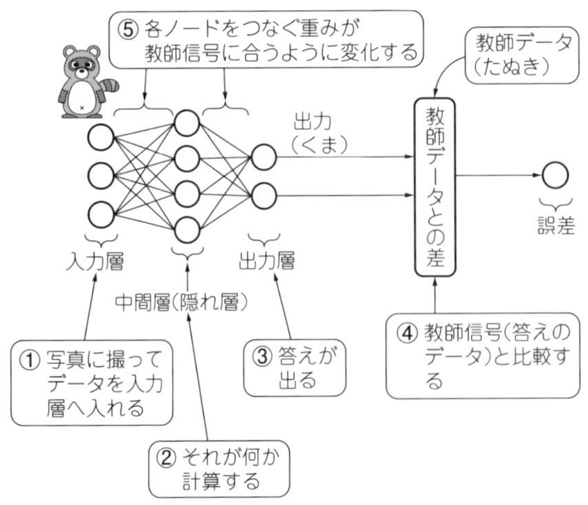

図4　ニューラル・ネットワークが物を学習するまでの流れ

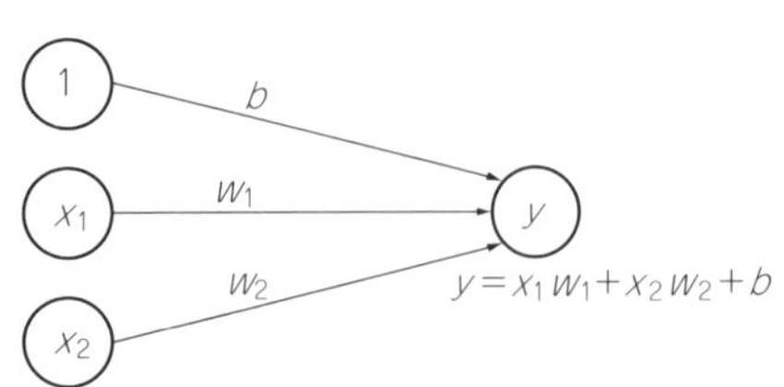

図5　最も簡単なニューラル・ネットワーク

●プログラミングを簡単にするためのソフトウェア

ニューラル・ネットワークをプログラムで実現するに当たって大事なことが5点あります．

①どのように入力層にデータを渡すのか
②どのように中間層を配置するのか
③どのように出力するのか
④どのように誤差を計算するのか
⑤どのように学習するのか

これらをプログラミングすれば，ニューラル・ネットワークが出来上がります．

初めから全てを作るのは大変なので，簡単にプログラミングできるようにするための「フレームワーク」がいろいろ用意されています．いろいろなフレームワークがありますが，本書ではAlphabet社(Google)が開発しているTensorFlowを使います．

ニューラル・ネットワークの仕組みと文法を覚えるだけで，最先端の研究成果を使いこなすことができます．TensorFlowを使えば，これらの重みが自動的に決まります．これがTensorFlowやPyTorchといったディープ・ラーニングのフレームワークの魅力です．

難しいことはフレームワークが担ってくれるとは言っても，やはりニューラル・ネットワークとはどのようなものかを知っておくと，うまく使いこなせます．

重み付けのイメージ

重み付けはフレームワーク(TensorFlow)がやってくれるのですが，フレームワークを使いこなす上で，いろいろなパラメータの設定は必要です．

従って，第4部ではパラメータ設定ができるように，重み付けの計算を体験してみます．本章では，重み付けとは何ぞやということで，イメージだけを紹介します．

●お試しのターゲット…シンプルなAND回路

最初はできるだけ簡単なニューラル・ネットワークでイメージを固めましょう．例題は何でもよいのですが，ひとまずここでは読者が簡単に思い浮かべることのできる，2入力1出力のAND回路をニューラル・ネットワークで作ってみましょう．AND回路は簡単ですので，中間層を使わずに作ることとします．

AND回路とは**図6**で表される電子回路の素子で，2つの入力に対して，1つの出力がある回路を対象とします．入力も出力も0か1のどちらかの値となります．入力に対する出力の値は**表1**のようになっています．

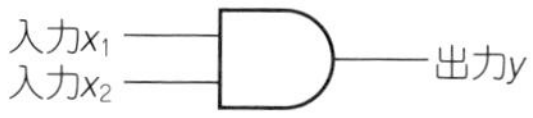

入力x_1
入力x_2
出力y

図6　AND回路
ニューラル・ネットワークの肝「重み付け」をなじみのある論理回路で説明する

表1　AND回路の入力と出力

状態＼入出力	入力x_1	入力x_2	出力y
1	0	0	0
2	0	1	0
3	1	0	0
4	1	1	1

表2　表1に示したx_1とx_2に対してw_1＝0.5　w_2＝0.5，b＝－0.8の重み付けを施した

状態＼入出力	x_1	x_2	y	出　力
1	0	0	－0.8	0
2	0	1	－0.3	0
3	1	0	－0.3	0
4	1	1	0.2	1

表3　ExOR回路の入力と出力

状態＼入出力	x_1	x_2	y
1	0	0	0
2	0	1	1
3	1	0	1
4	1	1	0

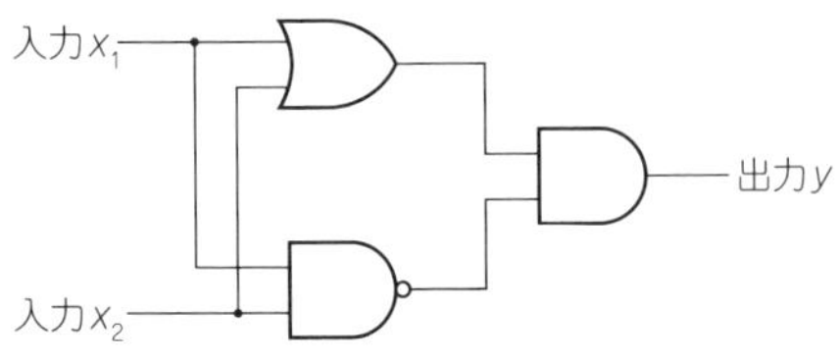

図7　ExOR回路はAND回路とNAND回路，OR回路で実現できる

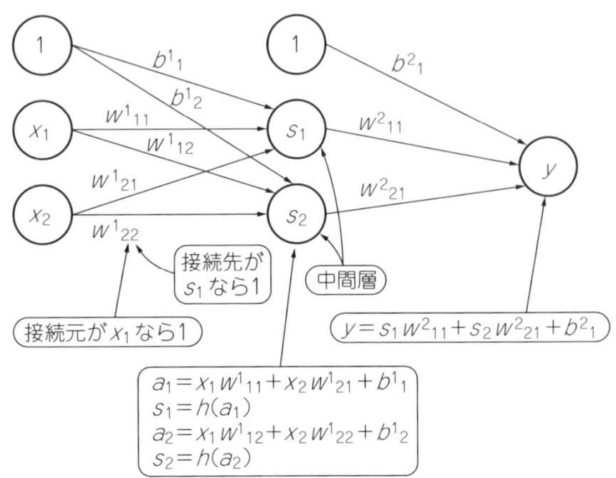

図8　ExOR回路を図5と同じように表現してみる

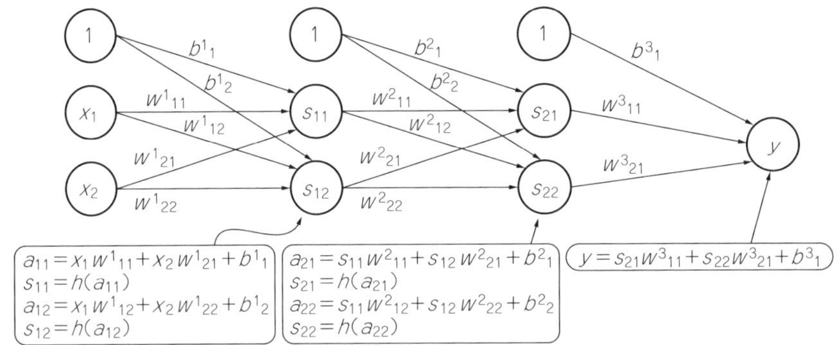

図9　3層ニューラル・ネットワークの例

ここで例えば，**図5**の重みを$w_1 = 0.5$，$w_2 = 0.5$，$b = -0.8$として，さらに以下のルールを用いて，**表1**に示したAND回路の入力を計算すると**表2**となります．

- yの値が0以下（$y \leqq 0$）ならば出力は0
- yの値が0より大きい（$y > 0$）ならば出力は1

これは，計算が複雑になるからという理由ではなく，ニューラル・ネットワークの学習が早く進むようにという工夫です．同じ処理が実際のニューラル・ネットワークにも用いられています．このルールを適用すると，**表1**の出力と**表2**の出力が同じになりましたね．これでニューラル・ネットワークでAND回路を表せました．

●層をディープにする

次に2層のニューラル・ネットワークというものを紹介します．ここではExOR回路というものを例にとってニューラル・ネットワークを作ってみます．このExOR回路とは2つの入力が同じならば0，異なっていれば1を出力する回路で，これは**表3**のように振る舞います．

実は，ExOR回路は先ほどの1層のニューラル・ネットワークでは実現できませんが，2層のニューラル・ネットワークを用いると実現できる良い例となっています．このExOR回路は**図7**のように，AND回路とOR回路で実現できることが知られています．つまり1層のニューラル・ネットを2つ並べて，その出力をさらにニューラル・ネットワークに入れれば実現できることに相当します．

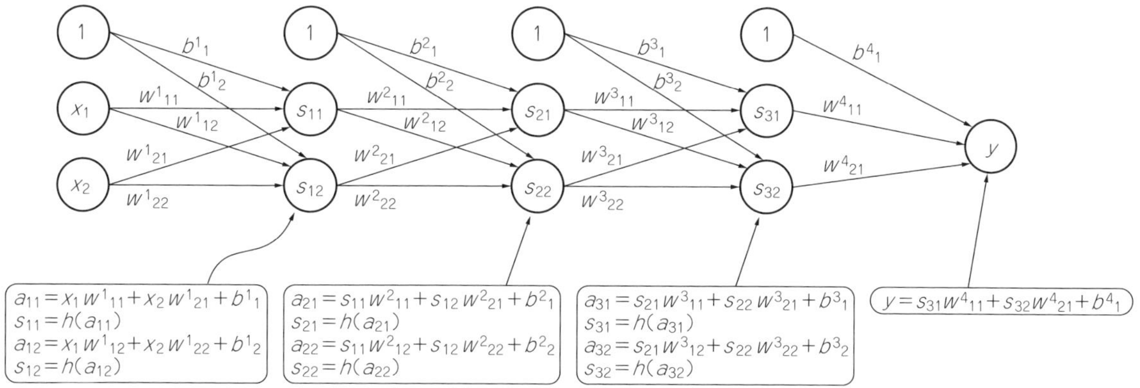

図10　4層ニューラル・ネットワークの例

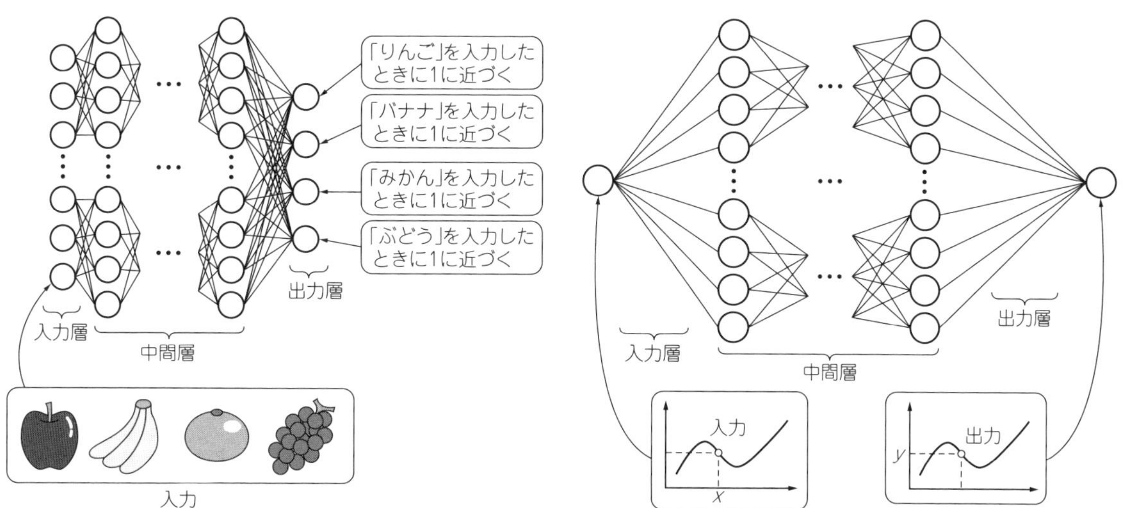

図11　ニューラル・ネットワークの形1…入力を幾つかのカテゴリに分ける

図12　ニューラル・ネットワークの形2…入力と同じ値を出す

これを図5のように書くと，**図8**となります．**図5**と比べて新しいところは，中間層と呼ばれる「s」が書かれた丸が，入力と出力の間に入った点です．そして，中間層の値は入力の値と重みの値を掛けて足し合わせただけではなく，ある特殊な関数$h(a)$によって変換されている点です．この後説明しますが，この特殊な関数は，活性化関数と呼ばれています．この章ではニューラル・ネットワークのイメージをつかむことが目的ですので，実際の計算は後ほど行います．

●3層にも4層にもなる

2層にした後は簡単です．中間層といわれる部分をたくさん足していけばよいのです．例えば3層の場合は**図9**となり，4層の場合は**図10**となります．

●大まかには2つに分けられる

ニューラル・ネットワークを調べていると，**図11**のように入力(例えば果物)を幾つかのカテゴリに分ける問題と，**図12**のようにあるxの値を入力すると学習済みの曲線状のyの値を出力する問題の2種類が出てきます．

図11の場合は分類問題と呼ばれ，**図12**の場合は回帰問題と呼ばれています．この2つは出力の

仕方が違うだけです．

ディープ・ラーニングで「これは犬です．」など答えが出てくるものは分類問題と呼ばれるものです．本書では，リカレント・ニューラル・ネットワークと畳み込みニューラル・ネットワークでは分類問題を扱い，オートエンコーダでは回帰問題を扱います．

ディープ・ラーニングその①…画像向きCNN

画像を使った判定によく使われる畳み込みニューラル・ネットワーク（Convolutional Neural Network，CNN）の構造を説明していきます．ここでいう判定とは，動物，人，感情，真贋（しんがん），スポーツ競技，野菜や果物，工業製品などに用いられます．

●構造…前段にあるフィルタ処理の作りが判定に影響する

畳み込みニューラル・ネットワークの構造を図13に示します．この図の左側が畳み込みニューラル・ネットワークとなります．

ニューラル・ネットワークでは，各層のノードを丸印で1列に並べて表していました．これに対して畳み込みニューラル・ネットワークは碁盤目状に書きます．この1つ1つの四角が，それぞれの画素値（8ビットなら0～255）の入るノードとなります．畳み込みニューラル・ネットワークは画像処理に強い手法ですので，1列に並べて書くよりは画像と同じように2次元で表した方が都合が良いのです．

畳み込みニューラル・ネットワークでは「畳み込み」と「プーリング」という処理を行います．そして「畳み込み」は画像の枚数を増やす，「プーリング」は画像を縮小する働きがあります．具体的な計算方法は後で解説します．

●画像の分類が得意

畳み込みニューラル・ネットワークによって，たくさんの小さな画像を作成するイメージはついたと思います．これを分類するためには，図13の右側のように全結線のニューラル・ネットワークを付けて判別を行います．

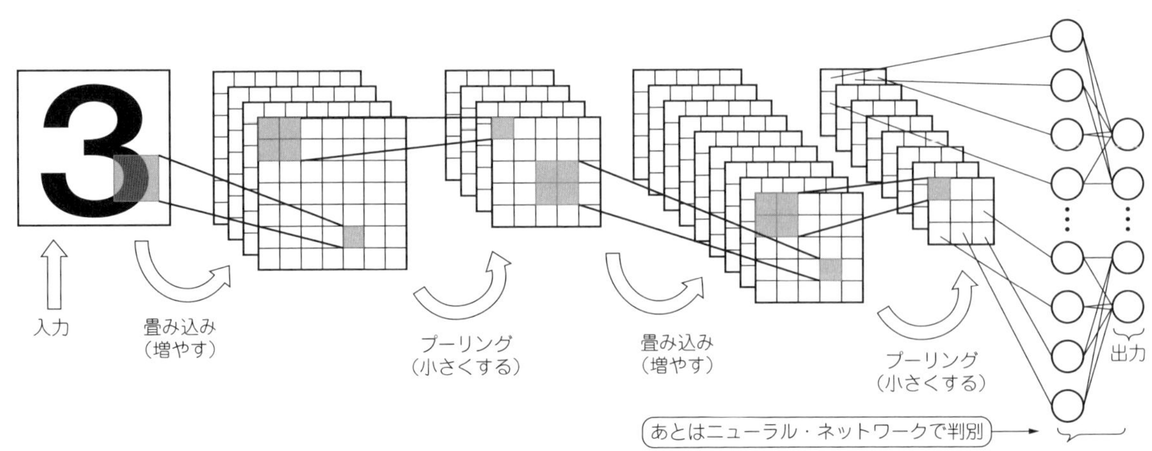

図13　画像向きの畳み込みニューラル・ネットワークの構造

ディープ・ラーニングその②…データ分析/文章向きRNN

過去の情報をうまく使うことで，自動作文や予測ができるリカレント・ニューラル・ネットワーク（Recurrent Neural Network，RNN）の構造を説明していきます．

●構造…過去の情報を引き継いで新しい出力を作る

リカレント・ニューラル・ネットワークの構造は，多くの書籍や論文で**図14**のように表されています．四角のブロックは値を表しているのですが，1つの値を表しているのではなく，**図14(b)**のようにノードがたくさん入っているものとなります．

例えば，第5部で紹介する為替データへの応用では，7項目が四角に入ります（**図15**）．**図15**を見ても何が何だか分からない方がほとんどだと思います．しかし，順を追ってリカレント・ニューラル・ネットワークが答えを出す仕組みを見ていけば，さほど難しくはないことを理解いただけるでしょう．

まず，**図14(a)**のx_1からx_nまでの値の処理は同時に行っているわけではありません．この辺りが少し難しいのですが，それぞれ点線で囲まれた処理を順にこなしていくことになります．つまり

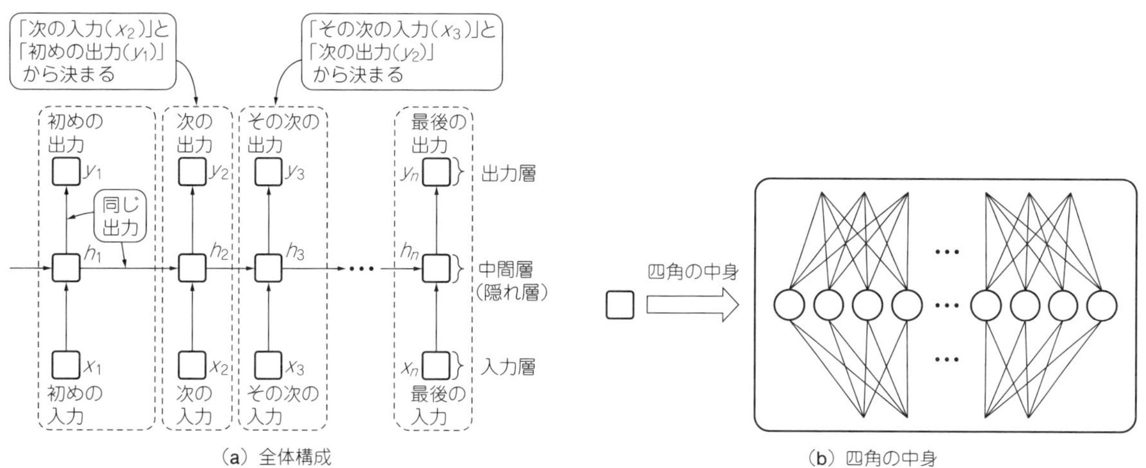

図14　データ分析/文章向きのリカレント・ニューラル・ネットワークの構造

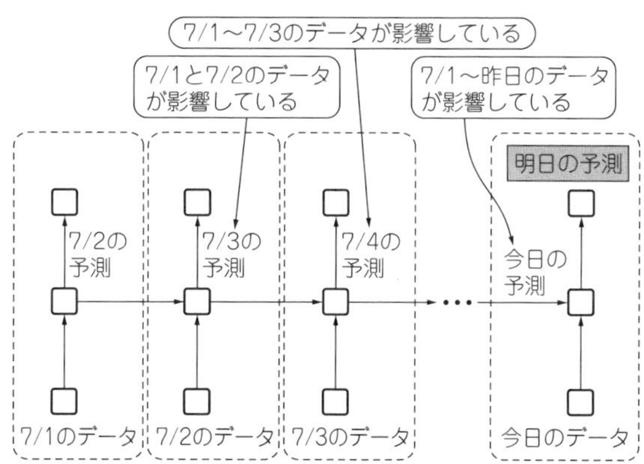

図15　後ほど紹介する為替データへの応用では7項目が四角に入る

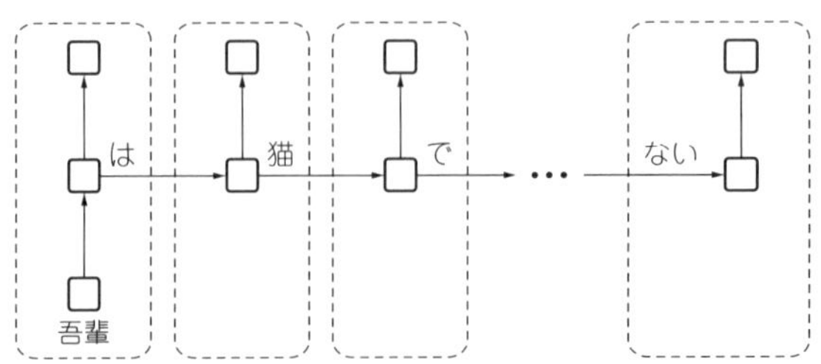

図16　自動作文では入力データが前の単語

x_1の処理が終わったらx_2の処理，x_2の処理が終わったらx_3の処理のように順々に処理が行われていきます．この処理をもう少し具体的に見ていきます．

まず，1つ目のデータをx_1にセットします．それを四角いブロックで処理します．本当はh_0というものが入るのですが，ここでは考えないようにしておいてください．するとh_1が計算されます．このh_1から上にあるブロックでy_1が計算されます．このy_1が出力となります．

次に2つ目のデータをx_2にセットします．セットされたx_2とh_1の2つのデータが四角いブロックに入って処理されます．そして，h_2が計算され，y_2が出力されます．その後は同じように，3つ目のデータがx_3にセットされて，h_2と一緒に四角いブロックで処理されます．

このように1つ前の計算結果と新しい入力をセットにすることで，過去の情報を引き継いで新しい出力を作ります．

●応用…予測や作文が得意

▶為替予測

為替予測にリカレント・ニューラル・ネットワークを適応したときのイメージを**図15**に示しました．今日が7月25日だとしましょう．為替予測のために過去のデータとして7月1日のデータを入れます．そうすると7月2日の予測が出てきます．7月2日の予測と7月2日のデータを合わせて7月3日の予測をします．

7月2日の予測は7月1日のデータが含まれているため，7月3日の予測は7月1日と2日のデータを使って予測したこととなります．

同じように7月4日の予測は7月3日の予測と7月3日のデータから行います．つまり7月1日～3日のデータを使っていることとなります．これを繰り返すと，明日（26日）の予測は7月1日～今日（25日）のデータを使って行うことになります．これにより，過去のデータを使いながら未来のデータを予測できるようになります．

▶自動作文

次に，自動作文のイメージを**図16**に示します．ここでは小説「吾輩は猫である」を学習したものとしましょう．入力として「吾輩」を入れると，「は」が出力されます．自動作文では，「は」だけを入力として加えます．この「は」は単なる「は」ではなく，「吾輩」の後ろの「は」となっています．そうすると「猫」が出てきます．同じように「猫」だけを入力として加えます．

というように，1つ入れると芋づる式にどんどん言葉がつながるのが自動作文です．これは先ほどの為替とは違い，入力データが前の単語となっています．

コラム　リカレント・ニューラル・ネットワークをもう少し詳しく

リカレント・ニューラル・ネットワークのアルゴリズムを具体的に示します．まず，**図14**に示したリカレント・ニューラル・ネットワークを**図A**のように書き直します．これは**図14**を横向きにして，x_1を入力として計算されたh_1を次の入力に使うことを示しています．

リカレント・ニューラル・ネットワークの四角の部分は，**図14(b)**に示すようなノードが並んでいるものでした．そこで**図A**の四角に**図14(b)**に示すノードを当てはめると，**図B**となります．**図B**にはs_1，s_2の求め方とy_1，y_2の求め方も載せました．この図だと線が多くて分かりにくくなりますので，2つに分けて示します．

まず，破線でない部分について説明をします．これは，直線で構成されているこれまでのニューラル・ネットワークの部分だけを示していて，**図8**と同じです．つまり，リカレント・ニューラル・ネットワークは通常のニューラル・ネットワークに少し構造をプラスしたものです．

次に破線部分について説明します．この曲線がリカレント・ニューラル・ネットワークの核心的な部分ですので，丁寧に見ていきましょう．

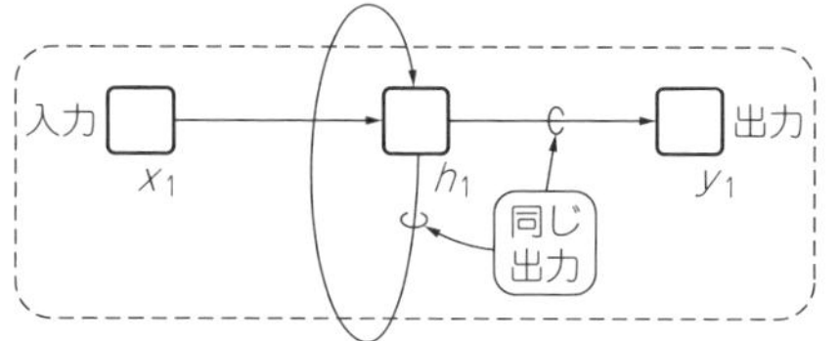

図A　図14に示したリカレント・ニューラル・ネットワークを書き直した
x_1を入力として計算されたh_1を次の入力に使う

まず，s_1から出ている曲線は2本あります．1本はs_1に戻っていて，もう1本はs_2に戻っています．この曲線は通常のニューラル・ネットワークの接続する線と同じ役割を果たしますので，それぞれに重みが設定されています．

ここでは，s_1から出てs_1に戻る線の重みをh_{11}，s_1から出てs_2に戻る重みをh_{12}としています．s_2から出ている曲線も同じ役割をします．

s_1とs_2が決まれば，y_1とy_2はこれまでのニューラル・ネットワークと同じ方法で計算できます．このs_1とs_2の計算の仕方がリカレント・ニューラル・ネットワークのポイントになっています．

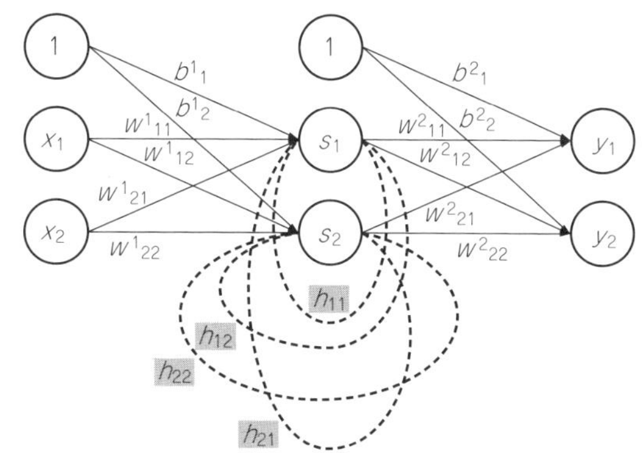

$$a_1 = x_1 w^1{}_{11} + x_2 w^1{}_{21} + s_1 h_{11} + s_2 h_{21} + b^1{}_1$$
$$s_1 = h(a_1)$$
$$a_2 = x_1 w^1{}_{12} + x_2 w^1{}_{22} + s_1 h_{12} + s_2 h_{22} + b^1{}_2$$
$$s_2 = h(a_2)$$
$$y_1 = s_1 w^2{}_{11} + s_2 w^2{}_{21} + b^2{}_1$$
$$y_2 = s_1 w^2{}_{12} + s_2 w^2{}_{22} + b^2{}_2$$

図B　リカレント・ニューラル・ネットワークのノードを用いた表現と係数/出力の計算

ディープ・ラーニングその③…音声向きオートエンコーダ

画像や音声の復元によく使われるオートエンコーダ(AE)の構造を説明していきます．これは入力と出力を同じにするようにニューラル・ネットワークを構成します．教師データを必要としない特徴を持ちます．

●構造…自動的にパラメータが決まるから作りやすい

▶出力は入力と同じ

ここではまず，通常のオートエンコーダの説明を読んでイメージを膨らませましょう．オートエンコーダの構造は**図17**のようになります．これはディープ・ニューラル・ネットワークに似てい

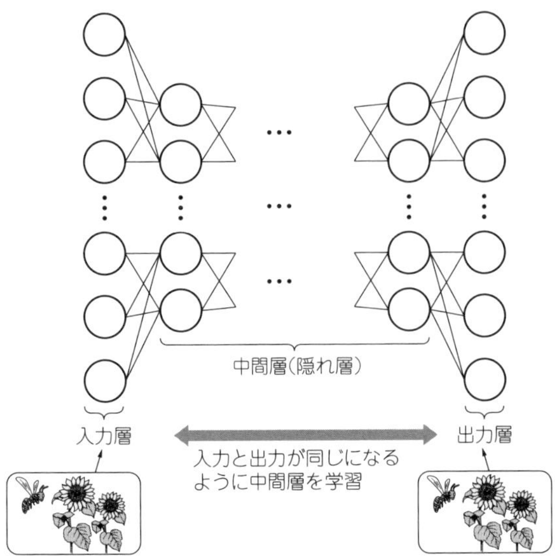

図17　入力と出力に全く同じ絵を使い入出力が一致するように間の係数を学習するオートエンコーダ

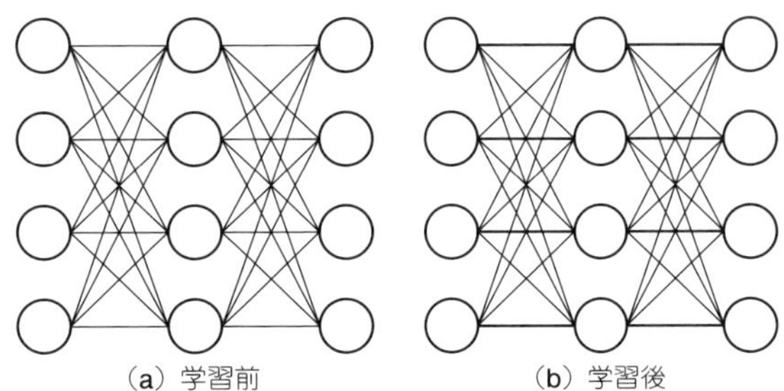

図18　オートエンコーダは中間でノード数を減らさないと意味がない

ただまっすぐつなげれば入力と出力は一致するが何も学習しない

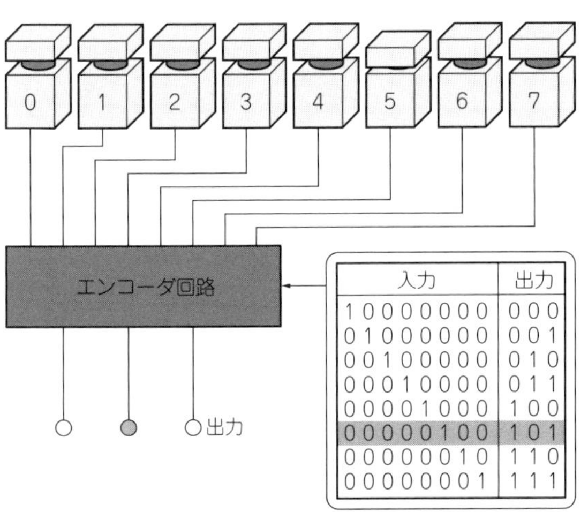

入力	出力
1 0 0 0 0 0 0 0	0 0 0
0 1 0 0 0 0 0 0	0 0 1
0 0 1 0 0 0 0 0	0 1 0
0 0 0 1 0 0 0 0	0 1 1
0 0 0 0 1 0 0 0	1 0 0
0 0 0 0 0 1 0 0	1 0 1
0 0 0 0 0 0 1 0	1 1 0
0 0 0 0 0 0 0 1	1 1 1

図19　エンコーダ回路…スイッチの状態(00000100)を2進数で表現した

これで間のノードを減らしたことになる

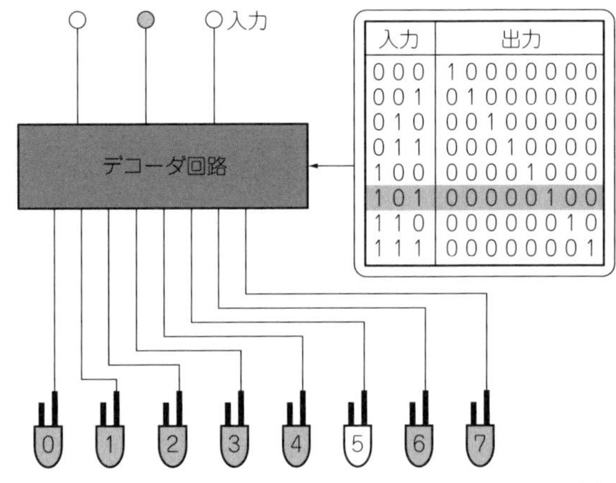

入力	出力
0 0 0	1 0 0 0 0 0 0 0
0 0 1	0 1 0 0 0 0 0 0
0 1 0	0 0 1 0 0 0 0 0
0 1 1	0 0 0 1 0 0 0 0
1 0 0	0 0 0 0 1 0 0 0
1 0 1	0 0 0 0 0 1 0 0
1 1 0	0 0 0 0 0 0 1 0
1 1 1	0 0 0 0 0 0 0 1

図20　デコーダ回路…2進数101を今度は8個のLEDの点灯(00000100)で表現した

ますが，出力が教師データでなく，「入力と全く同じものを使う」点が特徴となります．こうすることで，オートエンコーダは自動的にニューラル・ネットワークのパラメータを学習していきます．

ここで重要なことは，中間層のノード数は入力層のノード数よりも小さくする必要があることです．これは単純な理由なのですが，例えば入力層のノード数と中間層のノード数が同じかそれ以上の場合，**図18**のように入力層のデータが中間層を通って出力層にそのまま出力できてしまうからです．

▶エンコーダ/デコーダ回路

オートエンコーダの処理を具体的に説明するために，エンコーダ回路(**図19**)とデコーダ回路(**図20**)を使うこととします．

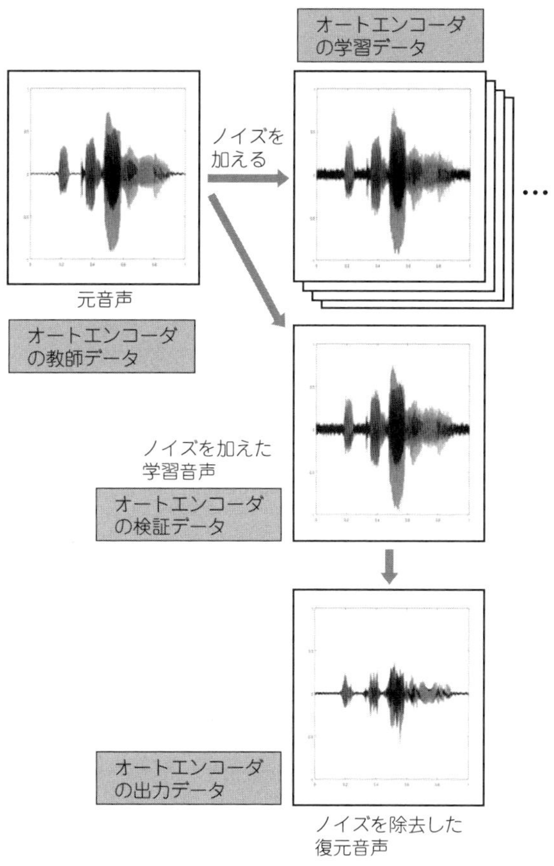

図21　ノイズ除去のためのオートエンコーダ

エンコーダ回路は，たくさんのスイッチが並んでいて，どれか1つだけ押すと，押されたスイッチの番号が2進数で出力される回路です．デコーダ回路は，2進数で入力を与えると，対応する番号のLEDが光る回路です．

これをつなげると，スイッチを押すと対応するLEDが光ることとなります．つまり，中央のエンコーダ回路とデコーダ回路は見た目では意味のない回路となります．しかし，「中間で情報が集約されて，少ないビットで表せること」に意味があります．

●オートエンコーダの応用

▶ノイズ除去

オートエンコーダにはいろいろな使い方がありますが，ここではイメージしやすいオートエンコーダを用いたノイズ除去を示します．これは英語でディノイジング・オートエンコーダ(Denoising Autoencoder)と呼ばれ，DAEと略されているものとなります．

教師データには元の入力を使いますが，入力には元の入力に「意図的にノイズを加えた」ものを使います．そして，ノイズのあるデータをたくさん学習することで，ノイズの影響を排除して必要な情報を取り出すことのできるオートエンコーダが出来上がります(**図21**)．

▶変分オートエンコーダ

オートエンコーダを応用した変分オートエンコーダ(Variational Autoencoder，VAE)というものがあります．見た目に面白いことができます．変分オートエンコーダの構造を**図22**に示します．

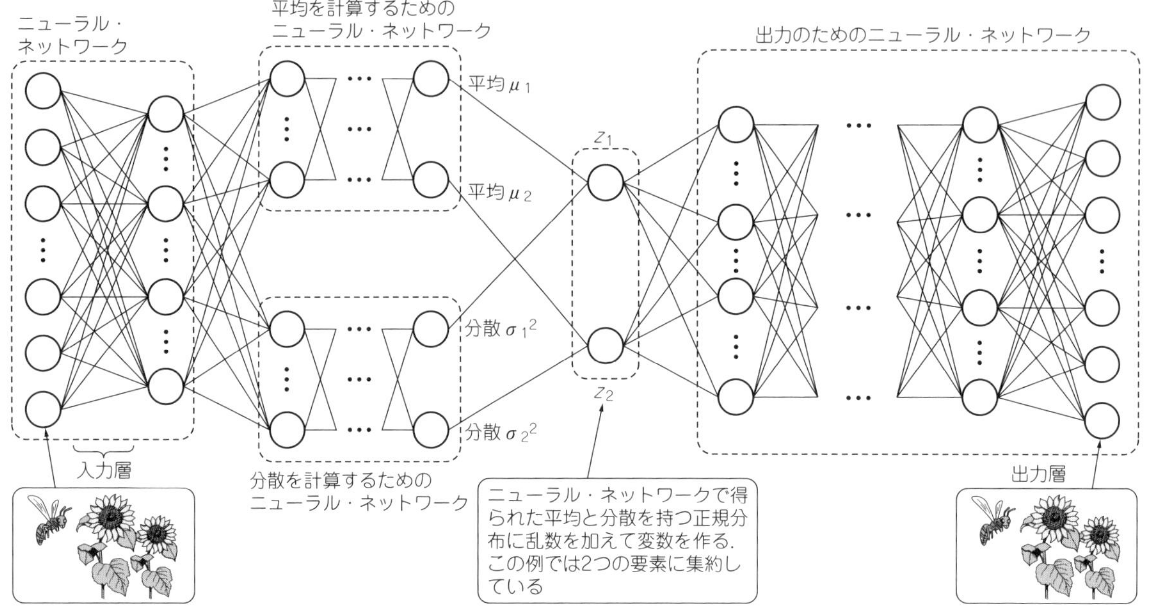

図22　変分オートエンコーダ

図17と似ていますが，幾つかの変数に集約するところが特徴となっています．そしてこの変数は，正規分布のパラメータとなるように設定します．zをちょこっといじってあげることで画像が変化します．

変分オートエンコーダは，画像や音波形などのデータを新しく「生み出せる」点と，データ中の「隠された意味を理解できる」点は，他とは異なる技術といえます．

例えば，ピカソと同じタッチで絵を描いたり，写真に写っている馬をシマウマにすり替えたりといった事例で使われているといわれています．

第2章

基本原理を理解する!
算数で解きほぐす ニューラル・ネットワーク

本書で扱う人工知能のフレームワークTensorFlowを使うと，ニューラル・ネットワークの原理をあまり分かっていなくても，ディープ・ラーニングのプログラムを作れます．

ですが，原理が分かっていると，「どのような用途が最適なのか」や「どのようなネットワーク構造にしたらよいか」などが推測でき，よりうまくディープ・ラーニングを使うことができます．

フレームワークを使いこなすための人工知能の原理は，数式で説明されている場合が多いです．しかし，数式であれこれと書かれても，なかなか理解しづらいですよね．

ここでは，ディープ・ラーニングを手計算で体験することで，やっていること（原理）を理解しましょう．いきなり難しい計算をするのではなく，ステップ・バイ・ステップで学んでいきます．そこで，次のような進め方をします（**図1**）．

(1) 1層のニューラル・ネットワーク
(2) ディープ・ニューラル・ネットワーク
(3) リカレント・ニューラル・ネットワーク
(4) オートエンコーダ
(5) 畳み込みニューラル・ネットワーク

図1　算数を使ってステップ・バイ・ステップでディープ・ラーニングのメカニズムを理解する

(3)～(5)はディープ・ラーニングの3大アルゴリズムです．(1)と(2)の練習をした後なら，どこから始めても構いません．

画像向きということでよく登場する畳み込みニューラル・ネットワークを最後(次章)に持ってきたのは，独特のフィルタ処理(畳み込みやプーリング)が必要になるからです．

その1：1層のニューラル・ネットワーク

●1番シンプル! ここから

ここから少しだけ数式が出てきますが，足し算と掛け算をするだけなので安心してください．ニューラル・ネットワークは**図2**のように丸と矢印で表されます．この中のx_1とx_2が入力を表していて，yが出力(答え)を表しています．矢印にもw_1とw_2という重みが付いています．

また，yには入力が1で重みがbの矢印も付いています．これがあった方がニューラル・ネットワークの理論がうまく成り立つので，入力1で重みがbのものがいつも入ると思っておきましょう．そしてyの値は次の式で計算できます．

$$y = x_1w_1 + x_2w_2 + b$$

これは，入力に対して，それぞれ決まった重みを掛けて足し合わせるというものになります．

▶出力を求める

例えば，重みが$w_1 = 0.3$，$w_2 = 0.8$，$b = 0.5$と決まっているものとします．そこに入力として$x_1 = 1$，$x_2 = 0$が与えられたとします．すると，出力yは次の計算で求まります．

$$y = 1 \times 0.3 + 0 \times 0.8 + 0.5 = 0.8$$

ここで重みと入力を，重み(0.3, 0.8, 0.5)，入力(1, 0)として表すこととします．

▶重みを求める

今度は入力(1, 1)，出力0.8となるような重みを求めてみましょう．この場合，次の式が成り立てばよいこととなります．

$$0.8 = 1 \times w_1 + 1 \times w_2 + b$$

例えば，重み(0.2, 0.3, 0.3)も答えになりますし，重み(1.2, －0.3, －0.1)も答えになります．つまり，答えの数が無限に存在します．

▶より深く理解したい人向けの追加問題

問題(1)：重み(0.2, 0.5, 0.3)，入力(1, 1)のとき，出力を求めましょう．

問題(2)：重み(0.5, －0.3, 0.6)，入力(1, －1)のとき，出力を求めましょう．

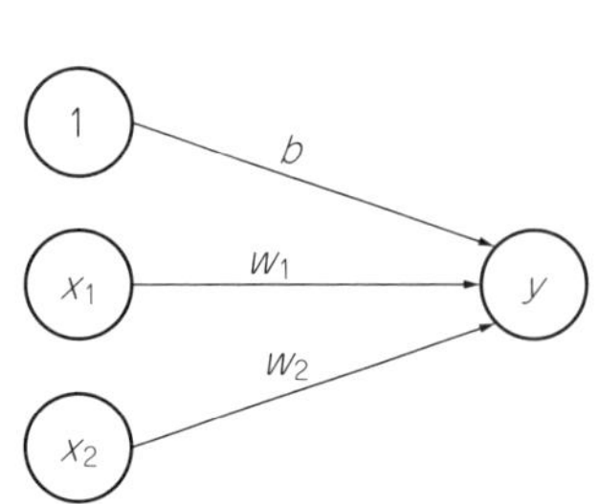

図2　最もシンプルなニューラル・ネットワーク

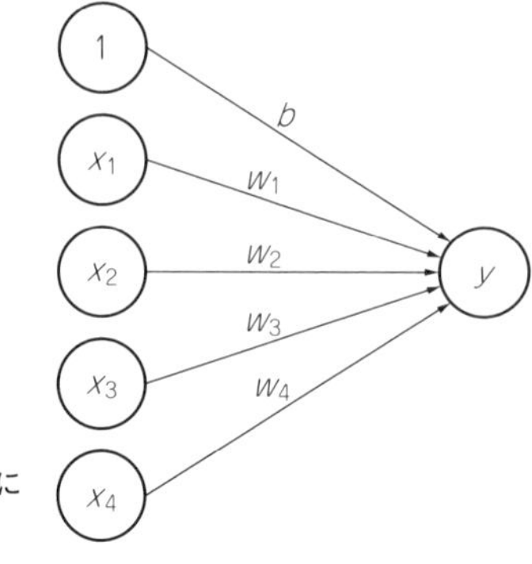

図3
図2の入力を4個に増やした

コラム1 ディープ・ラーニングのメカニズム理解用Excelシートあります

本章は手計算しながら理解を深めてもらいます．ですが，手計算が面倒な人のためにExcelシートも用意しました．本書サポート・ページからダウンロードできます．

`https://interface.cqpub.co.jp/2023deep/`

Excelを開くと，**図A**のように表示されます．四角で囲まれているところに値を入れると答えが出るようになっています．下のタブを選択することで，複数のニューラル・ネットワークの確認ができるようになっています．

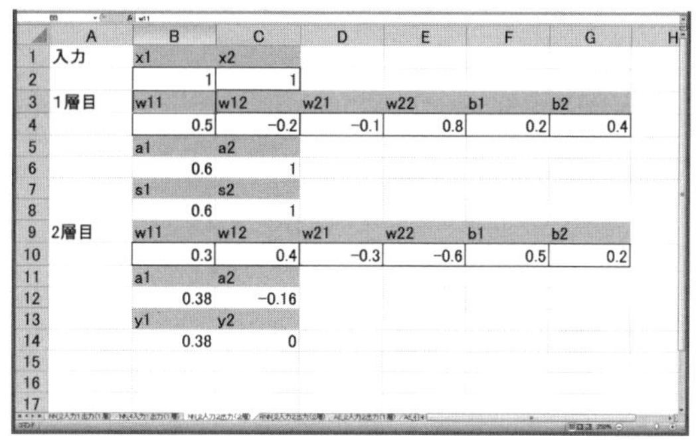

	A	B	C	D	E	F	G	H
1	入力	x1	x2					
2		1	1					
3	1層目	w11	w12	w21	w22	b1	b2	
4		0.5	−0.2	−0.1	0.8	0.2	0.4	
5		a1	a2					
6		0.6	1					
7		s1	s2					
8		0.6	1					
9	2層目	w11	w12	w21	w22	b1	b2	
10		0.3	0.4	−0.3	−0.6	0.5	0.2	
11		a1	a2					
12		0.38	−0.16					
13		y1	y2					
14		0.38	0					
15								
16								
17								

図A　鉛筆による手計算をお勧めしたいが計算確認用のExcelシートも用意した

問題(3)：重み(0.8, − 0.2, 0.2)，入力(− 1, 1)のとき，出力を求めましょう．

問題(4)：入力(1, 1)，出力0.6となるように重みを決めましょう．

問題(5)：入力(1, 0)，出力0.2となるように重みを決めましょう．

問題(6)：入力(1, 0)のとき出力0.1，入力(0, 1)のとき出力0.8となるように重みを決めましょう．

問題(7)：入力(1, 0)のとき出力0.3，入力(0, 1)のとき出力0.9，入力(0, 0)のとき出力0.2となるように重みを決めましょう．

問題(8)：入力(1, 0)のとき出力0.3，入力(0, 1)のとき出力0.8，入力(0, 0)のとき出力0.2，入力(1, 1)のとき出力0.4となるように重みを決めましょう．

●入力が増えても出力は積和で計算できる

今度は**図3**のように入力が4個ある場合を考えます．出力yは次のように計算できます．

$$y = x_1w_1 + x_2w_2 + x_3w_3 + x_4w_4 + b$$

図3のように入力が増えても，入力が2個の場合と同じように書けます．入力が何個あっても同じように書けるのです．

▶より深く理解したい人向けの追加問題

問題(9)：重み(0.2, 0.5, 0.3, 0.4, 0.7)，入力(1, 1, 0, 1)のとき，出力を求めましょう．

問題(10)：入力(1, 0, − 1, 1)，出力0.1となるように重みを決めましょう．

その2：ディープ・ニューラル・ネットワーク

●予習…ReLU関数

まずは，ReLU(Rectified Linear Unit)関数を知っておく必要があります．ReLU関数は以下の性質があります．

- 0より小さいときは0を出力
- 0以上だったらそのままの値を出力

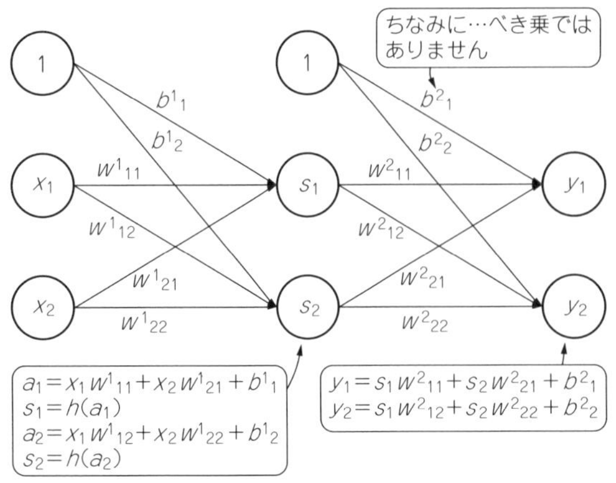

図4　2層のニューラル・ネットワーク

表1　2層のニューラル・ネットワークの重みを仮に定めた

重　み	$w^1{}_{11}$	$w^1{}_{12}$	$w^1{}_{21}$	$w^1{}_{22}$	$b^1{}_1$	$b^1{}_2$
設定値	0.5	− 0.2	− 0.1	0.8	0.2	0.4
重　み	$w^2{}_{11}$	$w^2{}_{12}$	$w^2{}_{21}$	$w^2{}_{22}$	$b^2{}_1$	$b^2{}_2$
設定値	0.3	0.4	− 0.3	− 0.6	0.5	0.2

表2　問題12…重みを表の値とし入力を$x_1=0.4$，$x_2=0.6$としたときの出力を求める

重　み	$w^1{}_{11}$	$w^1{}_{12}$	$w^1{}_{21}$	$w^1{}_{22}$	$b^1{}_1$	$b^1{}_2$
設定値	0.1	0.8	− 0.3	0.4	0.2	0.5
重　み	$w^2{}_{11}$	$w^2{}_{12}$	$w^2{}_{21}$	$w^2{}_{22}$	$b^2{}_1$	$b^2{}_2$
設定値	0.5	0.5	− 0.2	0.2	0.2	0.4

●中間層を入れてディープに

ディープ・ニューラル・ネットワークは中間層がたくさんある(4層以上)ニューラル・ネットワークです．そこで，中間層が入った場合のニューラル・ネットワークさえ学んでしまえば，後はその繰り返しとなります．

ここでは説明を簡略化するために，**図4**に示す2層のニューラル・ネットワークの計算を行っていきます．重みは**表1**のように設定します．また，$h(x)$はReLU関数とします．

それでは，$x_1=1$, $x_2=1$が入力されたときの出力を求めます．これは，以下の計算により求めることができます．

$a_1 = 1 \times 0.5 + 1 \times (-0.1) + 0.2 = 0.6$

$a_2 = 1 \times (-0.2) + 1 \times 0.8 + 0.4 = 1.0$

ReLU関数で計算すると以下が求まります．

$s_1 = 0.6$

$s_2 = 1.0$

次に2段目を計算します．出力層には活性化関数が設定されていませんから，次のようにy_1とy_2は直接求まります．

$y_1 = 0.6 \times 0.3 + 1 \times (-0.3) + 0.5 = 0.38$

$y_2 = 0.6 \times 0.4 + 1 \times (-0.6) + 0.2 = -0.16$

▶より深く理解したい人向けの追加問題

問題(11)：入力を$x_1=0.4$, $x_2=0$としたときの出力を求めましょう．

問題(12)：重みを**表2**とし，入力を$x_1=0.4$, $x_2=0.6$としたときの出力を求めましょう．

その3：3大ディープ①… リカレント・ニューラル・ネットワーク

リカレント・ニューラル・ネットワークは，ディープ・ニューラル・ネットワークを少しだけ改造したものとなります．

リカレント・ニューラル・ネットワークは過去の結果をうまく使って，新しい結果を計算します．こうすることで，文章や音楽など流れのある問題に対応できるようになります．

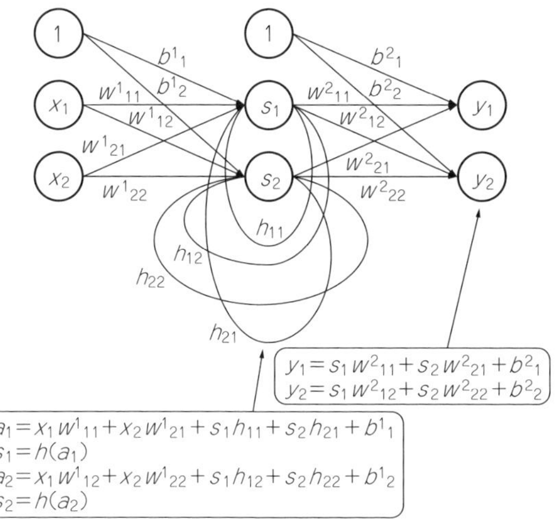

図5　リカレント・ニューラル・ネットワークの構成

表3　例としてで紹介するリカレント・ニューラル・ネットワークの重み

重　み	$w^1{}_{11}$	$w^1{}_{12}$	$w^1{}_{21}$	$w^1{}_{22}$	$b^1{}_1$	$b^1{}_2$
設定値	0.5	− 0.2	− 0.1	0.8	0.2	0.4
重　み	$w^2{}_{11}$	$w^2{}_{12}$	$w^2{}_{21}$	$w^2{}_{22}$	$b^2{}_1$	$b^2{}_2$
設定値	0.3	0.4	− 0.3	− 0.6	0.5	0.2
重　み	h_{11}	h_{12}	h_{21}	h_{22}		
設定値	0.3	0.2	0.4	− 0.8		

表4　リカレント・ニューラル・ネットワークの入力変化

時間＼入力	x_1	x_2
$t = 0$	1.0	0.0
$t = 1$	0.8	0.2
$t = 2$	0.5	0.4

ここでは，過去の結果を使うとはどのようなものかを，順を追って見てみましょう．

それでは，**図5**に値を入れながら確認しましょう．重みは**表3**に示すように設定します．そして，入力が**表4**のように変化するものとします．さらに初期状態($t = 0$)のs_1とs_2の値は0とします．活性化関数は全てReLU関数とします．

では，計算をしていきましょう．

● $t = 0$…s_1とs_2に過去データがないとき

まずは$t = 0$のときの計算です．s_1は以下のように求めることができます．

$$a_1 = 1.0 \times 0.5 + 0.0 \times (-0.1) + \underbrace{0.0}_{s_1} \times 0.3 + \underbrace{0.0}_{s_2} \times 0.4 + 0.2 = 0.7$$

ReLU関数によりs_1は以下となります．

$$s_1 = 0.7$$

同じようにs_2を求めてみましょう．

$$a_2 = 1.0 \times (-0.2) + 0.0 \times 0.8 + \underbrace{0.0}_{s_1} \times 0.2 + \underbrace{0.0}_{s_2} \times (-0.8) + 0.4 = 0.2$$

ReLU関数によりs_2は以下となります．

$$s_2 = 0.2$$

このときy_1は次のように求めることができます．

$$y_1 = 0.7 \times 0.3 + 0.2 \times (-0.3) + 0.5 = 0.65$$

同じようにy_2は次のように求めることができます．

$$y_2 = 0.7 \times 0.4 + 0.2 \times (-0.6) + 0.2 = 0.36$$

これをまとめると**図6(a)**となります．

● $t = 1$…$t = 0$ときのs_1とs_2の値が影響する

次に$t = 1$のときの計算です．s_1は以下のように計算できます．

$$a_1 = 0.8 \times 0.5 + 0.2 \times (-0.2) + \underbrace{0.7}_{s_1} \times 0.3 + \underbrace{0.2}_{s_2} \times 0.4 + 0.2 = 0.87$$

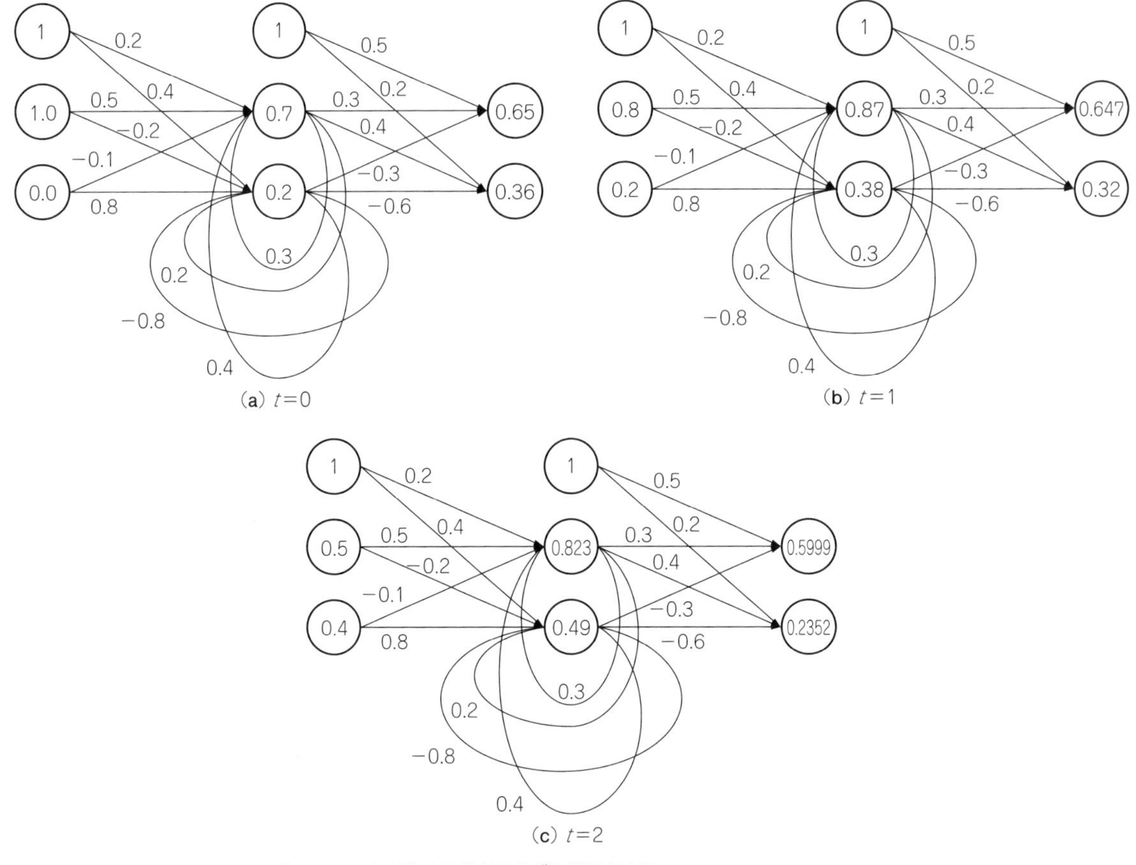

図6 リカレント・ニューラル・ネットワークが過去の値を引きずる様子を追う

ReLU関数によりs_1は以下となります．

$$s_1 = 0.87$$

同じようにs_2は以下のように計算できます．

$$a_2 = 0.8 \times (-0.2) + 0.2 \times 0.8 + \underbrace{0.7}_{s_1} \times 0.2 + \underbrace{0.2}_{s_2} \times (-0.8) + 0.4 = 0.38$$

ReLU関数によりs_2は以下となります．

$$s_2 = 0.38$$

y_1とy_2はそれぞれ次のようになります．

$$y_1 = 0.87 \times 0.3 + 0.38 \times (-0.3) + 0.5 = 0.647$$

$$y_2 = 0.87 \times 0.4 + 0.38 \times (-0.6) + 0.2 = 0.32$$

これをまとめると**図6(b)**となります．

●$t=2$…$t=1$ときのs_1とs_2の値が影響する

後は同じ手順の繰り返しです．$t=2$のときは，

$s_1 = 0.823$, $s_2 = 0.49$, $y_1 = 0.5999$, $y_2 = 0.2352$

となり，**図6(c)**となります．

計算の仕方はニューラル・ネットワークと変わらないですね．

表5　問題13…入力をこの表の値にしてみよう

時間＼入力	x_1	x_2
$t=0$	0.0	1.0
$t=1$	0.1	0.8
$t=2$	0.2	0.4

表6　2入力のオートエンコーダ…入出力にはこのような関係があるとする

ケース＼状態	入力		出力	
	x_1	x_2	z_1	z_2
1	1	0	1	0
2	0	1	0	1

表7　2入力のオートエンコーダの重み

重み	w^1_{11}	w^1_{12}	b^1_1	w^1_{21}	w^1_{22}	b^1_2
値	1	－1	0	1	－1	0

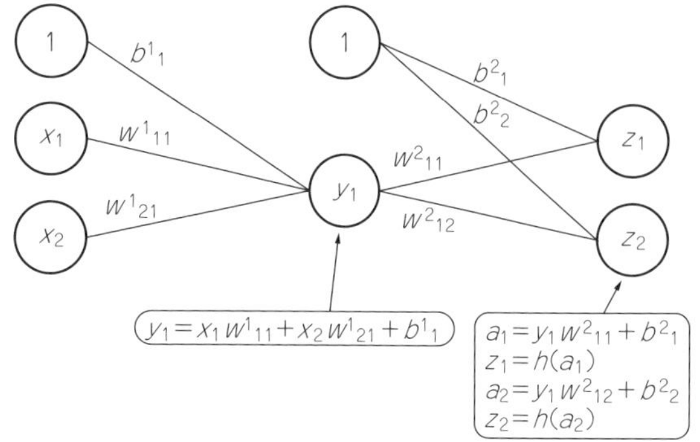

図7　入力が2，中間層が1，出力が2のオートエンコーダ

▶より深く理解したい人向けの追加問題

問題(13)：上記の同じ計算を自分でやってみてください．**表5**を入力としてみましょう．

その4：3大ディープ②…オートエンコーダ

オートエンコーダでは入力と出力が同じになるようにニューラル・ネットワークのパラメータを決めます．これによりノイズ除去など，ちょっとずれた入力が入っても正しい出力が出てくるようになります．ここでは簡単な問題を対象として，ノイズ除去を体験してみましょう．

オートエンコーダは入力と出力が同じで，中間層の数が入力数よりも小さくなります．そこで，**表6**の関係がある2入力のオートエンコーダを考えます．

対象とするオートエンコーダは入力が2，中間層が1，出力が2となり，**図7**とします．ここでも前述のReLU関数を用いることとします．それでは，重みを適当に決めてみたいと思います．例えば，**表7**のように決めたとします．これを基に計算します．

●重みが適切かを確かめる…$x_1=1$，$x_2=0$

まず$x_1=1$，$x_2=0$の場合について考えます．このときy_1は次のようになります．

$y_1=1\times1+0\times(-1)+0=1$

このy_1を使ってz_1とz_2を計算すると次のようになります．

$a_1=1\times1+0=1$

$a_2=1\times(-1)+0=-1$

ReLU関数によりz_1，z_2は以下となります．

$z_1=1$

$z_2=0$

このことから$x_1=1$，$x_2=0$のときは「重み」をうまく設定できています．

●入力を$x_1=0$，$x_2=1$に変更

次に$x_1=0$，$x_2=1$の場合について考えます．このときy_1は次のようになります．

$y_1=0\times1+1\times(-1)+0=-1$

このy_1を使ってz_1とz_2を計算すると次のようになります．

コラム2 追加問題の答え

答え (1)：$1 \times 0.2 + 1 \times 0.5 + 0.3 = 1$

答え (2)：$1 \times 0.5 + (-1) \times (-0.3) + 0.6 = 1.4$

答え (3)：$(-1) \times 0.8 + 1 \times (-0.2) + 0.2 = -0.8$

答え (4)：重み (0.1, 0.2, 0.3) これは一例ですので，
$0.6 = 1 \times w_1 + 1 \times w_2 + b$
を満たすものなら良いです．

答え (5)：重み (0.7, 0.3, − 0.5)．これは一例です．

答え (6)：重み (0.2, 0.9, − 0.1)．これは一例です．

答え (7)：重み (0.1, 0.7, 0.2)．答えはこれしかありません．

答え (8)：できません．このように入出力の組が多くなると正確に一致させることができなくなります．そこで，重みはそこそこ出力に近くなるように決めることになります．このそこそこが難しいところになります．

答え (9)：1.8

答え (10)：重み (0.5, − 0.3, 0.6, − 0.2, 0.4)．これは一例です．

答え (11)：$y_1 = 0.524$，$y_2 = 0.168$

答え (12)：$y_1 = 0.018$，$y_2 = 0.642$

答え (13)：出力は**表A**となります．

答え (14)：**表B**の重みを使えば実現できます．各入力を入れたときのy_1，y_2，z_1，z_2，z_3，z_4の値を**表C**に示します．さらに**表C**の5行目以降に，ノイズを入れた場合の幾つかの結果を示しておきます．一番大きい入力だけ0より大きい値となっていることが確認できます．

表A　問題13の答え

時間＼出力	y_1	y_2
$t = 0$	0.17	− 0.48
$t = 1$	0.68	0.424
$t = 2$	0.4232	− 0.0528

表B　問題14の答え

重み	w^1_{11}	w^1_{12}	w^1_{21}	w^1_{22}	w^1_{13}	w^1_{23}	w^1_{14}	w^1_{24}	b^1_1	b^1_2		
設定値	− 1	− 1	− 1	1	1	− 1	1	1	0	0		
重み	w^2_{11}	w^2_{12}	w^2_{13}	w^2_{14}	w^2_{21}	w^2_{22}	w^2_{23}	w^2_{24}	b^2_1	b^2_2	b^2_3	b^2_4
設定値	− 1	− 1	1	1	− 1	1	− 1	1	− 0.5	− 0.5	− 0.5	− 0.5

表C　表9の入力にノイズを加えたときの出力

ケース＼入力／中間層／出力	x_1	x_2	x_3	x_4	y_1	y_2	a_1	a_2	a_3	a_4	z_1	z_2	z_3	z_4
1	1	0	0	0	− 1	− 1	1.5	− 0.5	− 0.5	− 2.5	1.5	0	0	0
2	0	1	0	0	− 1	1	− 0.5	1.5	− 2.5	− 0.5	0	1.5	0	0
3	0	0	1	0	1	− 1	− 0.5	− 2.5	1.5	− 0.5	0	0	1.5	0
4	0	0	0	1	1	1	− 2.5	− 0.5	− 0.5	1.5	0	0	0	1.5
5	0.8	0.2	0.1	0.3	− 0.6	− 0.4	0.5	− 0.3	− 0.7	− 1.5	0.5	0	0	0
6	0.2	0.6	0.3	0.4	− 0.3	0.5	− 0.7	0.3	− 1.3	− 0.3	0	0.3	0	0

$a_1 = -1 \times 1 + 0 = -1$

$a_2 = -1 \times (-1) + 0 = 1$

ReLU関数によりz_1，z_2は以下となります．

$z_1 = 0$

$z_2 = 1$

このことから$x_1 = 0$，$x_2 = 1$のときもうまく設定できています．

以上をまとめると**表8**の上2行となります．

●ノイズがある場合…$x_1 = 0.8$，$x_2 = 0.2$

例えば，ノイズの影響で$x_1 = 0.8$，$x_2 = 0.2$となったとします．その場合の計算を行うと以下となります．

$y_1 = 0.8 \times 1 + 0.2 \times (-1) + 0 = 0.6$

$a_1 = 0.6 \times 1 + 0 = 0.6$

$a_2 = 0.6 \times (-1) + 0 = -0.6$

表8　$x_1 = 0$, $x_2 = 1$ のときの入出力

状態 / ケース	入力		中間	出力		ReLU後	
	x_1	x_2	y_1	a_1	a_2	z_1	z_2
1	1	0	−1	1	−1	1	0
2	0	1	−1	−1	1	0	1
3	0.8	0.2	0.6	0.6	−0.6	0.6	0
4	0.4	0.6	−0.2	−0.2	0.2	0	0.2

表9　4入力のオートエンコーダの入力値

入力 / ケース	x_1	x_2	x_3	x_4
1	1	0	0	0
2	0	1	0	0
3	0	0	1	0
4	0	0	0	1

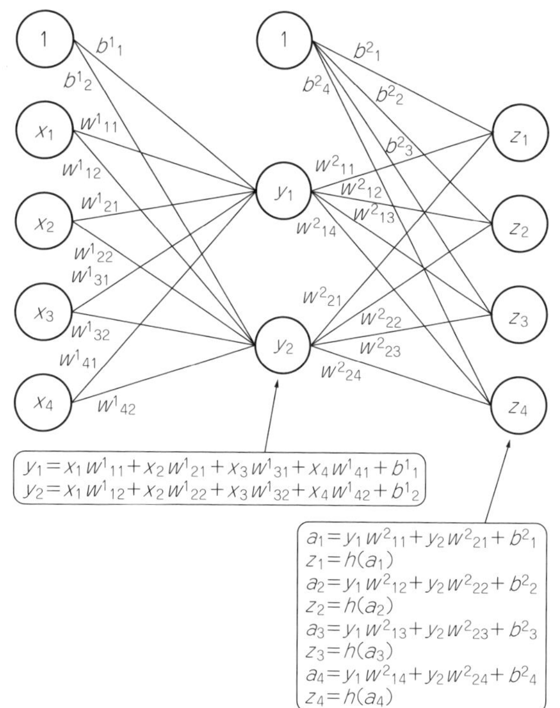

図8　4入力のオートエンコーダの重みを決めてみよう

ReLU関数により z_1, z_2 は以下となります.

$$z_1 = 0.6$$

$$z_2 = 0$$

一番大きい入力に対応する出力だけ, 0より大きい値となっていることが確認できます. 同じように $x_1 = 0.4$, $x_2 = 0.6$ とした場合でも, $y_1 = -0.2$, $z_1 = 0$, $z_2 = 0.2$ となり, 望ましい出力となることが分かります. この関係をまとめたものが**表8**の下2行となります.

このことから, いったん情報をエンコードしてデコードすると, ノイズに強い入出力関係が作れます. オートエンコーダはこの性質を利用しています.

▶より深く理解したい人向けの追加問題

問題(14)：**表9**に示すように4入力のオートエンコーダの重みを決めてみましょう. ただし, **図8**に示すように中間層は2とします.

第3章

TensorFlowの使い方も覚えてしまおう
プログラミング・ステップ1…最小構成ニューラル・ネットワーク

いよいよTensorFlowを使ってプログラミングの練習をします．いきなり難しいことを行うと分かりにくくなりますので，**図1**のように階段を上るイメージで少しずつステップアップしていきましょう．

最初はできるだけ簡単なニューラル・ネットワークでイメージを固めましょう．例題は何でもよいのですが，ひとまずここでは，2入力1出力のAND回路をTensorFlowで作ってみましょう．

プログラムを動かしてみる

●プログラムの実行方法

ここでは`tf_and.py`（**リスト1**）というファイルを用います．`tf_and.py`は本書サポート・ページから入手します．

`https://interface.cqpub.co.jp/2023deep/`

`tf_and.py`はダウンロードしたデータの/andフォルダに入っています．

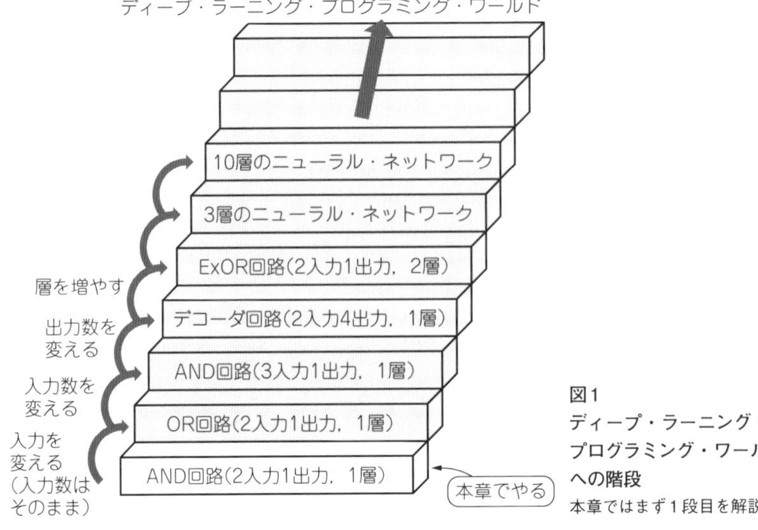

図1 ディープ・ラーニング・プログラミング・ワールドへの階段
本章ではまず1段目を解説

リスト1　2入力1出力のAND回路をTensorFlowで作る

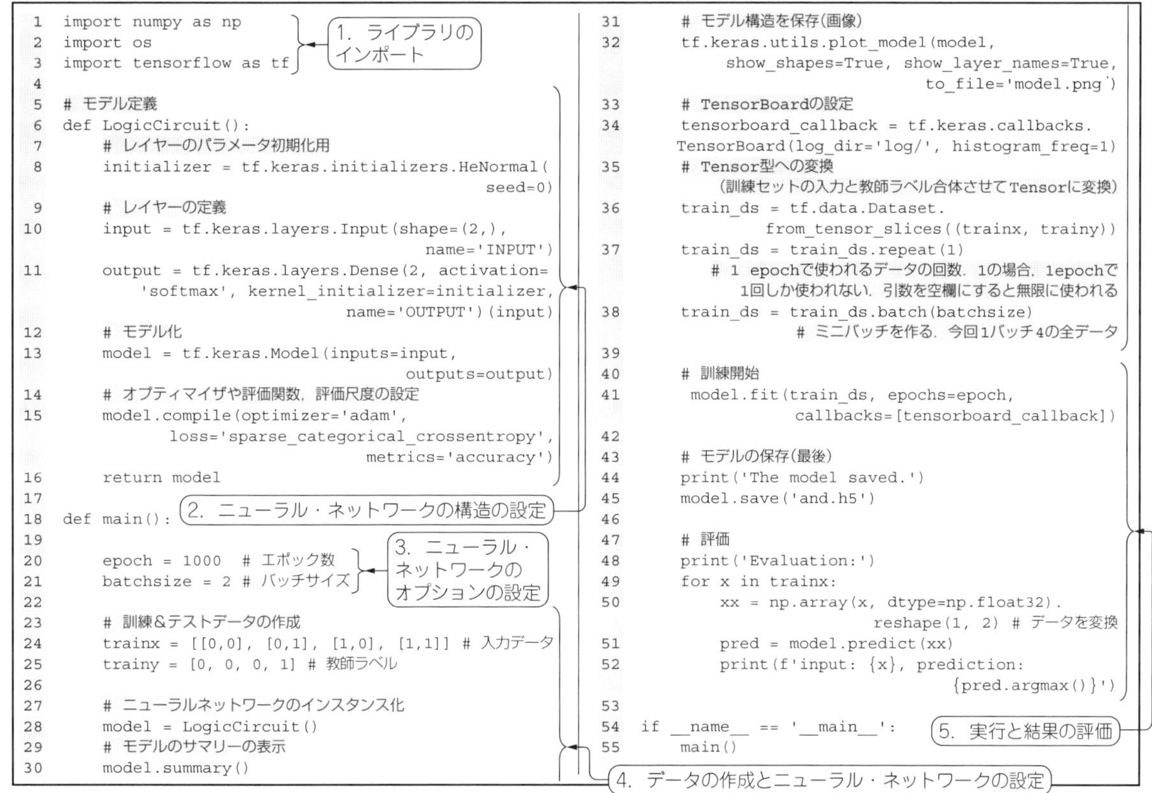

```
import numpy as np
import os
import tensorflow as tf

# モデル定義
def LogicCircuit():
    # レイヤーのパラメータ初期化用
    initializer = tf.keras.initializers.HeNormal(
                                              seed=0)
    # レイヤーの定義
    input = tf.keras.layers.Input(shape=(2,),
                                     name='INPUT')
    output = tf.keras.layers.Dense(2, activation=
        'softmax', kernel_initializer=initializer,
                          name='OUTPUT')(input)
    # モデル化
    model = tf.keras.Model(inputs=input,
                                 outputs=output)
    # オプティマイザや評価関数，評価尺度の設定
    model.compile(optimizer='adam',
          loss='sparse_categorical_crossentropy',
                            metrics='accuracy')
    return model

def main():

    epoch = 1000  # エポック数
    batchsize = 2 # バッチサイズ

    # 訓練&テストデータの作成
    trainx = [[0,0], [0,1], [1,0], [1,1]] # 入力データ
    trainy = [0, 0, 0, 1] # 教師ラベル

    # ニューラルネットワークのインスタンス化
    model = LogicCircuit()
    # モデルのサマリーの表示
    model.summary()
    # モデル構造を保存(画像)
    tf.keras.utils.plot_model(model,
        show_shapes=True, show_layer_names=True,
                          to_file='model.png')
    # TensorBoardの設定
    tensorboard_callback = tf.keras.callbacks.
    TensorBoard(log_dir='log/', histogram_freq=1)
    # Tensor型への変換
      (訓練セットの入力と教師ラベル合体させてTensorに変換)
    train_ds = tf.data.Dataset.
            from_tensor_slices((trainx, trainy))
    train_ds = train_ds.repeat(1)
       # 1 epochで使われるデータの回数．1の場合，1epochで
         1回しか使われない．引数を空欄にすると無限に使われる
    train_ds = train_ds.batch(batchsize)
               # ミニバッチを作る．今回1バッチ4の全データ

    # 訓練開始
     model.fit(train_ds, epochs=epoch,
              callbacks=[tensorboard_callback])

    # モデルの保存(最後)
    print('The model saved.')
    model.save('and.h5')

    # 評価
    print('Evaluation:')
    for x in trainx:
        xx = np.array(x, dtype=np.float32).
                     reshape(1, 2) # データを変換
        pred = model.predict(xx)
        print(f'input: {x}, prediction:
                            {pred.argmax()}')

if __name__ == '__main__':
    main()
```


実行するには，ダウンロードしたフォルダに移動し，以下のコマンドを打ち込みます．

```
> cd and
> python tf_and.py
```

実行が始まると**リスト2**のように表示され，左端の数字が1000/1000になると終わります．この例では約20秒でした[注1]．最初に文字が十数行表示された後，Epochから始まる行が続きます．その後ろに並んでいる数字の意味を**表1**に示します．

特に重要なのが検証データを入れたときの正答率です．この例では，最初は0.5（50%）となっています．そして，終了時は1（100%）となっています．最後の6行は結果を分かりやすくするために示しています．

ただし，初期値はランダムに決まっていますので，1000回で必ずしも100%にはならない場合があります．その際には，エポック数を大きくして再実行してみてください．

●改造したいこと（つまづきポイント）

うまく学習できて答えが出ました．しかし，皆さんが実際に使うには，自分の条件に合わせてチューニングが必要ですよね．例として次をやってみます．

- AND回路ではなく，他の違う学習データを用いてニューラル・ネットワークを使いたい
- 学習データ（訓練データ）をファイルから読み込めるようにしたい
- 学習済みのニューラル・ネットワークに新しいデータを入力して，結果がどのようになるのか

注1：Windows + Anacondaで実行．CPU：Core i7，メモリ：16Gバイト

リスト2　リスト1を実行したときの画面

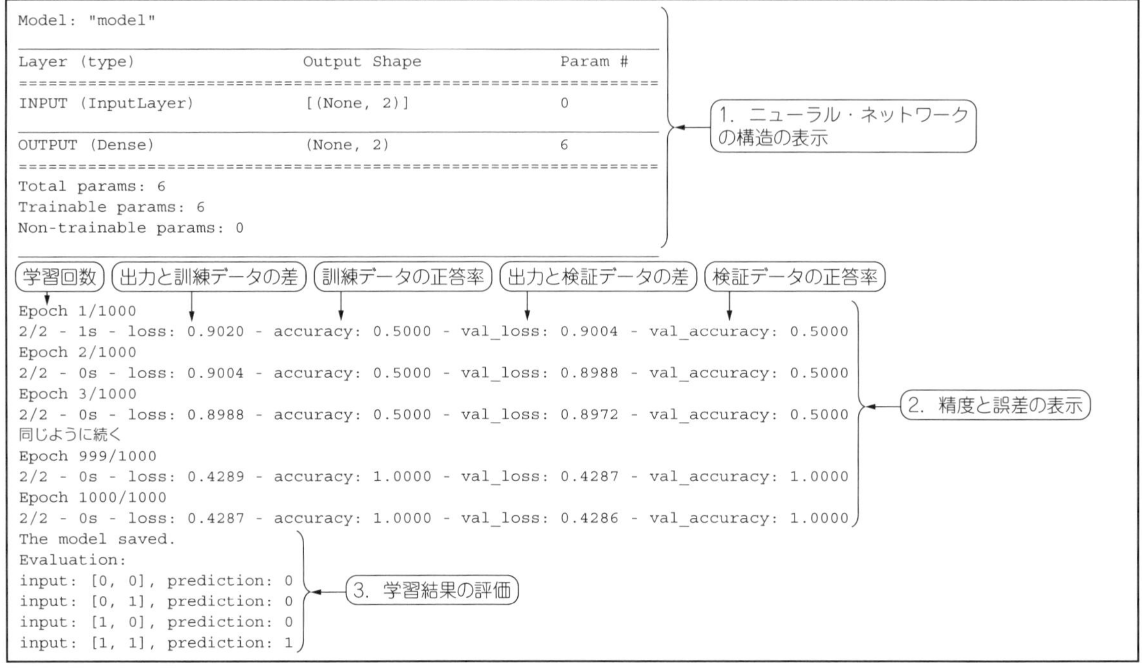

```
Model: "model"
_________________________________________________________________
Layer (type)                 Output Shape              Param #
=================================================================
INPUT (InputLayer)           [(None, 2)]               0
_________________________________________________________________
OUTPUT (Dense)               (None, 2)                 6
=================================================================
Total params: 6
Trainable params: 6
Non-trainable params: 0
_________________________________________________________________
Epoch 1/1000
2/2 - 1s - loss: 0.9020 - accuracy: 0.5000 - val_loss: 0.9004 - val_accuracy: 0.5000
Epoch 2/1000
2/2 - 0s - loss: 0.9004 - accuracy: 0.5000 - val_loss: 0.8988 - val_accuracy: 0.5000
Epoch 3/1000
2/2 - 0s - loss: 0.8988 - accuracy: 0.5000 - val_loss: 0.8972 - val_accuracy: 0.5000
同じように続く
Epoch 999/1000
2/2 - 0s - loss: 0.4289 - accuracy: 1.0000 - val_loss: 0.4287 - val_accuracy: 1.0000
Epoch 1000/1000
2/2 - 0s - loss: 0.4287 - accuracy: 1.0000 - val_loss: 0.4286 - val_accuracy: 1.0000
The model saved.
Evaluation:
input: [0, 0], prediction: 0
input: [0, 1], prediction: 0
input: [1, 0], prediction: 0
input: [1, 1], prediction: 1
```


表1　TensorFlowでデータを学習したときに表示されるリスト(今回はリスト2)中のパラメータ

項　目	説　明
Epoch	エポック数…学習回数のこと．多すぎても少なすぎてもよろしくない
loss	出力と学習データの誤差…生成したニューラル・ネットワークに，学習データを入れたときに出力される値と教師データとの間の誤差
accuracy	学習データの正答率…生成したニューラル・ネットワークに，後から学習データを入れてみたときの正答率．正しく学習できていれば正答率は1(100%)
val_loss	出力と検証データの誤差…生成したニューラル・ネットワークに，検証データを入れたときに出力される値と教師データとの間の誤差
val_accuracy	検証データの正答率…生成したニューラル・ネットワークに，検証データを入れてみたときの正答率．1になることが理想

見てみたい．

実は，ここが結構大変なのです．上記を行うには，ある程度プログラムの構造を理解しておく必要があります．

多くの本ではディープ・ニューラル・ネットワーク構造の理解のために，原理をしっかり説明していますが，皆さんが改造するための方法を詳しく解説しているものは少ないようです．

本書では，この「改造する部分」を作れるように説明をしていきたいと思います．プログラムの説明は急に難しく感じるかもしれませんが，頑張りましょう．

頑張りましょうと言っておいてなんですが，難しくてよく分からないと読んでいても面白くないでしょうから，プログラムの説明を飛ばして使い方から学んでも構いません．

●リスト1に沿って重要ワードを知る

プログラムtf_and.py(リスト1)を初めて見ると，とても長く感じますが，ここは頑張りどころです．特に今後，変更する点だけはしっかり押さえておきましょう．このプログラムの構造は次のようになっています．

コラム1　関数その1：ニューラル・ネットワークによる結果の判断に用いるソフトマックス，クロス・エントロピー

物足りない方への説明です．ニューラル・ネットワークの出力値にはばらつきがあって，どの程度良い結果（出力）なのかよく分からない場合が多くあります．

そこで確率で表します．例えば，入力（1，0）を入れたとき，$y_1 = 2.5$，$y_2 = 0.8$と出力されたとします．これをy_1とy_2を足して1となるように変換します．この計算方法のことを「ソフトマックス（softmax）」と呼びます．これによってy_1となる確率は0.85，y_2となる確率は0.15と計算できます．

ソフトマックスの計算は次の式で表されます．y_iはi番目の入力値です．

$$\frac{e(y_i)}{\sum_{k=1}^{n} e(y_k)}$$

さらに，クロス・エントロピーという損失関数を用いて，誤差を計算しています．この関数は次のようになっています．

$$-\sum_{k}^{t_k} t_k \log y_k$$

上記の例を用いて実際に計算すると，y_1が出力されたときの損失関数値は次のように得られます．

$-(1 \times \log 0.85 + 0 \times \log 0.15) = 0.07058$

1. ライブラリのインポート
2. ニューラル・ネットワークの構造の設定
3. オプションの設定
4. データの作成とニューラル・ネットワークの設定
5. 実行と結果の評価

順に説明していきます．各項目「●」の頭では，どの程度重要かを示します．

- 説明だけ…脱ビギナのための知識
- 知っておく…正答率を上げるなら
- 重要…知らないと意味のない結果を得るかも
- 必須…知らないと動かない

と付けています．まずは必須の部分を読むだけでもよいです．

ステップ1…ライブラリのインポート

●説明だけ：ライブラリを登録

1～3行目は使用するライブラリの登録を行っています．

`import tensorflow as tf`…TensorFlowライブラリが`tf`という省略形で使えるようになります．

`import numpy as np`…NumPyという大規模な多次元配列や行列の計算ができる数値計算用ライブラリを`np`という省略形で使えるようになります．

`import os`…OS依存の機能を利用するライブラリが使えるようになります．ここではファイル読み込み用として使用します．

ステップ2…ニューラル・ネットワークの構造の設定

今回の2入力1出力のAND回路のプログラムでは，**図2**に示すように2入力2出力のニューラル・ネットワークを作ります．ニューラル・ネットワークの構造は，6～16行目の

```
def LogicCircuit():
```

の中に書きます．`LogicCircuit`は，対象とするニューラル・ネットワークの名前です．

●必須：出力数の設定

ここで紹介したAND回路の問題は分類問題と呼ばれ，入力を2つに分ける問題となります．そのため，TensorFlowで実現するためには出力を2つにした方が都合が良いのです．ここが最初に

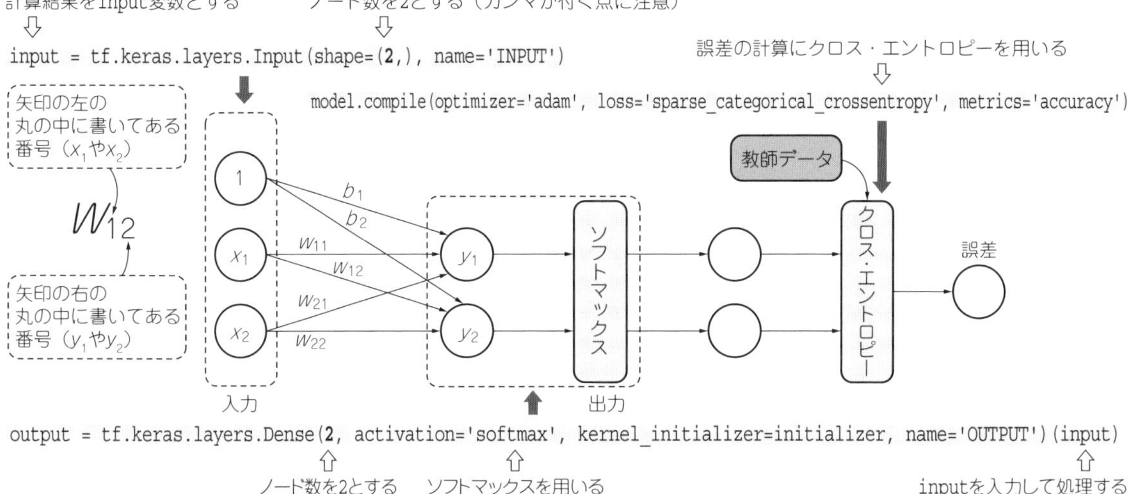

図2　2入力1出力のAND回路を2入力2出力のニューラル・ネットワークで作る

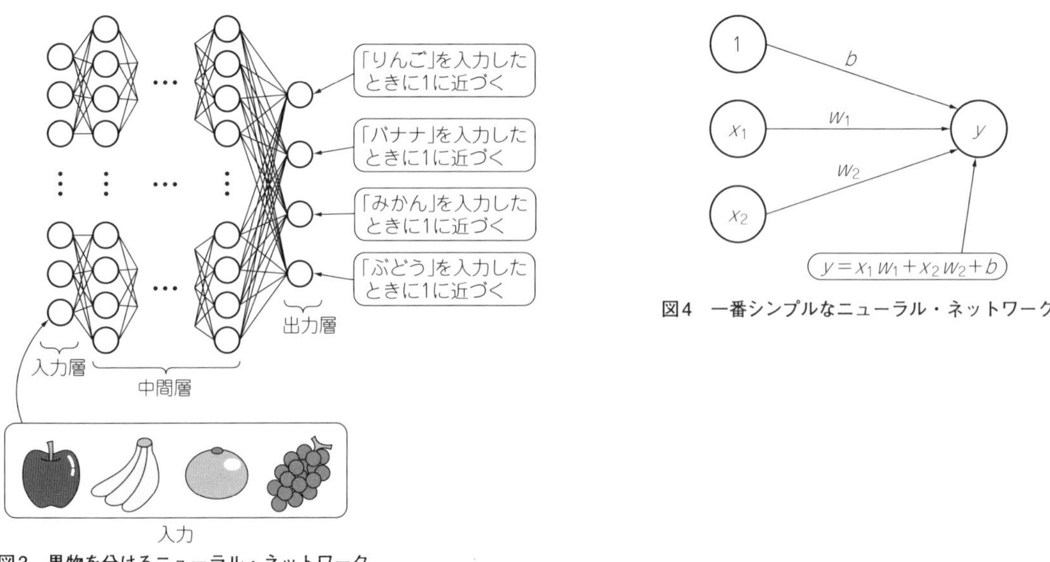

図3　果物を分けるニューラル・ネットワーク

図4　一番シンプルなニューラル・ネットワーク

「なんで？」となってしまう点かと思います．

例えば，**図3**に示すように果物を分けるニューラル・ネットワークを考えます．これは，それぞれの出力ノードに果物を割り当てることができます．そして，1番上の出力ノードが他のノードの値よりも大きかった場合，一番上に割り当てたりんごに分類されたことにします．

同じように，他の入力を加えて，上から2番目の出力ノードが他のノードの値よりも大きかった場合，みかんに分類されたこととします．ニューラル・ネットワークでは，このように分類する方が簡単に学習できるのです．そこで，今回のAND回路の問題は**図4**ではなく**図2**となります．

●説明だけ：ソフトマックス，クロス・エントロピー

さらに学習がどの程度うまくできているかの評価を行うため，教師データとの誤差を計算する部分を設定する必要があります．これがニューラル・ネットワーク出力の先に付いているソフトマックスとクロス・エントロピーという部分となります（コラム1参照）．

これはソフトマックスという出力の確率を計算する部分と，教師データとの誤差を計算する部分（損失関数）を一緒にして表しています．

これにより，**表1**の`loss`と`val_loss`の値を計算します．

●重要：1-of-K

TensorFlowでは，教師信号はデコーダを通して1-of-K（ワンオブケイ）形式へ変換して，そのiビット目の値をt_iとします．例えば，2つに分類する問題の場合，0，1のいずれかが教師信号となり，それを1-of-K形式へ変換した10，01が教師信号となります．

また，4つに分類する問題の場合0，1，2，3のいずれかが教師信号となり，これをビットに変換した1000，0100，0010，0001が教師信号となります．TensorFlowでは，ビット信号への変換は自動で行ってくれます．

コラム2 関数その2：活性化関数あれこれ

表A，**図A**はTensorFlowで使用できる活性化関数の一例です．TensorFlowでは，この後で説明するソフトマックス関数も活性化関数として設定します．

なお，ソフトマックス関数を活性化関数として扱わない解説書もあります．

表A　TensorFlowで使用できる活性化関数の一例

名　前	定　義	使い方	グラフ
ReLU関数	max (0, x)	`'relu'`	図A (a)
シグモイド関数	$\frac{1}{1+e^{-x}}$	`'sigmoid'`	図A (b)
ハイパボリック・タンジェント（双曲線正接）関数	$\frac{e^x-e^{-x}}{e^x+e^{-x}}$	`'tanh'`	図A (c)

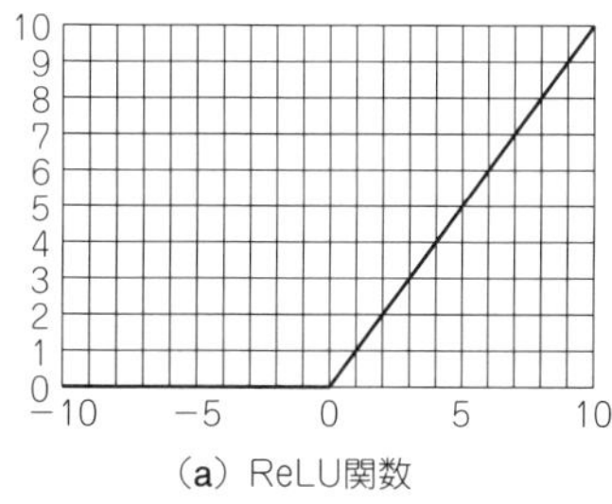

（a）ReLU関数

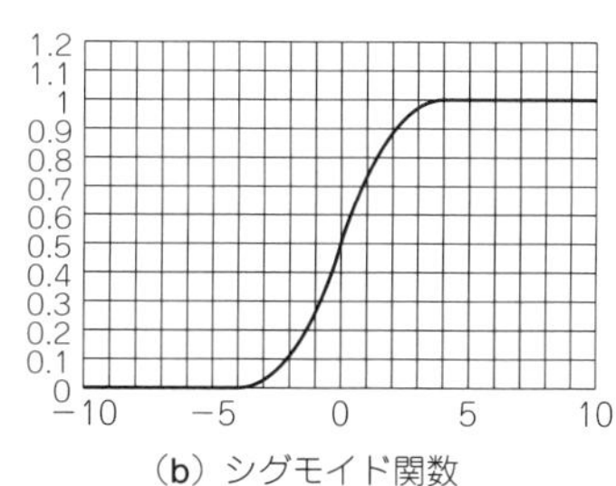

（b）シグモイド関数

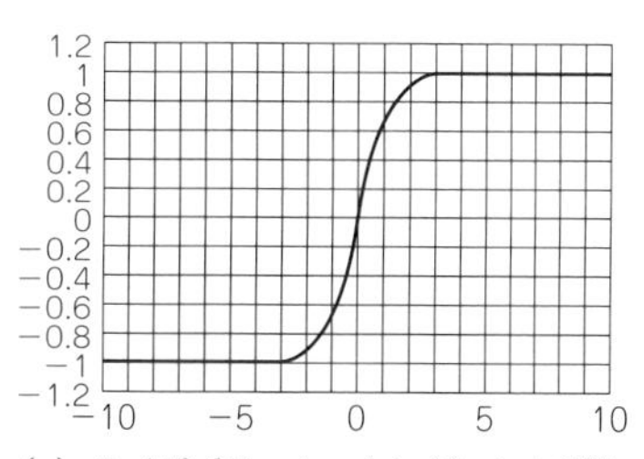

（c）ハイパボリック・タンジェント関数

図A　活性化関数の一例

発展的な内容となりますが，厳密に言えば，クロス・エントロピーは自動的に行ってくれますが，バイナリ・クロス・エントロピーを使う場合は，自分で1-of-Kにしなければなりません．

●必須：モデル

モデルとは，**図2**に示す活性化関数を含むネットワークのことです．本書では，モデルの部分を分かりやすくするために，`LogicCircuit`クラスにまとめて書きます．なお，まとめずに`main`関数の中に書くこともできます．

8行目で各層（レイヤ）のパラメータを初期化します．これは必須ではありませんが，これを用いた方が学習がうまくいく傾向があります．

10行目は入力層の設定です．これは**図2**のx_1とx_2の層の設定で，この層を`input`という名前で設定しています．

```
input = tf.keras.layers.Input(shape=(2,), name='INPUT')
```

1つ目の引き数は，入力側のノード数を表しています．**図2**ではx_1とx_2の2つですので，2を設定しています．かっこでくくり，カンマを付ける点に注意してください．

2つ目の引き数は，層の名前を付けています．これは**リスト2**の最初に出てくるニューラル・ネットワークの構造の

```
INPUT (InputLayer)
```

と表示されるときの名前です．これは省略することもでき，省略すると

```
input_1 (InputLayer)
```

と表示されます．

11行目は出力層の設定です．これは**図2**のy_1とy_2の層とその後に続くソフトマックスの設定をしています．そして，この層を`output`という名前で設定しています．さらに，これは10行目で設定した`input`と名前を付けた層につながっていることを，最後の`(input)`で示しています．

```
output = tf.keras.layers.Dense(2, activation='softmax',
         kernel_initializer=initializer, name='OUTPUT')(input)
```

1つ目の引き数は出力層のノード数です．

2つ目の引き数の

```
activation='softmax'
```

は活性化関数の設定で，ここではソフトマックス（`softmax`）を使うことを設定しています．なお，活性化関数はコラムで示したように，他のものもあります．

3つ目の引き数の

```
kernel_initializer
```

は出力層のパラメータの初期化を行っています．これは設定しなくても動作させることはできますが，これを設定している方がうまくいくことが多くあります．

4つ目の引き数は層の名前です．省略すると`dense`（Dense）となります．

13行目で入力層と出力層を設定することでモデルを作っています．

```
model = tf.keras.Model(inputs=input, outputs=output)
```

1つ目の引き数の`input`は10行目で設定した入力層の名前，2つ目の引き数の`output`は11行目で設定した出力層の名前です．

●説明だけ：最適化関数と損失関数

15行目でモデルの設定を行っています.

```
model.compile(optimizer='adam', loss='sparse_categorical_crossentropy',
metrics='accuracy')
```

ここでは3つの設定をします.

1つ目の引き数のoptimizerは，ネットワークの学習時に用いる計算方法（最適化関数と呼ぶ）を設定しています．ディープ・ラーニングでは，どのように計算すればうまく学習できるかというのは決まっておらず，問題によってこの最適化関数を変更することでうまく学習できます．ここでは，Adamという最適化関数を用います．多くの場合は，Adamを使うとうまくできますので，本書ではAdamを使うことにします.

2つ目の引き数のlossは，**図2**の誤差の計算方法（損失関数と呼ぶ）の設定をしています．ディープ・ラーニングでは，どのくらい答え（ラベル）と異なるかを値として求め，その値を使って学習します.

損失関数も最適化関数と同様にいろいろな方法が考案されています．この損失関数も問題に合わせて設定する必要があります．ここではクロス・エントロピー関数の一種の関数が設定されています．これ以外にも最小二乗誤差や平均絶対誤差などたくさんあります．また，ユーザが作って定義することもできますが，これは本書の内容を超えますので割愛します.

3つ目の引き数のmetricsは，学習がうまくできているかどうかを評価するための値の表示を設定しています．ここではaccuracy（精度）を設定しています．精度とは，データの入力が正しく分類されている（正しく答えた）割合を示しています．ここではaccuracyだけですが，その他にも設定することができます.

●知っておく：活性化関数

活性化関数は，層設定中にある引き数のactivationで設定します．今回は中間層がありませんので，他の活性化関数を設定しませんでした.

他の活性化関数を設定する方法の説明は，この後に示すExOR回路で行います.

ステップ3…オプションの設定

●知っておく：バッチ・サイズ

ニューラル・ネットワークは出力結果と教師データ（ラベル）の差を学習します.

例えば，**図5**のように1つ入力したらすぐ学習というようにすると，効率的に学習できなくなることがいろいろな研究から分かっています．この学習方法をオンライン学習といいます.

また，**図6**のように全部のデータを入力してから，学習を行う方法もありますが，これも効果的でないことが分かっています．この学習方法をオフライン学習といいます.

これに対して，**図7**のようにデータを小分けにして，その回数だけ実行したら，学習を行うようにしています．これをミニ・バッチ学習といいます．この小分けにするときのサイズをバッチ・サイズと呼びます.

バッチ・サイズを1に設定するとオンライン学習，学習データと同じ大きさにするとオフライン学習，その中間の大きさにするとミニ・バッチ学習となります.

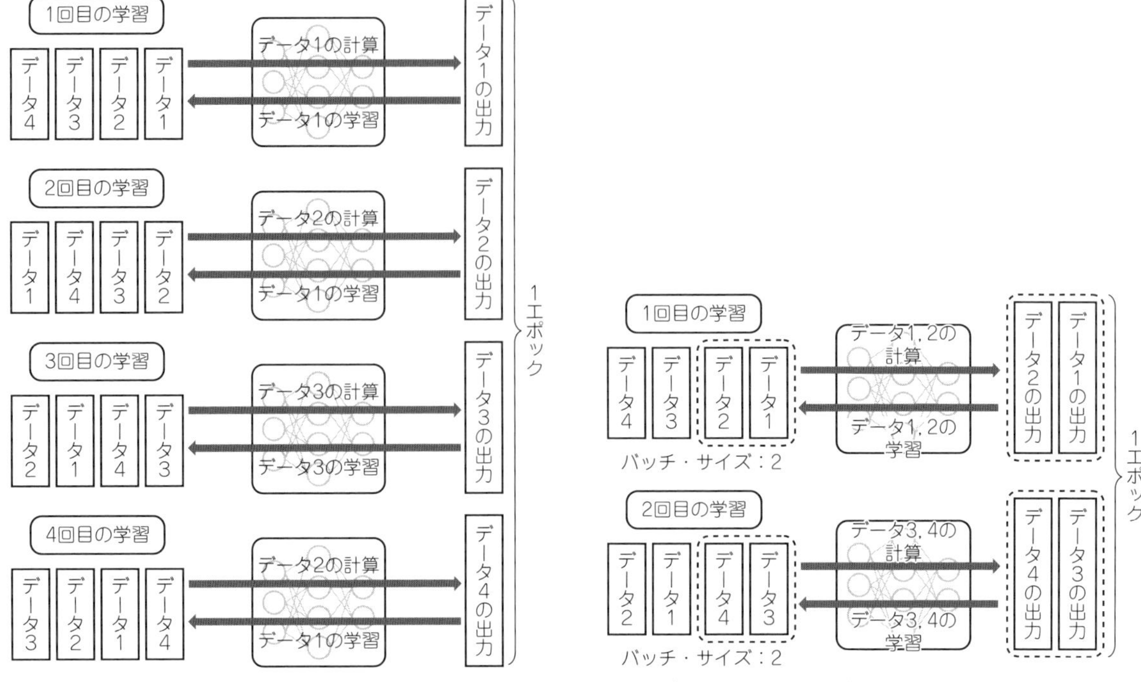

図5　バッチ・サイズが1のときは1つ入力したらすぐに学習に入る→オンライン学習

図7　データを小分けにして学習→ミニ・バッチ学習

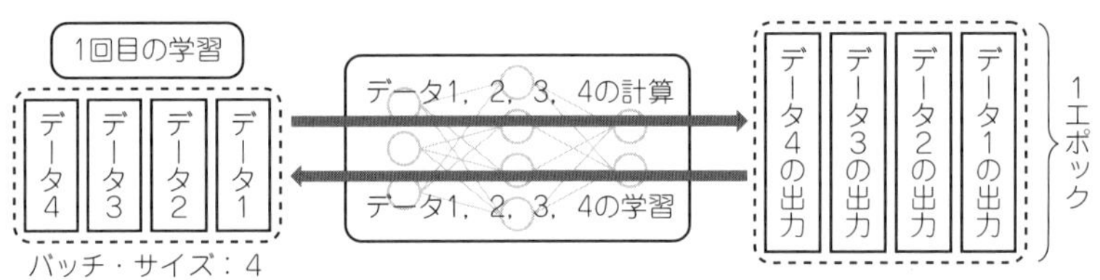

図6　バッチ・サイズが4のときは全部のデータを入力してから学習する→オフライン学習

リスト1のAND回路の例では，21行目でミニ・バッチのサイズを2としています．入力データが4つですので，ミニ・バッチ学習となります．

リスト2の`Epoch 1/1000`の下にある`2/2`の部分が1エポック中に行われた学習回数となっており，データ数が4でバッチ・サイズが2なので2回行っていることが示されています．

●重要：エポック

エポックとは学習回数のことです．**リスト1**では20行目で`1000`と設定しています．これが実際に使われるのは41行目の`model.fit`というものを設定するときになります．

エポックは，与えられた入力データがすべて1回ずつニューラル・ネットワークで学習を行ったら，1増える数となっています．

コラム3 関数その3：最適化関数あれこれ

表Bは，TensorFlowで使用できる最適化関数の一例です．現状ではAdamが最も良い結果を得られる場合が多いようです．

詳しくはウェブ・ページ(https://www.tensorflow.org/api_docs/python/tf/keras/optimizers)を参考にしてください．

表B　TensorFlowで使える最適化関数の例

関数名	意　味
Adam	最もよく利用されている最適化関数で，モーメンタムとRMSpropの双方の機能を備えた最適化関数
SGD (確率的勾配降下法)	シンプルな勾配降下法は，目的(損失)関数を最小化するため，損失値の傾きの大きさに応じてパラメータを更新する．SGDでは，更新1回につきランダムに選んだ1つのデータで更新を行うようにしたものである．このとき，なかなか最小値にならず振動することがある．そこで，傾きの移動平均を用いることで振動を抑える仕組み(これをモーメンタムと言う)といっしょに使う．
Adagrad	すべてのパラメータ更新で学習率を同じにするのではなく，まれなパラメータの更新を大きくするなど，データの特徴に応じて学習率を調整する仕組みを持った最適化アルゴリズム
RMSprop	SGDでは損失の傾きの大きさに応じてパラメータが更新されますが，最小値に落ち着かず最小値付近で振動することがある．RMSpropは，傾きの大きさに応じて学習率を調整する最適化アルゴリズム

ステップ4…データの作成とニューラル・ネットワークの設定

●必須：入力と出力

今回取りうる入力は2入力なので，(0, 0)，(0, 1)，(1, 0)，(1, 1)の4種類となります．そしてそれぞれの値のときのANDの出力値は0，0，0，1となります．まず，入力は24行目で設定しています．出力は25行目で設定しています．

それを入力と教師ラベルをセットにして，TensorFlow用の訓練データに変換している部分が36行目となります．

37行目でその訓練データを1エポックの中で何回使うかを設定しています．ここでは1を設定していますので，1回しか使わないようになります．なお，引き数を空欄にすると使う回数に制限がなくなります．

38行目でミニ・バッチの設定をしています．引き数としてbatchsizeが使われており，この値はディープ・ラーニングの学習でとても重要な値ですので，変更しやすいように21行目で設定しています．

なお，AND値の0，1とTensorFlowで設定する0，1は，実は意味が違います．この違いはこの後の出力が4つのサンプルで説明します．

●重要：モデルの登録

41行目，上記で設定したモデルを設定するためにmodel.fit関数を使います．そして，1つ目の引き数に訓練データ，2つ目の引き数のepochsに20行目で設定したエポックの数を設定しています．

3つ目の引き数にはコールバック関数としてTensorBoardを使う設定をしています．TensorBoardを使わない場合は設定する必要はありません．

ステップ5…実行と結果の評価

●説明だけ：実行

41行目のmodel.fit関数で，ディープ・ラーニングが実行されています．

●説明だけ：モデルの保存

学習の結果を使ってテストしたいこともあります．そのために学習したモデルを保存する機能があります．45行目で学習結果を保存するためのファイルを設定し，保存しています．この利用方法は後で示します．

●説明だけ：再開（レジューム）の設定

ディープ・ラーニングの学習には長い時間がかかります．そこで，途中で停止して再度動作できるようにする機能があります．

この機能については，第4章でtf_and_restart.pyを例にとり説明します．

●重要：結果の評価

48～52行目は結果を評価しています．これは**リスト2**の最後の4行の計算になります．用いた4種類の入力に対して結果を計算し，その値を表示しています．

49行目で訓練データから1つずつ値を取り出して，xという変数に代入して検証データを作成しています．

50行目では取り出したデータが[1,0]となっているので，[[1,0]]という形に変換しています．

51行目のmodel.predict関数を用いて検証データに対する答えを求めています．この部分が非常に重要で，検証データを学習済みモデルに入れて答えを求めるときに使います．predに入ったデータはそれぞれのノードである確率ですので，52行目のpred.argmax関数で最も大きい確率の番号を表示できる形に変換しています．

これらの処理を4パターンの入力について繰り返すようになっています．

ステップ6…モデル構造の表示

ここでは，3つの方法で設定したモデルの構造を表示する方法を示します．

●説明だけ：モデルの構造（文字）

リスト1の30行目にあるmodel.summary関数で，**リスト2**の最初に出てくるModel: "model"以下の部分のモデルの構造を表示しています．なお，summaryとは英語で概要という意味です．まず，INPUT (InputLayer)は，入力層のノード数を表しています．ここでは**図2**より2入力ですので，確かに[(None, 2)]となっていて，2つのノードであることが分かります．

次に，OUTPUT (Dense)は出力層の数を表しています．出力層のノード数も2です．確かに(None, 2)となっていて，2つのノードであることが分かります．

一番右のParam#は，ディープ・ラーニングによって求めるパラメータの数を表しています．

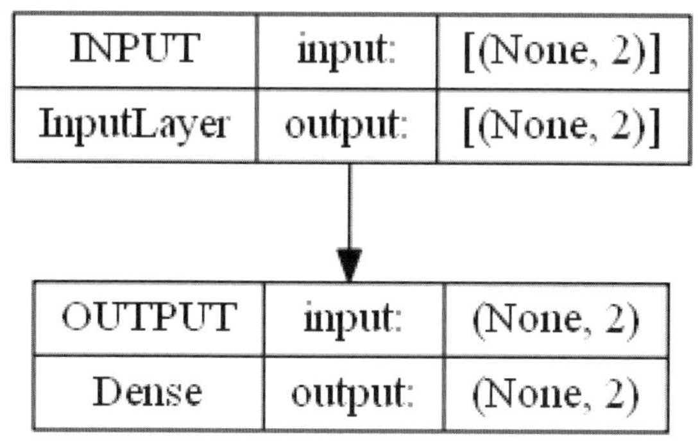

図8　`tf.keras.utils.plot_model`関数で`model.png`を生成

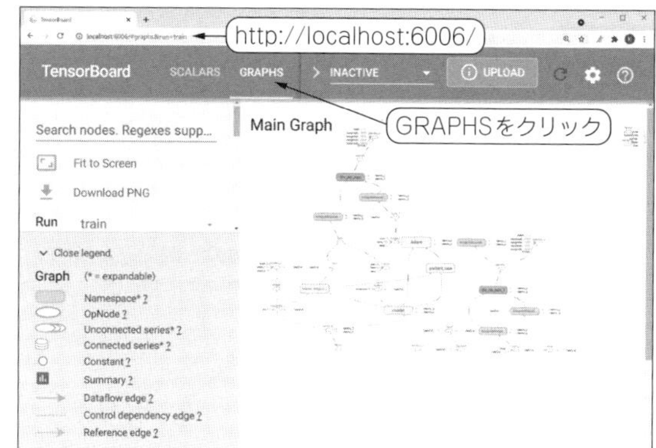

図9　TensorBoardによるモデル構造の表示

Dense層の場合は線の数を表しています．**図2**を見ると，入力層の一番上の1と書かれたノードからの線も含めて出力層のノードに合計6本の線がつながっていますので確かに6となっています．

●説明だけ：モデルの構造（画像）

32行目の`tf.keras.utils.plot_model`関数で，**図8**に示す`model.png`を生成します．これは，`tf_and.py`を実行すると生成されます．

図8のINPUTと書かれている四角の部分が入力層で，2つのノードがあることが分かります．OUTPUTと書かれている四角の部分が出力層で，これも2つのノードがあることが分かります．矢印よりINPUTからOUTPUTにつながっていることが分かります．

●知っておく：モデルの構造（TensorBoard）

モデルの構造や学習の状況など，ディープ・ラーニングに必要な情報を表示するTensorBoardという便利な機能があります．

これは34行目の`tf.keras.callbacks.TensorBoard`関数で設定します．1つ目の引き数の`log_dir`でTensorBoardを表示するためのファイルを保存するフォルダを設定しています．そして，これは41行目の`model.fit`関数の3つ目の引き数の`callbacks`に設定することで，表示のための情報を書き出すことを行います．

`tf_and.py`の実行後に`log`フォルダができています．これは以下のコマンドを実行します．

```
> tensorboard --logdir log
```

その後，以下が表示されます．

```
TensorBoard 2.4.1 at http://localhost:6006/ (Press CTRL+C to quit)
```

そこで，Chromeなどのブラウザを開き，アドレス・バーに「`http://localhost:6006/`」と入力してEnterキーを押します．

図9が表示されますので，「GRAPHS」をクリックします．これがモデル構造の詳細です．ここでは表示の方法だけにとどめます．上級者になってきましたら，TensorBoardを使うことをお勧めします．終了はコンソール画面で「Ctrl+C」を押します．

コラム4 関数その4：損失関数あれこれ

表Cは，TensorFlowで使用できる損失関数の一例です．詳しくはウェブ・ページ(https://www.tensorflow.org/api_docs/python/tf/keras/losses)を参考にしてください．

表C　TensorFlowで使用できる損失関数の一例

関数名	意　味
SparseCategoricalCrossentropy	3以上のクラス分類を行う際に用いる，ニューラル・ネットワークによる推論クラスと正解クラスの交差エントロピーを計算する損失関数
BinaryCrossentropy	2つのクラス分類をを行う際に用いる，ニューラル・ネットワークによる推論クラスと正解クラスの交差エントロピーを計算する損失関数
MeanAbsoluteError	回帰モデルなどで，ニューラル・ネットワークによる推論値と正解値の平均絶対誤差を計算する損失関数
MeanSquaredError	ニューラル・ネットワークによる推論値と正解値の平均自乗誤差を計算する損失関数
KLDivergence	Kullback-Leibler divergenceのことで，とある2つの(確率)分布間の距離を損失として利用する際に用いる．2つの分布が同じであるとき，この損失値は0になる

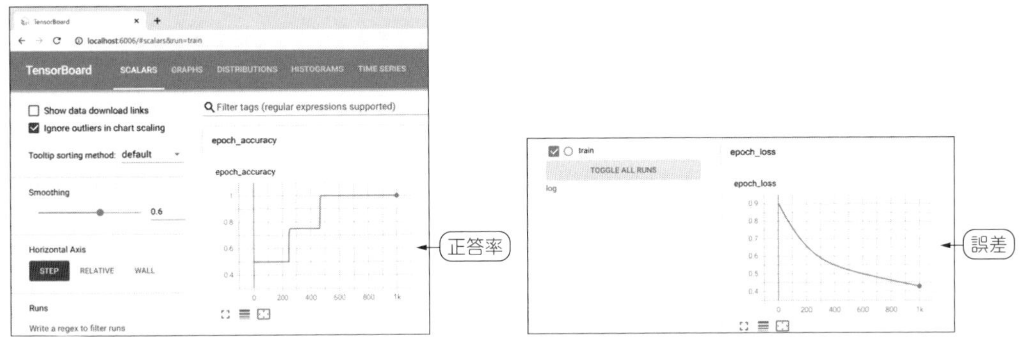

図10　学習データをグラフで確認(TensorBoard)

ステップ7…学習データをTensorBoardのグラフで確認

先ほどの要領でTensorBoardを表示すると，図10に示すようなグラフが表示されます．

●正答率

TensorBoard上側の図に，縦軸を正答率，横軸をエポック数としたグラフが表示されます．

最初の正答率は0.5(50%)でしたが，エポック(epoch)が300くらいになったときに学習の正答率が0.75(75%)となり，500エポックになったときに1(100%)となっていることが分かります．

●誤差

TensorBoard下側の図が誤差を表したグラフです．エポック数が大きくなるにつれて誤差が減少しているようすが分かります．ディープ・ラーニングでは，この誤差が小さくなっていくと学習がうまくできていることに相当します．

また，ここで過学習という学習をしすぎることで訓練データの正答率は上がるが，検証データや検証データの正答率が下がるものがあります．この状態になっているかどうかも，誤差のグラフを見ることで分かります．

第4章

いろいろなパターンを試して腕みがき

プログラミング・ステップ2…層数や入出力を増やす

前章ではAND回路を例に，TensorFlowを使ったディープ・ラーニングのプログラミングを体験しました．このAND回路のディープ・ラーニングができれば，一部を変えるだけでいろいろなタイプのディープ・ラーニングのプログラムになります．

本章を読み進めると，少しずつ階段を上るようにプログラムを変えていきながら，いつの間にか10層のディープ・ラーニングのプログラムができるようになります．難しいと思っていたディープ・ラーニングを自力でできるようになりましょう．

2段目…入力と出力の関係だけを変えてみる

著者提供プログラムは`tf_or.py`です．以下に出てくる`**.py`も含めて本書サポート・ページからダウンロードできます．

https://interface.cqpub.co.jp/2023deep/

●OR回路で試す…入出力の数はANDと同じ

図1の階段を1段上ります．入力の数，出力の数を変えずに，入力と出力の関係だけを変えるためにOR回路を実現してみます．OR回路とは**図2**で表される電子回路の素子で，AND回路と同じ

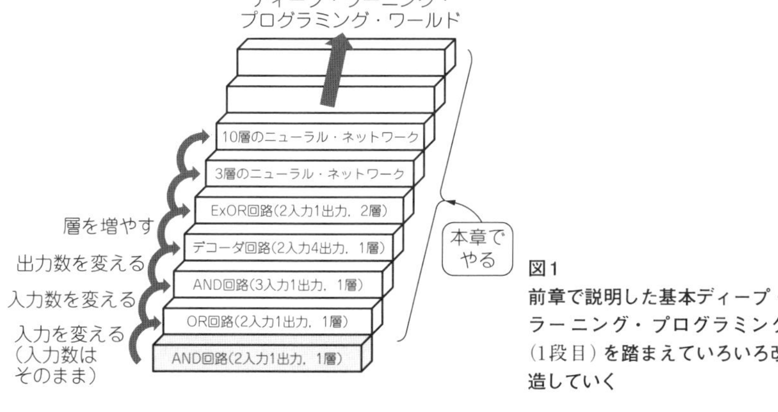

図1 前章で説明した基本ディープ・ラーニング・プログラミング（1段目）を踏まえていろいろ改造していく

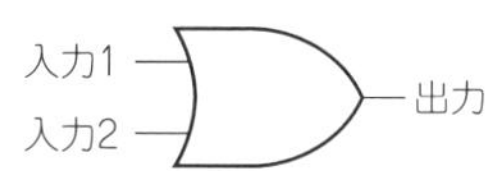

図2 OR回路…前章のAND回路と同じく2入力1出力

表1 OR回路…入力に対する出力の値

状態	入力1	入力2	出力
1	0	0	0
2	0	1	1
3	1	0	1
4	1	1	1

リスト1 OR回路をTensorFlowで学習したときの出力

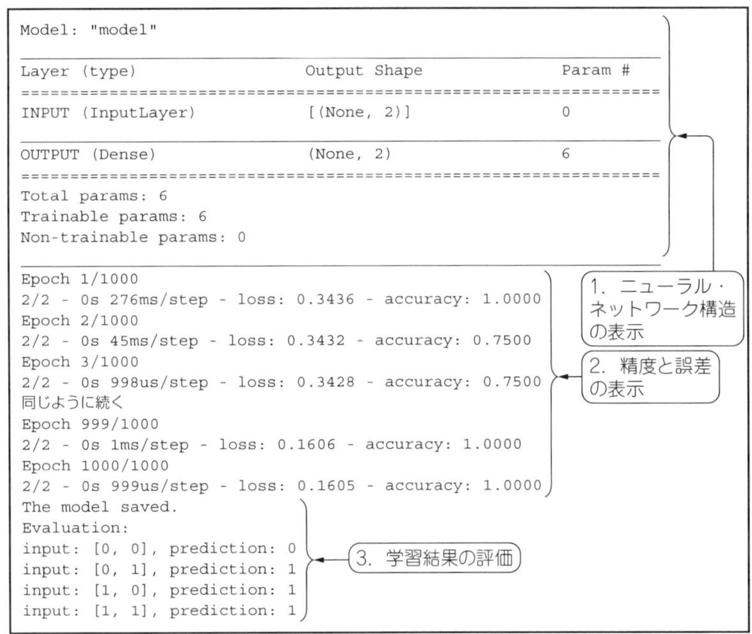

```
Model: "model"
_________________________________________________________________
Layer (type)                 Output Shape              Param #
=================================================================
INPUT (InputLayer)           [(None, 2)]               0
_________________________________________________________________
OUTPUT (Dense)               (None, 2)                 6
=================================================================
Total params: 6
Trainable params: 6
Non-trainable params: 0
_________________________________________________________________
Epoch 1/1000
2/2 - 0s 276ms/step - loss: 0.3436 - accuracy: 1.0000
Epoch 2/1000
2/2 - 0s 45ms/step - loss: 0.3432 - accuracy: 0.7500
Epoch 3/1000
2/2 - 0s 998us/step - loss: 0.3428 - accuracy: 0.7500
同じように続く
Epoch 999/1000
2/2 - 0s 1ms/step - loss: 0.1606 - accuracy: 1.0000
Epoch 1000/1000
2/2 - 0s 999us/step - loss: 0.1605 - accuracy: 1.0000
The model saved.
Evaluation:
input: [0, 0], prediction: 0
input: [0, 1], prediction: 1
input: [1, 0], prediction: 1
input: [1, 1], prediction: 1
```


表2 NAND回路…入力に対する出力の値

状態＼入出力	x_1	x_2	y
1	0	0	1
2	0	1	1
3	1	0	1
4	1	1	0

表3 NOR回路…入力に対する出力の値

状態＼入出力	x_1	x_2	y
1	0	0	1
2	0	1	0
3	1	0	0
4	1	1	0

2入力1出力の回路です．入力に対する出力の値は**表1**のようになっています．

前章リスト1の`tf_and.py`からの変更点は，前章リスト1の25行目の出力だけです（下記）．

▶変更前

```
trainy = [0, 0, 0, 1]
```

▶変更後

```
trainy = [0, 1, 1, 1]
```

変更後に実行すると**リスト1**の表示が得られます．このプログラムの構造がAND回路と同じようであることは，コンソールに表示されるニューラル・ネットワークの構造が同じであることや，前章図8と全く同じ画像（実行時に`model.png`として出力される）が得られることで確認できます．

なお，分かりやすくするために学習モデルの名前も変更していますが，必須の変更ではありません．

●より深く理解したい人向け追加問題

問題(1)：最初の一歩が分かっていることはとても重要です．TensorFlowで実際に作成し，動作させてみましょう．NAND回路（**表2**）を実現しましょう．

問題(2)：NOR回路（**表3**）を実現しましょう．

3段目…入力の数を変えてみる

著者提供プログラムは`tf_and_in3.py`です．

表4　3入力AND回路…入力に対する出力の値

状態＼入出力	x_1	x_2	x_3	y
1	0	0	0	0
2	0	0	1	0
3	0	1	0	0
4	0	1	1	0
5	1	0	0	0
6	1	0	1	0
7	1	1	0	0
8	1	1	1	1

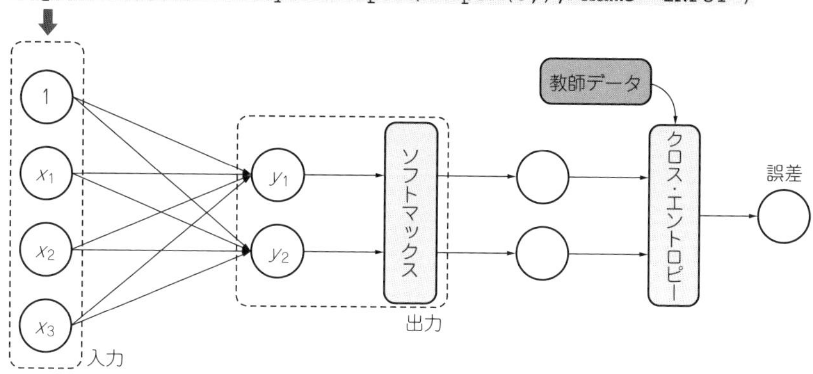

図3　入力の数を増やしてみる…3入力2出力のAND回路

リスト2　3入力のAND回路…前章`tf_and.py`からの変更点

```
input = tf.keras.layers.Input(shape=(2,),
                                        name='INPUT')

trainx = [[0,0], [0,1], [1,0], [1,1]] # 入力データ
trainy = [0, 0, 0, 1] # 教師ラベル

  xx = np.array(x, dtype=np.float32).reshape(1, 2)
                                          # データを変換
```

(a) 変更前

```
input = tf.keras.layers.Input(shape=(3,),
                                        name='INPUT')

trainx = [[0,0,0], [0,0,1], [0,1,0], [0,1,1],
      [1,0,0], [1,0,1], [1,1,0], [1,1,1]] # 入力データ
trainy = [0, 0, 0, 0, 0, 0, 0, 1] # 教師ラベル

  xx = np.array(x, dtype=np.float32).reshape(1, 3)
                                          # データを変換
```

(b) 変更後

INPUT	input:	[(None, 3)]
InputLayer	output:	[(None, 3)]

OUTPUT	input:	(None, 3)
Dense	output:	(None, 2)

この値が3

図4　図3に示した3入力2出力のAND回路のプログラム`tf_and_in3.py`の構造

●3入力のAND回路で試す

図1の階段をさらにもう1段上ります．今度は入力の数を変えてみます．3入力のAND回路とは，3つの0または1の入力に対して，1つの出力があります．入力に対する出力の値は**表4**となります．

これをTensorFlowで実現する場合は，3入力2出力になります．ニューラル・ネットワークの構造を書くと**図3**となります．この問題を扱うために必要な前章リスト1からの変更点は，入力データ，教師ラベル，ニューラル・ネットワークの入力層のノード数，検証データの変換の4点です（**リスト2**）．実行すると**リスト3**の表示が得られます．

なお，問題が難しくなりましたので，エポック数を2000にしました．また，この問題は入力データの数が8個でバッチ・サイズが2ですので，各エポックで行われる学習の回数が4（＝8/2）となります．**リスト3**では確かに`Epoch 1/2000`の下に`4/4`となっています．

このプログラムの構造は**図4**となります．前章図8と比べてプログラムの構造は同じですが，入力層に入る数と出る数（`input`と`output`），出力層に入る数（`input`）が異なっています．

リスト3　3入力AND回路をTensorFlowで学習したときの出力

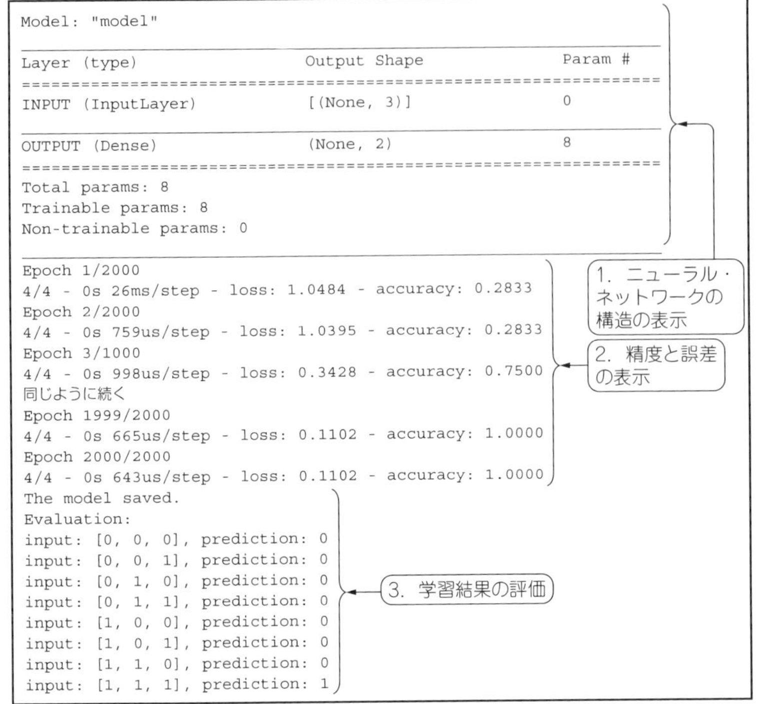

```
Model: "model"
_________________________________________________________________
Layer (type)                 Output Shape              Param #
=================================================================
INPUT (InputLayer)           [(None, 3)]               0
_________________________________________________________________
OUTPUT (Dense)               (None, 2)                 8
=================================================================
Total params: 8
Trainable params: 8
Non-trainable params: 0
_________________________________________________________________
Epoch 1/2000
4/4 - 0s 26ms/step - loss: 1.0484 - accuracy: 0.2833
Epoch 2/2000
4/4 - 0s 759us/step - loss: 1.0395 - accuracy: 0.2833
Epoch 3/1000
4/4 - 0s 998us/step - loss: 0.3428 - accuracy: 0.7500
同じように続く
Epoch 1999/2000
4/4 - 0s 665us/step - loss: 0.1102 - accuracy: 1.0000
Epoch 2000/2000
4/4 - 0s 643us/step - loss: 0.1102 - accuracy: 1.0000
The model saved.
Evaluation:
input: [0, 0, 0], prediction: 0
input: [0, 0, 1], prediction: 0
input: [0, 1, 0], prediction: 0
input: [0, 1, 1], prediction: 0
input: [1, 0, 0], prediction: 0
input: [1, 0, 1], prediction: 0
input: [1, 1, 0], prediction: 0
input: [1, 1, 1], prediction: 1
```


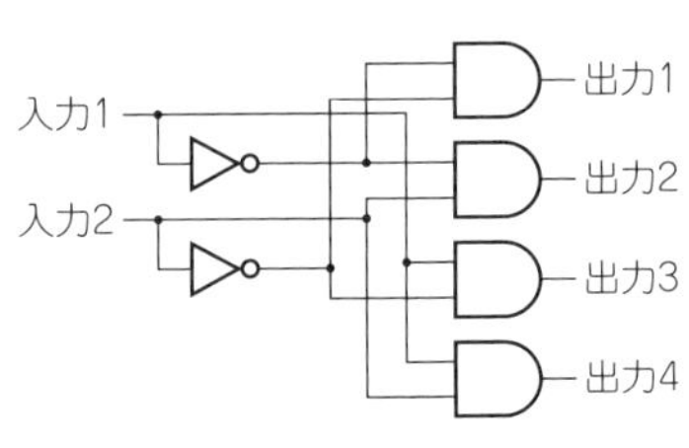

図5　2入力4出力のデコーダ回路

表5　2入力4出力のデコーダ回路…入力に対する出力の値

状態＼入出力	入力1	入力2	出力1	出力2	出力3	出力4
1	0	0	1	0	0	0
2	0	1	0	1	0	0
3	1	0	0	0	1	0
4	1	1	0	0	0	1

表6　TensorFlowの設定方法…出力は番号で指定する

状態＼入出力	出　力				識　別
1	1	0	0	0	0
2	0	1	0	0	1
3	0	0	1	0	2
4	0	0	0	1	3

4段目…出力の数を変えてみる

著者提供プログラムはtf_decoder.pyです．

●2入力4出力のデコーダ回路で試す

図1の階段をさらに1段上り，4段目に入りました．今度は出力の数を変えてみます．

デコーダ回路とは，**図5**に示すように2進数の値を入力するとそれに対応したビットだけ1，それ以外は0となる回路です．2入力のデコーダ回路の入力に対する出力の値は，**表5**となります．

これをTensorFlowで実現する場合は，2入力4出力になります．ニューラル・ネットワークの構造を書くと**図6**となります．前章図2からの変更点は，教師ラベル，ニューラル・ネットワークの出力層のノード数の2点です．

ここで重要なことは，出力は番号で指定することです．今までは，2つに分けるので0と1だけでしたが，**表6**に示すように4つに分けているので0～3の数を割り当てます．

前章リスト1からの変更点を**リスト4**に示します．実行すると**リスト5**の表示が得られます．こ

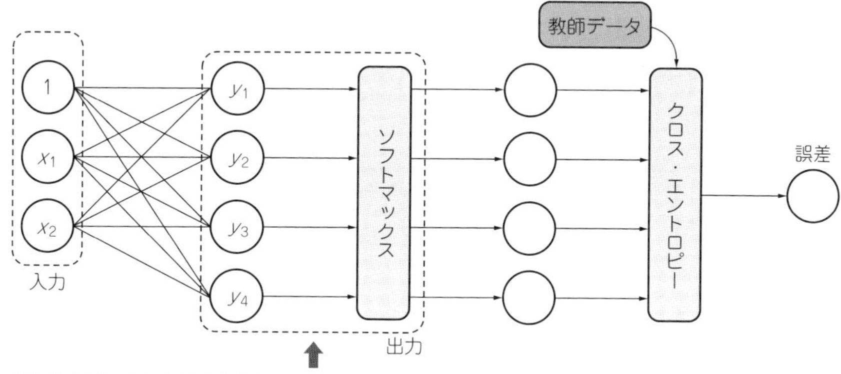


```
output = tf.keras.layers.Dense(4, activation='softmax', kernel_initializer=initializer, name='OUTPUT')(input)
```

ノード数を4とする

図6　2入力4出力デコーダ回路をニューラル・ネットワークで表現

リスト4　2入力4出力のデコーダ回路…前章`tf_and.py`からの変更点

```
output = tf.keras.layers.Dense(2, activation='softmax', kernel_initializer=initializer, name='OUTPUT')(input)

trainy = [0, 0, 0, 1] # 教師ラベル
```

（a）変更前

```
output = tf.keras.layers.Dense(4, activation='softmax', kernel_initializer=initializer, name='OUTPUT')(input)

trainy = [0, 1, 2, 3]# 教師ラベル
```

（b）変更後

リスト5　2入力4出力のデコーダ回路をTensorFlowで学習したときの出力

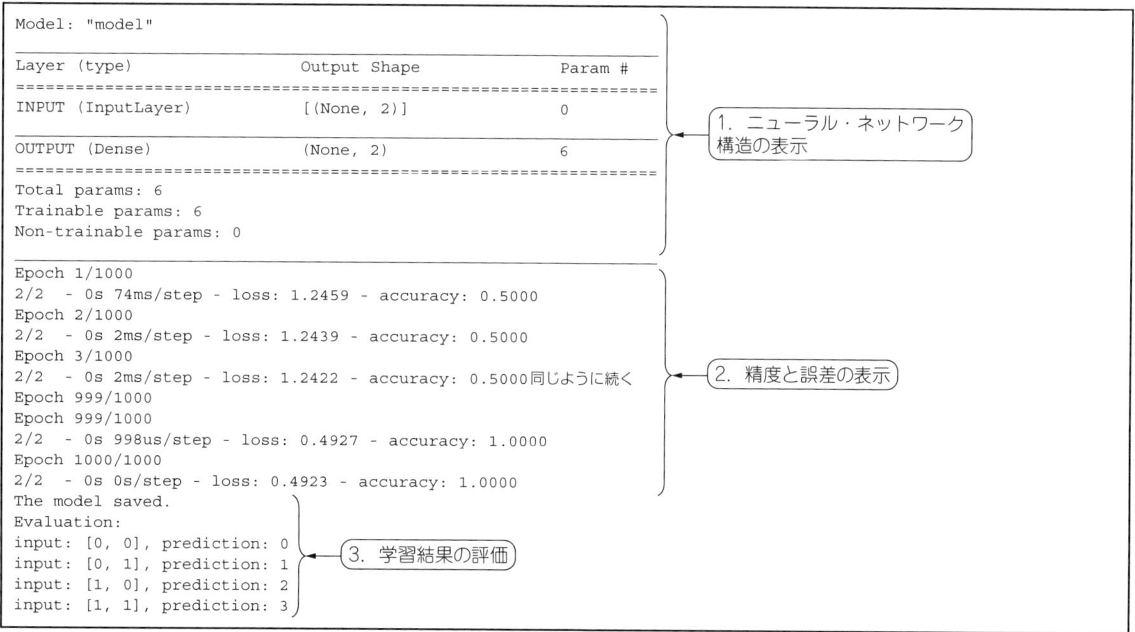

```
Model: "model"
_________________________________________________________________
Layer (type)                 Output Shape              Param #
=================================================================
INPUT (InputLayer)           [(None, 2)]               0
_________________________________________________________________
OUTPUT (Dense)               (None, 2)                 6
=================================================================
Total params: 6
Trainable params: 6
Non-trainable params: 0
_________________________________________________________________
Epoch 1/1000
2/2  - 0s 74ms/step - loss: 1.2459 - accuracy: 0.5000
Epoch 2/1000
2/2  - 0s 2ms/step - loss: 1.2439 - accuracy: 0.5000
Epoch 3/1000
2/2  - 0s 2ms/step - loss: 1.2422 - accuracy: 0.5000同じように続く
Epoch 999/1000
Epoch 999/1000
2/2  - 0s 998us/step - loss: 0.4927 - accuracy: 1.0000
Epoch 1000/1000
2/2  - 0s 0s/step - loss: 0.4923 - accuracy: 1.0000
The model saved.
Evaluation:
input: [0, 0], prediction: 0
input: [0, 1], prediction: 1
input: [1, 0], prediction: 2
input: [1, 1], prediction: 3
```


のプログラム構造は**図7**となります．AND回路やOR回路と似ていますが，4出力なので，出力層の設定を行う`tf.keras.layers.Dense`のノード数が4となっています．

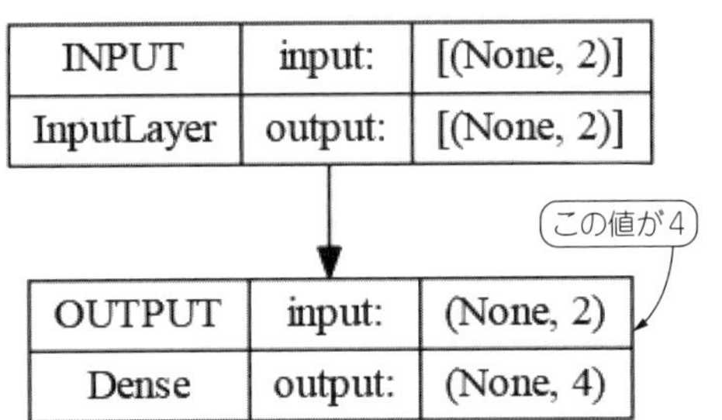

図7
図6に示した2入力4出力デコーダ回路のプログラムtf_decoder.pyの構造

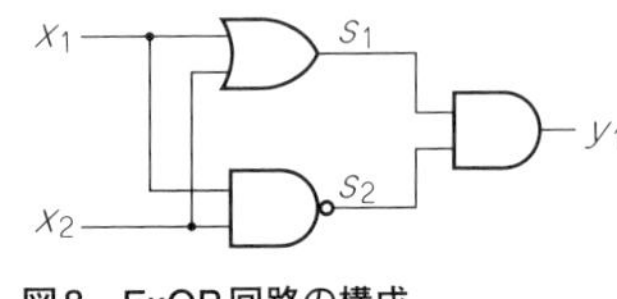

図8　ExOR回路の構成

リスト6　ExOR回路…前章tf_and.pyからの変更点

```
output = tf.keras.layers.Dense(2, activation='softmax', kernel_initializer=initializer, name='OUTPUT')(input)

trainy = [0, 0, 0, 1] # 教師ラベル
```

(a) 変更前

```
h = tf.keras.layers.Dense(2, activation='relu', kernel_initializer=initializer, name='FC1')(input)
output = tf.keras.layers.Dense(2, activation='softmax', kernel_initializer=initializer, name='OUTPUT')(h)

trainy = [0, 1, 1, 0]# 教師ラベル
```

(b) 変更後

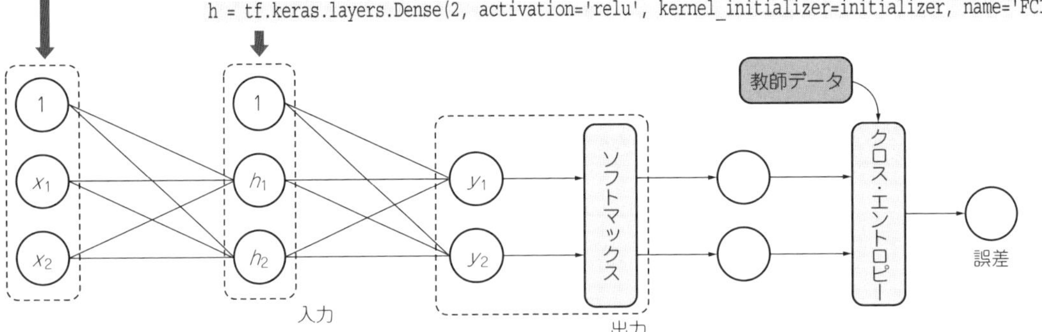

図9　ExOR回路をニューラル・ネットワークで表現

5段目…中間層を設ける

著者提供プログラムはtf_exor.pyです．

●2層にするのは簡単

前章図1の5段目のステップに入ります．今度は，ExOR回路をTensorFlowで書いてみましょう．ExOR回路は，**図8**のようにAND回路やOR回路を組み合わせて作ることができる回路です．

ExOR回路は中間層があります．これを表現するには，前章リスト1を**リスト6**のように変更するだけです．ポイントはh=から始まる部分で，これが中間層になります．activationは活性化関数の設定で，ここではReLU関数が設定されています．

また，output=から始まる部分の最後がinputではなくhとなっている点に注意が必要です．これにより，input→h→outputとして計算が行われるようになります．これを前章図2のよう

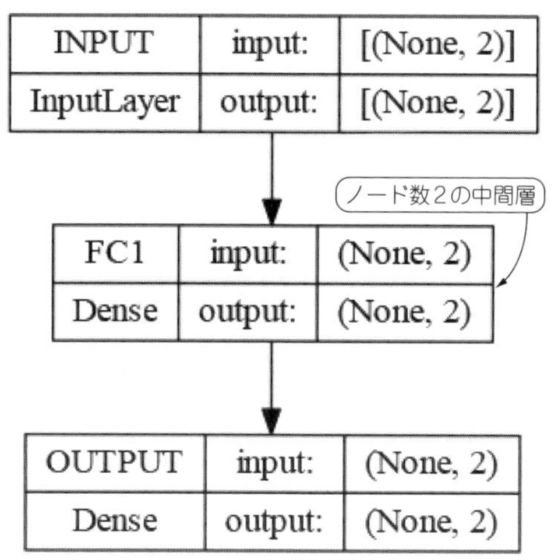

図10　ExOR回路のプログラム構造

リスト7　3層のAND回路…前章`tf_and.py`からの変更点

```
output = tf.keras.layers.Dense(2, activation='softmax',
  kernel_initializer=initializer, name='OUTPUT')(input)
```

(a) 変更前

```
h = tf.keras.layers.Dense(2, activation='relu',
                                       name='FC1')(input)
h = tf.keras.layers.Dense(2, activation='relu',
                                          name='FC2')(h)
h = tf.keras.layers.Dense(2, activation='relu',
                                          name='FC3')(h)
output = tf.keras.layers.Dense(2, activation='softmax',
                                       name='OUTPUT')(h)
```

(b) 変更後

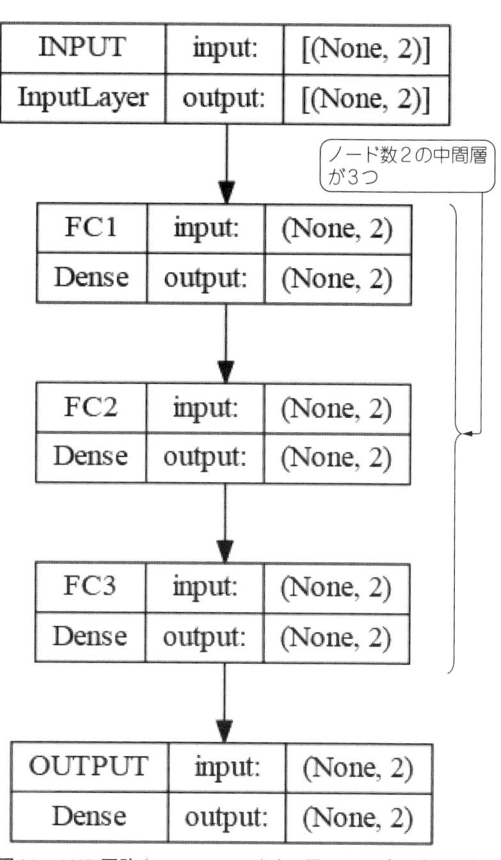

図11　AND回路(`tf_and.py`)を3層にしたプログラム構造

に表すと**図9**となります．2層にするのは案外簡単ですね．

実行した後，データの構造を表示したものが**図10**となります．この図はこれまでと同じ手順で読み解けます．まず1層目は同じですが，ReLU関数を通っています．そして，それが2層目の入力になっています．

その後のソフトマックス関数を使った出力は，前章図8と同じになっています．

6段目…ディープ・ラーニングへの旅立ち

ニューラル・ネットワークをTensorFlowで作れるようになったら，もう恐れることはありません．なぜなら，ディープ・ラーニングとはニューラル・ネットワークの層を深くしたものだからです．

ここでは3大ニューラル・ネットワークと区別するために，ディープ・ニューラル・ネットワーク(DNN)と呼ぶこととします．ここでは例として3層と10層にする方法を学んでみましょう．

著者提供プログラムは`tf_and_3.py`，`tf_and_10.py`です．

●まずは3層

前章図1の6段目のステップに相当します．AND回路を3層にしてみましょう．

▶設定

入力ノード：2個　　中間層：3層　　中間層ノード：2個　　出力ノード：2個

損失関数：クロス・エントロピー　　活性化関数：ReLU，ソフトマックス

これを実現するためには，前章リスト1の`tf_and.py`を**リスト7**のように変更します．このリストに示すように中間層は同じ名前でも問題ありません．

このプログラムの構造を**図11**に示します．中間層が3になっていることが確認できます．

●飛躍の10層

ここまで来たら中間層10層も練習として作ってみましょう．これは前章図1の7段目のステップに相当します．これを実現するためには前章リスト1の`tf_and.py`を，**リスト8**のように変更すればよいこととなります．このプログラムの構造を**図12**に示します．中間層が10になっていることが確認できます．

実は，層は増やせば増やすだけ良くなるというわけではないのです．ここのさじ加減はいまだに決まった方法がないので，いろいろプログラムを作ることで，「このくらいのプログラムならこのくらいの中間層」という感覚を身に付ける必要があります．

つまづきポイントをまとめて紹介

●1…学習データと検証データをファイルから読み出す

著者提供プログラムは`tf_and_file.py`です．

ここまでは学習やテストに使うデータをプログラムに直接書いていましたが，実際には大量のデータを用いるため，一般的にはファイルから読み込みます．そこで，ここではファイルからデータを読み取る方法を示しておきます．

例として，AND回路の学習データと検証データをファイルから読み出すこととします．検証データは`test.txt`とし，中身は**リスト9**のようになっています．

これを読み込んで使う場合，前章リスト1を**リスト10**のように変更します．

●2…学習済みモデルに新たなテスト入力を加える

著者提供プログラムは`tf_and_test.py`です．

先ほどの実行で重みが学習でき，100％答えが合うことも分かりました．この学習済みのニューラル・ネットワークに新しくデータを入れてみて，結果がどのようになるかやってみたいと思いませんか？

AND回路を実現するためのニューラル・ネットワークでは，それほど面白い結果が得られないかもしれませんが，このあとの3大ニューラル・ネットワークの紹介では必須となりますので，ここで紹介しておきます．

なお，この手順は一度学習してあるファイルがあれば（一度でも学習してあれば生成されている），OSを再起動しても実行できます．

ここでは，2入力のAND回路を学習したモデルを使います．例えば，`(x1, x2) = (0.2, 0.0)`と`(0.9, 0.8)`を入力として，学習済みのニューラル・ネットワークの結果を得てみます．これは，**リスト11**として簡単に書くことができます．

リスト8　10層のAND回路…前章**tf_and.py**からの変更点

```
output = tf.keras.layers.Dense(2,
            activation='softmax', kernel_initializer
                 =initializer, name='OUTPUT')(input)
```

(a) 変更前

```
h = tf.keras.layers.Dense(2, activation='relu',
  kernel_initializer=initializer, name='FC1')(input)
h = tf.keras.layers.Dense(2, activation='relu',
      kernel_initializer=initializer, name='FC2')(h)
h = tf.keras.layers.Dense(2, activation='relu',
      kernel_initializer=initializer, name='FC3')(h)
h = tf.keras.layers.Dense(2, activation='relu',
      kernel_initializer=initializer, name='FC4')(h)
h = tf.keras.layers.Dense(2, activation='relu',
      kernel_initializer=initializer, name='FC5')(h)
h = tf.keras.layers.Dense(2, activation='relu',
      kernel_initializer=initializer, name='FC6')(h)
h = tf.keras.layers.Dense(2, activation='relu',
      kernel_initializer=initializer, name='FC7')(h)
h = tf.keras.layers.Dense(2, activation='relu',
      kernel_initializer=initializer, name='FC8')(h)
h = tf.keras.layers.Dense(2, activation='relu',
      kernel_initializer=initializer, name='FC9')(h)
output = tf.keras.layers.Dense(2,
             activation='softmax', name='OUTPUT')(h)
```

(b) 変更後

リスト9　検証データとtest. txtの内容

```
0 0 0
0 1 0
1 0 0
1 1 1
```

リスト10　学習データと検証データをファイルから読み出す…前章**tf_and.py**からの変更点

```
trainx = [[0,0], [0,1], [1,0], [1,1]] # 入力データ
trainy = [0, 0, 0, 1] # 教師ラベル
```

(a) 変更前

```
with open('test.txt', 'r') as f:
    lines = f.readlines()
data = np.array([l.strip().split() for l in lines])
                                    # NumPy配列に変換
trainx = np.array(data[:, :2], dtype=np.float32)
                                         # 入力データ
trainy = np.array(data[:, -1], dtype=np.int32)
                                         # 教師ラベル
```

(b) 変更後

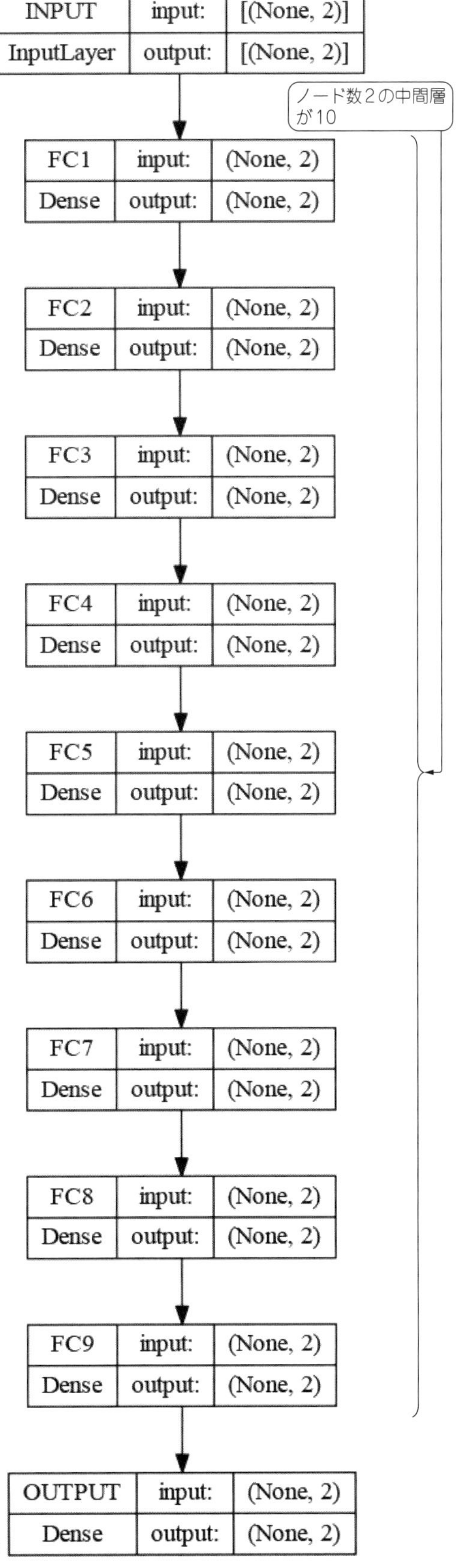

図12
AND回路(tf_and.py)を10層にしたプログラムの構造

コラム　追加問題の答え

答え(1)：
`trainy = [1, 1, 1, 0]`
とする．

答え(2)：
`trainy = [1, 0, 0, 0]`
とする．

リスト11　学習済みモデルに新たなテスト入力を加える（プログラム全体）

```
1 import numpy as np
2 import tensorflow as tf
3
4 def main():
5
6     # 訓練&検証データの作成
7     input = [[0,0], [0,1], [1,0], [1,1], [0.2,0], [0.9,0.8]] # 入力データ
8
9     # 訓練済みモデルをロード
10    model = tf.keras.models.load_model('and.h5')
11    # モデルのサマリーの表示
12    model.summary()
13
14    # 評価
15    print('Evaluation:')
16    for x in input:
17        xx = np.array(x, dtype=np.float32).reshape(1, 2) # データを変換
18        pred = model.predict(xx)
19        print(f'input: {x}, prediction: {pred.argmax()}')
20
21 if __name__ == '__main__':
22    main()
```

ライブラリのインポート（1～2行目）

検証データの設定（6～7行目）

学習済みのニューラル・ネットワーク（学習済みモデルともいう）の読み込み（9～12行目）

評価（14～19行目）

リスト12　学習を再開するためのファイルの生成方法…前章`tf_and.py`からの変更点

```
model.fit(train_ds, epochs=epoch, callbacks=[tensorboard_callback])
```

（a）変更前

```
# 学習過程（チェックポイント）の保存
ckpt_path = 'log/and-{epoch:04d}.ckpt'
ckpt_dir = os.path.dirname(ckpt_path)
# 100エポックごとにモデルの重み（のみ）を保存するコールバックを作成
ckpt_cb = tf.keras.callbacks.ModelCheckpoint(
            filepath=ckpt_path, save_weights_only=False,
            period=100 # 100エポック毎に保存
        )
# str formatに基づいたファイル名で重みを保存する
model.save_weights(ckpt_path.format(epoch=0)) # 重みのみ保存
# model.save(ckpt_path.format(epoch=0)) # モデル情報すべてを保存

# 訓練開始（コールバックあり）
model.fit(train_ds, epochs=epoch, callbacks=[tensorboard_callback,ckpt_cb])
```

（b）変更後

学習済みのニューラルネットワークの結果を使う場合は，前章リスト1の`LogicCircuit`クラスを用いたニューラル・ネットワークの設定は必要なくなります．

`tf_and.py`を実行した後にできる`and.h5`を`tf.keras.models.load_model`関数で読み込みます．検証データは**リスト11**の7行目のように，幾つ使っても構いません．学習の評価は`tf_and.py`と同じになります．

●3…学習の再開方法

著者提供プログラムは，`tf_and_checkpoint.py`と`tf_and_restart.py`です．

学習が途中で止まっても，再開させる方法があります．これは学習回数が少なくて収束しなかった場合，学習したところまでのモデルを使って学習回数をさらに進めることにも応用できます．

再開させるためには，再開ポイントを出力するようにすることが重要となります．ここでは，100エポックごとに再開ポイントを出力するように，**リスト12**のように`model.fit`関数の前に追加します．そして，`model.fit`関数の`callbacks`の引き数をカンマで区切り2つにします．

▶途中で止める方法

途中で止めるにはCtrl + Cを入力します．

リスト13　学習の再開方法…前章**tf_and.py**からの変更点

```
model.fit(train_ds, epochs=epoch, callbacks=[tensorboard_callback])
```

(a) 変更前

```
# 重みチェック
outputL = model.get_layer('OUTPUT') # "OUTPUT"層を取得
print('Before load checkpoint:¥n', outputL.get_weights()) # 重み表示
# 学習過程(チェックポイント)のロード
model.load_weights('log/and-0300.ckpt') # 300エポック終了時のモデルの重みを読み込む
print('After load checkpoint:¥n', outputL.get_weights())
#model2 = tf.keras.models.load_model('log2/and-0300.ckpt') # モデル全体を読むとモデルのインスタンスは不要
#model2.summary()

# 訓練開始(コールバックあり)
model.fit(train_ds, epochs=epoch, callbacks=[tensorboard_callback])
```

(b) 変更後

リスト14　AND回路プログラムの学習結果から重みを調べる(プログラム全体)

```
import numpy as np
import tensorflow as tf

def main():

    model = tf.keras.models.load_model('and.h5') # 訓練済みモデルをロード

    outputL = model.get_layer('OUTPUT') # "OUTPUT"層を取得
    print('重み:¥n', outputL.get_weights()[0]) # 重み表示
    print('バイアス:¥n', outputL.get_weights()[1]) # バイアス表示

if __name__ == '__main__':
    main()
```

▶再開方法

tf_and_checkpoint.pyを途中で止めた後，プログラムを**リスト13**のように変更したtf_and_restart.pyを実行することで再開できます．

なお，このプログラムでは300エポックから再開するようになっています．

●4…AND回路プログラム学習結果から重みを調べる

著者提供プログラムはtf_and_w.pyです．

ニューラル・ネットワークでは，w_1，w_2，w_3などの「重み」を決めることが重要と述べました．そこで，学習された重みを表示する方法を示します．ここでは学習済みのニューラル・ネットワークのファイル(and.h5)を読み込んで，その重みを表示するプログラムを**リスト14**に示します．

実行結果は以下のようになります．この並びを前章図2と対応させると，

```
[ w11 w21 ]
[ w12 w22 ]
[ b1 b2 ]
```

の順となり，

```
実行結果
重み：[[-1.6657933   -0.81072825]
      [-0.6971025    0.04315844]]
バイアス：[ 0.67935616 -0.6793561 ]
```

となります．これを使ってANDの計算をすると，確かに正しく計算できます．

第5章

ここまで来るといろいろできそう

プログラミング・ステップ3… 突入! ディープ・ラーニング・ワールド

MNIST(エムニスト)は，ディープ・ラーニングのアルゴリズムを試してみるために用意された「手書き文字のデータ・セット」です．手書き文字を分類することは，ディープ・ラーニングが出てくる前は難しい問題でした．

MNISTは，TensorFlowに限らずさまざまな機械学習やディープ・ラーニング向けフレームワークでも実行できるため，これらの性能評価にも使われています．

難しそうに見えて実は簡単に書くことができるので，「なんだかものすごいディープ・ラーニング」を，体験しながら学ぶ「はじめの一歩」にちょうどよいプログラムとなっています．

また，この手書き文字の認識は画像認識ですので，少しプログラムを変えるだけで，この後に出てくる3大ディープ・ラーニングの1つである畳み込みニューラル・ネットワークでも実現できます．ディープ・ニューラル・ネットワークの基本を学びながら，畳み込みニューラル・ネットワークへの拡張の布石となります．

さらに，**図1**のような手書き文字のデータがウェブで公開されていて，TensorFlow以外のいろいろなフレームワークでも利用されています．ディープ・ラーニングの性能や書き方を比較する際に広く用いられています．

TensorFlowのサンプル・プログラムの中にも，MNISTを学習するプログラムがあります．本書では，分かりやすく改造したプログラムを使います．

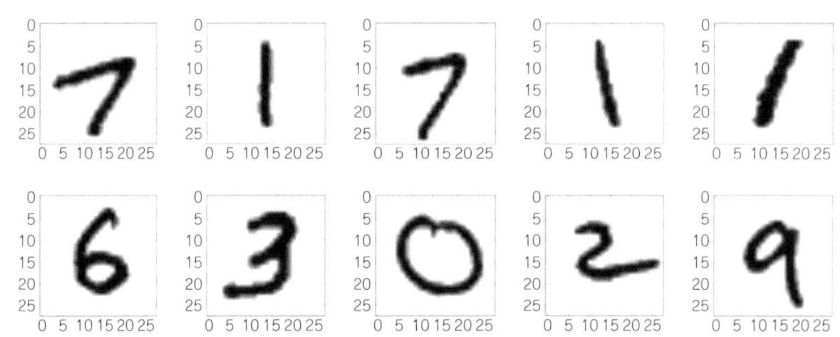

図1　MNISTは手書き文字データがウェブで公開されている

実験…手書き文字を分類する

ここでは手書き文字の画像データを入力し，文字を分類します．実行結果を**図2**に示します．

著者が用意した10個の画像を分類した結果を**表1**に示します．0，3，6，9はうまく分類できませんでした．

ほかにも自分で作成した画像も分類できます．詳細は後に示しますが，縦横の画素数が同じ（正方形の）画像に文字を書いた画像を入力として使えます．

●準備

実験には，**表2**のプログラムとデータを使います．これは本書サポート・ページからダウンロードできます（p.304参照）．

●ステップ1：学習する

入手したデータの中にあるMNIST_DNNフォルダに移動してから，以下のコマンドを実行します．

```
> python tf_train_mnist_dnn.py
```

学習時間は2分くらいでした．学習中の様子を**図3**に示します．

終了すると**図4**のような実行結果が表示されます．この結果を見ると，検証データの正答率は99.8%となっています．

●ステップ2：分類する

以下のコマンドを実行することで，変換と分類ができます．

（a）入力画像

```
$ python tf_eval_myimage_cnn.py -i tegaki/tegaki1.png -m MNIST_CNN.h5
入力画像ファイル： tegaki/tegaki1.png
訓練済みモデル： MNIST_CNN.h5

判定結果は「1」です
```

（b）実行結果

図2　手書き文字を分類する

表1　手書き文字の分類結果

入力画像	0	1	2	3	4	5	6	7	8	9
ファイル名	tegaki0.png	tegaki1.png	tegaki2.png	tegaki3.png	tegaki4.png	tegaki5.png	tegaki6.png	tegaki7.png	tegaki8.png	tegaki9.png
分類結果	7	1	2	1	4	5	5	7	8	8
	誤り			誤り			誤り			誤り

表2　手書き文字の分類で使用するプログラムとサンプル・データ（ディレクトリ名：Mnist_DNN）

使用プログラム	ファイル名
学習用	tf_train_mnist_dnn.py
評価用	tf_eval_myimage_dnn.py

（a）プログラム

内　容	ファイル名
0～9の手書き文字画像	tegaki0.png～tegaki9.png

（b）手書き画像

```
$ python tf_train_mnist_dnn.py
GPU: /device:GPU:0
隠れ層ユニット数: 1024
ミニバッチサイズ: 100
エポック数: 20
シード値: 0
Model: "model"
_________________________________________________________________
Layer (type)                 Output Shape              Param #
=================================================================
INPUT (InputLayer)           [(None, 28, 28)]          0
_________________________________________________________________
flatten (Flatten)            (None, 784)               0
_________________________________________________________________
FC1 (Dense)                  (None, 1024)              803840
_________________________________________________________________
FC2 (Dense)                  (None, 1024)              1049600
_________________________________________________________________
OUTPUT (Dense)               (None, 10)                10250
=================================================================
Total params: 1,863,690
Trainable params: 1,863,690
Non-trainable params: 0
Epoch 1/20
600/600 [==============================] - 4s 5ms/step - loss: 0.1781 - accuracy: 0.9460 - val_loss: 0.0973
                                                                                 - val_accuracy: 0.9687
Epoch 2/20
600/600 [==============================] - 3s 4ms/step - loss: 0.0726 - accuracy: 0.9776 - val_loss: 0.0877
                                                                                 - val_accuracy: 0.9713
Epoch 3/20
228/600 [==========>...................] - ETA: 6s - loss: 0.0395 - accuracy: 0.9874
```

エポック数(学習回数)
正答率など
訓練データの損失
訓練データの正答率
検証データの損失
検証データの正答率
バッチ数に対する進捗状況
600回中228回終わっている

図3　手書き文字の学習の様子(表示は学習中)

```
Epoch 19/20
600/600 [==============================] - 3s 4ms/step - loss: 0.0135 - accuracy: 0.9963 - val_loss: 0.0964
                                                                                         - val_accuracy: 0.9819
Epoch 20/20
600/600 [==============================] - 3s 4ms/step - loss: 0.0069 - accuracy: 0.9981 - val_loss: 0.1290
                                                                                         - val_accuracy: 0.9771
save the trained model: MNIST_DNN.h5
```

図4　手書き文字の学習結果

```
> python tf_eval_myimage_dnn.py -i tegaki/tegaki1.png -m MNIST_DNN.h5
```

-iの後に分類したいファイルを指定し，-mの後に学習モデルを指定します．

●ステップ3：学習データの評価

実行後に正答率と誤差の時間変化をグラフで確認します．これには，以下のコマンドでTensorBoardを起動します．

```
> tensorboard --logdir log
```

その後，以下が表示されます．

```
TensorBoard 2.4.1 at http://localhost:6006/ (Press CTRL+C to quit)
```

そこで，ブラウザのアドレス・バーに「http://localhost:6006/」と入力すると，**図5**が表示されます．

まず，正答率のグラフ(**図5**の上)に注目します．訓練データの正答率は4回目の学習(4エポック)で99.85%になり，その後は緩やかに増大して99.95%以上になっています．検証データに対する正答率は97.7%程度となっています．

次に，誤差は**図5**の下になります．訓練データに対する誤差は，学習を繰り返すと減少しています．しかし，検証データに対する誤差は6エポック付近まで減少していきますが，その後，徐々に増加しています．これは，訓練データをうまく分類するようにしすぎてしまったために起こる現象

コラム 学習データと検証データの確認

MNISTの手書き文字の画像は，学習プログラム実行時にダウンロードされます．

図Aは，100番目のデータを表示させるプログラム(disp_number.py)です．100を他の数字に変えることで，他のデータを見ることもできます．

```
import numpy as np
import tensorflow as tf
import matplotlib.pyplot as plt

mnist = tf.keras.datasets.mnist
(x_train, y_train), (x_valid, y_valid) = mnist.load_data()
x_train = x_train[..., np.newaxis]/255.0
print(y_train[100])
plt.imshow(x_train[100, :, :, 0])
plt.colorbar()
plt.show()
```

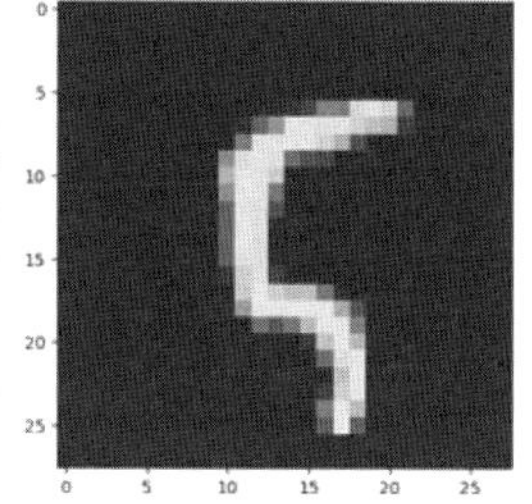

図A
MNISTの手書き文字画像の確認方法

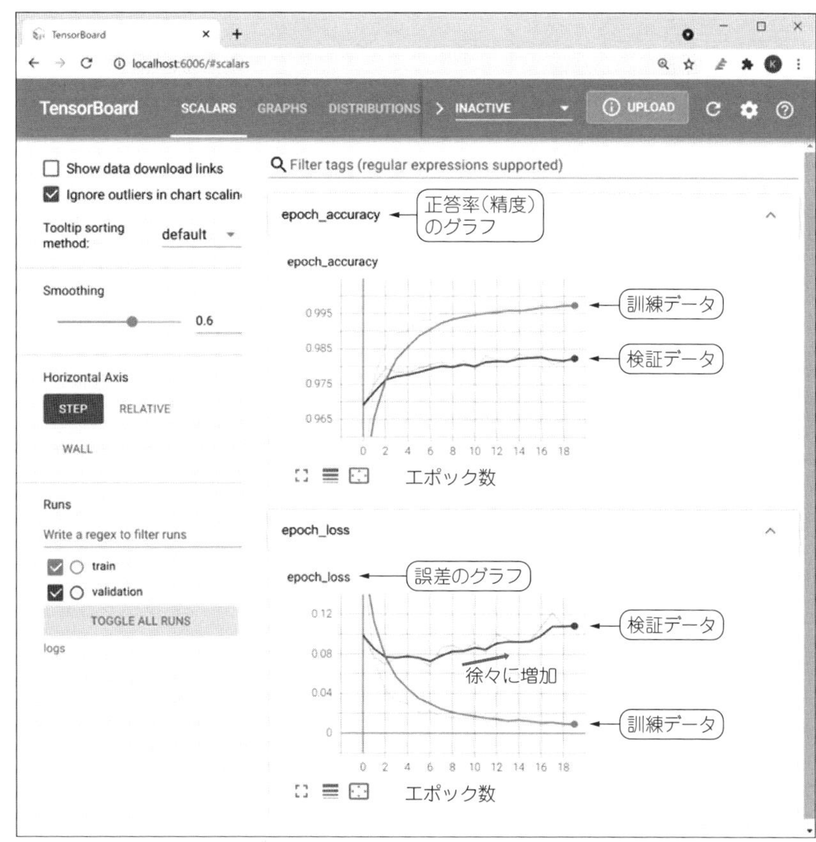

図5
学習データの評価

で，「過学習」と呼ばれます．

過学習は，訓練データの特徴を捉え過ぎて，学習結果が一般的な特徴ではなくなってしまった状態です．そのため，学習に用いなかった検証データに対して対処ができなくなってしまいます．

学習をすればするだけ良くなるわけではないところが面白いですね．

●ステップ4：ネットワークの構造を確認する

ネットワークの構造は，プログラムの実行を始めてすぐに出て来る**図6(a)**と実行後に生成される**図6**(**b**)に示す画像(`model.png`)で確認できます.

表示された画像が3つのDense層からなっていることが分かれば，既にディープ・ラーニングの理解ができているといえます．そして，入力や出力のブロックから値を読み取れれば，理解度がさらに深まっていることとなります.

なお，Flattenとは，この後で説明しますが，画像をスライスして1列に並べたデータへの変換となります．計算をしている部分ではないため，層の数には含めません.

MNIST学習のためのプログラム

ネットワーク構造を詳しく説明したのが**図6**です.

MNIST学習用のプログラム(`tf_train_mnist_dnn.py`)を**リスト1**に示します．これは，次の構造になっています.

- 入力：784次元(28×28ピクセルの画像の各画素，その後の平滑化処理により1列に並べている)
- 出力：10次元(0から9までの数字に対応)
- 中間層：2層，1024次元

プログラムは大きく5つの処理に分かれています.

①ライブラリの読み込み
②ニューラル・ネットワーク構造の設定
③オプションの設定
④データの作成とニューラル・ネットワークの設定
⑤実行と結果の評価

この中で，第3章のAND回路のプログラムと異なるところを説明します.

```
Model: "model"
_________________________________________________________________
Layer (type)                 Output Shape              Param #
=================================================================
INPUT (InputLayer)           [(None, 28, 28)]          0
_________________________________________________________________
flatten (Flatten)            (None, 784)               0          平滑化
_________________________________________________________________
FC1 (Dense)                  (None, 1024)              803840     1層目
_________________________________________________________________
FC2 (Dense)                  (None, 1024)              1049600    2層目
_________________________________________________________________
OUTPUT (Dense)               (None, 10)                10250      3層目
=================================================================
Total params: 1,863,690
Trainable params: 1,863,690
Non-trainable params: 0
_________________________________________________________________
```

(a) テキスト表示

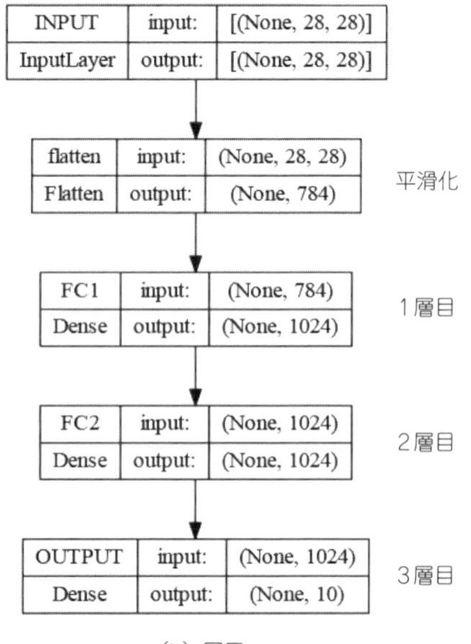

(b) 図示

図6 プログラムの実行でネットワーク構造を確認できる

●①モジュールの読み込み

第3章のAND回路のプログラムと異なる点の1つ目は，コマンド引き数によるオプション処理用のライブラリであるargparseライブラリを読み込んでいる点です（**リスト1**の①-1）．

●②ニューラル・ネットワークの構造の設定

ここが最も重要な点です．ネットワークは全部で3つのDense層となっています．

各層で用いられているつながり情報は，以下となります．

- input（**リスト1**の②-1）：入力次元28×28のデータ
- h（**リスト1**の②-2）：28×28の2次元テンソルを1次元テンソルに変換（テンソルとは行列のようなもの）
- h（**リスト1**の②-3）：n_unitsで定義された数のノード（実行時に指定しなければ1024ノード）のDense層で，活性化関数としてReLU関数を用いる
- h（**リスト1**の②-4）：**リスト1**の②-3と同じ
- output（**リスト1**の②-5）：出力次元の10ノードのDense層で，活性化関数としてソフトマックス（softmax）関数を用いる

原理が分かっていると簡単に感じますね．

●③オプションの設定

今回のプログラムは，引き数でいろいろな値を設定できます．これは，学習済みのモデルに新たにデータを追加するときに使った「-i」や「-m」などを用います．

例えば，以下のように実行したときに，エポック数を40に変更できます．

```
> python tf_train_mnist_dnn.py -e 40
```

リスト1の③-1が，このエポック数（学習を繰り返す数）を指定できるようにしている記述です．また，オプションに-eを使うことを設定しています．さらにオプションで-eが指定されないときには20となるようになっています．この値はargs.epochという変数に入ります．

このプログラムで使えるオプションを**表4**に示します．

●④データの作成とニューラル・ネットワークの設定

リスト1の④-1でデータを作成しています．MNISTのデータはダウンロードすることで手に入れます．TensorFlowではMNIST専用の関数が既に用意されているので，自分でデータを加工する処理を書く必要はありません．そして，訓練データと検証データに分けています．

ここでの画像は，28ピクセル×28ピクセル，256段階のグレー・スケール画像ですので，255.0で割ることで0～1に正規化をしています．

リスト1の④-2で使うニューラル・ネットワークの関数（**リスト1**の④-1）と損失関数を設定しています．この設定の仕方はAND回路と同様です．

リスト1の④-3でGPUの設定をしています．

●⑤実行と結果の評価

結果の評価をするための関数が幾つか書かれています．モデルのサマリ表示，モデル構造の保存（画像）やTensorBoardの設定は必要に応じて省略可能です．これらはAND回路とほぼ同様ですが，

リスト1　MNIST学習のためのプログラム(tf_train_mnist_dnn.py)

```
"""
①ライブラリのインポート
"""
import argparse #①-1
import numpy as np
import tensorflow as tf

"""
②ニューラル・ネットワークの構造の設定
"""
def DNN(n_units=1024, seed=0):
    # レイヤーのパラメータ初期化用
    initializer = tf.keras.initializers.HeNormal(seed=seed)
    # レイヤーの定義
    input = tf.keras.layers.Input(shape=(28, 28), name='INPUT') #② -1
    h = tf.keras.layers.Flatten()(input) # 28x28の2次元テンソルを784次元の1次元テンソルに変換#②-2
    h = tf.keras.layers.Dense(n_units, activation='relu', kernel_initializer=initializer, name='FC1')(h) #②-3
    h = tf.keras.layers.Dense(n_units, activation='relu', kernel_initializer=initializer, name='FC2')(h) #②-4
    output = tf.keras.layers.Dense(10, activation='softmax', kernel_initializer=initializer, name='OUTPUT')(h)
                                                                                                  #②-5
    # モデル化
    model = tf.keras.Model(inputs=input, outputs=output)
    # オプティマイザや評価関数，評価尺度の設定
    model.compile(optimizer='adam', loss='sparse_categorical_crossentropy', metrics='accuracy') #④-2
    return model

# main関数
def main():

    """
    ③オプション処理
    """
    parser = argparse.ArgumentParser(description='MNIST: Simple DNN model')
    parser.add_argument('--batchsize', '-b', type=int, default=100, help='ミニバッチサイズ')
    parser.add_argument('--epoch', '-e', type=int, default=20, help='エポック数')     #③ -1
    parser.add_argument('--logdir', '-d', default='logs', help='TensorBoard用ログファイル')
    parser.add_argument('--units', '-u', type=int, default=1024, help='隠れ層のユニット数')
    parser.add_argument('--seed', '-s', type=int, default=0, help='乱数のシード値')
    args = parser.parse_args()

    # 実行条件表示
    gpuid = tf.test.gpu_device_name() #④-3
    if not gpuid:
        gpuid = 'No'
    print(f'GPU: {gpuid}')
    print(f'隠れ層ユニット数: {args.units}')
    print(f'ミニバッチサイズ: {args.batchsize}')
    print(f'エポック数: {args.epoch}')
    print(f'シード値: {args.seed}')
```

リスト1の⑤-1でマルチCPUの仕様を設定しているところだけが異なります．

分類用プログラム

手書き文字を分類するプログラム(tf_eval_myimage_dnn.py)をリスト2に示します．手書き文字はWindowsのペイントなどで作り，正方形の画像として保存します．

表4　MNIST学習のためのプログラム実行時のオプション

オプション	意　味	未指定時	変　数
-b	バッチ・サイズの設定	100	arg.batchsize
-e	エポック数の設定	20	arg.epoch
-d	TensorBoard用ログ・ファイル	logs	args.logdir
-u	中間層(隠れ層)のノード数(ユニット数)	1024	args.units
-s	乱数のシード値	0	args.seed

```
    """
    ④MNISTデータセットクラス。MNISTデータの準備
    """
    mnist = tf.keras.datasets.mnist #④-1
    # MNISTデータをネットからロードする
    # 訓練用60000枚, 検証用10000枚. 予め分けられている
    (x_train, y_train), (x_valid, y_valid) = mnist.load_data()
    # float32型への変換と正規化処理
    x_train = np.float32(x_train) / 255.0
    x_valid = np.float32(x_valid) / 255.0

    # tf.data.datasetを使ってTensor型に変換
    train_ds = tf.data.Dataset.from_tensor_slices((x_train, y_train)) # 訓練セットの入力と教師ラベル合体させてTensorに変換
    valid_ds = tf.data.Dataset.from_tensor_slices((x_valid, y_valid)) # 検証セットも同様に処理
    AUTOTUNE = tf.data.experimental.AUTOTUNE # 処理を最適化するためのおまじない(自動チューニング設定)
    train_ds = train_ds.shuffle(len(x_train), seed=args.seed)
                            # 訓練データをシャッフルする. 引数にはデータ数を指定すると完全なシャッフルが行われる. len(x_train)は60000
    train_ds = train_ds.repeat(1) # 1エポックで使われるデータの回数. 1の場合, 1エポックで1回しか使われない
    train_ds = train_ds.batch(args.batchsize) # ミニバッチを作る. 1バッチ32個のデータ
    train_ds = train_ds.prefetch(buffer_size=AUTOTUNE) # 訓練中に先読みでミニバッチを取り出すための処理
    valid_ds = valid_ds.batch(args.batchsize) # 検証データのミニバッチ化

    """
    ⑤ニューラルネットワークモデル
    """
    # モデルのビルド
    model = DNN(args.units, args.seed)
    # モデルのサマリーの表示
    model.summary()
    # モデル構造を保存(画像)
    tf.keras.utils.plot_model(model, show_shapes=True, show_layer_names=True, to_file='model.png')
    #TensorBoardの設定
    tensorboard_callback = tf.keras.callbacks.TensorBoard(log_dir='log/', histogram_freq=1)

    """
    訓練
    """
    # 訓練
    model.fit(train_ds, epochs=args.epoch, validation_data=valid_ds, callbacks=[tensorboard_callback],
                                                                        use_multiprocessing=True)#⑤-1
    # 訓練済みモデルの保存
    modelname = 'MNIST_DNN.h5'
    print(f'save the trained model: {modelname}')
    model.save(modelname)

if __name__ == '__main__':
    main()
```

●①画像変換

args.imgfileは分類用プログラム実行時の引き数で, 分類する画像のファイル名となります. 自作のload_image関数を, そのファイル名を引き数として呼び出しています(**リスト2**の①-1).

load_image関数では以下のことを行っています.

- グレー・スケールへ変換して, 28 × 28へサイズ変換(**リスト2**の①-2)
- 白黒反転して正規化(**リスト2**の①-3)
- データを評価用に変換(**リスト2**の①-4)

●②判別部分

自作のload_image関数によって画像変換を行った後のデータを用いて, model.predict関数で判別を行います(**リスト2**の②-1). そして, argmax関数でどのクラスの値が大きいかを調べています.

リスト2　分類用プログラム(tf_eval_myimage_dnn.py)

```
import argparse
from PIL import Image
import numpy as np
import tensorflow as tf

def main():
    """
    オプション処理
    """
    parser = argparse.ArgumentParser(description='MNIST: 自前の手書き文字を推論するプログラム')
    parser.add_argument('--imgfile', '-i', default='', help='入力画像ファイル')
    parser.add_argument('--model', '-m', default='MNIST_DNN.h5', help='モデルファイル(h5)')
    parser.add_argument('--units', '-u', type=int, default=1024, help='隠れ層のユニット数')
    args = parser.parse_args()
    # 条件表示
    print(f'入力画像ファイル: {args.imgfile}')
    print(f'訓練済みモデル: {args.model}')
    print('')

    """
    モデルのロード
    """
    model = tf.keras.models.load_model(args.model)
    # model.summary() # モデル構造の確認(必要ならコメントを外す)

    """
    テスト画像の処理
    """
    # 画像ファイルをロードして推論用のデータ形式に変換
    def load_image(imgfile):# ①-1
        # ファイルの読み込み(グレースケール)とリサイズ, NumPy化
        data = np.array(Image.open(imgfile).convert('L').resize((28, 28)), dtype=np.float32) # ①-2
        data = (255.0 - data) / 255.0 # 白黒反転して正規化# ①-3
        return data[np.newaxis, :] # バッチ次元を追加# ①-4

    y = model.predict(load_image(args.imgfile)) # 推論# ②-1
    print(f'判定結果は「{y.argmax()}」です')

if __name__ == '__main__':
    main()
```

まとめ

これまでの内容をもとにディープ・ニューラル・ネットワークによる手書き文字の認識手順をまとめます．手書き文字の画像ファイル(tegakiフォルダの下にtegaki1.png)を用意し，以下のコマンドでプログラムを実行します．

ここで，違う手書き文字を試したいときは，2行目のコマンドだけ実行すれば結果が出ます．ただし，1行目のコマンドは1度実行してあれば再度実行する必要はありません．

```
> python tf_train_mnist_dnn.py
> python tf_eval_myimage_dnn.py -i tegaki/tegaki1.png -m MNIST_DNN.h5
```

◆引用文献◆

(1) THE MNIST DATABASE of handwritten digits,
http://yann.lecun.com/exdb/mnist/

第6章

3大ディープ・ラーニングのさわりを体感してみる
プログラミング・ステップ4…初めての畳み込みニューラル・ネットワーク

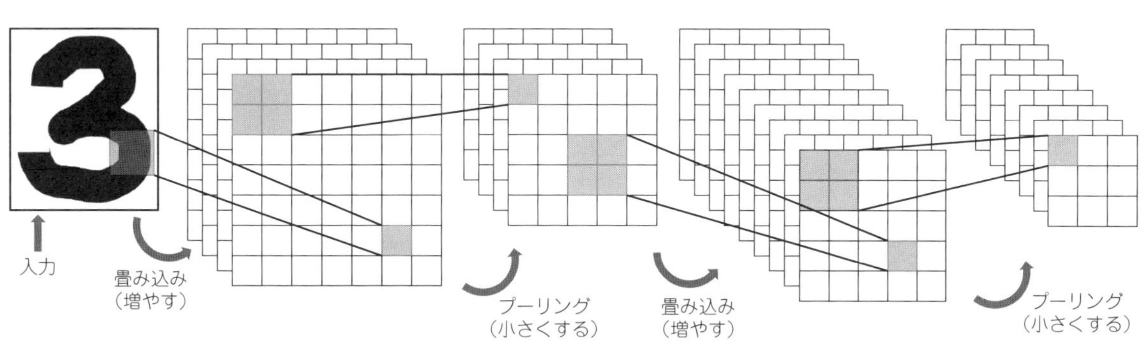

図1　畳み込みニューラル・ネットワークで肝となるフィルタ処理は2種類

3大ディープ・ラーニングの1つである「畳み込みニューラル・ネットワーク」は，**図1**のように，前章までで説明したニューラル・ネットワークとは違った計算をします．

見た目は大きく違いますが，重みを付けて計算した結果に活性化関数を用ることを何度も繰り返す計算を行う点や，ニューラル・ネットワークと同じ学習の方法を用いる点など，ニューラル・ネットワークと同様の処理が行われます．

この畳み込みニューラル・ネットワークは画像処理によく用いられる方法です．

ここで重要となるのが「フィルタ」というものです．この「フィルタ」を用いて画像の処理と画像の縮小を行います．この計算方法を知っておかないと，畳み込みニューラル・ネットワークの設定がうまくできません．

そこで，フィルタを用いた「画像の処理（畳み込み）とは何か」と「画像の縮小（プーリング）とは何か」を1つ1つ説明していきます．

さらに，畳み込みニューラル・ネットワークは，音声認識や自然言語処理に応用されるようになっています．この方法を知っておくとさらに応用の幅が広がります．

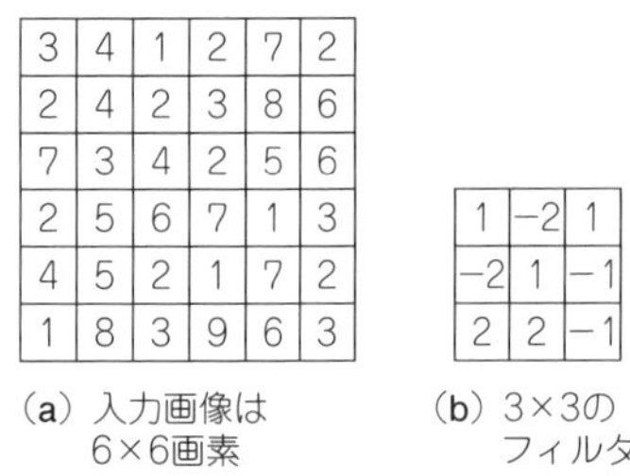

図2　6×6画素の画像に3×3のフィルタを適用

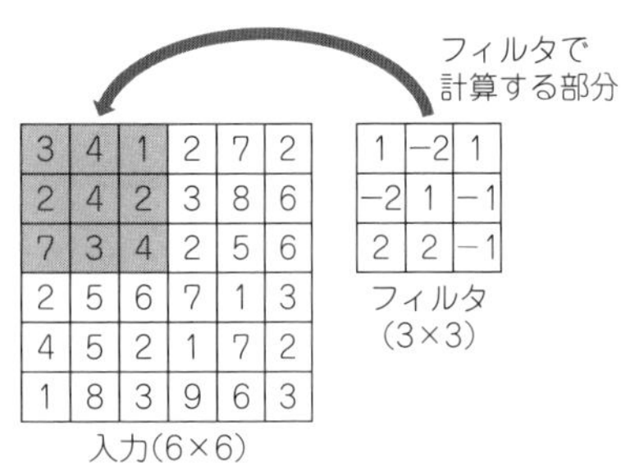

図3　最初は左上のエリアにフィルタを適用する

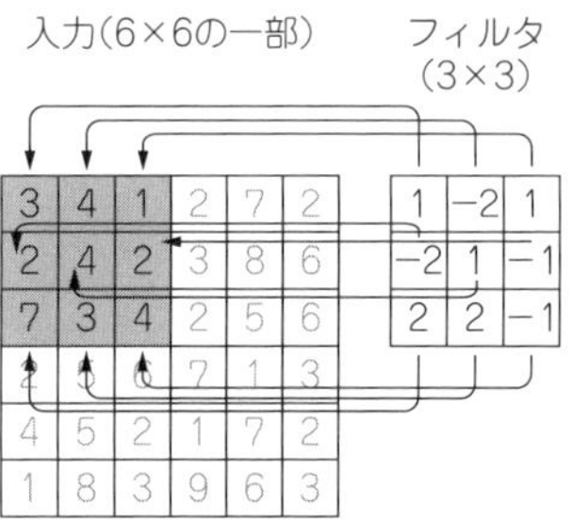

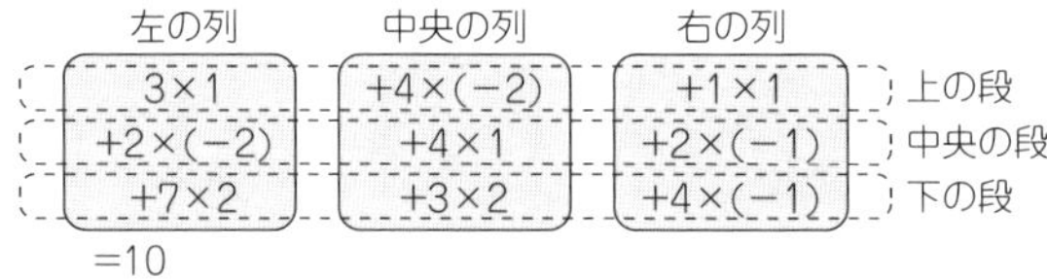

図4　入力画像にフィルタを適用したときの計算

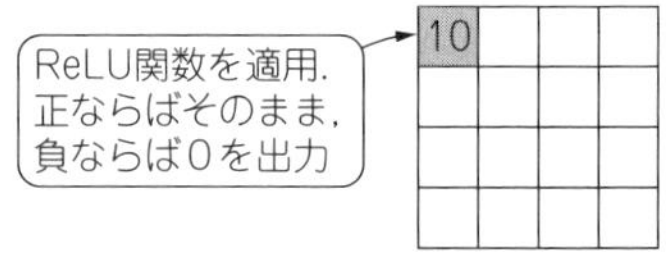

図5　ReLU関数を適用後に10という値が出力画像の左上に収まる

「畳み込み」の計算方法…画像のフィルタリングを例に

■ 基本中の基本：フィルタ処理

●まずは左上の3×3エリアを対象に

畳み込みの仕組みは，図と対応させながら理解すれば全く難しくありません．

図2(a) のような6×6画素の画像を例として用います．画像には0以上の数が入っているものとします．畳み込みにはフィルタというものが必要になります．これは，**図2(b)** の例では3×3のフィルタを示しています．このフィルタに使う数字はマイナスもOKとなっています．

それでは，画像とフィルタを使って新しい画像を作成する手順を説明します．まず，**図3**のようにフィルタと入力画像の左上にあたる灰色の部分の計算を行うこととなります．

入力画像とフィルタの計算を**図4**に示します．この計算は同じマスの数字を掛け合わせて，それを全部足し合わせることとなります．**図4**では10になります．

そして，**図5**に示すようにReLU関数の計算を行い，新しい画像の左上の数字が決まります．

●フィルタを1つ右にスライド

次に**図6**に示すように，フィルタを横に1つだけずらして同じように計算すると，結果は7となります．新しい画像の一番上の段の左から2番目が7と決まります．

●フィルタを1つ下にスライド

例えば，**図7**のように，フィルタを下に1つずらした場合を考えます．計算すると−11となりますので，ReLU関数で計算すると0となります．従って，上から2番目かつ左から1番目は0となります．

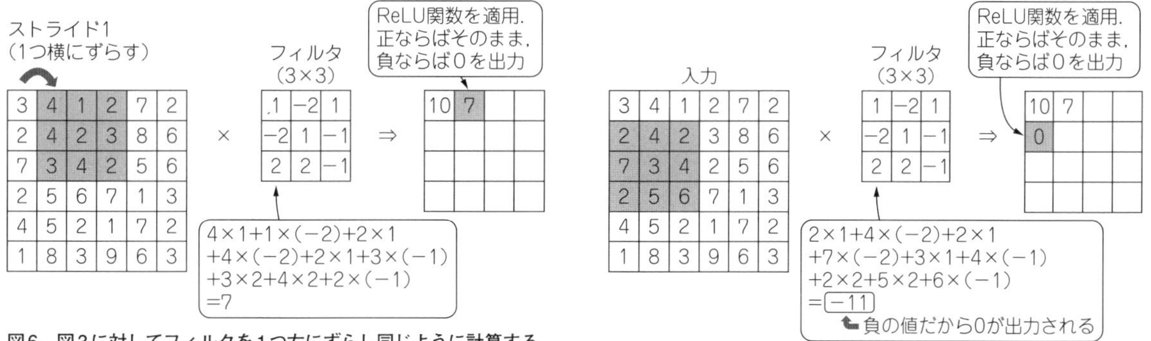

図6　図3に対してフィルタを1つ右にずらし同じように計算する

図7　図3に対してフィルタを1つ下にずらし同じように計算する

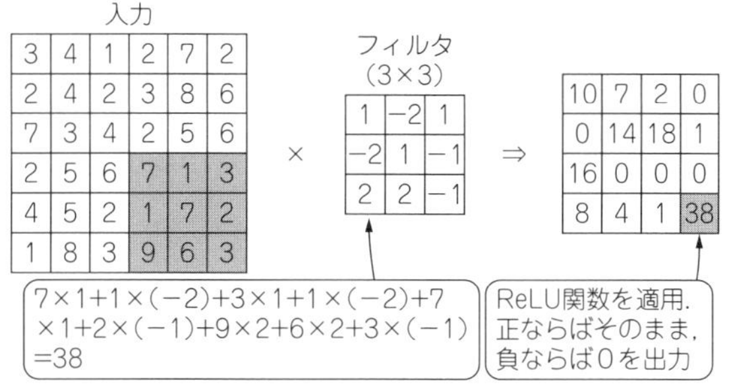

図8　図3に対してフィルタを1つずつずらして最後までできたところ

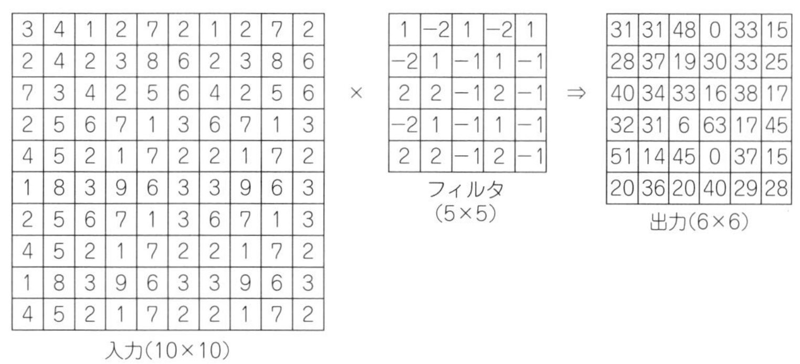

図9　10×10の画像に5×5のフィルタを適用すると6×6の画像になる

●フィルタを最後までスライド

これを全てのマスで行ったものが**図8**です．6×6の画像が4×4になりました．

フィルタを通すと画像サイズが少しだけ小さくなります．実は，フィルタを通すとフィルタのサイズ−1だけ入力が小さくなるのです(後に説明するパディングが0の場合)．

例えば，**図9**のように10×10の画像に5×5のフィルタを使って新しい画像を作った場合，6×6の画像となります．これはフィルタ・サイズが5ですので，それを−1した4だけ小さい画像が得られます．

▶より深く理解したい人向け追加問題

問題(1)：10×10の画像に3×3のフィルタを用いた(パディング0とした)場合，得られる画像のサイズは幾つになりますか．

問題(2)：8×8の画像から4×4の画像を得るためには，フィルタのサイズを幾つにすればよいでしょうか．

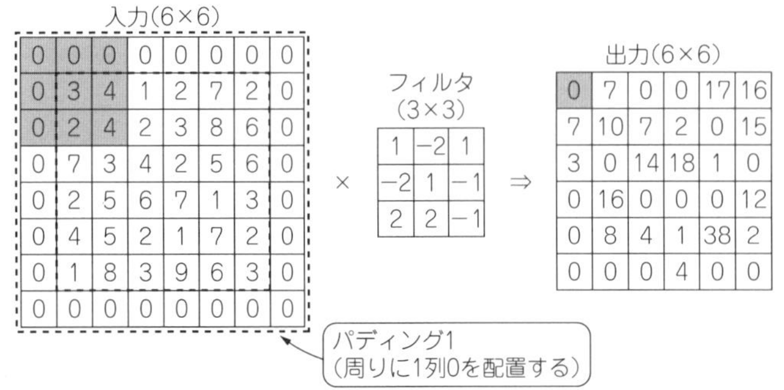

図10　入力画像に対して出力画像を小さくしたくないときのテクニックがパディング

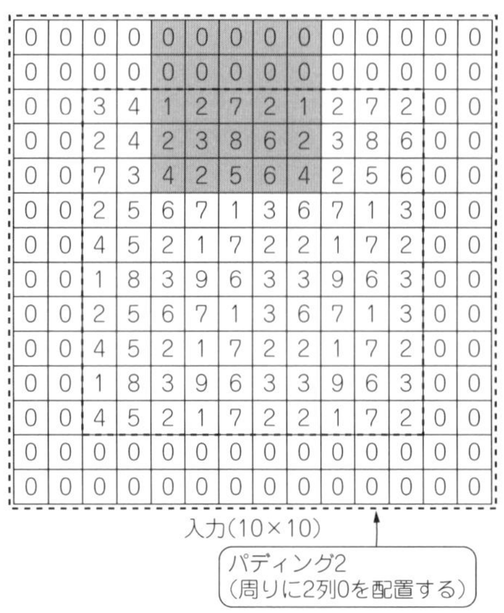

図11　パディング・サイズを2としたとき

■ フィルタ処理時に0を埋めて画像を小さくしないテクニック「パディング」

畳み込みをしたときに，画像を小さくしたくない場合もあります．例えば，画像のサイズを小さくすると，画像の端の情報量が減ってしまいます．それを防ぐためにパディングを用います．

なお，TensorFlowではパディングを用いる/用いないの設定を行うことで，画像を小さくしないようにすることができます．

●サイズ1のとき

この場合は，外側を0で埋めた画像にすることで対応します．これをパディングと呼びます．例えば，**図2**で使った6×6の画像の場合，畳み込みをしても画像を小さくしたくない場合は**図10**のように周りを0で埋めます．

この場合は0の部分も含めると，見かけ上，8×8の画像となります．結果的に新しい画像は6×6となり，画像が小さくなりません．これをパディング・サイズ1と呼びます．

●サイズ2のとき

同じように**図9**に示した5×5のフィルタを用いた場合は，**図11**のように外側に2重に0を重ねることで，画像が小さくなることを防ぐことができます．これをパディング・サイズ2と呼びます．

▶より深く理解したい人向け追加問題

問題(3)：10×10の画像に3×3のフィルタとパディング・サイズ1を用いた場合，得られる画像のサイズは幾つになりますか．

問題(4)：16×16の画像に5×5のフィルタを用いて得られる画像のサイズが変わらないようにするには，パディング・サイズを幾つにする必要がありますか．

■ フィルタのずらし幅「ストライド」を変えると画像が一気に小さくなる

●ストライドを2にしてみる

ここまではフィルタを1つずつずらしていましたが，ずらしの大きさも変えられます．この大き

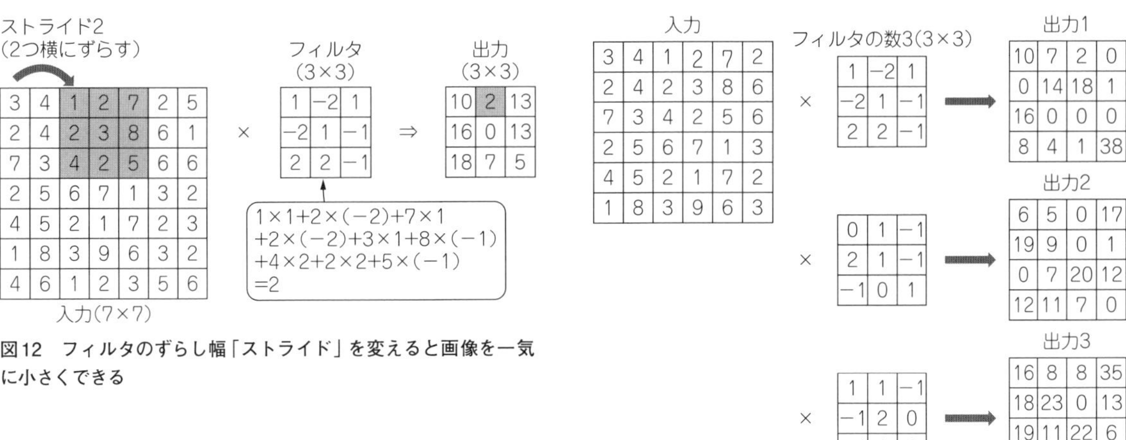

図12　フィルタのずらし幅「ストライド」を変えると画像を一気に小さくできる

図14　畳み込みで画像を増やせる理由…フィルタを3つ用意すれば3つの画像ができあがる

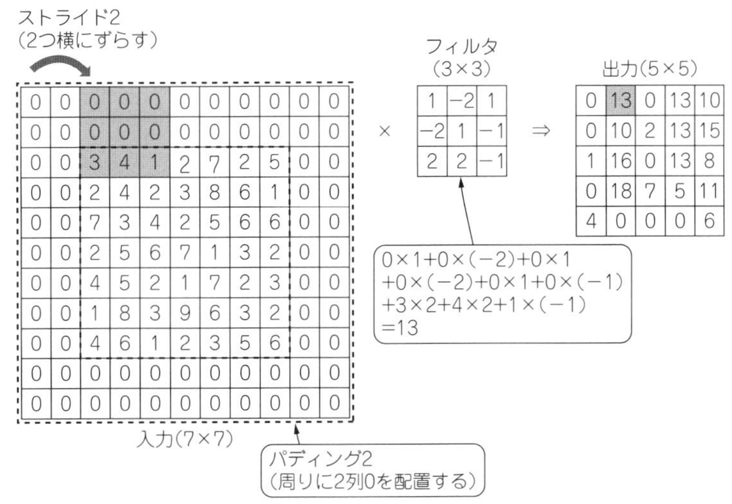

図13　パディング・サイズ2かつストライド2のときの計算例

さを「ストライド」と呼びます．**図12**は7×7入力に3×3のフィルタを用いて，ストライドを2に設定した場合の結果を示しています．この処理により出力画像が3×3になります．

これにもパディング(周りを0で囲むこと)ができます．この場合は，パディング・サイズを2にしなければなりません．**図13**にパディング・サイズを2にした例を示します．

▶より深く理解したい人向け追加問題

問題(5)：9×9の画像に3×3のフィルタとパディング・サイズ0，ストライド2を用いた場合，得られる画像のサイズは幾つになりますか．

問題(6)：13×13の画像に5×5のフィルタとパディング・サイズ2，ストライド2を用いた場合，得られる画像のサイズは幾つになりますか．

●まとめの式

以上から，入力サイズをx，フィルタ・サイズをf，パディング・サイズをp，ストライド・サイズをsとすると，出力サイズyは次のように計算できます．なお，yが整数となるような組み合わせ

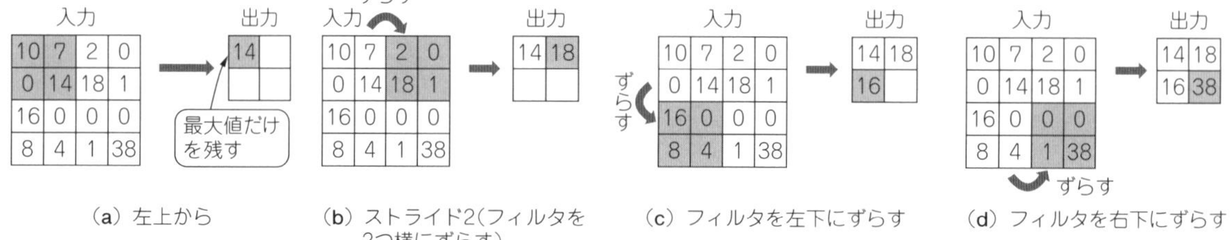

図15　情報を一気に捨てて画像サイズを小さくするプーリング

でなくてもTensorFlowはうまく計算します.

$$y=\frac{x+2p-f}{s}+1$$

■ ここがミソ! 複数のフィルタを使うことで画像を増やせる

ここまでの説明は畳み込みの仕組みでしたので，畳み込みをしても画像枚数が増えませんでした．画像を増やすにはフィルタを幾つか使います．ここではフィルタを3つ使った場合の例を**図14**に示します．フィルタを3つ使うので，増える画像は3枚となります．

情報を一気に捨てて画像サイズを小さくする「プーリング」

畳み込みと同じように，プーリングの仕組みを理解しておくと，畳み込みニューラル・ネットワークのパラメータを設定できるようになります．ここでも図と対応させながら説明します．

●例えば4つの画素の最大値だけをとって1画素とする

プーリングの手順を示したのが**図15**です．プーリングにもフィルタが必要となりますが，フィルタといっても畳み込みで使ったときのように数字が入っているわけではありません．よく使われるフィルタは，フィルタの範囲内で最大の値を抽出するものとなっているので，この図の例では最大値フィルタを使います．

図15では4×4の入力画像に対して2×2のフィルタを用いています．まず，フィルタを左上に持ってきたときの最大値を探します．この図のフィルタに囲まれた部分の最大値は14となりますので，出力画像の左上は14となります．

次に，フィルタをずらします．一般的にストライドのサイズはフィルタのサイズと同じとします．そこで，この例でもストライドを2としています．そのときの最大値は18となります．

同じように左下，右下も抽出します．その結果，4×4の画像が2×2になり，画像サイズが小さくなります．例えば，**図16**のように12×12の画像に4×4のフィルタを使って新しい画像を作った場合は，3×3の画像となります．**図16**で灰色で示したノードがフィルタの中の最大値を示しています．

▶より深く理解したい人向け追加問題

問題(7)：12×12の画像に3×3のフィルタを用いた場合，プーリングによって得られる画像のサイズは幾つになりますか.

問題(8)：32×32の画像にプーリングを施して8×8の画像を得る場合，プーリングのフィルタ

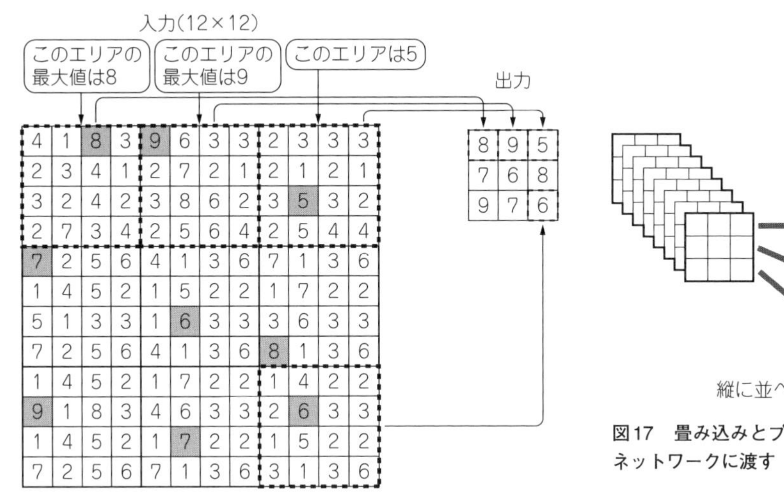

図16　プーリングの例…12×12画素の画像を3×3画素の画像に

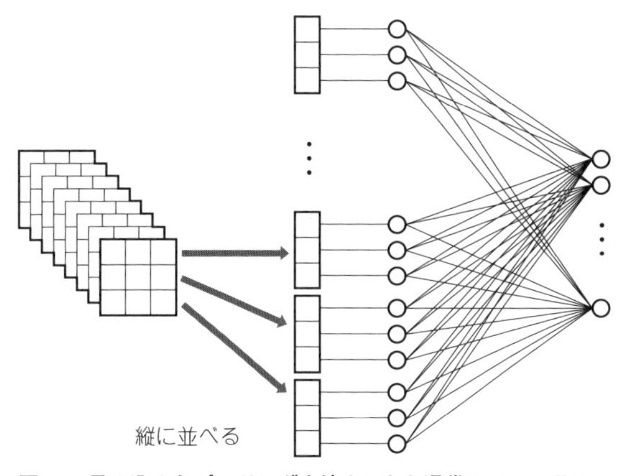

図17　畳み込みとプーリングを済ませたら通常のニューラル・ネットワークに渡す

のサイズは幾つになりますか．

以上から，入力サイズx，出力サイズをy，プーリングのフィルタ・サイズをuとすると，出力サイズyは次のように計算できます．なお，yは整数でなくてもTensorFlowはうまく計算します．

$$y = \frac{x}{u}$$

＊　＊　＊

ここまでで，1層ならば畳み込みとプーリングができるようになったかもしれません．実際には**図1**のように畳み込みとプーリングが交互に何回も出てきます．そして，それぞれの画像の大きさを計算して，プログラムで設定する必要があります．

そして，画像が十分小さくなったら，**図17**に示すように画素の1つ1つの値を通常のニューラル・ネットワークの入力として使います．画像分類は，この通常のニューラル・ネットワークで行うことになります．

ステップアップのために

さらに理解を深めるために，幾つか練習問題を紹介しておきます．

問題(9)：入力画像28×28に対して，以下の畳み込みとプーリングを交互に2回行ったときの出力画像の大きさを求めましょう．

▶畳み込み
- フィルタ5×5
- ストライド1
- パディング0

▶プーリング
- フィルタ2×2

問題(10)：入力画像32×32に対して，以下の畳み込みとプーリングを交互に3回行ったときの出力画像の大きさを求めましょう．

コラム 追加問題の答え

答え(1)：8×8．フィルタ・サイズが3なので，それを－1した2だけ小さい画像が得られます．

答え(2)：5×5

答え(3)：10×10．パディングによって12×12の入力になります．フィルタ・サイズが3なので，それを－1した2だけ小さい画像が得られます．

答え(4)：2　**答え(5)**：4×4　**答え(6)**：7×7

答え(7)：4×4　**答え(8)**：4×4

答え(9)：まず，28×28の画像に対して畳み込みを行うと画像サイズは24になります．次にプーリングを行うと画像サイズは12になります．その後，2回目の畳み込みを行うと画像サイズは8となります．そして，2回目のプーリングを行うと画像サイズは4となります．このことから28×28の784次元のデータは，4×4の16次元のデータに圧縮されます．

答え(10)：1回目
16(＝((32＋2×1－3)/1＋1)/2)
2回目
8(＝((16＋2×1－3)/1＋1)/2)
3回目
4(＝((8＋2×1－3)/1＋1)/2)

答え(11)：1回目
37(＝((149＋2×0－3)/2＋1)/2)
2回目
9(＝((37＋2×0－3)/2＋1)/2)
3回目
2(＝((9＋2×0－3)/2＋1)/2)

答え(12)：1回目
20(＝((64＋2×0-5)/1＋1)/3)
2回目
できない(((20＋2×0－5)/1＋1)/3＝5.33…)・ただし，TensorFlowはうまく処理してくれる．

▶畳み込み

- フィルタ3×3
- ストライド1
- パディング1

▶プーリング

- フィルタ2×2

問題(11)：入力画像149×149に対して，以下の畳み込みとプーリングを交互に3回行うことができるかどうかを調べましょう．

▶畳み込み

- フィルタ3×3
- ストライド2
- パディング0

▶プーリング

- フィルタ2×2

問題(12)：入力画像64×64に対して，以下の畳み込みとプーリングを交互に3回行うことができるかどうかを調べましょう．

▶畳み込み

- フィルタ5×5
- ストライド1
- パディング0

▶プーリング

- フィルタ3×3

第5部

画像/データ解析/音声…3大アルゴリズム体感

第1章

定番データセットの文字認識で体験
画像向きCNN①…手書き認識

(a) 入力画像

```
> python tf_eval_myimage_cnn.py -i tegaki/tegaki2.png -m MNIST_CNN.h5
入力画像ファイル: tegaki/tegaki2.png
訓練済みモデル: MNIST_CNN.h5
判定結果は「2」です
```

(b) 実行結果

図1　自分で書いた手書き文字を分類する

表1　自分で書いた手書き文字の分類結果

入力画像	0	1	2	3	4	5	6	7	8	9
ファイル名	tegaki0.png	tegaki1.png	tegaki2.png	tegaki3.png	tegaki4.png	tegaki5.png	tegaki6.png	tegaki7.png	tegaki8.png	tegaki9.png
分類結果	0	1	2	9 (誤り)	4	5	6	7	8	9

ディープ・ラーニングの仕組みとフレームワークTensorFlowの動かし方を理解したら，いよいよ実践に移りましょう．

畳み込みニューラル・ネットワーク(Convolutional Neural Network：CNN)は，画像処理に強いディープ・ラーニングです．

最近では，リカレント・ニューラル・ネットワーク(RNN)やオートエンコーダ(Autoencoder)に組み入れられて使うケースが増えています．

MNIST(1)は，手書き文字を学習したり，正しく認識できるかどうかをチェックしたりする際に利用できるデータセットです．画像認識ですので，畳み込みニューラル・ネットワークの方が向いています．

ここでは，畳み込みニューラル・ネットワークで手書き文字を認識してみます．

●やること…画像向きCNNを使って精度良く手書き文字を認識する

手書き文字の画像データを入力し，文字を認識します．実行結果を**図1**に示します．10個の画像を分類した結果を**表1**に示します．3だけうまく分類できませんでした．

第4部第5章の自作ディープ・ニューラル・ネットワークでは，0，3，6，9の画像がうまく分類で

表2　手書き文字の分類で使用するプログラムとサンプル・データ（ディレクトリ名：Mnist_CNN）

使用プログラム	ファイル名
学習用	tf_train_mnist_cnn.py
評価用	tf_eval_myimage_cnn.py

（a）プログラム

内容	ファイル名
0～9の手書き文字画像	tegaki0.png～tegaki9.png

（b）手書き画像

```
$ python tf_train_mnist_cnn.py
GPU: /device:GPU:0
隠れ層ユニット数: 512
ミニバッチサイズ: 100
エポック数: 20
シード値: 0
Model: "model"
_________________________________________________________________
Layer (type)                 Output Shape              Param #
=================================================================
INPUT (InputLayer)           [(None, 28, 28, 1)]       0
_________________________________________________________________
CNN1 (Conv2D)                (None, 24, 24, 16)        416
_________________________________________________________________
POOL1 (MaxPooling2D)         (None, 12, 12, 16)        0
_________________________________________________________________
CNN2 (Conv2D)                (None, 8, 8, 32)          12832
_________________________________________________________________
POOL2 (MaxPooling2D)         (None, 4, 4, 32)          0
_________________________________________________________________
FLATTEN (Flatten)            (None, 512)               0
_________________________________________________________________
FC1 (Dense)                  (None, 512)               262656
_________________________________________________________________
OUTPUT (Dense)               (None, 10)                5130
=================================================================
Total params: 281,034
Trainable params: 281,034
Non-trainable params: 0
_________________________________________________________________
Epoch 1/20
600/600 [=================] - 6s 6ms/step - loss: 0.1417 - accuracy: 0.9576 - val_loss: 0.0542 - val_accuracy: 0.9821
Epoch 2/20
600/600 [=================] - 3s 5ms/step - loss: 0.0464 - accuracy: 0.9858 - val_loss: 0.0371 - val_accuracy: 0.9880
Epoch 3/20
600/600 [=================] - 3s 5ms/step - loss: 0.0299 - accuracy: 0.9906 - val_loss: 0.0289 - val_accuracy: 0.9908
Epoch 4/20
600/600 [=================] - 3s 5ms/step - loss: 0.0216 - accuracy: 0.9926 - val_loss: 0.0358 - val_accuracy: 0.9891
…中略…
Epoch 16/20
600/600 [=================] - 3s 5ms/step - loss: 0.0044 - accuracy: 0.9986 - val_loss: 0.0356 - val_accuracy: 0.9906
Epoch 17/20
600/600 [=================] - 3s 5ms/step - loss: 0.0035 - accuracy: 0.9988 - val_loss: 0.0588 - val_accuracy: 0.9882
Epoch 18/20
600/600 [=================] - 3s 5ms/step - loss: 0.0064 - accuracy: 0.9979 - val_loss: 0.0431 - val_accuracy: 0.9897
Epoch 19/20
600/600 [=================] - 3s 5ms/step - loss: 0.0030 - accuracy: 0.9991 - val_loss: 0.0364 - val_accuracy: 0.9933
Epoch 20/20
600/600 [=================] - 3s 5ms/step - loss: 0.0020 - accuracy: 0.9993 - val_loss: 0.0355 - val_accuracy: 0.9930
save the trained model: MNIST_CNN.h5
```


図2　手書き文字の学習結果例

きませんでしたので，やはり畳み込みニューラル・ネットワークの方が良い結果が得られそうです．

実験

● 準備

実験には，**表2**のプログラムとデータを使います．ディープ・ニューラル・ネットワークで作ったプログラムを，畳み込みニューラル・ネットワーク用に改造したものです．これは本書サポー

図3　学習結果の評価

ト・ページからダウンロードできます．

●ステップ1：学習する

実行するには，ダウンロードしたフォルダの中のMnist_CNNに移動し，以下のコマンドを実行します．

```
> python tf_train_mnist_cnn.py
```

実行結果例を**図2**に示します．検証データの正答率が99.30%になっています．

ディープ・ニューラル・ネットワークが97.71%でしたので，CNNの方が優れていると期待できます．

●ステップ2：学習結果を評価する

実行後に，次のコマンドでTensorBoardを起動し，ブラウザで http://localhost:6006/ を開くことで，正答率と誤差の時間変化をグラフで確認します(**図3**)．

```
> tensorboard --logdir lo
```

●ステップ3：分類する

以下のコマンドを実行することで，変換と分類ができます．

```
> python tf_eval_myimage_cnn.py -i tegaki/tegaki1.png -m MNIST_CNN.h5
```

-iの後に分類したいファイルを指定し，-mの後に学習モデルを指定します．

●ステップ4：ネットワークの構造を確認する

ネットワークの構造は，プログラムの実行時に**図4**のように確認できます．

プログラムで作ったニューラル・ネットワークの構造

今回のプログラムのネットワークの構造を**図4**に示します．上から順に処理が行われます．そして，左にある文字(`Layer (type)`)が各層の名前，真ん中(`Output Shape`)がその層で処理した後の変数の形，右にある数字(`Param #`)はディープ・ラーニングで学習すべきパラメータの数を表しています．このパラメータはリンクの数やフィルタの中の各数値に相当します．

●入力

まず，`INPUT (InputLayer)`は入力を表しています．その次の`[(None, 28, 28, 1)]`は入力データの大きさ(今回は画像の大きさ)とチャネル(今回はグレースケールの画像なので`1`，カラー画像の場合は`3`)を表しています．その後ろのパラメータは`0`となっています．ここでは入力を行っているだけなので，学習すべきパラメータはありません．

●1層目…1層目の畳み込み層

畳み込みとプーリングを順に行います．

▶畳み込み処理

`CNN1 (Conv2D)`は畳み込み処理を表しています．これにより，畳み込み処理後は24×24の画像が16枚になっていることが分かります．また，パラメータ数が`416`となっています．

このあと示しますが，この畳み込み処理では5×5のフィルタを用いています．このため，5×5(フィルタの大きさ)×16(フィルタの数)+16(バイアス)個のパラメータを学習する必要があります．

▶プーリング処理

`POOL1 (MaxPooling2D)`で，2×2の最大値プーリング処理が行われていることが示されています．

2×2のプーリングでは画像の大きさが半分になりますので，プーリング処理後の画像サイズが12×12となっています．プーリング処理は決まった処理ですので，学習すべきパラメータはありません．

●2層目…2層目の畳み込み層

▶畳み込み処理

`CNN2 (Conv2D)`は2回目の畳み込み処理を表しています．この処理により8×8の画像が32枚になっていることが分かります．なお，パラメータの数は，16(入力画像の枚数)×5×5(フィルタの大きさ)×32(フィルタの数)+32(バイアス)個です．

▶プーリング処理

`POOL2 (MaxPooling2D)`で2回目の2×2の最大値プーリング処理が行われていることが示されています．画像サイズが4×4となっています．

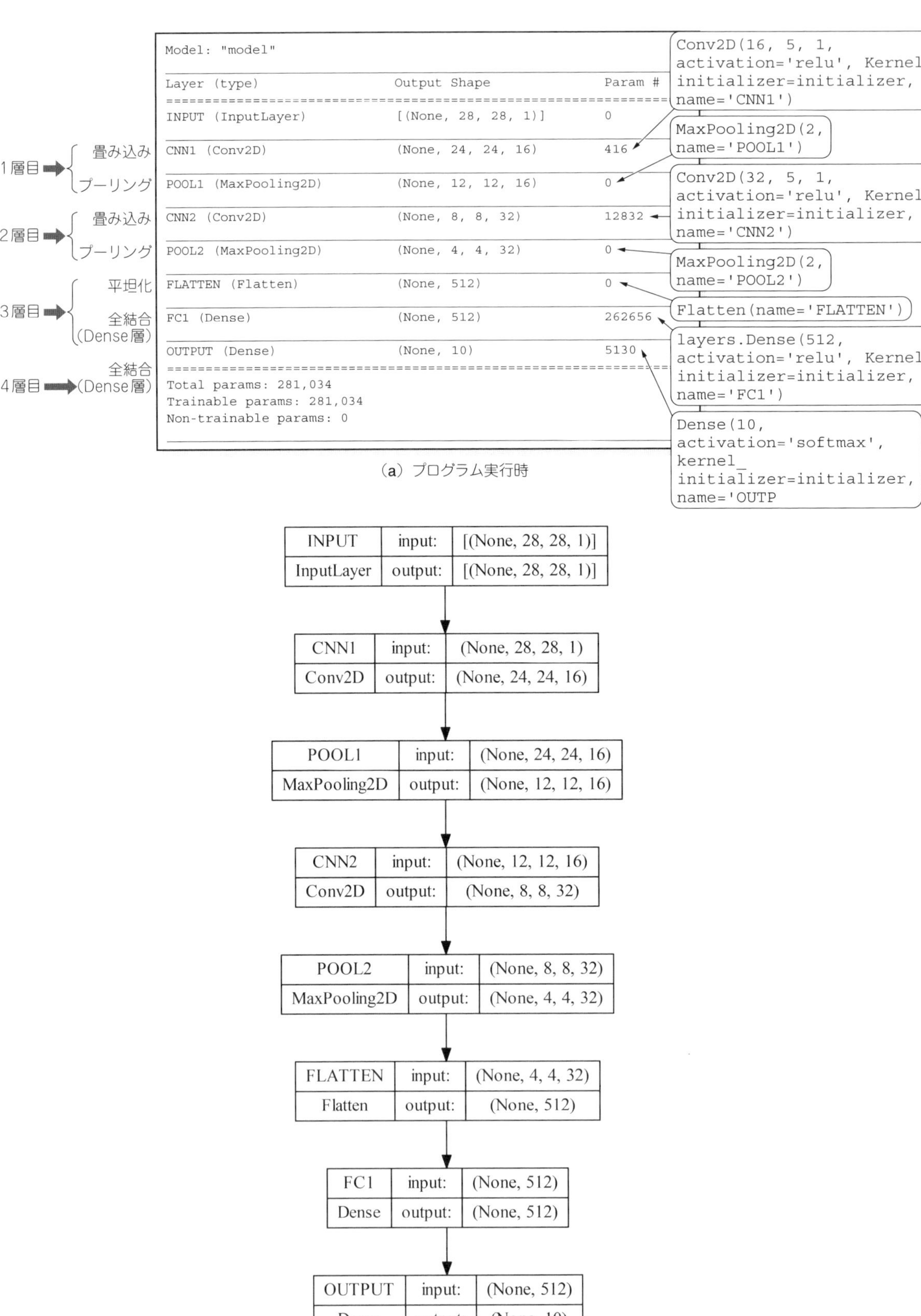

図4 プログラムの構造を確認

●3層目…平坦化と全結合

畳み込みやプーリングでは2次元のデータを扱いましたが，それを並べて(平坦化して)1次元のデータに変換し，そのあと全結合層で処理します．

▶平坦化

`FLATTEN (Flatten)`が平坦化を行っていることを示しています．これによりノードが512(= 4 × 4 × 32)になっていることが分かります．1次元に並べ替えているだけですので，学習すべきパラメータはありません．

▶全結合(Dense層)

`FC1 (Dense)`はDense層を用いていることを示しています．これにより，平坦化することで得られた512個のノードが，512個のノードを持つDense層とつながっていることを示しています．

パラメータは`262656`個で，これは512 × 512(512ノード同士の全結合)+512(バイアス)から求められます．

●4層目…全結合による出力

`OUTPUT (Dense)`はDense層を用い，それが出力であることを示しています．ここでは出力のノード数が`10`であることが確認できます．

パラメータ数は`5130`個で，これは512 × 10(512ノードと10ノードの全結合)+10(バイアス)から求められます．

学習のためのプログラム

MNIST学習のためのプログラム(`tf_train_mnist_cnn.py`)を**リスト1**(抜粋)に示します．次の構造になっています．

- 入力：1チャネル(グレースケール)の28 × 28ピクセルの画像
- 出力：10次元(0～9の数字に対応)
- 中間層：畳み込み2層

プログラムは大きく5つの処理に分かれています．

①ライブラリの読み込み
②ニューラル・ネットワークの構造の設定
③オプションの設定
④データの作成とニューラル・ネットワークの設定
⑤実行と結果の評価

この中で，ディープ・ニューラル・ネットワーク(第4部第5章のリスト1)と異なるのは②と④だけです．

●②ニューラル・ネットワーク構造設定

ここが最も重要な点です．今回のネットワークは，**図4**で示したように，2層の畳み込みと1層のニューラル・ネットワークがあります．畳み込みでは，活性化関数としてReLU関数を使っています．そして，プーリングしているところが2層あります．

リスト1　MNIST 学習のためのプログラム（tf_train_mnist_cnn.py）

```
(略)
# ②CNNのモデル定義
def CNN(n_units=512, seed=0):
    # レイヤーのパラメータ初期化用
    initializer = tf.keras.initializers.HeNormal(seed=seed)
    # レイヤーの定義
    input = tf.keras.layers.Input(shape=(28, 28, 1), name='INPUT') # ②-1
    h = tf.keras.layers.Conv2D(16, 5, 1, activation='relu', kernel_initializer=initializer, name='CNN1')(input)
# ②-2 フィルタ数16, フィルタサイズ5x5
    h = tf.keras.layers.MaxPooling2D(2, name='POOL1')(h) # ②-3 最大値プーリングで特徴マップを半分に
    h = tf.keras.layers.Conv2D(32, 5, 1, activation='relu', kernel_initializer=initializer, name='CNN2')(h)
                                                                                                    # ②-4
    h = tf.keras.layers.MaxPooling2D(2, name='POOL2')(h) # ②-5
    h = tf.keras.layers.Flatten(name='FLATTEN')(h) # ②-6
    h = tf.keras.layers.Dense(512, activation='relu', kernel_initializer=initializer, name='FC1')(h)
                                                                          # ②-7全結合層の隠れ層のノードは128
    output = tf.keras.layers.Dense(10, activation='softmax', kernel_initializer=initializer, name='OUTPUT')(h)
                                                                                                    # ②-8
    # モデル化
    model = tf.keras.Model(inputs=input, outputs=output)
    # オプティマイザや評価関数, 評価尺度の設定
    model.compile(optimizer='adam', loss='sparse_categorical_crossentropy', metrics='accuracy')
    return model

(中略)
    (x_train, y_train), (x_valid, y_valid) = mnist.load_data()
    # ④3次元テンソルへの変換(カラーチャンネルの追加)と正規化
    x_train = np.array([d[:, :, np.newaxis] for d in x_train], dtype=np.float32) / 255.
    x_valid = np.array([d[:, :, np.newaxis] for d in x_valid], dtype=np.float32) / 255.
(略)
```

畳み込みの設定をしているのはConv2Dで，プーリングの設定をしている部分はMaxPooling2Dです．

▶入力の処理

②－1のようにInput関数で設定し，それをinputという変数に格納しています．28×28のグレースケールの画像を入力として使います．グレースケール画像なので，(28, 28, 1)となっています．カラー画像の場合は3になります．

▶1層目の畳み込み処理

畳み込み処理のために16個の5×5のフィルタを使います（**リスト1**の②－2）．

```
h = tf.keras.layers.Conv2D(16, 5, 1, activation='relu', kernel_initializer
=initializer, name='CNN1')(input)
```

第1引き数はフィルタ数で，ここでは16個を用います．第2引き数はフィルタのサイズです．整数を設定した場合は縦横が等しい大きさのフィルタとなります．タプルとして設定することで縦横のサイズを変えることもできます．第3引き数はストライドの大きさです．activationは活性化関数を設定しています．ここではReLU関数を設定しています．kernel_initializerは初期値の設定をしていることに相当する部分で，このように設定することで学習がうまくできることが多くあります．その後のnameはこの層の名前です．

最後にinputが設定されています．これはinput変数を入力として処理することを示しています．そして，これをhという変数に格納しています．

その次に最大値プーリングの設定をしています（**リスト1**の②－3）．

```
h = tf.keras.layers.MaxPooling2D(2, name='POOL1')(h)
```

第1引き数はフィルタのサイズです．ここでは2×2のフィルタを用いる設定をしています．設定しなくても2×2のフィルタが用いられますが，ここでは明示的に設定しています．その後ろのnameはこの層の名前です．

最後にhが設定されています．これは直前のh変数を入力として処理することを示しています．そして，これをhという変数に格納しています．

▶2層目の畳み込み処理

畳み込み処理のために16個の5×5のフィルタを使います(**リスト1**の②－4)．

```
h = tf.keras.layers.Conv2D(32, 5, 1, activation='relu', kernel_initializer
=initializer, name='CNN2')
```

1層目の畳み込みと異なる点は32個のフィルタを用いている点です．その後，最大値プーリングを行います(**リスト1**の②－5)．

```
h = tf.keras.layers.MaxPooling2D(2, name='POOL2')(h)
```

▶3層目の平坦化と通常のニューラル・ネットワークの処理

まず，2次元のデータを1次元のデータとするために平坦化を行います(**リスト1**の②－6)．

```
h = tf.keras.layers.Flatten(name='FLATTEN')(h)
```

その後，ここで得られた1次元のデータと通常のニューラル・ネットワークの処理をするためのDense層をつなぎます(**リスト1**の②－7)．

```
h = tf.keras.layers.Dense(512, activation='relu', kernel_initializer
=initializer, name='FC1')(h)
```

ここでは512ノードを用い，活性化関数としてReLU関数を設定しています．

▶3層目の出力のための全結合層(Dense層)の処理

手書き数字の分類問題は数字を10種類に分類するものですので，10個のノードを持つDense層を設定します(**リスト1**の②－8)．

```
output = tf.keras.layers.Dense(10, activation='softmax', kernel_initializer
=initializer, name='OUTPUT')(h)
```

ここでは10ノードを用い，活性化関数としてReLU関数を設定しています．

これで畳み込みニューラル・ネットワークが実現できます．

第4部第5章のディープ・ニューラル・ネットワークをマスタしていれば，思ったよりは難しくないと思いませんか？

●④データの作成とニューラル・ネットワークの設定

データの作成は畳み込みニューラル・ネットワーク用に3次元テンソルというものへ変換して行います(**リスト1**の④)．

ディープ・ニューラル・ネットワークは画像を1列に並べていましたが，畳み込みニューラル・ネットワークでは画像をしっかり2次元として扱います．そのため，3次元(H×W×C)の配列となります．Hが画像の高さ，Wが画像の幅，Cがチャネル数(グレースケールなので1)となっています．

◆参考文献◆

(1) THE MNIST DATABASE of handwritten digits，http://yann.lecun.com/exdb/mnist/

第2章

画像の収集や学習を体験

画像向きCNN②…感情認識

ここでは，畳み込みニューラル・ネットワークを用いて，たくさんの顔画像から5種類の感情分類(怒・嬉・普通・悲・驚)を行ってみます．自分で集めた画像で学習させてみます．

実験

●できること…顔写真からの感情認識

入力した顔写真(**写真1**)からの5種類の感情が分類できます．分類の様子を**図1**に示します．

●準備

実験には，**表1**のプログラムを使います．これらは本書サポート・ページからダウンロードできます．

感情推定に必要なライブラリを**リスト1**の手順でインストールします．dlibのインストールにはかなりの時間(30分以上)がかかる場合があります．

●ステップ1：画像の収集

感情が5つに分類されている画像データのデータベースはありません．著者らは，インターネットから画像を1枚ずつ地道にダウンロードして集めました．

まず「怒り」の顔画像を集めてみます．GoogleやBingの画像検索で「angry face」と検索します．すると，とてもたくさんの「怒っている顔」が表示されます．その中から実際に「怒っている顔」だと思うものを画像として保存します．

同様に，他の感情の画像も集めていきます．保存先はoriginalというディレクトリを作り，その下にtrainというディレクトリを作り，作った各感情のディレクトリとしました．これは学習用データですので，検証用のデータも集めておきましょう．保存先はoriginalディレクトリの下にtestディレクトリを作っておきます．

なお，1枚の画像に2人以上の顔が映っていても問題はありません．例えば，3人映っている場合，1人が怒っていて，2人が驚いている画像の場合は次のように分類結果が表示されます．

（a）怒

（b）嬉

（c）普通

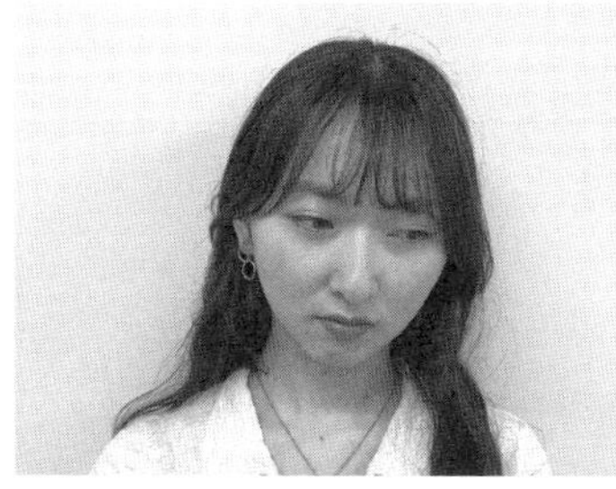
（d）悲

（e）驚

写真1　このような写真を感情ごとにインターネット上から集めた

```
$ python tf_eval_face-emotion.py -m EMOTION_CNN.h5
                -i original/test/happiness/eval1.jpg
1個目の顔の判定結果は『happiness』です。
```

図1　実行結果例…入力した顔写真から5種類の感情が分類できる

リスト1　ライブラリのインストール手順

```
> pip install opencv-python
> pip install scipy
> conda install -c conda-forge dlib
```

表1　感情認識で使用するプログラム（ディレクトリ名：kanjou_CNN）

使用プログラム	ファイル名
学習用	tf_train_face-emotion.py
評価用	tf_eval_face-emotion.py
変換用	tf_CroppingFace_DataArg.py

1個目の顔の判定結果は『angry』です。
2個目の顔の判定結果は『surprise』です。
3個目の顔の判定結果は『surprise』です。

●ステップ2：ファイル名の変更

怒りの画像は学習用にはoriginal¥train¥angryディレクトリに，検証用はoriginal¥test¥angryディレクトリにそれぞれまとめておきます．

その際，学習に使いたいデータは，image1.jpg，image2.jpg，image3.jpg，…のようにimageの後に通し番号を付けてJPEG形式で保存します．

検証に使いたいデータは，eval1.jpg，eval2.jpg，eval3.jpg，…のようにevalの後に通し番号を付けてJPEG形式で保存します．

著者らは学習データを50～60個，検証データを10個程度保存しました．「嬉」，「普通」，「悲」，「驚」の各感情を表している顔の画像も同様に収集・整理します（**表2**）．この時のディレクトリ構造は**図2**となります．

表2　学習のために使うデータの保存先と検索ワード例

感情	保存ディレクトリ	検索ワードの例
怒	original¥train¥angry	angry face
嬉	original¥train¥happiness	happiness face
普通	original¥train¥normal	normal face
悲	original¥train¥sadness	sadness face
驚	original¥train¥surprise	surprise face

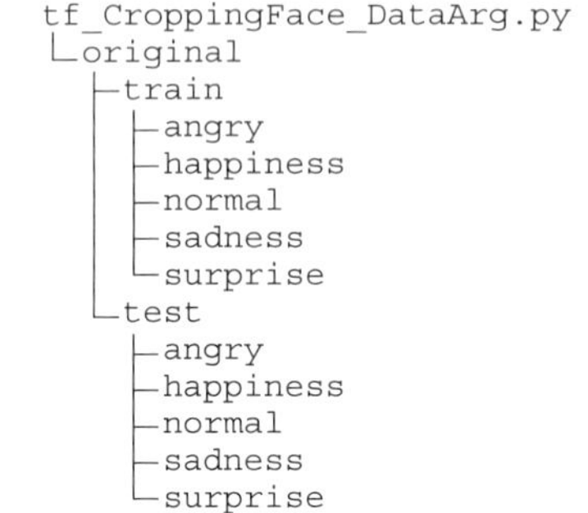

```
tf_CroppingFace_DataArg.py
└original
  ├train
  │ ├angry
  │ ├happiness
  │ ├normal
  │ ├sadness
  │ └surprise
  └test
    ├angry
    ├happiness
    ├normal
    ├sadness
    └surprise
```

図2
ディレクトリ構造

リスト2　感情推定のための学習の実行結果例

```
$ python tf_train_face-emotion.py
GPU: /device:GPU:0
訓練データ: data/train
隠れ層ユニット数: 128
ミニバッチサイズ: 50
エポック数: 30
シード値: 0
LABELS: ['angry', 'happiness', 'normal', 'sadness', 'surprise']
(モデルの表示は省略)
Epoch 1/30
36/36 [==============================] - 9s 145ms/step - loss: 1.7699 - sparse_categorical_accuracy: 0.2707
                                              - val_loss: 1.4292 - val_sparse_categorical_accuracy: 0.3820
Epoch 2/30
36/36 [==============================] - 3s 74ms/step - loss: 1.3266 - sparse_categorical_accuracy: 0.4682
                                              - val_loss: 1.1932 - val_sparse_categorical_accuracy: 0.5169
(中略)
Epoch 28/30
36/36 [==============================] - 3s 78ms/step - loss: 2.2726e-04 - sparse_categorical_accuracy: 1.0000
                                              - val_loss: 1.1441 - val_sparse_categorical_accuracy: 0.7910
Epoch 29/30
36/36 [==============================] - 3s 77ms/step - loss: 2.0835e-04 - sparse_categorical_accuracy: 1.0000
                                              - val_loss: 1.1517 - val_sparse_categorical_accuracy: 0.7888
Epoch 30/30
36/36 [==============================] - 3s 79ms/step - loss: 1.9232e-04 - sparse_categorical_accuracy: 1.0000
                                              - val_loss: 1.1590 - val_sparse_categorical_accuracy: 0.7888
save the trained model: EMOTION_CNN.h5
```

訓練データの正答率

検証データの正答率

●ステップ3：画像の変換（顔の切り出し）

集めた画像はたいていの場合，顔以外の部分も映っているのではないでしょうか．その画像から顔を切り出して，サイズを100×100ピクセルに変更します．さらに，画像を上下左右に少し移動させたり，回転させたり，反転させたりして，画像を増やすことも行うと学習データを増やすのに有効です．これを自動的に行ってくれるプログラムがtf_CroppingFace_DataArg.pyです．

tf_CroppingFace_DataArg.pyをoriginalディレクトリと同じ階層に置きます．そして，次のコマンドを実行します．

```
> python tf_CroppingFace_DataArg.py
```

実行するとdataディレクトリの下にtrainディレクトリができ，その下にある各ディレクトリの中には100×100サイズに切り出された顔画像が配置されます．

●ステップ4：学習

用意した画像を使って感情推定のための学習を行います．以下のコマンドを実行します．

```
> python tf_train_face-emotion.py
```

実行結果例を**リスト2**に示します．GPUがあれば高速に（5分程度で）行えますが，CPUだけでは1時間以上かかる場合があります．

●ステップ5：推定

用意された画像を使って感情の推定を行います．以下のコマンドを実行します．

```
> python tf_eval_face-emotion.py -m EMOTION_CNN.h5 -i original¥test¥
surprise¥eval1.jpg
```

判別できると**図1**で示したように表示されます．

-iの後ろのファイル名を変えることで，入力する写真を変えることができます．自分の顔写真でもできます．

●プログラムの構造を確認する

プログラムの構造は，実行すると最初に出てくる表示やmodel.pngで確認できます．

感情推定の学習のためのプログラム

感情推定の学習のためのプログラム（抜粋）を**リスト3**に示します．プログラムは大きく5つの処理に分かれています．

①ライブラリの読み込み
②ニューラル・ネットワークの構造の設定
③オプションの設定
④データの作成とニューラル・ネットワークの設定
⑤実行と結果の評価

ここでは，②と④について説明します．

●②ニューラル・ネットワークの構造の設定

今回のプログラムは，畳み込みを3回行った4層のニューラル・ネットワークから成り立っています．そして，これらはReLU関数と最大値プーリングを行っています．

●④データの作成とニューラル・ネットワークの設定

方針として，指定したディレクトリの下にあるディレクトリごとにラベル（番号）を付けて学習データを作るようにしています．

確認のため，ディレクトリ名を表示します（**リスト3**の④-1）．ここでは，以下のディレクトリ名が表示されます．

```
LABELS: ['angry', 'happiness', 'normal', 'sadness', 'surprise']
```

まず，設定したディレクトリ内のディレクトリの数だけ繰り返し処理を行います（**リスト3**の④-2）．次にディレクトリの中にあるファイルをfile変数に入れます．

そして，そのディレクトリの中にあるファイルの中でjpgという単語が入っているファイルの数だけ繰り返し処理を行います（**リスト3**の④-3）．img_listには画像を，label_listにはラベルを追加します．

その後，**リスト3**の④-4で画像をシャッフルしてランダムに取り出せるようにして，読み込んだデータを訓練用と検証用が8：2になるように分けます．

リスト3 感情推定の学習のためのプログラム(tf_train_face-emotion.py)

```
# ②CNNのモデル定義(きのこと同じ)
def CNN(n_units=256, seed=0):
    # レイヤーのパラメータ初期化用
    initializer = tf.keras.initializers.HeNormal(seed=seed)
    # レイヤーの定義
    input = tf.keras.layers.Input(shape=(128, 128, 3), name='INPUT') # 64x64のカラー画像
    h = tf.keras.layers.Conv2D(16, 5, 1, padding='same', activation='relu',
                               kernel_initializer=initializer, name='CNN1')(input) # フィルタ数16,フィルタサイズ5x5
    h = tf.keras.layers.MaxPooling2D(2, name='POOL1')(h) # 最大値プーリングで特徴マップを半分に
    h = tf.keras.layers.Conv2D(32, 5, 1, padding='same', activation='relu', kernel_initializer=initializer,
                                                                                              name='CNN2')(h)
    h = tf.keras.layers.MaxPooling2D(2, name='POOL2')(h)
    h = tf.keras.layers.Conv2D(64, 5, 1, padding='same', activation='relu', kernel_initializer=initializer,
                                                                                              name='CNN3')(h)
    h = tf.keras.layers.MaxPooling2D(2, name='POOL3')(h)
    h = tf.keras.layers.Flatten(name='FLATTEN')(h)
    h = tf.keras.layers.Dense(n_units, activation='relu', kernel_initializer=initializer, name='FC1')(h)
                                                                                     # 全結合層の隠れ層のノードは128
    output = tf.keras.layers.Dense(5, activation='softmax', kernel_initializer=initializer, name='OUTPUT')(h)
    # モデル化
    model = tf.keras.Model(inputs=input, outputs=output)
    # オプティマイザや評価関数,評価尺度の設定
    # 注意:TFのバグで,metricsはクラスを書かないといけない
    model.compile(optimizer='adam', loss='sparse_categorical_crossentropy',
                                      metrics=[tf.keras.metrics.SparseCategoricalAccuracy()])
    return model


#④データの設定
    labels = os.listdir(args.traindir) # ④-1 感情ラベルの取得
    print('LABELS:', labels)

    img_list = []    # 訓練データのファイルリスト
    label_list = []  # 上記の教師ラベルのリスト
    for l in labels: #④-2
        for file in glob.glob(os.path.join(args.traindir, l, '*.jpg')): #④-3
            img_list.append(file)
            label_list.append(labels.index(l))
#④-4 訓練用と検証用に分ける
    rand_array = list(range(len(img_list))) # 訓練と検証データの分割用の配列を用意(ランダムに分割する)
    random.shuffle(rand_array)
    splitpoint = int(len(img_list) * 0.8) # 訓練と検証用(8:2)に分けるための
    train_idx = rand_array[:splitpoint]
    valid_idx = rand_array[splitpoint:]
    trainx_list = [img_list[i] for i in train_idx]
    validx_list = [img_list[i] for i in valid_idx]
    trainy_list = [label_list[i] for i in train_idx]
    validy_list = [label_list[i] for i in valid_idx]

    # ④-5tf.data.Datasetを使った(ファイル名,ラベル)のペアをTensor型に変換
    train_ds = tf.data.Dataset.from_tensor_slices((trainx_list, trainy_list))
    valid_ds = tf.data.Dataset.from_tensor_slices((validx_list, validy_list))
    AUTOTUNE = tf.data.experimental.AUTOTUNE # 処理を最適化するためのおまじない(自動チューニング設定)
    train_ds = train_ds.shuffle(len(train_ds), seed=args.seed) # 訓練データをシャッフル
    train_ds = train_ds.repeat(1) # 1エポックで使われるデータの回数.1の場合,1エポックで1回しか使われない.
    train_ds = train_ds.batch(args.batchsize) # ミニバッチを作る
#④-6 メモリの使用量を減らすためのテクニック
    # ミニバッチ生成のたびに,画像ファイルを読み込んでいる(省メモリ化)
    def load_image(imgfile, label):
        x = [] # NN入力データ(画像の数値情報)
        for f in imgfile:
            file = bytes.decode(f.numpy())   # ファイル名はTensor型で保存されているため,文字列型として取得する
            img = np.array(Image.open(file)) # 画像データの読み込みとNumPy変換
            x.append(img) # 変換データをNN入力データリストに追加
        x = np.array(x, dtype=np.float32) / 255.  # NumPy変換,正規化
        return x, label

    # map関数とlambda関数を使って,ファイルからNN入力データへの動的変換を行う
    train_ds = train_ds.map(lambda imgfile, label: tf.py_function(load_image, [imgfile, label],
                                                                        Tout=[tf.float32, tf.int32]))
    train_ds = train_ds.prefetch(buffer_size=AUTOTUNE) # 訓練中に先読みでミニバッチを取り出すための処理
    valid_ds = valid_ds.batch(args.batchsize) # 検証データのミニバッチ
    valid_ds = valid_ds.map(lambda imgfile, label: tf.py_function(load_image, [imgfile, label],
                                                                        Tout=[tf.float32, tf.int32]))
```

自分用に改造する

紹介したのは感情認識でしたが，人間の顔を対象とするものであれば簡単に改造できます．ここでは男性と女性を分類する方法を示します．

●1. 男性と女性を分類

これは，originalディレクトリの下のtrainディレクトリに男性画像のディレクトリと女性画像のディレクトリを作り，その中に画像を入れます．なお，angryなどの感情のディレクトリがあるとそのディレクトリの中身も学習に使ってしまいますので，削除しておいてください．

ここでは男性をboy，女性をgirlディレクトリに入れたとします．この時のディレクトリ構造は**図3**となります．学習は感情認識と同じ手順で行うことができます．

```
> python tf_CroppingFace_DataArg.py
```

そして男性と女性の2つに分けるため，学習はtf_train_face-emotion.pyの以下の行の第1引き数を5から2に変更するだけで良いです．

▶変更前

```
output = tf.keras.layers.Dense(5, activation='softmax', kernel_initializer
=initializer, name='OUTPUT')(h)
```

▶変更後

```
output = tf.keras.layers.Dense(2, activation='softmax', kernel_initializer
=initializer, name='OUTPUT')(h)
```

その後，以下のコマンドで実行すると男性か女性を学習できます．男性と女性の順番は学習時に決まります．

```
> python tf_train_face-emotion.py
```

そして，検証データがtestディレクトリの下にあるとすると，以下のコマンドを入力することで分類が実現できます．

```
> python tf_eval_face-emotion.py -m EMOTION_CNN.h5 -i original/test/
boy1.jpg
```

判定結果は『男性』です．

●2. 動物を分類

感情以外にも分類したいものがあるかもしれません．動物の写真の分類を例にとって説明します．

この場合も修正点は多くありません．まず，**図4**のようなディレクトリを作り，そのディレクトリに画像を保存します．今回は4つに分類するので，tf_train_face-emotion.pyの以下の行を変更します．

```
tf_CroppingFace_DataArg.py
└original
  └train
    ├boy
    └girl
```

図3　ディレクトリ構造

```
tf_CroppingFace_DataArg.py
└original
  └train
    ├cat
    ├dog
    ├giraffe
    └horse
```

図4　ディレクトリ構造

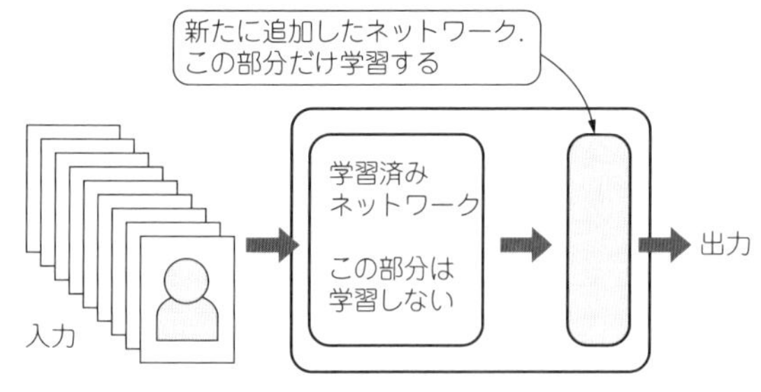

図5　転移学習のイメージ

表3　転移学習を用いた顔写真から感情認識で使用するプログラム（ディレクトリ名：kanjou_VGG16）

使用プログラム	ファイル名
学習用	tf_train_face-emotion_vgg16.py
評価用	tf_eval_face-emotion.py
変換用	tf_CroppingFace_DataArg.py

▶**変更前**

```
output = tf.keras.layers.Dense(5, activation='softmax', kernel_initializer
=initializer, name='OUTPUT')(h)
```

▶**変更後**

```
output = tf.keras.layers.Dense(4, activation='softmax', kernel_initializer
=initializer, name='OUTPUT')(h)
```

●3. より高度な分類

ここまでは，学習にCNNを用いました．より高度な分類を行うためにVGG16モデルを用いた転移学習を行うモデルを用います．なお，これはGPUを使えば数分ですが，GPUを使わないと学習に数時間かかる場合があります．

まず，転移学習とはどういったものかを説明します．例えば，人間の顔を扱う場合，ディープ・ラーニングは，目，鼻，口など人間に共通する特徴をまっさらな状態から学びます．次に，人間の特徴を「うまく」抽出する学習モデルに，今回の問題で扱ったような感情の違いの部分を「くっつける」ことで，よりうまく学習することができます．これは**図5**のようなイメージです．

転移学習を用いた顔写真から感情認識で使用するプログラムを**表3**に示します．転移学習を行うためのプログラムを**リスト4**に示します．tf_train_face-emotion.pyからの変更点は3カ所あります．

- ①モデルの設定

  VGG16を使うためのモデルの定義をします．基本となるモデルの後ろにDense層を付けています．
- ②モデルの定義

  ①で設定したモデルを使用するためにCNNからMyVGG16へ変更しています．
- ③出力するモデル・ファイルの名前

  変更はしなくても良いのですが，後で見て分かりやすくするために変更しておきます．

実行はこれまでと同様に以下のコマンドで行います．

```
> python tf_train_face-emotion_vgg16.py
```

その実行結果例を**リスト5**に示します．CNNで行った場合の正答率は78.88%でしたが，転移学習を使用した場合は87.64%に向上しました．

●おさらい

CNNを使った顔認識を行いました．ここまでの手順をおさらいしておきます．

1. 画像をインターネットやディジタル・カメラから集める．

リスト4　転移学習を用いた感情推定の学習のためのプログラム(tf_train_face-emotion_vgg16.py)

```
#①
# (New!)VGG16モデルを用いた転移学習を行うモデル(モデルがでかいので学習にとても時間がかかりますが精度高いです．GPUあれば速いです)
def MyVGG16(n_units=128, seed=0):
    # レイヤーのパラメータ初期化用
    initializer = tf.keras.initializers.HeNormal(seed=seed)
    # ImageNetで学習済みの「VGG16」モデルを利用。FC層は自前で用意するので不要
    vgg16 = VGG16(include_top=False, weights='imagenet', input_shape=(128,128,3), pooling='avg')
    h = tf.keras.layers.Dense(n_units, activation='relu', kernel_initializer=initializer, name='FC1')(
                                                                                    vgg16.output)
    output = tf.keras.layers.Dense(5, activation='softmax', kernel_initializer=initializer, name='OUTPUT')(h)
    # モデル化
    model = tf.keras.Model(inputs=vgg16.input, outputs=output)
    # とりあえず自前のFC層だけを学習してみる
    vgg16.trainable = False # VGG16の部分だけ学習をフリーズする
    # オプティマイザや評価関数，評価尺度の設定
    # 注意：TFのバグで，metricsはクラスを書かないといけない
    model.compile(optimizer=tf.keras.optimizers.Adam(learning_rate=0.001),
                  loss='sparse_categorical_crossentropy', metrics=[tf.keras.metrics.SparseCategoricalAccuracy()])
    return model

#②
#     model = MyVGG16(args.units, args.seed) # モデルのビルド
    model = CNN(args.units, args.seed) # モデルのビルド

#③
    # 訓練済みモデルの保存
#     modelname = 'EMOTION_CNN.h5'#CNNバージョン(分かりやすく名前を変えただけです)
    modelname = 'EMOTION_VGG16.h5'
```

リスト5　実行結果例

```
$ python tf_train_face-emotion_vgg16.py
GPU: /device:GPU:0
訓練データ: data/train
隠れ層ユニット数: 128
ミニバッチサイズ: 50
エポック数: 30
シード値: 0
LABELS: ['angry', 'happiness', 'normal', 'sadness', 'surprise']
(モデルの表示は省略)
Epoch 1/30
36/36 [==============================] - 26s 498ms/step - loss: 1.4565 - sparse_categorical_accuracy:
                                        0.4001 - val_loss: 1.2341 - val_sparse_categorical_accuracy: 0.5146
(中略)
Epoch 30/30
36/36 [==============================] - 7s 201ms/step - loss: 0.1855 - sparse_categorical_accuracy: 0.9561 ← 訓練データの正答率
                                             - val_loss: 0.3201 - val_sparse_categorical_accuracy: 0.8764 ← 検証データの正答率
save the trained model: EMOTION_VGG16.h5
```

2. 各感情ごとにディレクトリに分けて保存する．
3. tf_CroppingFace_DataArg.pyで変換する．

```
> python tf_CroppingFace_DataArg.py
```

4. その後，以下のコマンドで学習する．

```
> python tf_train_face-emotion.py
```

5. 検証はまず，テスト画像をインターネットやディジタル・カメラから集めてディレクトリに保存します．以下のコマンドを実行します．

```
> python tf_eval_face-emotion.py -m EMOTION_CNN.h5 -i original¥test¥
surprise¥eval1.jpg
```

第3章

「予測が得意」なアルゴリズムを体験

データ分析向きRNN①…値の未来予測

リカレント・ニューラル・ネットワーク(RNN：Recurrent Neural Network)は，過去の情報も使って答えを出すことを行います．そのため，未来の予測や文脈の理解など，つながりがある情報を扱うときによく利用されます．

そこで為替を例にとり，明日の為替の終値は「円安」になるのか「円高」になるのかを予測してみます．

実験

●できること…為替を80%の精度で予測

学習したモデルを用いて為替が予測できているかどうかを確認します(**図1**)．80%の精度で予測できています．

●準備

実験には，**表1**のプログラムとデータを使います．これらは本書サポート・ページからダウンロードできます．

皆さんが用意したデータを検証データとして使うこともできます(作成方法はコラム3を参照)．

●ステップ1：モデルの学習

為替を学習します．実行の様子を**図2**に示します．学習終了後は，学習データにおいて87.92%で予測できていました．学習に使わなかった検証データを用いた場合も，84.85%で予測できていました．

●ステップ2：予測

学習したモデルを用いて為替が予測できているかどうかを確認します．手順は，**図1**で示したとおりです．

プログラムの実行に当たっては，**表2**に示すオプションを指定できます．また，実際に試す際には，検証データを使うことができます．

```
> python tf_kawase_yosoku.py -t USDJPY_210709.csv
                              -m KAWASE_CNNLSTM.h5
=== USD/JPY日足為替予測評価プログラム ===
GPU: No
評価データ: USDJPY_210709.csv
訓練に使う履歴の長さ: 100
履歴の最後から何日後の予測を行うか: 10
最新日から何日分除外するか: 30
2021-05-31の予測結果: 円安 (実際の結果: 円安)
2021-06-01の予測結果: 円安 (実際の結果: 円安)
2021-06-02の予測結果: 円安 (実際の結果: 円安)
2021-06-03の予測結果: 円安 (実際の結果: 円安)
2021-06-04の予測結果: 円安 (実際の結果: 円安)
2021-06-07の予測結果: 円安 (実際の結果: 円安)
2021-06-08の予測結果: 円安 (実際の結果: 円安)
2021-06-09の予測結果: 円安 (実際の結果: 円安)
2021-06-10の予測結果: 円安 (実際の結果: 円高)
2021-06-11の予測結果: 円安 (実際の結果: 円高)
2021-06-14の予測結果: 円安 (実際の結果: 円安)
2021-06-15の予測結果: 円安 (実際の結果: 円安)
2021-06-16の予測結果: 円安 (実際の結果: 円安)
2021-06-17の予測結果: 円安 (実際の結果: 円高)
2021-06-18の予測結果: 円安 (実際の結果: 円安)
2021-06-21の予測結果: 円安 (実際の結果: 円安)
2021-06-22の予測結果: 円安 (実際の結果: 円安)
2021-06-23の予測結果: 円安 (実際の結果: 円安)
2021-06-24の予測結果: 円安 (実際の結果: 円安)
2021-06-25の予測結果: 円安 (実際の結果: 円安)
2021-06-28の予測結果: 円安 (実際の結果: 円安)
2021-06-29の予測結果: 円安 (実際の結果: 円安)
2021-06-30の予測結果: 円安 (実際の結果: 円安)
2021-07-01の予測結果: 円高 (実際の結果: 円安)
2021-07-02の予測結果: 円高 (実際の結果: 円安)
2021-07-05の予測結果: 円高 (実際の結果: 円安)
2021-07-06の予測結果: 円高 (実際の結果: 円高)
2021-07-07の予測結果: 円高 (実際の結果: 円高)
2021-07-08の予測結果: 円高 (実際の結果: 円高)
2021-07-09の予測結果: 円高 (実際の結果: 円高)
=== 最終予測結果 ===
評価データ数: 30, 正解予想: 24, 正解率 80.0%
```

図1　リカレント・ニューラル・ネットワーク(RNN)による為替の予測…80%の精度で予測できている

表1　為替の予測で使用するプログラム(ディレクトリ名:kawase_RNN)

使用プログラム	ファイル名
学習用	tf_train_kawase_rnn.py
評価用	tf_kawase_yosoku.py

```
> python tf_train_kawase_rnn.py -t USDJPY_210709.csv
=== USD/JPY日足為替予測学習 ===
GPU: No
訓練データ: USDJPY_210709.csv
ミニバッチサイズ: 32
エポック数: 300
訓練に使う履歴の長さ: 100
履歴の最後から何日後の予測を行うか: 10
最新日から何日分除外するか: 30
学習率: 0.0001
シード値: 0

Epoch 1/300
222/222 [==============================]
            - 12s 42ms/step - loss: 1.2595
            - sparse_categorical_accuracy: 0.5100
            - val_loss: 1.2161
            - val_sparse_categorical_accuracy: 0.5394
Epoch 2/300
222/222 [==============================]
- 7s 31ms/step - loss: 1.2538
- sparse_categorical_accuracy: 0.4986
- val_loss: 1.1935
- val_sparse_categorical_accuracy: 0.4807
(中略)
Epoch 300/300
222/222 [==============================]
            - 10s 46ms/step - loss: 0.3100
            - sparse_categorical_accuracy: 0.8792
            - val_loss: 0.4172
            - val_sparse_categorical_accuracy: 0.8485
save the trained model: KAWASE_CNNLSTM.h5
```

図2　モデルの学習手順

表2　為替を予測するプログラム実行時のオプション

オプション	意　味	未指定時	変　数
-t	評価用CSVファイル. 訓練と評価は同じにする	usdjpy_d.csv	args.evalfile
-hl	訓練に使う履歴の長さ	10	args.historylength
-d	予測のインターバル	10	args.dayafter
-x	評価は最新からこの日数分	30	args.evaldays
-m	為替予測モデル	KAWASE_CNNLSTM.h5	args.model

●ステップ3:予測結果を評価する

正答率の時間変化を確認します. 正答率の確認にはTensorBoardを使います. まず, 以下のコマンドを実行すると, その次の行が表示されます.

```
> tensorboard --logdir log
TensorBoard 2.4.1 at http://localhost:6006/ (Press CTRL+C to quit)
```

「http://localhost:6006/」の部分をChromeやEdgeなどのブラウザのアドレス・バーに入力して実行すると**図3**が表示されます. 学習が進むにつれて85%を超えています. 損失は学習が進むにつれて減少しています.

●ステップ4:構造の確認

使用したプログラムに用いているリカレント・ニューラル・ネットワークの構造は, model.

コラム1 リカレント・ニューラル・ネットワークの表し方

前の情報を使って次の出力を決める処理は，第4部第1章で示したように，時系列に並んでいた方が直観的に理解しやすくなります．

しかし，実際にはリカレント・ニューラル・ネットワークでは出力した値を全結線ニューラル・ネットワークで分類します．そのため，**図A**のように1つのブロックで表す方法が一般的です．

さらに，**図A**のようにh_1やh_2もそのブロックの中に隠した書き方の方が一般的になりつつあります．

そして，LSTM (Long Short Term Memory，コラム2で解説) ブロックの出力に全結線ニューラル・ネットワークを付けて分類問題に使用することがよくあります．

そこで，**図A**では全結線ニューラル・ネットワークと教師データとの誤差の計算をするソフトマックス・クロス・エントロピーを付けて表すこととしています．

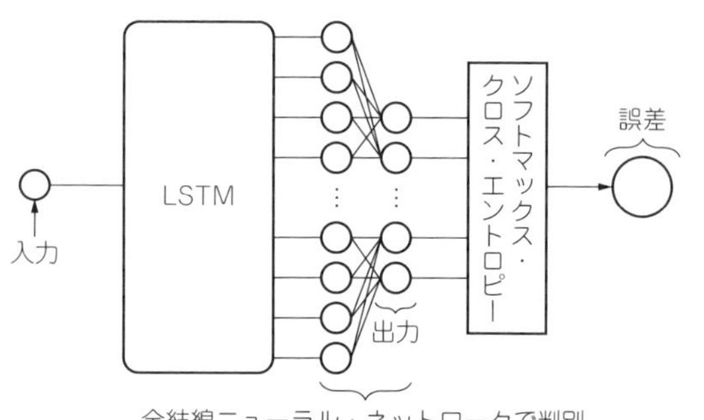

図A　LSTMを使ったリカレント・ニューラル・ネットワーク

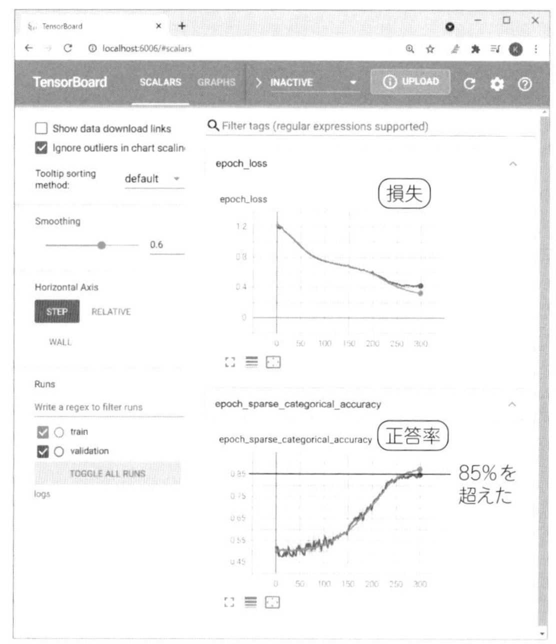

図3　予測結果の評価

pngとして保存されています．これを開くと**図4**が表示されます．

学習プログラム

リカレント・ニューラル・ネットワークで為替を学習するプログラム (`tf_train_kawase_rnn.py`) を**リスト1**に示します．

今回作成したリカレント・ニューラル・ネットワークの構造を**図4**に示します．CNNが3層，

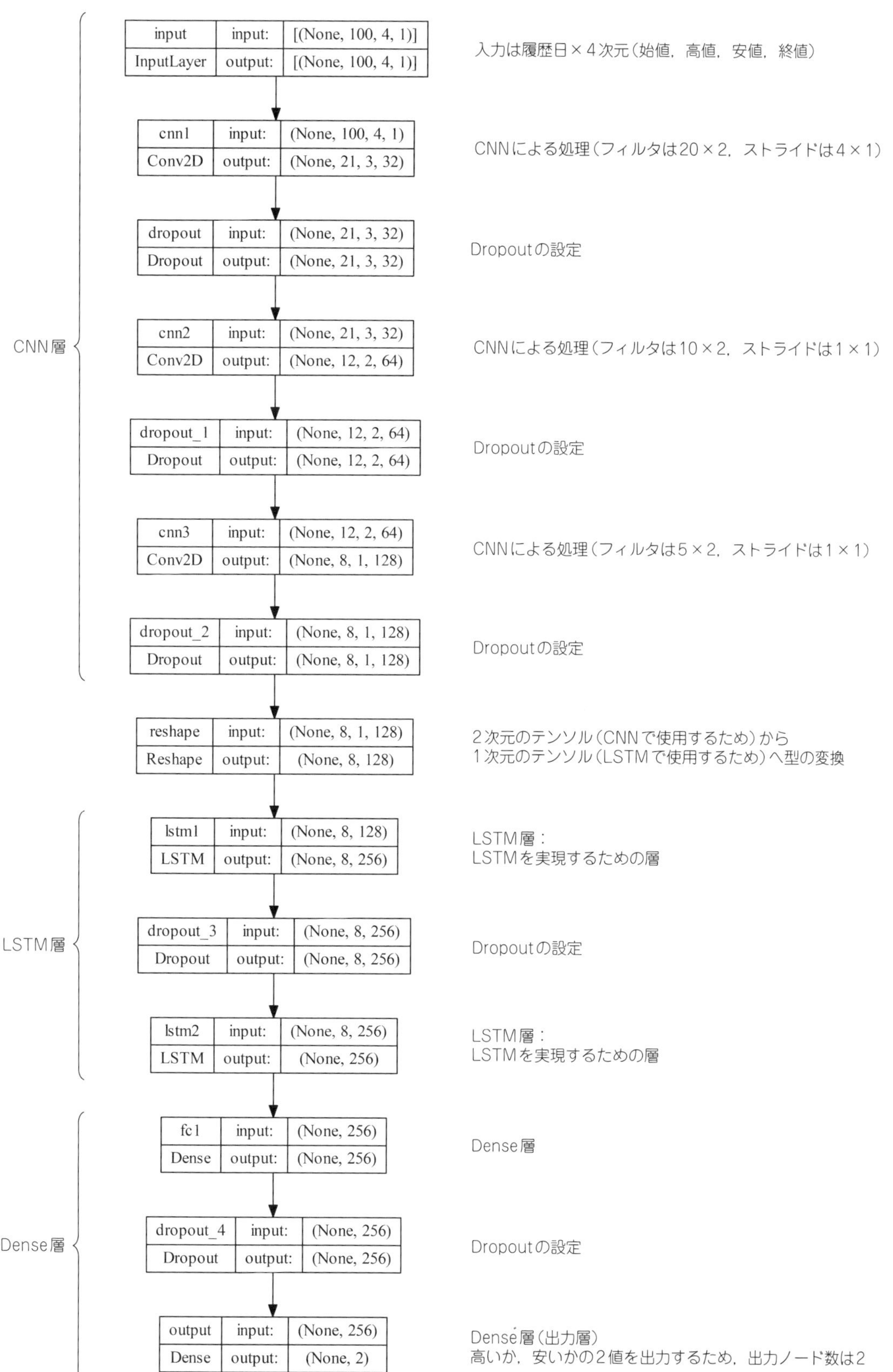

図4　為替を学習するプログラムのネットワークの構造

リスト1　為替を学習するプログラム(tf_train_kawase_rnn.py)

```
# ①ライブラリのインポート
import csv
import argparse
import numpy as np
import tensorflow as tf
from tensorflow.data import Dataset
from tensorflow.keras.layers import Input, LSTM, Dense, Dropout, Conv2D, Reshape
from tensorflow.keras import Model
from tensorflow.keras.callbacks import TensorBoard
from tensorflow.keras.regularizers import l2
from tensorflow.keras.callbacks import ModelCheckpoint

# ②ニューラル・ネットワークの構造の設定
def KawaseModel(history=100, lrate=0.0001, u_units=256, seed=0):
    init = tf.keras.initializers.HeNormal(seed=seed)    # パラメータ初期化用
    input = Input(shape=(history, 4, 1), name='input') # 入力層. バッチの1データあたり履歴日×4次元
    # 畳込み層の活性化関数はlinearとする
    #②-1
    h = Conv2D(32, (20, 2), strides=(4, 1), activation='linear', kernel_initializer=init,
                                                kernel_regularizer=l2(0.0001), name='cnn1')(input)
    h = Dropout(0.5)(h)
    h = Conv2D(64, (10, 2), strides=(1, 1), activation='linear', kernel_initializer=init,
                                                    kernel_regularizer=l2(0.0001), name='cnn2')(h)
    h = Dropout(0.5)(h)
    h = Conv2D(128, (5, 2), strides=(1, 1), activation='linear', kernel_initializer=init,
                                                    kernel_regularizer=l2(0.0001), name='cnn3')(h)
    h = Dropout(0.5)(h)
    h = Reshape((8, 128), input_shape=(8, 1, 128))(h) # LSTM用にテンソルの形状を変換
    #②-2
    h = LSTM(u_units, return_sequences=True, kernel_initializer=init, kernel_regularizer=l2(0.0001),
                                                                                name='lstm1')(h)
    h = Dropout(0.5)(h)
    h = LSTM(u_units, return_sequences=False, kernel_initializer=init, kernel_regularizer=l2(0.0001),
                                                                                name='lstm2')(h)
    #②-3
    h = Dense(u_units, activation='linear', kernel_initializer=init, kernel_regularizer=l2(0.0001),
                                                            name='fc1')(h)  # 活性化関数は何でも良さそう
    h = Dropout(0.5)(h)
    prediction = Dense(2, activation='softmax', kernel_initializer=init, kernel_regularizer=l2(0.0001),
                                                                                name='output')(h)
    model = Model(inputs=input, outputs=prediction)
    model.compile(optimizer=tf.keras.optimizers.Adam(lrate), loss=
        tf.keras.losses.SparseCategoricalCrossentropy(), metrics=[tf.keras.metrics.SparseCategoricalAccuracy()])
    return model

def main():
    """
    オプション処理
    """
    #③
    parser = argparse.ArgumentParser(description='USD/JPY為替予測学習器')
    parser.add_argument('--epoch', '-e', default=300, type=int, help='エポック数')
    parser.add_argument('--batchsize', '-b', type=int, default=32, help='ミニバッチサイズ')
    parser.add_argument('--trainfile', '-t', default='USDJPY_91-21.csv', help='訓練用CSVファイル。USD/JPY日足')
    parser.add_argument('--logdir', '-l', default='logs', help='TensorBoard用ログファイル')
    parser.add_argument('--seed', '-s', type=int, default=0, help='乱数のシード値')
    parser.add_argument('--historylength', '-hl', type=int, default=100, help='訓練に使う履歴の長さ')
    parser.add_argument('--dayafter', '-d', type=int, default=10, help='予測のインターバル')
    parser.add_argument('--exdays', '-x', type=int, default=30, help='最新日からの除外する日数')
    parser.add_argument('--lrate', '-r', type=float, default=0.0001, help='学習率')
    args = parser.parse_args()

    # 実行条件表示
    gpuid = tf.test.gpu_device_name()
    if not gpuid:
        gpuid = 'No'
    print('=== USD/JPY日足為替予測学習 ===')
    print(f'GPU: {gpuid}')
    print(f'訓練データ: {args.trainfile}')
    print(f'ミニバッチサイズ: {args.batchsize}')
    print(f'エポック数: {args.epoch}')
    print(f'訓練に使う履歴の長さ: {args.historylength}')
    print(f'履歴の最後から何日後の予測を行うか: {args.dayafter}')
    print(f'最新日から何日分除外するか: {args.exdays}')
    print(f'学習率: {args.lrate}')
    print(f'シード値: {args.seed}')

    # パラメータセット
    seed = args.seed # シード値固定
```

```
    history = args.historylength # 過去100個分の履歴
    N = args.dayafter # N日後予測
    exdays = args.exdays # 除外する日数. 最も最新のデータからこの日数分訓練から除外する
    lrate = args.lrate # 初期学習率
    batch_size = args.batchsize # ミニバッチサイズ
    np.random.seed(seed) # シード値セット

    """
    学習データの読み込みと訓練データの準備
    """
    #④-1
    data = [] # 訓練データ
    with open(args.trainfile, 'r') as f:
        reader = csv.reader(f)
        data = [row[1:] for row in reader]  # CSVファイルからデータを抽出
        data.pop(0) # 先頭(ヘッダー)を削除
    data = np.array(data, dtype=np.float32) # NumPyに変換
    orgdata = data
    data = (data - data.min()) / (data.max() - data.min()) # 最大1, 最小0になるように正規化
    train_idx = np.arange(history+N, len(data)-1-exdays).astype(np.int32)
                                          # 教師ラベルのインデックス(位置)の配列を作る．最新exdays日分は除外
    np.random.shuffle(train_idx) # インデックスをランダムシャッフル
    train_idx, valid_idx = np.split(train_idx, [int(len(data) * 0.9)]) # 9:1でデータを分割。1割を検証用に使用

    """
    訓練・検証用データ生成
    """
    #④-2
    # 教師ラベルのインデックスから訓練用の過去の履歴データを生成
    # ラベルは円高"0", 円安"1"とする
    # この関数はミニバッチ生成時に呼び出される
    def make_inputdata(idx):
        inputs = []
        targets = []
        for i in idx: # バッチ内のデータ1個ずつ処理
            his_data = data[i.numpy()-history-N : i.numpy()-N] # 過去history日分の履歴データを取得(N日インターバル)
            inputs.append(his_data)
            if data[i.numpy()][-1] < data[i.numpy()-N-1][-1]:  # 円高予想なら
                targets.append(0)
            else: # 円安予想なら
                targets.append(1)
        inputs = np.expand_dims(np.array(inputs), -1) # CNN用にチャンネル次元追加
        return inputs, targets # 生成した入力データと教師ラベルを返す

    train_ds = Dataset.from_tensor_slices(train_idx)
    train_ds = train_ds.shuffle(buffer_size=len(train_ds)) # 完全シャッフル
    train_ds = train_ds.repeat(1) # 繰り返し
    train_ds = train_ds.batch(batch_size) # ミニバッチ生成. ここで作るバッチは教師ラベルデータのインデックス
    train_ds = train_ds.map(lambda x: tf.py_function(make_inputdata, [x], Tout=[tf.float32, tf.int32]))
    valid_ds = Dataset.from_tensor_slices(valid_idx)
    valid_ds = valid_ds.batch(batch_size)
    valid_ds = valid_ds.map(lambda x: tf.py_function(make_inputdata, [x], Tout=[tf.float32, tf.int32]))

    """
    モデルの定義と訓練
    """
    model = KawaseModel(history, lrate, 256, seed) # モデルのビルド
    #⑤
    model.summary()
    tf.keras.utils.plot_model(model, show_shapes=True, show_layer_names=True, to_file='model.png')
                                                                            # モデル構造を保存(画像)
    tf_cb = TensorBoard(log_dir=args.logdir, histogram_freq=1) # TensorBoard用コールバック
    checkpoint_path = 'training/cp-{epoch:04d}.ckpt' # 訓練の途中結果の保存
    cp_cb = ModelCheckpoint(filepath=checkpoint_path, verbose=0, period=10) # 10エポック毎にモデルを保存
    model.fit(train_ds, epochs=args.epoch, validation_data=valid_ds, callbacks=[tf_cb, cp_cb],
                                                                 use_multiprocessing=True) # 訓練

    """
    訓練済みモデルの保存
    """
    modelname = 'KAWASE_CNNLSTM.h5'
    print(f'save the trained model: {modelname}')
    model.save(modelname)

if __name__ == '__main__':
    main()
```

コラム2 ブラックボックス扱いにされがちな ニューラル・ネットワークLSTMの中身を少しだけのぞいてみる

LSTM(Long Short-Term Memory)というのは中身は複雑ですが，とても強力なニューラル・ネットワークです．TensorFlowではこの中身を完全にブラック・ボックスとしていますので，あまり気にせずにLSTMを用いたリカレント・ニューラル・ネットワークを作ることができます．

ここでは，ブラックボックスになっているLSTMの正体を簡単に紹介します．

LSTMの構造を**図B**に示します．次の状態に渡すデータは第4部第1章の説明ではh_tの部分だけでしたが，LSTMではC_tの部分があります．C_tの部分はメモリ・セルと呼ばれ「重要なことだから覚えておこう」というものを保存しておくところになっています．

LSTMの内部構造を3つの役割に分けて簡単に説明します．

左の部分は「忘却ゲート」と呼ばれ，メモリ・セルの中身を忘れさせようとする部分です．

真ん中には「入力ゲート」というものがあり，覚えておくものを選択する部分があります．

右の部分にはメモリ・セルの状態から現在の状態を更新する「出力ゲート」という部分があります．

なお，σはシグモイド・ニューラル・ネットワークと呼ばれる層で，tanhはハイパボリック・タンジェント・ニューラル・ネットワークと呼ばれる層です．

これ以上の説明は非常に難しくなってしまいますので，LSTMの大まかな役割を説明するだけにとどめます．

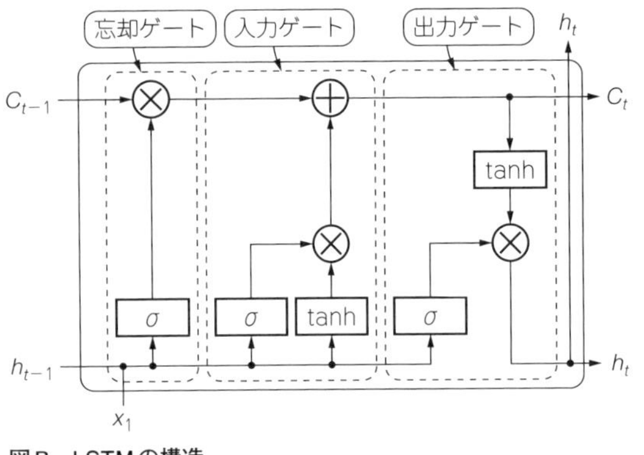

図B LSTMの構造

LSTM(Long Short-Term Memory，コラム1とコラム2参照)の層が2層，Dense層が2層とした3種類のネットワーク構造になっています．

特に最後のDense層では「高くなる」か「安くなる」かの2つの分類に分けるため，出力が2になっています．最初の部分にCNNが使われている点も面白いですね．

プログラムは大きく5つの処理に分かれています．

①ライブラリ・モジュールの読み込み
②リカレント・ニューラル・ネットワークの構造の設定
③オプションの設定
④データの作成とニューラル・ネットワークの設定
⑤実行と結果の評価

●①ライブラリの読み込み

リカレント・ニューラル・ネットワークを使うためのライブラリが多く読み込まれています．**表3**に重要なライブラリを示します．

●②リカレント・ニューラル・ネットワークの構造の設定

プログラムの構造の説明は，**図4**と対応付けながら行います．

▶CNN層(最初から7つの処理，リスト1の②-1)

ここではCNNによる処理をしています．入力データは「始値，高値，安値，終値」の4次元の値で，100日分のデータを入力としています．これは**図4**の一番上のボックスからも分かります．つ

表3　為替を学習するプログラムで読み込むライブラリ・モジュール

ライブラリ・モジュール名	内　容
argparse	引き数による設定ファイル用
Input	入力層用
LSTM	LSTM層の設定用
Dense	Dense層を使うための設定用
Dropout	ドロップアウトを使うための設定用
Conv2D	CNNの設定用
Reshape	データの型の変更用
Flatten	ノードの平滑化用

表4　為替を学習するプログラム実行時のオプション

オプション	意　味	未指定時	変　数
-e	エポック数の設定	300	arg.epoch
-b	ミニ・バッチ・サイズ	32	arg.batchsize
-t	訓練用CSVファイル．USD/JPY日足	USDJPY_91-21.csv	arg.trainfile
-l	TensorBoard用ログ・ファイル	log	arg.logdir
-s	乱数のシード値	0	arg.seed
-hl	訓練に使う履歴の長さ	100	arg.historylength
-d	予測のインターバル	10	arg.dayafter
-x	最新日から除外する日数	30	arg.exdays
-r	学習率	0.0001	arg.lrate

まり，2次元のデータとなっています．2次元のデータはCNNの得意分野です．そこで，1つ目のCNNではフィルタが20×2として，ストライドを4×1とした処理を行っています．なお，フィルタ・サイズやストライドはこの図から読み取れるのではなく，プログラムを読んで確認する必要があります．その後，ドロップアウトを行っています．

同様にして，合計3回のCNN層を用いて処理しています．

最後にReshapeで型の変更を行い，LSTM層の入力用に変形しています．

▶LSTM層（その後の3つの処理，リスト1の②-2）

LSTM層の処理を行い，その後ドロップアウトを行った後，再度LSTM層の処理を行っています．LSTM層の中間層は256としています．

▶Dense層（最後の3つの処理，リスト1の②-3）

LSTM層からの出力をDense層で処理した後，ドロップアウト処理を行っています．そして，最後のDense層は前日より高いか安いかを出力する層であるため，ノードの数を2としています．

●③オプションの設定

このプログラムには，**表4**に示すオプションを指定できます．**リスト1**の③は，そのための記述です．

●④データの作成とニューラル・ネットワークの設定

まず，データ・ファイルを読み取ります（**リスト1の④-1**）．データ・ファイルは実行時に指定したファイルです．データは最大1，最小0となるように正規化を行います．そして，教師ラベルのインデックスの配列を作り，それをランダムにシャッフルします．そのデータを9：1の割合で学習データと検証データに分けます．

次に，教師ラベルのインデックスから訓練用の過去の履歴データを生成する関数を定義します．

コラム3 学習データの構造＆作成方法

● フォーマット

学習データと検証データは本書サポート・ページからダウンロードしたファイル(USDJPY_210709.csv)から読み込むことにします．データの構造は**リストA**に示すような，

日付，始値，高値，安値，終値

の5つのデータになっています．

また，今回は円高か円安かの2択ですので，教師データが1つの値となっています．例えば，「円高」，「円安」，「横ばい」の3つに分けたい場合は，教師データは0，1，2の3つの値を用います．

リストA　学習データの例

```
Date,Open,High,Low,Close
1991-01-04,135.15,135.15,135.15,135.15
1991-01-07,136.6,136.6,136.6,136.6
1991-01-08,136.45,136.45,136.45,136.45
(中略)
2021-07-07,110.63,110.816,110.399,110.636
2021-07-08,110.642,110.673,109.535,109.758
2021-07-09,109.759,110.259,109.758,110.117
```

日付　始値　高値　安値　終値

● データの作成方法

元データは以下のサイト(**図C**)からダウンロードしました．

https://stooq.com/q/d/?s=usdjpy

ページの下部にある「Download data in csv file...」をクリックするとダウンロードが始まります．

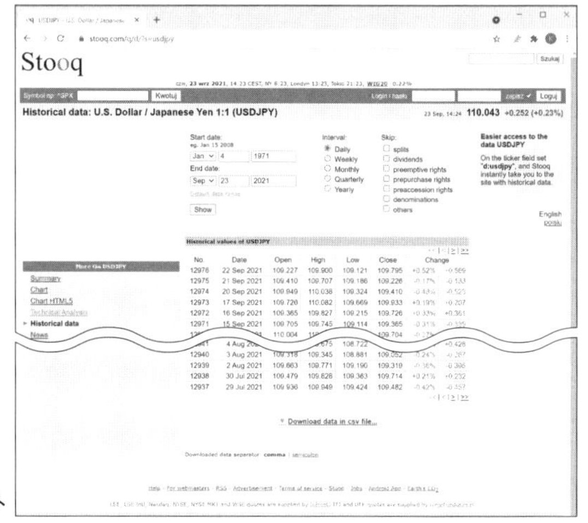

図C
元データのダウンロード・サイト

この関数はミニバッチ生成時に呼び出されます．

読み取ったデータをTensorFlowで扱いやすい形の訓練データと検証データに分けます(**リスト1**の④-2)．

●⑤実行と結果の評価

出力するファイルや，ターミナルに出力されるテキストの設定を行っています．

予測プログラム

為替予測プログラム(tf_kawase_yosoku_rnn.py)(抜粋)を**リスト2**に示します．

データの読み込みは，モデルを作成した**リスト1**とほぼ同じですが，結果を見やすくするために日付を保存している点と，学習の時のようにランダムにシャッフルしない点が異なります．

評価では，学習に使わなかった最新の日までの数日間(デフォルトは30日間)のデータを用いて行います．

まず，his_dataに100日分のデータを入れます．そして，その後のデータが円高/円安を調べます．この予測を30日分行います．予測に用いるデータを模式的に表したものが**図5**です．

リスト2　為替を予測するプログラム(kawase_yosoku_rnn.pyの一部)

```
# パラメータセット
history = args.historylength # 過去100個分の履歴
N = args.dayafter # N日後予測
edays = args.evaldays
        # 除外する日数．最も最新のデータからこの日数分訓練から除外する

# モデルの読み込み
model = tf.keras.models.load_model(args.model)
                                         # 訓練済みモデルをロード

"""
評価データの読み込みと正規化
"""
data = []
days = []
with open(args.evalfile, 'r') as f:
    reader = csv.reader(f)
    for row in reader:
        days.append(row[0])
        data.append(row[1:])
data.pop(0) # 先頭(ヘッダー)を削除
days.pop(0)
data = [] # 訓練データ
days = [] # 日付データ
with open(args.evalfile, 'r') as f:
    reader = csv.reader(f)
    for row in reader:
        days.append(row[0])
        data.append(row[1:])
    data.pop(0) # 先頭(ヘッダー)を削除
    days.pop(0)
data = np.array(data, dtype=np.float32) # NumPyに変換
orgdata = data # 正規化前のデータを保存
data = (data - data.min()) / (data.max() - data.min())
                                       # 最大1，最小0になるように正規化

"""
評価
"""
evaldata = []
label = []
cls =['円高', '円安']
lastidx = len(data) - 1
            # 最新のデータのインデックス。最新からedays分評価する
for i in range(lastidx-edays+1, lastidx+1):
                              # edays前のデータから最新のデータまで
    his_data = data[i-history-N : i-N]
    if data[i-N][-1] > data[i][-1]:
        label.append(0) # 円高
    else:
        label.append(1) # 円安
    eval = np.expand_dims(np.array(his_data), -1)
                                                  # CNN用に次元追加
    evaldata.append(eval)
evaldata = np.array(evaldata)
                                    # 評価データをndarray化しておく
print(len(evaldata))
num_corr = 0 # 予測正解数
for i, result in enumerate(model.predict(evaldata)):
                                     # 予測して1つ(1日分)ずつ取り出す
    est = np.argmax(result)
    if est == label[i]: # 予測が当たっていたら
        num_corr += 1
    print(f'{days[lastidx-edays+1+i]}の予測結果:
                {cls[est]} (実際の結果: {cls[label[i]]})')
print('=== 最終予測結果 ===')
print(f'評価データ数: {i+1}, 正解予想: {num_corr},
                          正解率 {num_corr/(i+1)*100}%')
```

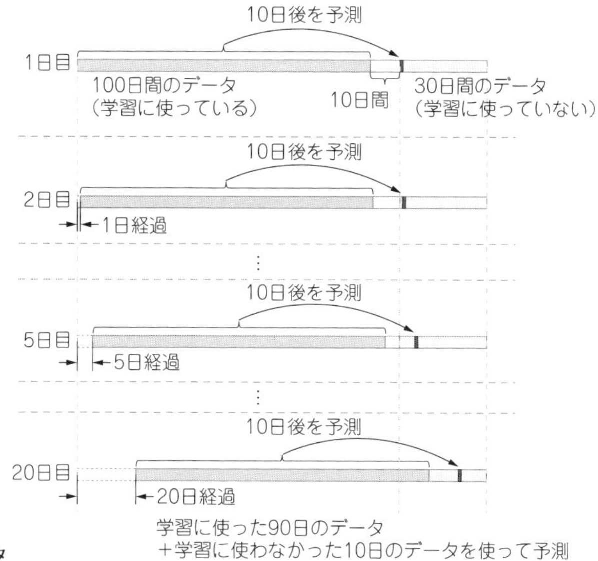

図5
模式的に表した予測に用いるデータ

●おさらい

RNNを使って，為替を予測するモデルの作成とそのモデルを使ったテスト・コマンドを以下にまとめます．

```
> python tf_train_kawase_rnn.py -t USDJPY_210709.csv
> python tf_kawase_yosoku.py -t USDJPY_210709.csv -m KAWASE_CNNLSTM.h5
```

データは以下のサイトからダウンロードしました．

https://stooq.com/q/d/?s=usdjpy

コラム4 オーソドックスなディープ・ニューラル・ネットワークは予測が不得意

リスト1からいくつか変更して，同じことをLSTMを使わないで実現してみました(表A)．そして，学習したモデルを用いて為替が予測できているかどうかを確認します．

予測するためのプログラムは，リカレント・ニューラル・ネットワークで使ったものと同じです．異なるのは引き数のモデル・ファイル(KAWASE_CNNLSTM.h5)だけです．

```
> python tf_kawase_yosoku.py
          -t USDJPY_210709.csv
             -m KAWASE_CNN.h5
```

実行結果は図Dとなります．正答率が46.66%となっています．これは約半分の確率なので，当てずっぽうに答えているのと同じになります．

このことからも，LSTMのようなリカレント・ニューラル・ネットワークを使わないと予測ができないことが分かります．

● リスト1の学習プログラムの変更点

変更点は以下の通りとなっています．まずは，学習に関するプログラム(tf_train_kawase_cnn.py)の変更です．

▶1. 平坦化ライブラリの追加

変更前

```
from tensorflow.keras.layers import
Input, LSTM, Dense, Dropout, Conv2D,
Reshape
```

変更後

```
from tensorflow.keras.layers import
Input, LSTM, Dense, Dropout, Conv2D,
Reshape, Flatten
```

▶2. ニューラル・ネットワークの変更

リストBに示します．

▶3. 出力されるモデル名の変更

これは分かりやすくするために行っていますので，必要な変更ではありません．

変更前

```
modelname = 'KAWASE_CNNLSTM.h5'
```

変更後

```
modelname = 'KAWASE_CNN.h5'
```

以下のコマンドで実行できます．

```
> python tf_train_kawase_cnn.py -t
USDJPY_210709.csv
```

● 実行結果

実行結果は図Eとなり，学習終了後は「学習データにおいて」55.21%しか予測できないことが分かります．上がるか下がるかの2択の問題なので，ランダムで答えを出すのと同じになってしまいました．

ディープ・ニューラル・ネットワークでは過去の

表A ディープ・ニューラル・ネットワークで為替の予測を行うプログラム(ディレクトリ名：kawase_CNN)

使用プログラム	ファイル名
学習用	tf_train_kawase_cnn.py
評価用	tf_kawase_yosoku.py

リストB ニューラル・ネットワークの変更点

```
# 畳込み層の活性化関数はlinearとする
h = Conv2D(32, (20, 2), strides=(4, 1), activation='linear', kernel_initializer=init,
                                  kernel_regularizer=l2(0.0001), name='cnn1')(input)
h = Dropout(0.5)(h)
h = Conv2D(64, (10, 2), strides=(1, 1), activation='linear', kernel_initializer=init,
                                    kernel_regularizer=l2(0.0001), name='cnn2')(h)
h = Dropout(0.5)(h)
h = Conv2D(128, (5, 2), strides=(1, 1), activation='linear', kernel_initializer=init,
                                    kernel_regularizer=l2(0.0001), name='cnn3')(h)
h = Dropout(0.5)(h)
h = Reshape((8, 128), input_shape=(8, 1, 128))(h) # LSTM用にテンソルの形状を変換
h = LSTM(u_units, return_sequences=True, kernel_initializer=init, kernel_regularizer=l2(0.0001),
                                                                   name='lstm1')(h)
h = Dropout(0.5)(h)
h = LSTM(u_units, return_sequences=False, kernel_initializer=init, kernel_regularizer=l2(0.0001),
                                                                   name='lstm2')(h)
h = Dense(u_units, activation='linear', kernel_initializer=init, kernel_regularizer=l2(0.0001),
                                                  name='fc1')(h) # 活性化関数は何でも良さそう
h = Dropout(0.5)(h)
```

(a) 変更前

情報が入りませんので，このような問題には向いていないことが分かります．

また，今回作成したディープ・ニューラル・ネットワークの構造は**図F**となります．異なるのは**図4**のCNN層の後の2層の部分だけです．リカレント・ニューラル・ネットワークもそれほど難しくないことが分かります．

```
> python tf_kawase_yosoku.py -t USDJPY_210709.csv -m KAWASE_CNN.h5
=== USD/JPY日足為替予測評価プログラム ===
GPU: /device:GPU:0
評価データ: USDJPY_210709.csv
訓練に使う履歴の長さ: 100
履歴の最後から何日後の予測を行うか: 10
最新日から何日分除外するか: 30
2021-09-23 19:58:28.397071: I tensorflow/compiler/mlir/mlir_graph_optimization_pass.cc:185] None of the MLIR
                                                                    Optimization Passes are enabled (registered 2)
2021-09-23 19:58:28.991085: I tensorflow/stream_executor/cuda/cuda_dnn.cc:369] Loaded cuDNN version 8204
2021-05-31の予測結果: 円安 (実際の結果: 円安)
2021-06-01の予測結果: 円安 (実際の結果: 円安)
2021-06-02の予測結果: 円安 (実際の結果: 円安)
2021-06-03の予測結果: 円安 (実際の結果: 円安)
2021-06-04の予測結果: 円高 (実際の結果: 円安)
2021-06-07の予測結果: 円高 (実際の結果: 円安)
2021-06-08の予測結果: 円高 (実際の結果: 円安)
2021-06-09の予測結果: 円高 (実際の結果: 円安)
2021-06-10の予測結果: 円高 (実際の結果: 円高)
2021-06-11の予測結果: 円高 (実際の結果: 円高)
2021-06-14の予測結果: 円高 (実際の結果: 円安)
2021-06-15の予測結果: 円高 (実際の結果: 円安)
2021-06-16の予測結果: 円高 (実際の結果: 円安)
2021-06-17の予測結果: 円高 (実際の結果: 円高)
2021-06-18の予測結果: 円安 (実際の結果: 円安)
2021-06-21の予測結果: 円安 (実際の結果: 円安)
2021-06-22の予測結果: 円安 (実際の結果: 円安)
2021-06-23の予測結果: 円高 (実際の結果: 円安)
2021-06-24の予測結果: 円高 (実際の結果: 円安)
2021-06-25の予測結果: 円高 (実際の結果: 円安)
2021-06-28の予測結果: 円高 (実際の結果: 円安)
2021-06-29の予測結果: 円高 (実際の結果: 円安)
2021-06-30の予測結果: 円高 (実際の結果: 円安)
2021-07-01の予測結果: 円高 (実際の結果: 円安)
2021-07-02の予測結果: 円高 (実際の結果: 円安)
2021-07-05の予測結果: 円高 (実際の結果: 円安)
2021-07-06の予測結果: 円高 (実際の結果: 円高)
2021-07-07の予測結果: 円高 (実際の結果: 円高)
2021-07-08の予測結果: 円高 (実際の結果: 円高)
2021-07-09の予測結果: 円高 (実際の結果: 円高)
=== 最終予測結果 ===
評価データ数: 30, 正解予想: 14, 正解率 46.666666666666664%
```

図D　実行結果(LSTMのようなリカレント・ニューラル・ネットワークを使わないと為替の予測で使えない)

```
# 畳込み層
h = Conv2D(32, (20, 2), strides=(4, 1), kernel_initializer=init, kernel_regularizer=l2(0.0001),
                                                                        name='cnn1')(input)
h = Dropout(0.5)(h)
h = Conv2D(64, (10, 2), strides=(1, 1), kernel_initializer=init, kernel_regularizer=l2(0.0001), name='cnn2')(h)
h = Dropout(0.5)(h)
h = Conv2D(128, (5, 2), strides=(1, 1), kernel_initializer=init, kernel_regularizer=l2(0.0001), name='cnn3')(h)
h = Flatten()(h)
h = Dropout(0.5)(h)
h = Dense(u_units*2, activation='linear', kernel_initializer=init, kernel_regularizer=l2(0.0001),
                                                                            name='fc1')(h)
h = Dropout(0.5)(h)
h = Dense(u_units*2, activation='linear', kernel_initializer=init, kernel_regularizer=l2(0.0001),
                                                                            name='fc2')(h)
h = Dropout(0.5)(h)
h = Dense(u_units, activation='linear', kernel_initializer=init, kernel_regularizer=l2(0.0001), name='fc3')(h)
h = Dropout(0.5)(h)
```

(b) 変更後

```
> python tf_train_kawase_cnn.py -t USDJPY_210709.csv

=== USD/JPY日足為替予測学習 ===
GPU: No
訓練データ: USDJPY_210709.csv
ミニバッチサイズ: 20
エポック数: 300
訓練に使う履歴の長さ: 100
履歴の最後から何日後の予測を行うか: 10
最新日から何日分除外するか: 30
学習率: 0.0001
シード値: 0
Model: "model"
_________________________________________________________________
 Layer (type)                Output Shape              Param #
=================================================================
 input (InputLayer)          [(None, 100, 4, 1)]       0

 cnn1 (Conv2D)               (None, 21, 3, 32)         1312

 dropout (Dropout)           (None, 21, 3, 32)         0

 cnn2 (Conv2D)               (None, 12, 2, 64)         41024

 dropout_1 (Dropout)         (None, 12, 2, 64)         0

 cnn3 (Conv2D)               (None, 8, 1, 128)         82048

 flatten (Flatten)           (None, 1024)              0

 dropout_2 (Dropout)         (None, 1024)              0

 fc1 (Dense)                 (None, 512)               524800

 dropout_3 (Dropout)         (None, 512)               0

 fc2 (Dense)                 (None, 512)               262656

 dropout_4 (Dropout)         (None, 512)               0

 fc3 (Dense)                 (None, 256)               131328

 dropout_5 (Dropout)         (None, 256)               0

 output (Dense)              (None, 2)                 514

=================================================================
Total params: 1,043,682
Trainable params: 1,043,682
Non-trainable params: 0
Epoch 1/300
356/356 [==============================] - 6s 13ms/step - loss: 7.1820 - sparse_categorical_accuracy: 0.4893
                                          - val_loss: 7.5082 - val_sparse_categorical_accuracy: 0.4785
Epoch 2/300
356/356 [==============================] - 4s 10ms/step - loss: 6.8342 - sparse_categorical_accuracy: 0.5037
                                          - val_loss: 1.0719 - val_sparse_categorical_accuracy: 0.5292
(中略)
Epoch 297/300
356/356 [==============================] - 4s 10ms/step - loss: 0.6934 - sparse_categorical_accuracy: 0.5461
                                          - val_loss: 0.7026 - val_sparse_categorical_accuracy: 0.5215
Epoch 298/300
356/356 [==============================] - 4s 10ms/step - loss: 0.6951 - sparse_categorical_accuracy: 0.5526
                                          - val_loss: 0.6996 - val_sparse_categorical_accuracy: 0.5462
Epoch 299/300
356/356 [==============================] - 4s 10ms/step - loss: 0.6961 - sparse_categorical_accuracy: 0.5389
                                          - val_loss: 0.7030 - val_sparse_categorical_accuracy: 0.5231
Epoch 300/300
356/356 [==============================] - 4s 11ms/step - loss: 0.6956 - sparse_categorical_accuracy: 0.5521
                                          - val_loss: 0.6994 - val_sparse_categorical_accuracy: 0.5292
```

図E　実行結果(学習データにおいて55.21%の正答率しかない)

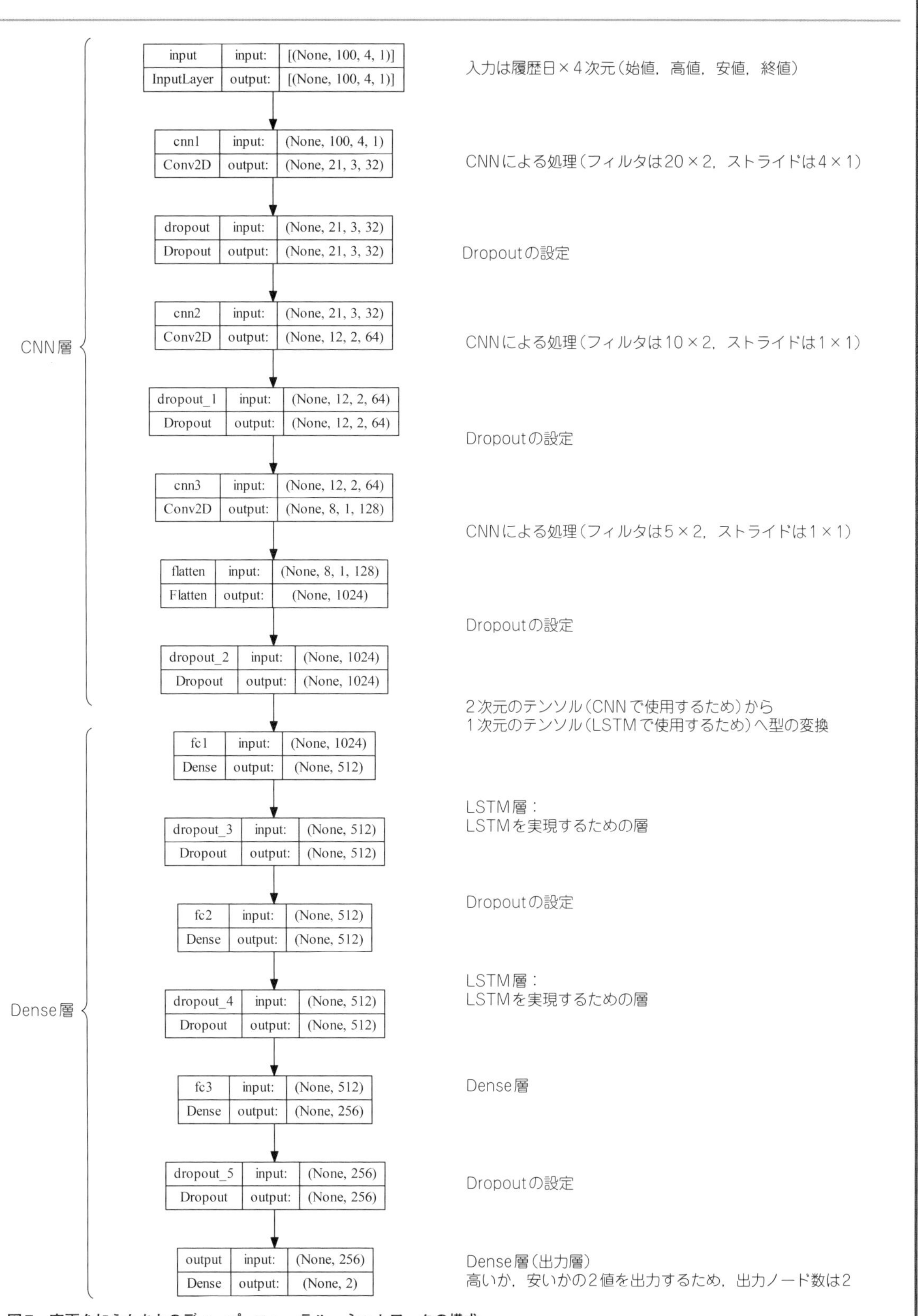

図F　変更を加えたあとのディープ・ニューラル・ネットワークの構成

第4章

人間のアシスタントとして一大分野に発展するかも
データ分析向きRNN②…文章の自動生成

リスト1　リカレント・ニューラル・ネットワークによる自動作文…それなりに意味の通る文章になっている？

```
python tf_make_sentence.py -w LM.h5 -v vocab

単語を入力>>> 吾輩
自動作文結果: 吾輩 は この くらい な 比喩 を 云う 。 </s>
```

(a) 自動作文の実行例

```
単語を入力>>> 猫
自動作文結果: 猫 の ごとく 、主人 の 顔 を 見 て 、主人 の 顔 を 見 て 、「 君 は 何 の 事 だ から 、そんな 事 を 云う の は 、あの 通り
将軍家 が 、あの 男 の よう な 事 を 云う の です 」 </s>
単語を入力>>> 僕
自動作文結果: 僕 は 何 の 事 だ から 、その 時 は 、その 時 の 方 を 見 て 、その 時 に は 贋札 を 割る 。 </s>
単語を入力>>> 机
自動作文結果: 机 の 上 に は 薄っぺら な メリンス の 座布団 が ある 。 </s>
単語を入力>>> 時計
自動作文結果: 時計 は 何 でも いい 。 </s>
単語を入力>>> 主人
自動作文結果: 主人 は「 君 の 所 へ 行っ て 、御 這入ん なさい が 、私 は 御 休み に なり ます 」と 主人 は 主人 の 述懐 で ある 。 </s>
```

(b) さまざまな作文結果

●やること＆課題

ここでは，コンピュータに文章を生成させてみます．今回のサンプルは日本語の作文ができるようになっています．

第3章で示したリカレント・ニューラル・ネットワークの初期型では，過去の情報がどんどん薄まっていきます．それはそれで良いこともありますが，次のような場合はうまく答えることができなくなります．

「修学旅行で京都に行ったときに印象に残ったのは，そこに住む人たちの温かさと，歴史ある街並みで，中でも○○のすばらしさに圧倒されました．」

これを読むと，○○に入るのは「金閣寺」や「清水寺」と推測できます．しかし，京都という単語が離れ過ぎているため，初期型のリカレント・ニューラル・ネットワークでは○○をうまく答えることができなくなります．

●進化したRNN…LSTM

そこで，以下の2つを実現できる仕組みが必要です．

- 重要そうな単語はいつまでも覚えていること
- 重要でない単語はすぐに忘れること

これらを実現するためのリカレント・ニューラル・ネットワークの一種がLSTMです．そして，TensorFlowではこの2点をブラック・ボックスの処理に入れ込んで使いやすくしています．

実験

●できること…単語を入力するだけで文章を出力

作文とはどのようなものかイメージがわかないかもしれません．そこで，著者らが事前に学習させておいた「吾輩は猫である」のモデルを使って実行してみます．

実行結果を**リスト1**に示します．実行すると最初に「単語を入力」と表示されます．そこで，「吾輩」のように単語を入力すると，それで始まる文章が表示されます．

なお，`</s>`は文章の最後を表す記号です．`<s>`も設定されていて，これは文章の最初を表す記号です．また，ここでは出てきませんでしたが，`<unk>`は未知語で，`vocab`に入っていない単語を指します．出現頻度が極端に少ない単語を含んだ全ての単語を学習するとうまくモデルが学習できないので，出現頻度が極端に少ない語や記号などは`<unk>`で置き換えています．

簡単な学習ですので，長い文章やうまい文章はできませんが，それなりに意味の通る文章になっている気がしませんか？

●準備

ここでは**表1**のプログラムを使います．これらは本書サポート・ページからダウンロードできます．

●ステップ1：モデルの学習

学習は次のコマンドで実行できます．

```
> python tf_train_lm.py -t wagahai.train.txt -v vocab
```

学習にはとても長い時間がかかります．「吾輩は猫である」は，著者が使っているWindows上の仮想環境ですと24時間くらいかかりました．

「走れメロス」の方が短時間で学習できるので，お勧めです．

●ステップ2：作文する

自動作文のプログラムを実行します．

```
> python tf_make_sentence.py -w LM.h5 -v vocab
```

後は**リスト1**で示したように，単語を入力すると文章が出力されます．

表1　自動作文で使用するプログラム（ディレクトリ名：sakubun_RNN）

使用プログラム	ファイル名
学習用	tf_train_lm.py
作文用	tf_make_sentence.py

コラム1 過学習を抑制するドロップアウト

ドロップアウトとは学習時に使わないノードを設定する方法です．

例えば，**図A**のようなニューラル・ネットワークがあったとします．ある入力を加えたときの学習には**図B**(a)のように×印が付いているノードはないものとして学習します．そして，また別の入力を加えたときの学習時には**図B**(b)のように×印が付いているノードはないものとして学習します．

このように，学習時に使わないノードを意図的に設定することをドロップアウトといいます．この例ではドロップアウトの割合を50%にしています．

学習しないノードを作ることは無駄なように思うかもしれませんが，ドロップアウトを設定しておくと過学習を抑制する効果があることが知られています．

第5部第2章の感情認識では，過学習が起きやすいので，試しにドロップアウトを設定したバージョンでも試してみるとよいでしょう．

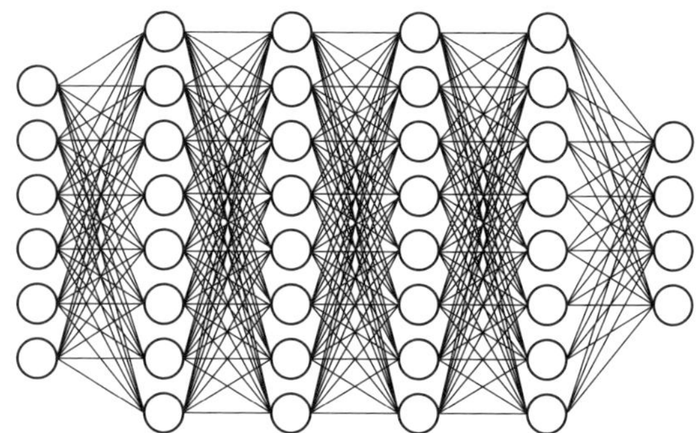

図A　ニューラル・ネットワーク

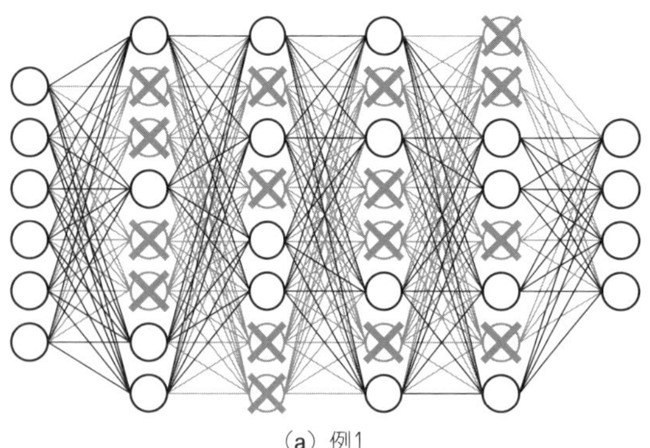

(a) 例1

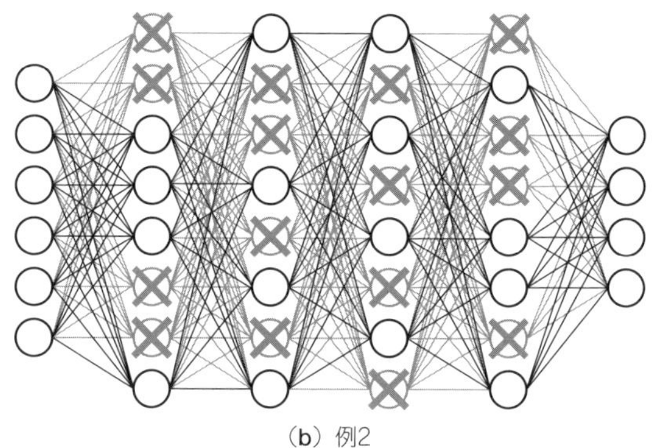

(b) 例2

図B　学習時に使わないノードを意図的に設定するドロップアウト

日本語文の作成プログラム

作文モデルを作成するプログラム(`tf_train_lm.py`)を**リスト2**(p.214)に示します．

このプログラムの構造は次のようになっています．

①ライブラリの読み込み
②リカレント・ニューラル・ネットワークの構造の設定
③オプションの設定
④データの作成の準備
⑤データの読み込み
⑥モデルの設定と学習

●①ライブラリの読み込み

ここでは，以下の7個のレイヤ(層)ライブラリを読み込んでいます．

`Input, LSTM, Dense, Masking, Embedding, TimeDistributed, Dropout`

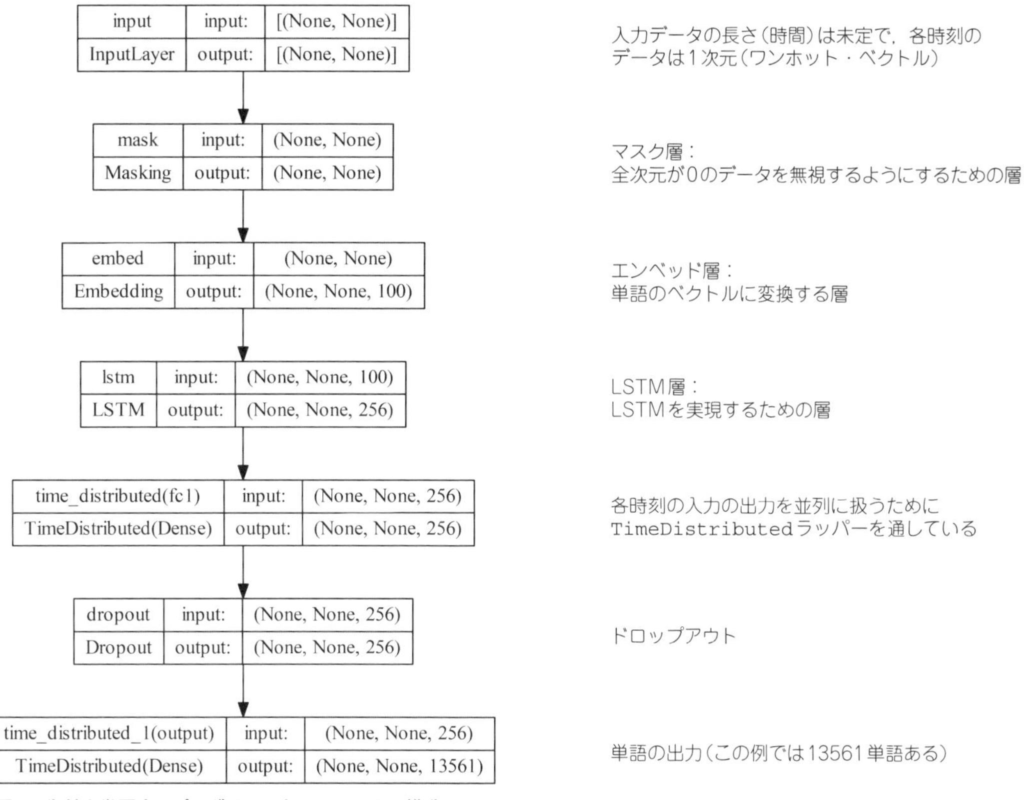

図1　為替を学習するプログラムのネットワークの構造

●②リカレント・ニューラル・ネットワークの構造の設定

今回作成したリカレント・ニューラル・ネットワークの構造を**図1**に示します．これは**リスト2**の`LangModel`関数で設定しています．

▶1層目

入力層(`InputLayer`)でデータの入力を行います(**リスト2**の②-1)．データの長さは未定で，各データは1次元(ワンホット・ベクトル)として設定しています．

▶2層目

2層目はマスク層です．全次元が0のデータを無視するための層です(**リスト2**の②-2)．基本的に，ミニ・バッチのデータは大きさがそろっていなければなりません．例えば，今回のデータは，ミニ・バッチ内のすべての訓練文の長さ(＝単語数)は同じでなくてはいけませんが，文の長さはまちまちなので，0を埋めることで無理やり長さをそろえています．

しかし，0を無理やり入れているため，本来なら計算しないはずの損失を計算してしまいます．マスク層を通ることで，0の場合はマスク値であることが出力層まで伝搬され，損失の計算を無視するようになります．

▶3層目

`Embed`関数では，単語に付けられたIDを2つ目の引き数で指定した次元数のベクトル形式に変更しています(**リスト2**の②-3)．このサンプルでは100次元のベクトルに変換しています．

ニューラル・ネットワークに単語を入力する場合，単語は1-of-Kのワンホット・ベクトル表現に変換して入力します(この変換は自動で行われている)．

リスト2　自動作文のモデルを作成するプログラム(tf_train_lm.py)

```
"""
自動作文用言語モデル訓練プログラム
By Hiromitsu Nishizaki and Koji Makino
"""
#①
import os
import numpy as np
import argparse
import tensorflow as tf
from tensorflow.keras.layers import Input, LSTM, Dense, Masking, Embedding, TimeDistributed, Dropout
from tensorflow.keras.preprocessing.sequence import pad_sequences
from tensorflow.keras.callbacks import TensorBoard

"""
モデルの定義
"""
def LangModel(v_size, e_size=100, n_nodes=256, seed=0):
      # レイヤーのパラメータ初期化用
      init = tf.keras.initializers.HeNormal(seed=seed)
      #②-1
      # 入力データの長さ(時間)は未定で，各時刻のデータは1次元(ワンホットベクトル)
      input = Input(shape=(None,), name='input')
      #②-2
      # マスク層。全次元が0のデータを無視するようにするための層
      masked = Masking(mask_value=0, name='mask')(input)
      #②-3
      # エンベッド層。単語のベクトルに変換
      embed = Embedding(v_size, e_size, name='embed')(masked)
      #②-4
      # LSTM層
      h = LSTM(n_nodes, return_sequences=True, dropout=0.5, recurrent_dropout=0.5, kernel_initializer=init,
                                                                                    name='lstm')(embed)
      #②-5
      # 各時刻の入力の出力を並列に扱うためにTimeDistributedラッパーを通している
      h = TimeDistributed(Dense(n_nodes, activation='relu', kernel_initializer=init, name='fc1'))(h)
      #②-6
      h = Dropout(0.5)(h) # ドロップアウト
      #②-6
      output = TimeDistributed(Dense(v_size, activation='softmax', name='output'))(h)
      # モデル化
      model = tf.keras.Model(inputs=input, outputs=output)
      # オプティマイザや評価関数，評価尺度の設定
      model.compile(optimizer=tf.keras.optimizers.Adam(0.001), loss=tf.keras.losses.SparseCategoricalCrossentro
                                            py(), metrics=[tf.keras.metrics.SparseCategoricalAccuracy()])
      return model

# main関数
def main():
      #③
      parser = argparse.ArgumentParser(description='言語モデル訓練プログラム')
      parser.add_argument('--epoch', '-e', default=50, type=int,
                  help='訓練のエポック数')
      parser.add_argument('--embed', '-m', default=100, type=int,
                  help='単語埋め込みの次元数')
      parser.add_argument('--nodes', '-n', default=256, type=int,
                  help='隠れ層のノード数')
      parser.add_argument('--vocab', '-v', default='vocab', help='辞書ファイル')
      parser.add_argument('--train', '-t', default='wagahai.train.txt',
                  help='訓練用文章ファイル')
      parser.add_argument('--logdir', '-d', default='log', help='TensorBoard用ログファイル')
      parser.add_argument('--batch_size', '-b', type=int, default=32,
                  help='ミニバッチサイズ')
      parser.add_argument('--seed', '-s', type=int, default=0, help='乱数のシード値')
      args = parser.parse_args()

      """前処理など"""
      unkid = 2 # 未知語のID
      AUTOTUNE = tf.data.experimental.AUTOTUNE

      """
      訓練条件の表示
      """
      print(f'Embed次元数：{args.embed}')
      print(f'隠れ層の次元数：{args.nodes}')
      print(f'ミニバッチサイズ：{args.batch_size}')
      print('')

      """
      語彙リストを読み込み，リスト型として持っておく
      """
```

```
    #④-1
    with open(args.vocab, 'r',encoding='utf-8') as f:
        lines = f.readlines()
    vocab = [l.strip() for l in lines]

    """
    訓練データを読み込みTensor型に変換する
    """
    # 文の単語列をID列に変換する
    #④-2
    def word2id(sent):
        idseq = []
        for word in sent.split():
            word = word.decode('utf-8') # バイナリになっているのでテキストに戻す
            if word in vocab:
                idseq.append(vocab.index(word))
            else: # 単語が語彙に登録されていなかったら
                idseq.append(unkid) # 未知語のID
        return idseq # ID列を返す

    # ミニバッチデータの作成。このときバッチの長さを揃えるためにゼロパディングを行う。
    #④-3
    def make_minibatch_with_padding(sents):
        batch_data = [] # データを入れるリスト
        label_data = [] # データに対するラベルを入れるリスト
        ### 1文ずつ処理
        for s in sents:
            train = word2id(s.numpy()) # ID列に変換。Tensor型をNumpyに戻している。
            label = train.copy() # 教師ラベルを訓練データをコピーして準備
            train.insert(0, 1) # 先頭に"<s>"(ID=1)を入れる
            label.append(0) # 教師ラベルの文末に"</s>"(ID=0)を入れる
            batch_data.append(train) # 訓練の1文データをリストに追加
            label_data.append(label) # ラベルも同様に追加
        # バッチデータの長さを揃えるため, 短いデータの後ろに0を埋める(ゼロパディング)。
        batch_data = pad_sequences(batch_data, padding='post', value=0, dtype=np.int32)
        label_data = pad_sequences(label_data, padding='post', value=0, dtype=np.int32)
        return batch_data, label_data
    #⑤-1
    # テキストをtf.dataを使って読み込む(tf.Tensor型で読み込む)
    train_ds = tf.data.TextLineDataset(args.train)
    #⑤-2
    # 訓練データの文数を取得
    for num, _ in enumerate(iter(train_ds)):
        pass
    train_ds = train_ds.shuffle(num+1) # 完全にシャッフルする
    train_ds = train_ds.repeat(1) # 1エポックで使う回数。1だと1データは1エポックで1回だけ利用される。
    train_ds = train_ds.batch(args.batch_size) # ミニバッチ生成
    # ミニバッチ単位で, インデックスから訓練データに変換
    train_ds = train_ds.map(lambda x: tf.py_function(make_minibatch_with_padding, [x], Tout=[tf.int32,
                                                                                            tf.int32]))
    train_ds = train_ds.prefetch(buffer_size=AUTOTUNE) # プレフェッチの設定(実行速度アップのため)

    """
    モデルのインスタンス化
    """
    #⑥-1
    model = LangModel(len(vocab), args.embed, args.nodes, args.seed) # モデルのビルド
    model.summary() # モデルのサマリーの表示
    tf.keras.utils.plot_model(model, show_shapes=True, show_layer_names=True, to_file='model.png')
                                                                                # モデル構造を保存(画像)

    """
    訓練
    """
    tb_cb = TensorBoard(log_dir=args.logdir, histogram_freq=1) # TensorBoard用コールバック
    #⑥-2
    checkpoint_path = os.path.join(args.logdir, 'cp-{epoch:03d}.ckpt')
    # 10エポックごとにモデルの重みを保存するコールバックを作成
    cp_cb = tf.keras.callbacks.ModelCheckpoint(filepath=checkpoint_path, save_weights_only=True, period=10)
    model.save_weights(checkpoint_path.format(epoch=0))
    # 訓練
    #⑥-3
    model.fit(train_ds, epochs=args.epoch, callbacks=[tb_cb, cp_cb], use_multiprocessing=True)
    # 訓練済みモデルの重みの保存
    model_weight_name = 'LM.h5'
    print(f'save the parameters of the trained model: {model_weight_name}')
    model.save_weights(model_weight_name)

if __name__ == '__main__':
    main()
```

しかし，よりモデルの精度を高めるために，似た意味を持つような単語は似たような数百次元の潜在ベクトル表現に変換すると良いとされています（これをWord2Vecと呼ぶ）．

エンベッド層では，単語のワンホット・ベクトル表現を適切な潜在ベクトル表現に変換してくれます．

▶4層目

LSTM関数でLSTM層の設定しています（**リスト2**の②-4）．ここでは，いくつかの引き数により設定をしています．

- tateful=True：推論ごとに状態をリセットしないようにしている
- dropout=0.5：ドロップアウトの確率を50%にしている
- recurrent_dropout=0.5：再帰に関連する部分のノードのドロップアウトの確率を50%にしている
- kernel_initializer=init：初期化の設定をしている．initは**リスト2**の②-1の前の行で設定した

▶5層目

TimeDistributed関数は，各時刻の入力の出力を並列に扱うためにTimeDistributedラッパーを通すための設定です（**リスト2**の②-5）．

なお，ここでも初期化のために**リスト2**の②-1の前の行で設定したinitを用いています．LSTM層でreturn_sequences=Trueとしているので，各時刻の単語入力のたびにLSTM層が隠れベクトルを出力をします．

例えば，t_0の入力ではh_0，t_1の入力ではh_1，t_Tの入力ではh_T（Tは入力する単語の長さ）となります．このh_0からh_Tの隠れベクトルを1つずつ直列に次のDense層に渡していると計算時間がものすごくかかってしまうため，並列でまとめてDense層に通すと効率が良くなりますし，プログラムが簡単に書けます．ラッパーTimeDistributedではそれを実現しています．

▶6層目

Dropout関数でドロップアウトの設定をしています（**リスト2**の②-6）．ここでは確率を50%としています．

▶7層目

5層目で設定したTimeDistributed関数の後半です（**リスト2**の②-7）．今回のプログラムでは13561単語ありますので，出力の数が13561となっています．なお，この単語数は自動的に数えられています．

コラム2 単語は数字に置換

作文の入力では使用する全ての単語を数字（ID）に置き換える点が重要となります．

「隣の客はよく柿食う客だ．」という文章を数字に置き換える例を**図C**に示します．ここでは「客」という単語は2として置き換えますので，2回目に出てくる「客」も2として置き換えています．

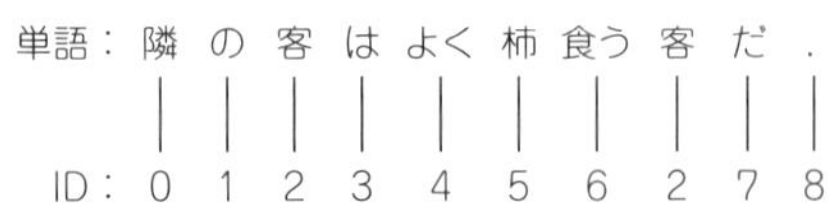

図C　作文の入力では使用する全ての単語を数字に置き換える

表2　自動作文のモデルを作成するプログラム実行時のオプション

オプション	意　味	未指定時	変　数
-e	エポック数の設定	50	args.epoch
-m	単語を表現するベクトルの次元数(単語の埋め込み次元数)	100	args.embed
-n	中間層(隠れ層)のノード数	256	args.hidden_nodes
-v	辞書ファイル	vocab	args.vocab
-t	学習ファイルの指定	wagahai.train.txt	args.trainfile
-b	ミニ・バッチ・サイズの設定	32	args.batchsize
-s	乱数のシード値	0	args.seed
-d	TensorBoard用ログ・ファイル	log	args.logdir

●③オプションの設定

このプログラムには，**表2**に示すオプションを指定できます．**リスト2**の③は，そのための記述です．

●④データの作成とニューラル・ネットワークの設定

▶データの読み込み

学習データは，ダウンロードした文章中の単語をすべて数字(ID)に変換したものを用います．

その対応表に相当するファイルがサンプル・プログラムではvocabという名前のファイルで，IDは行番号から1引いた数となります(最初のIDを0としているため)．

vocabはメモ帳などで開くことができます．**リスト2**の④-1でファイルを読み込んでいます．

▶データの変換(word2id関数)

この後で学習の文章を読み込みます．**リスト2**の④-2で定義したword2id関数は，その文章中の単語をIDに変換するための関数です．

▶データの作成(make_minibatch_with_padding関数)

さらに，ミニ・バッチ用のデータ変換を行うための関数として，**リスト2**の④-3でmake_minibatch_with_padding関数を定義しました．

ここでは，バッチ・データの長さをそろえるため，短いデータの後ろに0を埋めるゼロ・パディングが行われています

●⑤データの読み込み

リスト2の⑤-1で学習用の文章を読み込みます．**リスト2**の⑤-2でその単語数を数えています．

その後で，学習データのシャッフル，1エポックで使う回数，ミニ・バッチの生成を行い，ミニ・バッチ単位で訓練データに変換を行っています．

●⑥モデルの設定と学習

▶モデルの作成

リスト2の⑥-1でモデルの作成を行っています．そして，そのモデルの概要をコンソールに表示

注1：単語の種類はviエディタでvocabファイルを開いてから

```
:set number
```

で行番号を表示させてGコマンドで最終行に移動することで確認できる．Windows OSでは，メモ帳で開いて最終行に移動すると，ウィンドウの右下の表示で確認できる．

し，その構造を画像で保存しています．

▶学習

学習に時間がかかるため，**リスト2**の⑥-2で10エポックごとにチェックポイントを作成する設定をしています．これにより，もし学習が止まってしまってもこのファイルを使って再開することもできます．

リスト2の⑥-3でその後model.fit関数で学習を開始します．学習終了後にLM.h5を生成することで学習モデルに相当するパラメータ・セットを保存します．このLM.h5を用いて作文を行います．

おさらい

畳み込みニューラル・ネットワークを使って，太宰治の「走れメロス」を学習しテストするまでをおさらいします．

以下のウェブ・ページから「テキストファイル(ルビあり)」をダウンロードします．

https://www.aozora.gr.jp/cards/000035/card1567.html

タウントードしたファイルを開き，コラム3を参考に本文以外の最初と最後の部分を削除しておきます．このファイルをhashire_merosu.txtとして以下の説明を行います．

●Windows＋Anaconda編

▶MeCabのインストール

以下のサイトを開き，MeCab 0.996 64bit versionをダウンロードし，インストーラを実行します．

https://github.com/ikegami-yukino/mecab/releases

インストール中に，辞書の文字コードの選択を設定するダイアログが表示されますので，「UTF-8」を選択します．

インストール終了後，環境変数にPATHを設定します．Windowsの左下の検索ボックスに「環境変数を編集」と入力すると，設定するためのダイアログが表示されます．

Pathを選択してから，編集をクリックします．その後に表示されるダイアログの新規をクリックして，MeCabをインストールしたフォルダの下にあるbinフォルダのパスを入力します．

なお，著者の環境では「C:¥Program Files¥MeCab¥bin」でした．ここまでで，MeCabのインストールは終了です．

▶テキストの変換と学習

続いて，hashire_merosu.txtの変換と学習，テストを行います．

テキスト・ファイルをダウンロードして，解凍後ファイルをメモ帳で開きます．最初と最後の部分を削除したら，名前を付けて保存を選び，文字コードを「UTF-8」に変更してから，hashiremerosu.txtという名前で保存します．

以下のコマンドを順に実行します．

```
> type hashiremerosu.txt | perl seikei.pl | mecab | perl mecab2text.pl > train.txt
> perl chikan.pl train.txt | sort /unique |perl moji.pl > vocab
```

perlがインストールされていない場合は，以下のコマンドでインストールを行います．

```
> conda install -c anaconda perl
```

vocabを開きます．その中に文章に使わなそうな単語（・・+記号，ー+名詞など）がありますので削除します．そして，先頭に</s>，<s>，<unk>をこの順に追加します．

その後，以下のコマンドを順に実行して，学習とテストを行います．なお，「吾輩は猫である」の場合は-b（ミニバッチの設定）と-e（エポック数の設定）の設定はデフォルトの設定を使いますので設定する必要はありません．

```
> python tf_train_lm.py -b 10 -e 100 -t train.txt -v vocab
> python tf_make_sentence.py -w LM.h5 -v vocab
単語を入力>>> メロス
自動作文結果: メロス は 、一生 この まま ここ に い たい 、と 思っ た 。 </s>
単語を入力>>> 妹
自動作文結果: 妹 と 、六 人 殺さ れ まし た 。 </s>
単語を入力>>> 私
自動作文結果: 私 は 、これ ほど 努力 し た の だ 。 </s>
単語を入力>>> セリヌンティウス
自動作文結果: セリヌンティウス は 、すべて を 察し た 様子 で 首肯き 、刑場 一ぱい に 鳴り響く ほど 音 高く メロス の 右 頬 を 殴っ た 。 </s>
単語を入力>>> 国王
自動作文結果 : 国王 は 乱心 か 。 </s>
```

なお，学習環境によっては同じものを学習しても以下のようになります．ここでは著者が用意したLM.e100.h5とLM.e200.h5の結果を示します．なお，使用したvocabは他と区別するためにファイル名をtf.vocabとしました．

```
> python tf_make_sentence.py -w LM.e100.h5 -v tf.vocab
単語を入力>>> 妹
自動作文結果 : 妹 が 、私 の 帰り を 待っ て いる の だ 。 </s>
単語を入力>>> 私
自動作文結果 : 私 は 、きっと 笑わ れる 。 </s>
単語を入力>>> セリヌンティウス
自動作文結果 : セリヌンティウス は 、すべて を 察し た 様子 で 首肯き 、刑場 一ぱい に 鳴り響く ほど 音 高く メロス の 右 頬 を 殴っ た 。 </s>
単語を入力>>> 国王
自動作文結果 : 国王 は 乱心 か 。 </s>
単語を入力>>> メロス
自動作文結果 : メロス は 、悠々 と 身 仕度 を はじめ た 。 </s>


> python tf_make_sentence.py -w LM.e200.h5 -v tf.vocab
単語を入力>>> 妹
自動作文結果 : 妹 が 、私 の 帰り を 待っ て いる の だ 。 </s>
単語を入力>>> 私
自動作文結果 : 私 は 、ちゃんと 死ぬ る 覚悟 で 居る のに 。 </s>
単語を入力>>> セリヌンティウス
```

コラム3 学習に使うデータの構造と作成方法

● ステップ1：青空文庫のサイトからテキストを入手する

今回は青空文庫のサイトから夏目漱石の「吾輩は猫である」を使います．以下のウェブ・サイトにアクセスします．

```
http://www.aozora.gr.jp/cards/000148/card789.html
```

その中から「テキストファイル（ルビあり）」をダウンロードするために「789_ruby_5639.zip」をクリックします．ダウンロードしたファイルはzip形式ですので，全て展開します．

その中にwagahaiwa_nekodearu.txtがあります．

● ステップ2：タイトルなどを削除し（手作業）て本文だけにする

wagahaiwa_nekodearu.txtを開くと**リストA**のように書かれています．

最初の部分に本文に関係のない説明や最後の部分に出展などが書かれていますので，削除します．

リストA　青空文庫にある夏目漱石の「吾輩は猫である」の内容

```
【テキスト中に現れる記号について】

《》：ルビ
（例）吾輩《わがはい》は猫である

｜：ルビの付く文字列の始まりを特定する記号
（例）一番｜獰悪《どうあく》な種族であった

［＃］：入力者注　主に外字の説明や、傍点の位置の指定
　　　（数字は、JIS X 0213の面区点番号またはUnicode、底本のページと行数）
（例）※［＃「言＋墟のつくり」、第4水準2-88-74］

〔〕：アクセント分解された欧文をかこむ
（例）〔Quid aliud est mulier nisi amicitiae& inimica〕
アクセント分解についての詳細は下記URLを参照してください
http://www.aozora.gr.jp/accent_separation.html
-------------------------------------------------------

［＃8字下げ］一［＃「一」は中見出し］
　　　　　　　　　　　　　↓↓↓ここから残す（先頭からここまで削除）
　吾輩《わがはい》は猫である。名前はまだ無い。
　どこで生れたかとんと見当《けんとう》がつかぬ。何でも薄暗いじめじめした所でニャーニャー泣いていた事だけは記憶している。吾輩はここで始めて人間というものを見た。しかもあとで聞くとそれは書生という人間中で一番｜獰悪《どうあく》な種族であったそうだ。この書生というのは時々我々を捕《つかま》えて煮《に》て食うという話である。しかしその当時は何という考もなかったから別段恐しいとも思わなかった。ただ彼の掌《てのひら》に載せられてスーと持ち上げられた時何だかフワフワした感じがあったばかりである。掌の上で少し落ちついて書生の顔を見たのがいわゆる人間というものの見始《みはじめ》であろう。この時妙なものだと思った感じが今でも残っている。第一毛をもって装飾されべきはずの顔がつるつるしてまるで薬缶《やかん》だ。その後《ご》猫にもだいぶ逢《あ》ったがこんな片輪《かたわ》には一度も出会《でく》わした事がない。のみならず顔の真中があまりに突起している。そうしてその穴の中から時々ぷうぷうと煙《けむり》を吹く。どうも咽《む》せぽくて実に弱った。これが人間の飲む煙草《たばこ》というものである事はようやくこの頃知った。

（中略）


　次第に楽になってくる。苦しいのだかありがたいのだか見当がつかない。水の中にいるのだか、座敷の上にいるのだか、判然しない。どこにどうしていても差支《さしつか》えはない。ただ楽である。否《いな》楽そのものすらも感じ得ない。日月《じつげつ》を切り落し、天地を粉韲《ふんせい》して不可思議の太平に入る。吾輩は死ぬ。死んでこの太平を得る。太平は死ななければ得られぬ。南無阿弥陀仏《なむあみだぶつ》南無阿弥陀仏。ありがたいありがたい。
　　　　　　　　　　　　　↑↑↑ここまで残す（以降は削除）


底本：「夏目漱石全集1」ちくま文庫、筑摩書房
　　　1987（昭和62）年9月29日第1刷発行
底本の親本：「筑摩全集類聚版夏目漱石全集」筑摩書房
　　　1971（昭和46）年4月～1972（昭和47）年1月
初出：「ホトトギス」
　　　1905（明治38）年1月～8月
入力：柴田卓治
校正：渡部峰子（一）、おのしげひこ（二、五）、田尻幹二（三）、高橋真也（四、七、八、十、十一）、しず（六）、瀬戸さえ子（九）
1999年9月17日公開
2015年2月3日修正
青空文庫作成ファイル：
このファイルは、インターネットの図書館、青空文庫（http://www.aozora.gr.jp/）で作られました。入力、校正、制作にあたったのは、ボランティアの皆さんです。
```

ダウンロードしたデータの文字コードはシフトJISですので，UTF-8に変換する必要があります．Ubuntuではnkfコマンドを実行します．

```
$ nkf -w wagahaiwa_nekodearu.txt
> wagahaiwanekodearu.txt
```

nkfがインストールされていない場合は，以下のコマンドでインストールを行います．

```
$ sudo apt-get install nkf
```

Windowsでは「メモ帳」で開き，「名前を付けて保存」を選び，「UTF-8」を選択してから「wagahaiwanekodearu.txt」という名前で保存します．

● ステップ3：整形・形態素解析で使いやすくする

著者らが用意したseikei.plを用いて整形し，MeCabで形態素解析を行い，さらに筆者らが用意したmecab2text.plを使って整形します．

Ubuntuでは以下を実行します．

```
$ cat wagahaiwanekodearu.txt |
perl seikei.pl | mecab | perl
mecab2text.pl > train.txt
```

MeCabがインストールされていない場合は，以下のコマンドでインストールを行います．

```
$ sudo apt install mecab
```

実行すると，train.txtは，**リストB**のようになります．

Windows + Anacondaでは以下を実行します．

```
> type wagahaiwanekodearu.txt |
perl seikei.pl| mecab |perl
mecab2text.pl > train.txt
```

● ステップ4：単語をIDに変換するための変換テーブル・ファイルを作成する

ディープ・ラーニングには単語表記をそのまま使えないので，単語をIDに変換する必要があります．

Ubuntuでは以下を実行します．

```
$ cat wagahai.train.txt | tr " "
"\n" | sort | uniq > vocab
```

Windows + Anacondaでは以下を実行します．

```
> perl chikan.pl train.txt | sort
/unique | perl moji.pl > vocab
```

変換後は**リストC**のようなvocabファイルが生成できます．この中で，記号や英語の頭文字など文章に使わなそうなものを削除します．たいていはファイルの初めの方にあります．このとき，句点(.)と句読点(,)を削除しないように注意しましょう．

そして，</s>と<s>，<unk>という単語を追加します．

ステップ5：単語表記をID表記に変換する

単語表記をID表記に変換する具体例を**図D**を用いて説明します．

まず，「吾輩」という単語は3842行目にあるのでIDは3841（行番頭から1引いた数）となります．次の，「は」は52行目（IDは51）といった具合に数字に変換していきます．

これにより，1行目の文章は「3841 51 1005 43 1773 4」という文章に変換されることになります．

リストB　整形・形態素解析後の文章

```
吾輩 は 猫 で ある 。
名前 は まだ 無い 。
どこ で 生れ た か とんと 見当 が つか ぬ 。
(中略)
南無阿弥陀仏 南無阿弥陀仏 。
ありがたい ありがたい 。
```

リストC　単語をIDに変換するための変換テーブル・ファイル

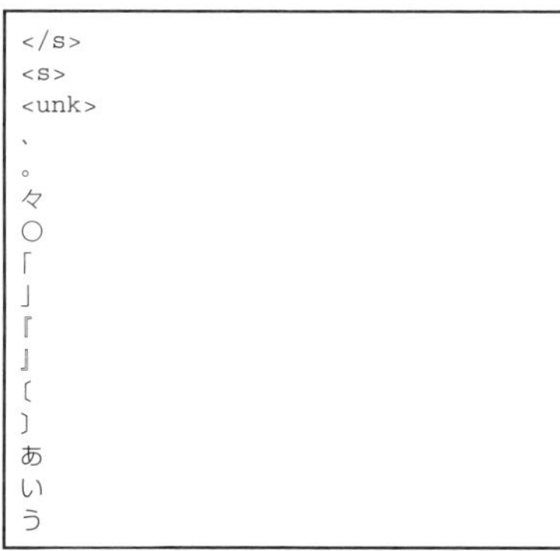

```
</s>
<s>
<unk>
、
。
々
〇
「
」
『
』
〔
〕
あ
い
う
```

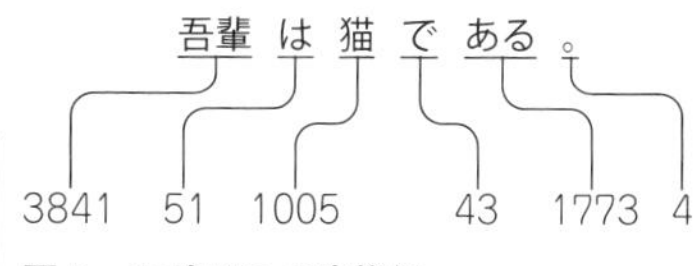

図D　ID表記への変換例

```
自動作文結果：セリヌンティウス よ 、ゆるし て くれ 。 </s>
単語を入力>>> 国王
自動作文結果：国王 は 乱心 か 。 </s>
単語を入力>>> メロス
自動作文結果：メロス は 、単純 な 男 で あっ た 。 </s>
```

●Ubuntu編

Ubuntuではvocabの作成方法だけ異なります．この詳しい説明はコラム3で行っています．

```
$ unzip 1567_ruby_4948.zip
$ nkf -w hashire_merosu.txt > hashiremerosu.txt
$ cat hashiremerosu.txt | perl seikei.pl | mecab | perl mecab2text.pl >
train.txt
$ cat train.txt | tr " " "\n" | sort | uniq > vocab
```

第5章

学習データが不要の便利なアルゴリズムを体験
音声/画像生成向きオートエンコーダ①…ノイズ・フィルタ

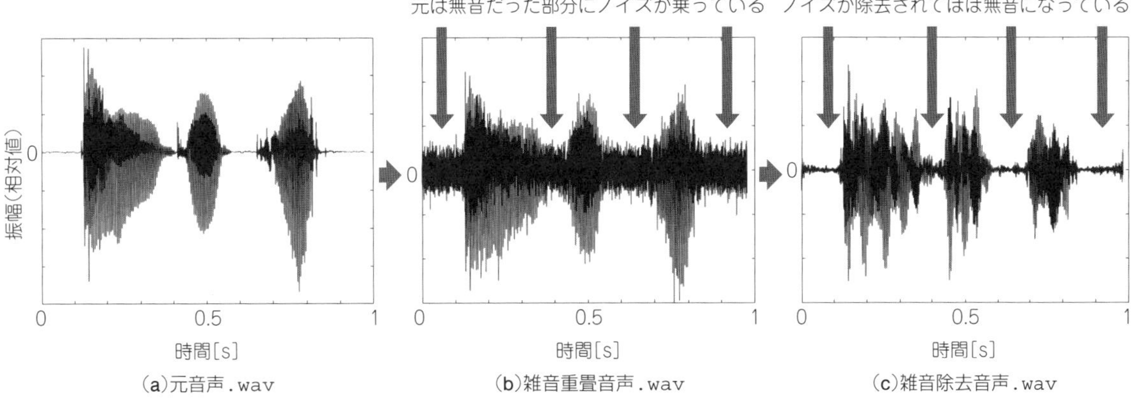

図1　意図的に乗せたノイズを除去する

オートエンコーダ(AE)は，入力と出力が同じになるように特徴を自動的に学習します．通常，ディープ・ラーニングでは，教師データという入力に対する答えのデータが必要となります．この教師データを作るということは結構手間のかかることで，人手が必要でした．

オートエンコーダは教師データを作る必要がありません．教師データ作りという「人手がかかる工程」がなくても学習できるようになり，学習量が飛躍的に増大しました．

応用例として，ノイズのある画像や音声からノイズのない画像や音声への復元があります．

ここでは，音声ノイズを除去するディノイジング・オートエンコーダ(Denoising Autoencoder)を紹介します．これはDAEと略されることが多い手法です．

実験

●できること…意図的に加えたノイズを除去する

ここで使うノイズ除去用プログラムは，学習時間を短くしているため，どのようなノイズでも除去できるわけではありません．できることは，意図的に加えたノイズをきれいな音声に戻すという

表1　ノイズ除去で使用するプログラムとサンプル・データ（ディレクトリ名：DAE）

使用プログラム	ファイル名
学習用	tf_train_dae.py
変換用	tf_make_traindata.py
雑音除去テスト用	tf_denoise.py

（a）プログラム

内　容	ファイル名
元の音声	元音声.wav
ノイズが乗った音声	雑音重畳音声.wav
ノイズを除去した音声	雑音除去音声.wav

（b）サンプル音声

コラム1　PCを使った音声の録音と変換

著者はWindows 10のボイスレコーダを用いて音を録音しています．ボイスレコーダはm4a形式で保存されますので，wav形式に変換する必要があります．

m4a形式からwav形式への変換にはオンライン・オーディオ・コンバータ（https://www.media.io/jp）を利用できます．

ものになります．

この様子を波形にしたのが**図1**です．ノイズが乗った音声からノイズが除去されて，元の音声の波形に近くなっています．

●準備

実験には，**表1**のプログラムとデータを使います．これらは本書サポート・ページからダウンロードできます．

「雑音除去音声.wav」を聞いてみると，ロボットみたいな無機質な声になっていますが，確かに「さー」っというノイズは消えていました．

プログラムを実行する前に，音声変換用プログラムをインストールするために，以下のコマンドを実行しておきます．

- Windows + Anaconda

```
> conda install -c groakat sox
```

- Ubuntu

```
$ pip3 install scipy
$ sudo apt install sox
```

これらは一度インストールしてしまえば，その後実行する必要はありません．

●ステップ1：音声データを用意する

学習させたい音声ファイルを用意します（コラム2参照）．サンプル音声の「元音声.wav」を使うことができます．

独自に用意する場合，使用する音声データは，16kHz，16ビット（signed int）でのサンプリング，リトル・エンディアン，モノラルとしておく必要があります．PCで録音する場合，ステレオでの録音になります．test.wavとして録音した場合は，以下のように音声データを変換します．

```
> sox test.wav -b 16 -r 16000 -c 1 test_m.wav
```

●ステップ2：音声データから学習用データを作る

用意した音声データを基にして学習用データを作成します．wavlist.txtにはtest_m.wavという1行を記述しています．

複数の音声データがある場合は，改行して以下のように幾つでも書くことができます(wavlist_all.txt).

```
data_m/chibi_raito_m.wav
data_m/daibu_sukunai_m.wav
data_m/densyade_go_m.wav
data_m/fujisan_m.wav
data_m/gochisousama_m.wav
data_m/rajiopenchi_m.wav
data_m/totemo_atsui_m.wav
data_m/yukidaruma_m.wav
```

その後，以下のコマンドで変換を行うと，変換したファイルの名前(test_m.wav)と学習に使う変換されたデータのファイル名(train_dae.npz)が表示されます.

```
> python tf_make_traindata.py -l wavlist.txt
now processing test_m.wav ... done
train_dae.npz saved.
```

前述のwavlist_all.txtに書かれている8個の音声データを用いた場合の変換は，以下となります.

```
> python tf_make_traindata.py -l wavlist_all.txt
now processing data_m/chibi_raito_m.wav ... done
now processing data_m/daibu_sukunai_m.wav ... done
now processing data_m/densyade_go_m.wav ... done
now processing data_m/fujisan_m.wav ... done
now processing data_m/gochisousama_m.wav ... done
now processing data_m/rajiopenchi_m.wav ... done
now processing data_m/totemo_atsui_m.wav ... done
now processing data_m/yukidaruma_m.wav ... done
train_dae.npz saved.
```

実行の際に，引き数として使えるオプションを**表2**に示します.

実行するとtrain_dae.npzとtest_0.wavからtest_4.wavの5つのファイルが生成されます.

train_dae.npzはwav形式のファイルを変換した学習データです．そして，test_0.wavからtest_4.wavまでの5つのファイルはそれぞれ異なるノイズを加えた場合のファイルです.

なお，上記wavlist_all.txtのように複数のファイルを指定した場合は，最後のファイル(ここでは，yukidaruma_m.wav)だけがtest_0.wavからtest_4.wavとして保存されます.

●ステップ3：オートエンコーダの学習

ディノイジング・オートエンコーダの学習を行います.

```
> python tf_train_dae.py
```

実行結果を**図2**に示します．学習データにおいて損失が0.0104となっています．また，学習モデルがDAE_MODEL.h5というファイル名で保存されていることが示されています.

```
> python tf_train_dae.py

# ミニバッチサイズ: 128
# ボトルネック層のノード: 128
# エポック数: 100
# 初期学習率: 0.001
# 保存モデル: DAE_MODEL.h5 ←(保存ファイル名)

(モデルの表示は省略)

Epoch 1/100
71/71 [==============================] - 4s 23ms/step - loss: 0.5408 - val_loss: 0.3351
Epoch 2/100
71/71 [==============================] - 1s 18ms/step - loss: 0.1770 - val_loss: 0.2821
Epoch 3/100
71/71 [==============================] - 1s 18ms/step - loss: 0.1241 - val_loss: 0.2088
(中略)
Epoch 98/100
71/71 [==============================] - 1s 18ms/step - loss: 0.0106 - val_loss: 0.0088
Epoch 99/100
71/71 [==============================] - 1s 18ms/step - loss: 0.0105 - val_loss: 0.0084
Epoch 100/100
71/71 [==============================] - 1s 18ms/step - loss: 0.0104 - val_loss: 0.0107
model "DAE_MODEL.h5" saved.
                                                  (損失が0.0104)
```

図2　ノイズ除去プログラムの学習結果

表2　学習用プログラムの実行時オプション

オプション	意　味	未指定時	変　数
-l	変換するwavファイル名が書かれたテキスト・ファイル	wav_list.txt	args.wav_list
-o	訓練用データ	train_dae	args.output_file
-f	窓関数の長さ	512	args.fftpoints
-s	窓関数のシフト幅	160	args.shift
-n	*S/N*比の種類	5	args.n

●ステップ4：結果を確認する

損失の変化のグラフはTensorBoardを用いて確認します．以下のコマンドを実行します．

```
> tensorboard --logdir log
```

TensorBoardが起動すると以下のように表示されます．

```
TensorBoard 2.4.1 at http://localhost:6006/ (Press CTRL+C to quit)
```

ウェブ・ブラウザを開き，アドレス・バーに「http://localhost:6006/」を入力します．

損失のグラフを**図3**に示します．学習が進むにつれて損失が小さくなっています．

●ステップ5：効果の確認

効果を検証データで確かめます．これには，学習結果DAE_MODEL.h5を用います．

効果を確認するのに用いる音声ファイルがtest_m.wavだった場合，以下のコマンドを実行します．なお，学習に用いた音声ファイルと同じでなくても使うことができます．

```
> python tf_denoise.py -i test_m.wav
```

プログラムは，章末に**リスト2**として掲載しました．実行後，**図4**が表示され，noisy_voice.wavとdenoised_voice.wavという2つのファイルが生成されます．

noisy_voice.wavは検証データに意図的にノイズを加えたものとなります．このノイズはtf_make_traindata.pyで用いたものと同じ手順で生成したものです．ただし，初期乱数が異なるため，全く同じではありません．

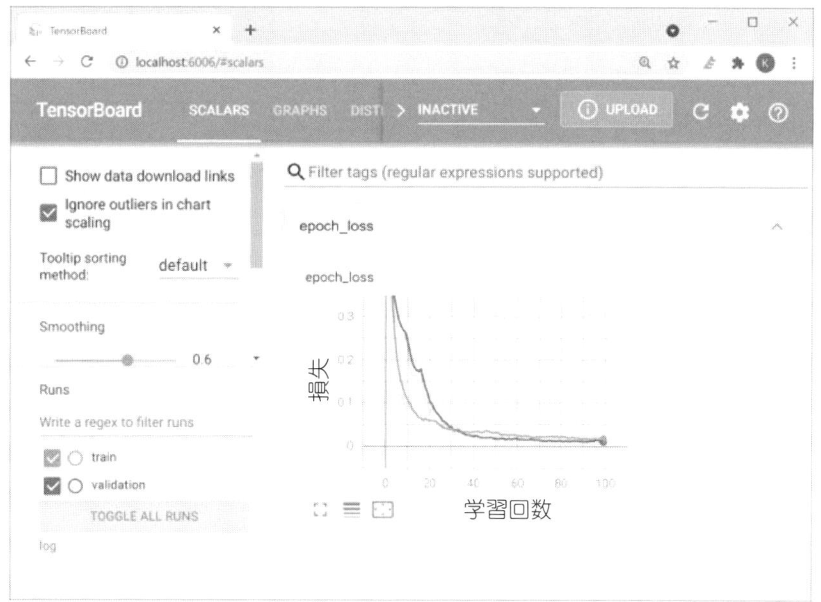

図3　学習結果の評価

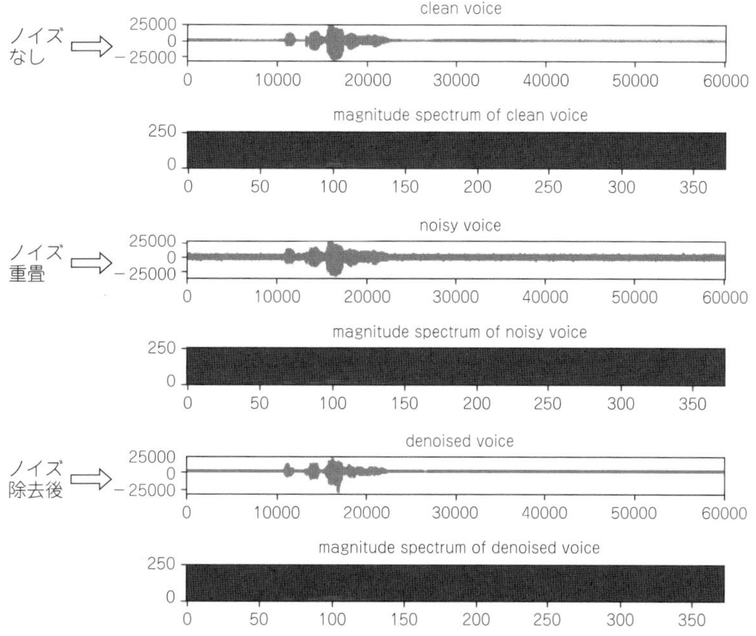

図4　ノイズ除去プログラムの実行後に表示される結果

denoised_voice.wavは，学習済みオートエンコーダのモデルを使ってノイズ除去したファイルです．

●ステップ6：オートエンコーダの構造を確認する

プログラムの構造は，学習開始時にコンソールに表示されるとともに，model.png（**図5**）として保存されます．

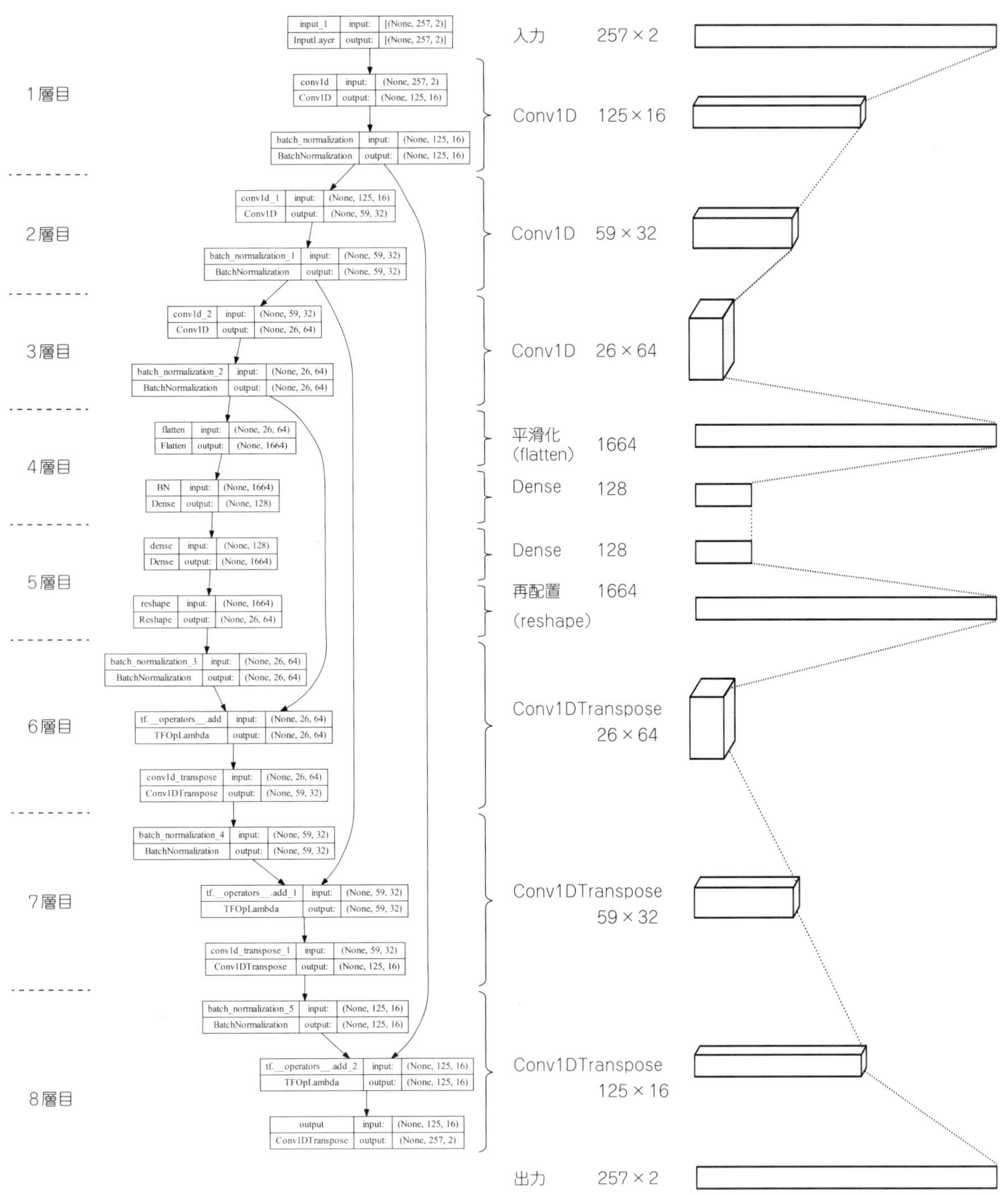

図5　作成したオートエンコーダの構造（全体）

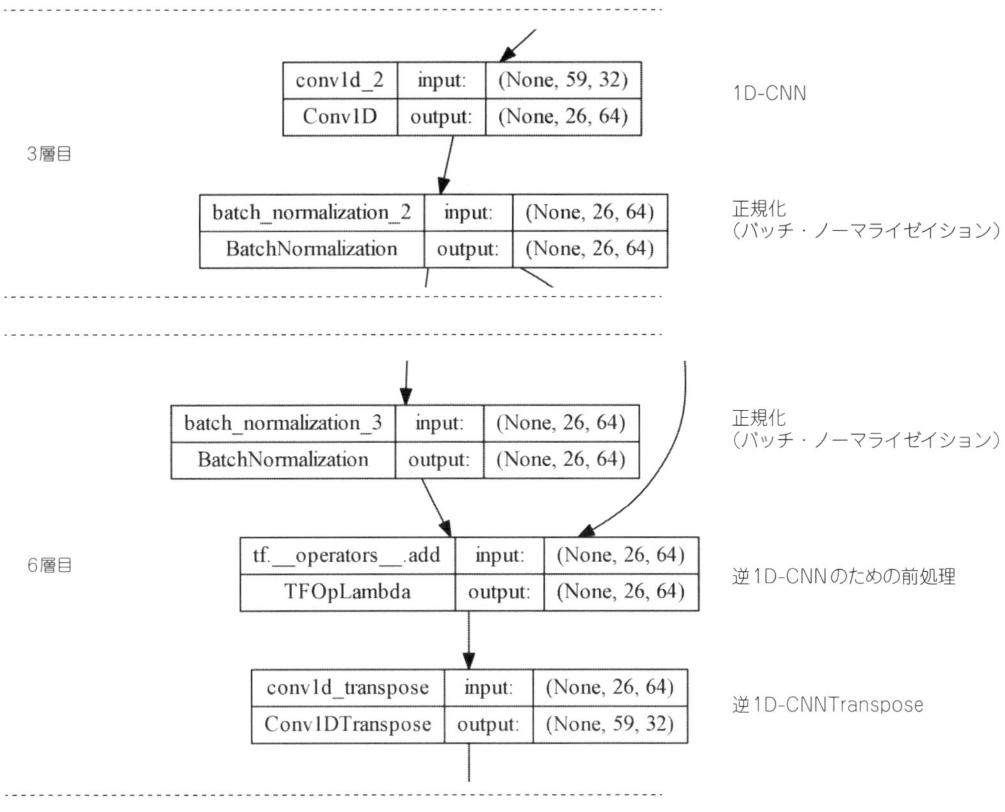

図6　作成したオートエンコーダの構造(図5の第3層と第6層部分の拡大)

ノイズ除去プログラム

今回作成したオートエンコーダの構造を**図5**に示します．オートエンコーダの特徴は，半分を境に逆の構造を持つ層で構成されることです．ここでは，4層で逆の構造になっています．

まず，入力データ(257 × 2)は1D-CNNと呼ばれる1次元の畳み込みニューラル・ネットワーク(`Conv1D`)を用いて処理されます．これを3回続けます．

その後，平滑化処理(1664)を行いニューラル・ネットワークの(Dense)層により128次元のデータとします．このようにオートエンコーダではデータの次元を小さくします．ここまでの処理が4層目です．

そして，それとは全く反対の処理を行います．まず，ニューラル・ネットワークの(Dense)層により，1664次元とし，その後の逆1D-CNN(`Cenv1D`)と呼ばれる1D-CNNの逆の処理を行う1次元の特別な畳み込みニューラル・ネットワーク(`Conv1DTranspose`)を3回行います．これにより，入力と同じ次元を持つ出力データ(257 × 2)を作成します．

3層目と6層目を拡大したのが**図6**です．3層目では1次元畳み込みニューラル・ネットワーク(1D-CNN)を行った後に正規化(バッチ・ノーマライゼーション)を行っています．

6層目は逆で，正規化を行った後，逆1次元畳み込みニューラル・ネットワーク(1D-CNNTranspose)を行っています．ちょうど逆の処理をしていることが分かります．

オートエンコーダでノイズを除去するプログラム(`tf_train_dae.py`)を**リスト1** に示します．プログラムは大きく5つの処理に分かれています．

リスト1　オートエンコーダでノイズを除去するプログラム(tf_train_dae.py)

```
#①ライブラリのインポート
import numpy as np
import argparse
import os
import tensorflow as tf
from tensorflow.keras.models import Model
from tensorflow.data import Dataset
from tensorflow.keras.layers import Input, Dense,
Flatten, Conv1D, Conv1DTranspose, Reshape,
BatchNormalization
from tensorflow.keras.optimizers import Adam

"""
②モデル(オート・エンコーダ)構造(簡易U-netベースのAE)の設定
"""
def dae_model(n_bdim):
    spec_in = Input(shape=(257, 2))
                        # 複素スペクトル(実部・虚部の2ch)入力
    h1 = Conv1D(16, kernel_size=9, strides=2,
                            activation='relu')(spec_in)
    h1 = BatchNormalization()(h1)
    h2 = Conv1D(32, kernel_size=9, strides=2,
                                 activation='relu')(h1)
    h2 = BatchNormalization()(h2)
    h3 = Conv1D(64, kernel_size=9, strides=2,
                                 activation='relu')(h2)
    h3 = BatchNormalization()(h3)
    h = Flatten()(h3)
    bn = Dense(n_bdim, activation='relu', name='BN')
                                   (h) # ボトルネック層
    h4 = Dense(26*64, activation='relu')(bn)
    h5 = Reshape(target_shape=(26, 64))(h4)
    h5 = BatchNormalization()(h5)
    h5 = h5 + h3
    h6 = Conv1DTranspose(filters=32, kernel_size=9,
                            strides=2, padding='valid',
                                 activation='relu')(h5)
    h6 = BatchNormalization()(h6)
    h6 = h6 + h2
    h7 = Conv1DTranspose(filters=16, kernel_size=9,
                            strides=2, padding='valid',
                                 activation='relu')(h6)
    h7 = BatchNormalization()(h7)
    h7 = h7 + h1
    spec_out = Conv1DTranspose(filters=2,
           kernel_size=9, strides=2, padding='valid',
                                     name='output')(h7)
    return Model(inputs=spec_in, outputs=spec_out)

"""
main関数
"""
def main():
    """
    ③オプション処理
    """
    parser = argparse.ArgumentParser
                   (description='DAE学習プログラム')
    parser.add_argument('--epoch', '-e', default=100,
                            type=int, help='エポック数')
    parser.add_argument('--bottleneck', '-bn',
                                type=int, default=128,
                        help='ボトルネック層のノード数')
    parser.add_argument('--batchsize', '-b',
          type=int, default=128, help='ミニバッチサイズ')
    parser.add_argument('--traindata', '-t',
                default='train_dae.npz', help='訓練データ')
    parser.add_argument('--model', '-m',
                default='DAE_MODEL.h5', help='保存モデル')
    parser.add_argument('--lrate', '-r', type=float,
                          default=0.001, help='初期学習率')
    args = parser.parse_args()

    print('# ミニバッチサイズ: {}'.format(args.
                                          batchsize))
    print('# ボトルネック層のノード: {}'.format(args.
                                         bottleneck))
    print('# エポック数: {}'.format(args.epoch))
    print('# 初期学習率: {}'.format(args.lrate))
    print('# 保存モデル: {}'.format(args.model))
    print('')

    """
    ④訓練データの読み込みとtf.Tensor変換
    """
    data = np.load(args.traindata)
    clean = data['clean'] # クリーンデータ(教師データ)
    noise = data['noisy'] # ノイズ付与データ(入力データ)
    datasize = len(clean)
    n_train = int(datasize * 0.8)
    dataset = Dataset.from_tensor_slices((noise,
                            clean)) # tf.Tensor変換
    dataset = dataset.shuffle(buffer_size=datasize)
    train_ds = dataset.take(n_train) # 訓練データ用
    valid_ds = dataset.skip(n_train) # 検証データ用
    train_ds = dataset.shuffle(int(datasize * 0.8))
                                      # 訓練をシャッフル
    train_ds = train_ds.repeat(1)
    train_ds = train_ds.batch(args.batchsize)
                                          # ミニバッチ
    valid_ds = valid_ds.batch(args.batchsize)

    """
    ⑤モデルの訓練
    """
    # モデルの作成
    model = dae_model(args.bottleneck)
    # モデルのサマリーの表示(情報表示用ですので実行しなくてもOK)
    model.summary()
    # モデル構造を保存(画像)(情報表示用ですので実行しなくてもOK)
    tf.keras.utils.plot_model(model, show_
              shapes=True, show_layer_names=True,
                             to_file='model.png')
    #TensorBoardの設定(情報表示用ですので実行しなくてもOK)
    tensorboard_callback = tf.keras.callbacks.
        TensorBoard(log_dir='log/', histogram_freq=1)
    # 最適化関数, 損失関数の設定
    model.compile(optimizer=Adam(learning_rate=args.
                                 lrate), loss='mse')
    # 訓練
    model.fit(train_ds, epochs=args.epoch,
                          validation_data=valid_ds,
                          use_multiprocessing=True,
                  callbacks=[tensorboard_callback])


    model.save(args.model) # 保存
    print(f'model "{args.model}" saved.')
    # 終わり

if __name__ == '__main__':
    main()
```

①ライブラリの読み込み
②オートエンコーダの構造の設定
③オプションの設定
④データの作成
⑤実行と結果の評価

●①ライブラリの読み込み

第4章とほぼ同じです．畳み込みの逆の処理のためのConv1DTransposeを読み込んでいる点が異なります．

●②オートエンコーダの構造の設定

h1からh7まであり，その中間にbnと書かれたボトルネック層があります．これらを合わせると8層の構造となります．

▶1～3層目（h1，h2，h3）

これらはすべて同じ構造をしており，1次元畳み込みニューラル・ネットワーク（Conv1D）と正規化（BatchNormalization）を繰り返しています．層が進むにつれてデータの次元数は小さくなるように設定し，フィルタの数を多くするように設定しています．

▶ボトルネック層

1次元ですが，畳み込みニューラル・ネットワークですので，平滑化（Flatten）を行った後，ニューラル・ネットワークの層（Dense層）でn_bdim（ここでは128）次元のデータとしています．

▶4層目（h4）

ボトルネック層ではn_bdim次元にしましたので，それをボトルネック層の入力次元と同じ次元にするためのニューラル・ネットワークの層（Dense層）の設定をしています．

▶5～8層目（h5，h6，h7）

正規化と逆1次元畳み込みニューラル・ネットワーク（Conv1D）を繰り返しています．

また，

```
h5 = h5+h3
```

といった行があります．これはU-netと呼ばれる構造を作るための設定で，実はこのネットワークはh3で設定される層とh5で設定される層がつながる構造をしています．

●③オプションの設定

このプログラムでは，**表3**に示すオプションを指定できます．**リスト1**の③は，そのための記述です．

●④データの作成

学習データは，著者らが用意したtf_make_traindata.pyというプログラムにより生成されたものを使います．この変換プログラムを使うことで，入力データとして使いやすい形にしていますので，tf_train_dae.pyの入力が簡単になっています．

表3　ノイズ除去プログラムの実行時オプション

オプション	意　味	未指定時	変　数
-e	エポック数の設定	100	args.epoch
-bn	ボトルネック層のノード数	128	args.bottleneck
-b	ミニ・バッチ・サイズの設定	128	args.batchsize
-t	学習ファイルの指定	train_dae.npz	args.traindata
-m	保存モデルの名前	DAE_MODEL.h5	args.model
-r	初期学習率	0.001	args.lrate

●より深く理解したい人向け追加問題

問題(1)：今回のサンプルでは8層のオートエンコーダとなっていました．練習として6層に変えてみましょう．

問題(2)：10層に変えてみましょう．

おさらい

オートエンコーダを使って，音声データを録音してノイズを入れて学習し，ノイズ除去のテストまでをおさらいします．

wav形式の音声データを用意します．Windows 10の場合はボイスレコーダを使って録音し，オンライン・オーディオ・コンバータ（https://www.media.io/jp）でwav形式に変換します．ここでは「雪だるま」という音声を使います．これをyukidaruma.wavとします．

wavlist.txtファイルに以下を記述します．

```
yukidaruma_m.wav
```

以下のコマンドで実行します．

```
> sox yukidaruma.wav -b 16 -r 16000 -c 1 yukidaruma_m.wav
> python tf_make_traindata.py -l wavlist.txt
> python tf_train_dae.py
> python tf_denoise.py -i yukidaruma_m.wav
```

確認は元データ（yukidaruma_m.wav），ノイズが乗ったデータ（noisy_voice.wav），ノイズを除去したデータ（denoised_voice.wav）を聞き比べてみてください．

●音声データ・サンプル

音声データとして以下を用意しました．

- 富士山（男性）
- ラジオペンチ（男性）
- だいぶ少ない（男性）
- ちびライト（男性）
- 雪だるま（女性）
- ごちそうさま（女性）
- とても暑い（女性）
- 電車でゴー（女性）

コラム2 音声データ変換用プログラムの概要

変換用プログラムtf_make_traindata.py(リストA)で行っていることを簡単に説明します．

まず，入力された音声ファイルをwave変数に読み込みます．そして，wave変数にホワイト・ノイズを加えて，ノイズを含む音声をnwave変数に代入します．この処理をホワイト・ノイズの重畳といいます．

次に，wave変数とnwave変数をスペクトル分解して，それぞれcspec変数，nspec変数に入れます．

また，ここで今回紹介するオートエンコーダの学習データは，FFTした実部/虚部データをそのまま利用することとします．

そこで，実部と虚部を取り出し，1列に並べます．なお，512点FFTの場合はバイアス項を入れることで514点とします．このようにして，514点の入力データを作成しています．

リストA　変換用プログラムtf_make_traindata.py

```
import numpy as np
from scipy.fftpack import fft, ifft
from scipy.io.wavfile import read, write
from tensorflow.keras.models import load_model
import argparse
import matplotlib.pyplot as plt

"""
短時間フーリエ変換関数(Short Time Fourier Transform, STFT)
"""
def STFT(x, window, step):
    L = len(x) # 入力信号の長さ
    W = len(window) # 窓幅
    FrameN = int(np.ceil(float(L - W + step) / step))
                                          - 1 # フレーム数の計算
    X = np.zeros([FrameN, W], dtype=np.complex64)
                              # スペクトログラムの初期化(複素数型)
    # FFT処理
    for f in range(FrameN):
        start = step * f
        cut = x[start:start+W] * window
                    # 窓関数で切り出しをし，FFT用のデータ配列に入れる
        X[f, :] = fft(cut) # FFT実行
    X = (X - np.mean(X)) / np.std(X)
                    # 平均と標準偏差で正規化する(発話単位での正規化)
    return X

"""
逆フーリエ変換
"""
def iSTFT(X, win, step):
    M, N = X.shape
    l = (M - 1) * step + N
    x = np.zeros(l, dtype=np.float64)
    wsum = np.zeros(l, dtype=np.float64)
    for m in range(M):
        start = step * m
        x[start : start + N] = x[start : start + N] +
                                ifft(X[m, :]).real * win
        wsum[start : start + N] += win ** 2
    pos = (wsum != 0)
    x[pos] /= wsum[pos]
    return x

"""
メイン関数
"""
def main():
    parser = argparse.ArgumentParser(description=
                                        '雑音除去プログラム')
    parser.add_argument('--wavfile', '-i', default='',
                  help='入力音声波形(クリーン音声)')
    parser.add_argument('--noisewav', '-o',
                             default='noisy_voice.wav',
                  help='雑音重畳音声波形')
    parser.add_argument('--denoisewav', '-d',
                           default='denoised_voice.wav',
                  help='雑音除去音声波形')
    parser.add_argument('--fftpoints', '-p', default=512,
                 type=int, help='FFTの点数(デフォルト: 512点)')
    parser.add_argument('--shift', '-s', default=160,
                   type=int, help='窓関数のシフト幅(160点)')
    parser.add_argument('--model', '-m', default='DAE_
            MODEL.h5', help='デノイジングオートエンコーダのモデル')
    args = parser.parse_args()

    """
    FFT周りの設定
    """
    fftLen = args.fftpoints
    step = args.shift
    win = np.hamming(args.fftpoints) # ハミング窓

    model = load_model(args.model) # DAEモデルの読み込み
    model.summary()

    """
    クリーン音声の読み込みと雑音付加
    """
    fs, cwave = read(args.wavfile)
    o_ave = np.mean(np.absolute(cwave)) # 入力音声の振幅平均
    snr = np.random.uniform(-10, 20) # S/N比をランダムに決定
    rate = np.sqrt(10 ** (snr / 20.0))
    noise = np.random.randn(len(cwave)) # ホワイトノイズ生成
    nwave = cwave + o_ave / rate / np.mean(np.
                absolute(noise)) * noise # ノイズ雑音付加音声
    write(args.noisewav, fs, np.int16(nwave))
                                         # ノイズ付加音声の保存

    ### STFT ###
    nspec = STFT(nwave, win, step)
                            # ノイズ重畳音声の複素スペクトルの計算
    cspec = STFT(cwave, win, step)
                        # クリーン音声の複素スペクトルの計算(描画用)
    dn_spec = np.zeros([len(nspec), 512], dtype=np.
               complex64) # 雑音除去後の複素スペクトルを入れる配列

    """
    雑音除去(推論)
    """
    ndata = []
    # データ整形: (batch, 257, 2)のテンソルに変換
    for i in range(len(nspec)):
        re = np.array(nspec[i].real[0:int(fftLen/2)+1],
                                          dtype=np.float32)
        im = np.array(nspec[i].imag[0:int(fftLen/2)+1],
                                          dtype=np.float32)
        ndata.append(np.array([re, im]).T)
    pred = model.predict(np.array(ndata)) # 雑音除去処理

    # iFFTのための雑音除去後の複素スペクトルの整形
    for i in range(len(pred)):
        real = pred[i, :, 0]
        rev_real = real[1:257][::-1] # reverse
        image = pred[i, :, 1]
        rev_image = image[1:257][::-1]
        dn_spec[i].real[0:257] = real
        dn_spec[i].real[256:512] = rev_real
        dn_spec[i].imag[0:257] = image
        dn_spec[i].imag[256:512] = rev_image

    dn_wav = iSTFT(dn_spec, win, step) # 逆フーリエ変換で波形に戻す
    dn_wav = dn_wav * (2 ** 15)
                       # 雑音除去波形はパワーが小さいので大きくする
    dn_wav = dn_wav.astype(np.int16) # 符号あり16ビットへ
    nwave = nwave.astype(np.int16) # 符号あり16ビットへ
    write(args.denoisewav, fs, dn_wav) # 音声波形保存

    """
    描画
    """
    fig = plt.figure()
    plt.subplots_adjust(hspace=1.0)
    fig.add_subplot(611)
    plt.plot(cwave)
    plt.xlim([0, len(cwave)])
    plt.title('clean voice', fontsize=10)
    fig.add_subplot(612)
    plt.imshow(abs(cspec[:, :int(fftLen/2+1)].T),
                             aspect='auto', origin='lower')
    plt.title('magnitude spectrum of clean voice', fontsize=10)
    fig.add_subplot(613)
    plt.plot(nwave)
    plt.xlim([0, len(nwave)])
    plt.title('noisy voice', fontsize=10)
    fig.add_subplot(614)
    plt.imshow(abs(nspec[:, :int(fftLen/2+1)].T),
                             aspect='auto', origin='lower')
    plt.title('magnitude spectrum of noisy voice', fontsize=10)
    fig.add_subplot(615)
    plt.plot(dn_wav)
    plt.xlim([0, len(dn_wav)])
    plt.title('denoised voide', fontsize=10)
    fig.add_subplot(616)
    plt.imshow(abs(dn_spec[:, :int(fftLen/2+1)].T),
                             aspect='auto', origin='lower')
    plt.title('magnitude spectrum of denoised voice',
                                              fontsize=10)
    plt.show()

if __name__ == "__main__":
    main()
```

コラム3 追加問題の答え

答え(1)：6層に変える場合，**リストB**のように変えます．

答え(2)：10層に変える場合は**リストC**のように変えます．

リストB　6層のオートエンコーダ（ディレクトリ名：DAE_4）

```
def dae_model(n_bdim):
    spec_in = Input(shape=(257, 2)) # 複素スペクトル(実部・虚部の2ch)入力
    h1 = Conv1D(16, kernel_size=9, strides=2, activation='relu')(spec_in)
    h1 = BatchNormalization()(h1)
    h2 = Conv1D(32, kernel_size=9, strides=2, activation='relu')(h1)
    h2 = BatchNormalization()(h2)
    h = Flatten()(h2)
    bn = Dense(n_bdim, activation='relu', name='BN')(h) # ボトルネック層
    h3 = Dense(59*32, activation='relu')(bn)
    h4 = Reshape(target_shape=(59, 32))(h3)
    h4 = BatchNormalization()(h4)
    h4 = h4 + h2
    h5 = Conv1DTranspose(filters=16, kernel_size=9, strides=2, padding='valid', activation='relu')(h4)
    h5 = BatchNormalization()(h5)
    h5 = h5 + h1
    spec_out = Conv1DTranspose(filters=2, kernel_size=9, strides=2, padding='valid', name='output')(h5)
    return Model(inputs=spec_in, outputs=spec_out)
```

リストC　10層のオートエンコーダ（ディレクトリ名：DAE_12）

```
def dae_model(n_bdim):
    spec_in = Input(shape=(257, 2)) # 複素スペクトル(実部・虚部の2ch)入力
    h1 = Conv1D(16, kernel_size=9, strides=2, activation='relu')(spec_in)
    h1 = BatchNormalization()(h1)
    h2 = Conv1D(32, kernel_size=9, strides=2, activation='relu')(h1)
    h2 = BatchNormalization()(h2)
    h3 = Conv1D(64, kernel_size=9, strides=2, activation='relu')(h2)
    h3 = BatchNormalization()(h3)
    h4 = Conv1D(128, kernel_size=9, strides=2, activation='relu')(h3)
    h4 = BatchNormalization()(h4)
    h = Flatten()(h4)
    bn = Dense(n_bdim, activation='relu', name='BN')(h) # ボトルネック層
    h5 = Dense(9*128, activation='relu')(bn)
    h6 = Reshape(target_shape=(9, 128))(h5)
    h6 = BatchNormalization()(h6)
    h6 = h6 + h4
    h7 = Conv1DTranspose(filters=64, kernel_size=10, strides=2, padding='valid', activation='relu')(h6)
    h7 = BatchNormalization()(h7)
    h7 = h7 + h3
    h8 = Conv1DTranspose(filters=32, kernel_size=9, strides=2, padding='valid', activation='relu')(h7)
    h8 = BatchNormalization()(h8)
    h8 = h8 + h2
    h9 = Conv1DTranspose(filters=16, kernel_size=9, strides=2, padding='valid', activation='relu')(h8)
    h9 = BatchNormalization()(h9)
    h9 = h9 + h1
    spec_out = Conv1DTranspose(filters=2, kernel_size=9, strides=2, padding='valid', name='output')(h9)
    return Model(inputs=spec_in, outputs=spec_out)
```

リスト2　雑音除去テスト用プログラムtf_denoise.py

```
from scipy.fftpack import fft
from scipy.io.wavfile import read, write
import numpy as np
import argparse

"""
短時間フーリエ変換関数(Short Time Fourier Transform, STFT)
"""
def STFT(x, window, step):
    L = len(x) # 入力信号の長さ
    W = len(window) # 窓幅
    FrameN = int(np.ceil(float(L - W + step) /
                         step)) - 1 # フレーム数の計算
    X = np.zeros([FrameN, W], dtype=np.complex64)
                  # スペクトログラムの初期化(複素数型)
    # FFT処理
    for f in range(FrameN):
        start = step * f
        cut = x[start:start+W] * window
            # 窓関数で切り出しをし，FFT用のデータ配列に入れる
        X[f, :] = fft(cut) # FFT実行
    X = (X - np.mean(X)) / np.std(X)
            # 平均と標準偏差で正規化する(発話単位での正規化)
    return X

"""
main関数
"""
def main():
    parser = argparse.ArgumentParser(description='
            Denoising Autoencoder用の訓練データの作成')
    parser.add_argument('--wav_list', '-l',
  default='wav_list.txt', help='訓練用WAVファイルのリスト
                                                      ')
    parser.add_argument('--output_file', '-o',
        default='train_dae', help='訓練用データ(npz)')
    parser.add_argument('--fftpoints', '-f',
  default=512, type=int, help='窓関数の長さ(ポイント数)')
    parser.add_argument('-n', default=5, type=int,
                                  help='S/N比の種類')
    parser.add_argument('--shift', '-s',
default=160, type=int, help='窓関数のシフト幅(ポイント数)')
    args = parser.parse_args()

    step = args.shift # フレームシフト(ポイント)
    n_snr = args.n # S/N比の種類
    fftLen = args.fftpoints # 窓長(ポイント数)
    win = np.hamming(fftLen) # 窓関数はハミング窓

    # 音声ファイルのリストを取得
    with open(args.wav_list, 'r') as f:
        flist = [l.strip() for l in f.readlines()]
    data = [] # クリーンな音声を入れるリスト
    ndata = [] # ノイズ付加した音声を入れるリスト
    # 音声ファイルを1つずつ処理する
    for wavfile in flist:
        print(f'now processing {wavfile} ... ',
                                              end='')
        fs, wave = read(wavfile) # 音声ファイル読み込み
        o_ave = np.mean(np.absolute(wave))
                                       # 原音声の振幅平均
        # 異なるS/N比を5パターン用意
        for n in range(n_snr):
            snr = np.random.uniform(-10, 20)
                                  # S/N比をランダムに決定
            rate = np.sqrt(10 ** (snr / 20.0))
            noise = np.random.randn(len(wave))
            nwave = wave + o_ave / rate /
                np.mean(np.absolute(noise)) * noise
                                      # ノイズ雑音付加音声
            write(f'test_{n}.wav', fs, np.
                                         int16(nwave))
            ### 短時間フーリエ変換 ###
            cspec = STFT(wave, win, step)
                                 # クリーン音声のスペクトル
            nspec = STFT(nwave, win, step)
                               # ノイズ重畳音声のスペクトル

            # DAEの学習データはFFTした実部・虚部データを
                                            そのまま利用
            # 実部と虚部を取り出しそれぞれ別チャンネルに保存
            for i in range(len(cspec)):
                re = np.array(cspec[i].
          real[0:int(fftLen/2)+1], dtype=np.float32)
                im = np.array(cspec[i].
          imag[0:int(fftLen/2)+1], dtype=np.float32)
                data.append(np.array([re, im]).T)
                re = np.array(nspec[i].
          real[0:int(fftLen/2)+1], dtype=np.float32)
                im = np.array(nspec[i].
          imag[0:int(fftLen/2)+1], dtype=np.float32)
                ndata.append(np.array([re, im]).T)
        print('done')

    data = np.array(data) # クリーン音声
    ndata = np.array(ndata) # ノイズ音声
    np.savez(args.output_file, clean=data,
                          noisy=ndata) # npz形式で保存
    print(f'{args.output_file}.npz saved.')

if __name__ == '__main__':
    main()
```

第6章

単純作業を劇的に減らせる可能性がある「変分オートエンコーダ」

音声/画像生成向きオートエンコーダ②…筆跡生成

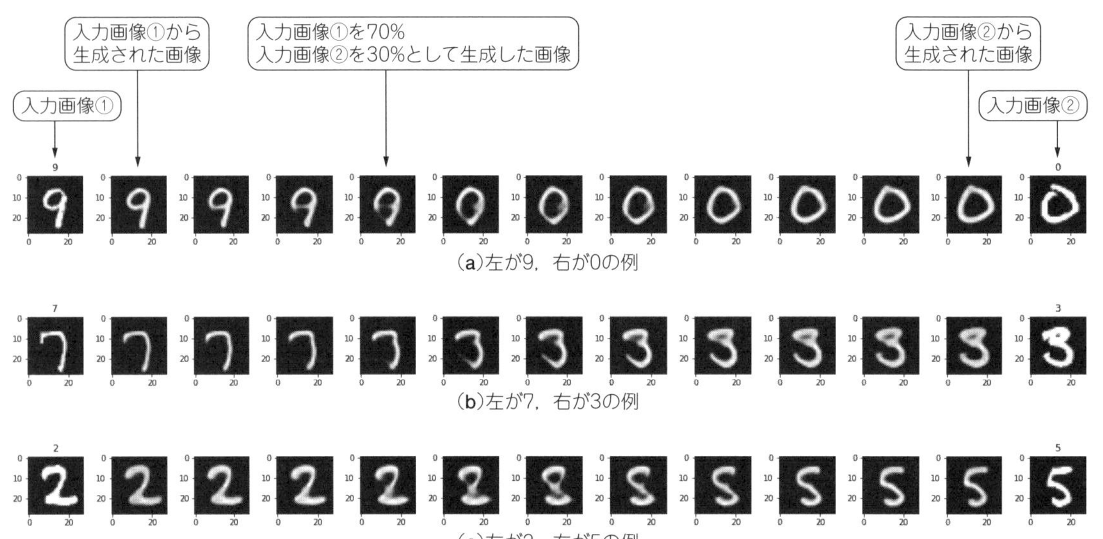

図1　2つの画像とその中間的な画像を生成する

オートエンコーダ(Autoencoder)は「教師データを必要とせず，勝手に学習できる」特徴があります．分かりやすく言えば「まねっこ」を得意としています．

ここでは，変分オートエンコーダ(Variational Autoencoder：VAE)という方式を用いた2つのサンプルを紹介します．

- 2つの数字を自動生成して，さらにその中間画像を作る(画像の生成と融合)
- 手書きの数字を入力すると，その筆跡に近い0～9までの数字を自動生成する(同じ書体の生成)

変分オートエンコーダを理解することはとても難しいので，詳しい原理は飛ばして実験のみ行います．

実験1：画像の生成と融合

2つの画像を自動生成して，さらに，その2つの画像の中間的な画像を作ります．

●結果…元の特徴をとらえつつ文字を生成できた

MNISTの手書き文字を使って特徴量を学習します．その後プログラムを実行すると，**図1**のような画像が生成されます．

左端と右端にある画像が入力画像で，その1つ内側がその画像を変換してそれを再構成した画像，その間が中間的な画像を示しています．

例えば，左から6番目の画像は入力画像①(1番左側の画像)の要素を60%，入力画像②(1番右側の画像)の要素を40%として混ぜた画像です．

図1(a)は左に9，右に0があり，その間にあるのは中間的な画像となっています．

図1(b)は左に7，右に3があります．

図1(c)は左に2，右に5があり，太い文字は太い文字として中間的な画像が生成されています．

いずれも間にあるのは中間的な画像となっています．

●準備

実験には，**表1**のプログラムを使います．本書サポート・ページからダウンロードできます(p.304参照)．

●ステップ1：画像の学習

画像の学習は以下のコマンドで行います．

```
> python tf_train_vae.py
```

実行結果を**リスト1**に示します．プログラムは，章末に**リスト3**として掲載しました．

●ステップ2：画像の生成

作成した学習モデルを使って画像を生成するためには，以下のコマンドで行います．

```
> python tf_eval_vae.py
```

実行すると`reconstructed.png`として，**図1**で示したような画像が生成されます．これは毎回違う画像になります．プログラムは，章末に**リスト4**として掲載しました．

●すごさを伝えたい

さて，いろいろな画像が出てきましたが，何なのかよく分からないと思います．このすごさを伝えたいと思います．

変分オートエンコーダの構成を**図2**に示します．今回のプログラムでは入力画像として28×28の

表1　画像の生成と融合で使用するプログラム(ディレクトリ名：VAE_suji)

使用プログラム	ファイル名
学習用	tf_train_vae.py
評価用	tf_eval_vae.py

リスト1　画像の生成と融合のための画像の学習結果例

```
> python tf_train_vae.py
# 潜在変数の次元数： 20
# ミニバッチサイズ： 50
# エポック数： 20
# 初期学習率： 0.0001
# モデルの保存： model
Epoch 1/20
1200/1200 [==============================] - 14s 10ms/step
- loss: 1411.4692 - reconst_loss: 1358.9763 - KL_loss: 52.4930
(中略)
Epoch 20/20
1200/1200 [==============================] - 11s 9ms/step
  - loss: 337.3999 - reconst_loss: 276.3372 - KL_loss: 61.0627
The models were saved.
```

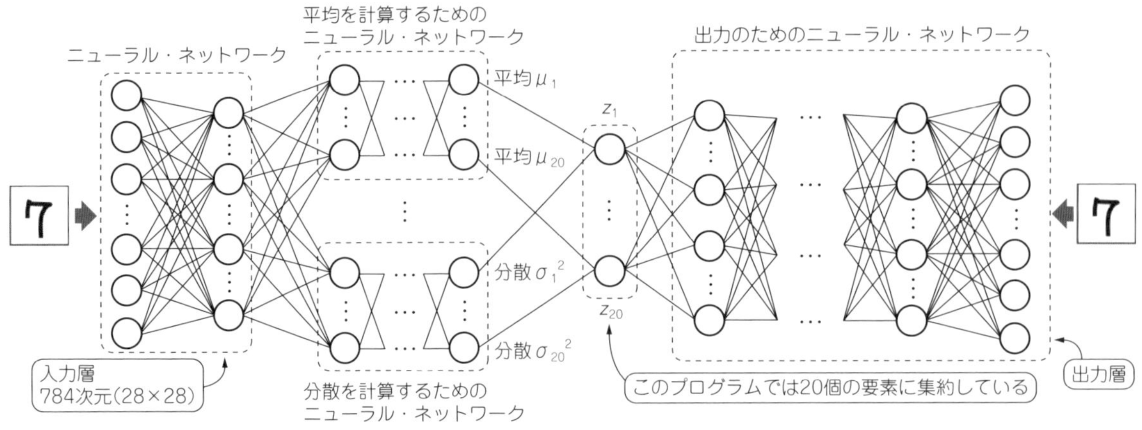

図2　変分オートエンコーダの構成

784次元の画像を使っており，変数zは20個あります．

学習後に，**図2**の変数zに直接入力を与えることで，画像を生成します．さらに異なるzを用いて別の画像を生成します．変数zをうまく設定することで，2つの画像の中間的な画像を生成できます．

まずは，変数zを作成します．この値はランダムに与えることもできますが，このプログラムでは，**図3(a)**のように画像を入力して，得られる20個の要素（平均と分散がセットとなった数が20個）を用います．本来は784個の数（28×28の画像）が20個になりました．これをz_aをします．これは例えば0.94，0.42，…，0.94のような値です．

同様に，**図3(b)**のように別の画像を入力するとz_bが得られます．例えば，0.2，0.73，…，0.57のような値です．次に，得られたz_aやz_bを用いると**図3(c)**や**(d)**のようになります．

なお，**図1**の左右の1番外側にある画像が元の画像で，**図1**の外側から1つ内側にある画像が変換した20個の要素から復元した画像です．ほぼ同じ画像に見えます．うまく画像を圧縮できていることが分かります．

ここでは画像から得られた値を用いましたが，この値はランダムな値を入れることもできます．その場合でも，何かしらの数字が生成されます．ランダムな値から何かが出てくるだけでもすごいと思いませんか？

ここからがすごいところです．**図3(e)**のようにz_aを70%，z_bを30%加える計算，

$$0.7z_a + 0.3z_b$$

をして，z_aとz_bの中間的な変数，0.718，0.513，…，0.829を作ります．これを入力すると，**図1(a)**の左から5番目に相当する画像が得られます．

同様に，左から8番目は次の計算をして入力が作られています．

$$0.4z_a + 0.6z_b$$

後は同様に，少しずつz_aとz_bの配分を変えながら画像を生成していきます．変数の配分通りの画像が得られている気がしませんか？

例えば，**図1**(a)の左から3番目は2番目にかなり近いのですが，少しだけ一番右の要素が入っている様子が分かります．そして，真ん中の画像は一番左と一番右の画像の中間的な画像となっています．

入力画像は28×28の784次元ですが，たった20個の変数で表すことができているのです．そし

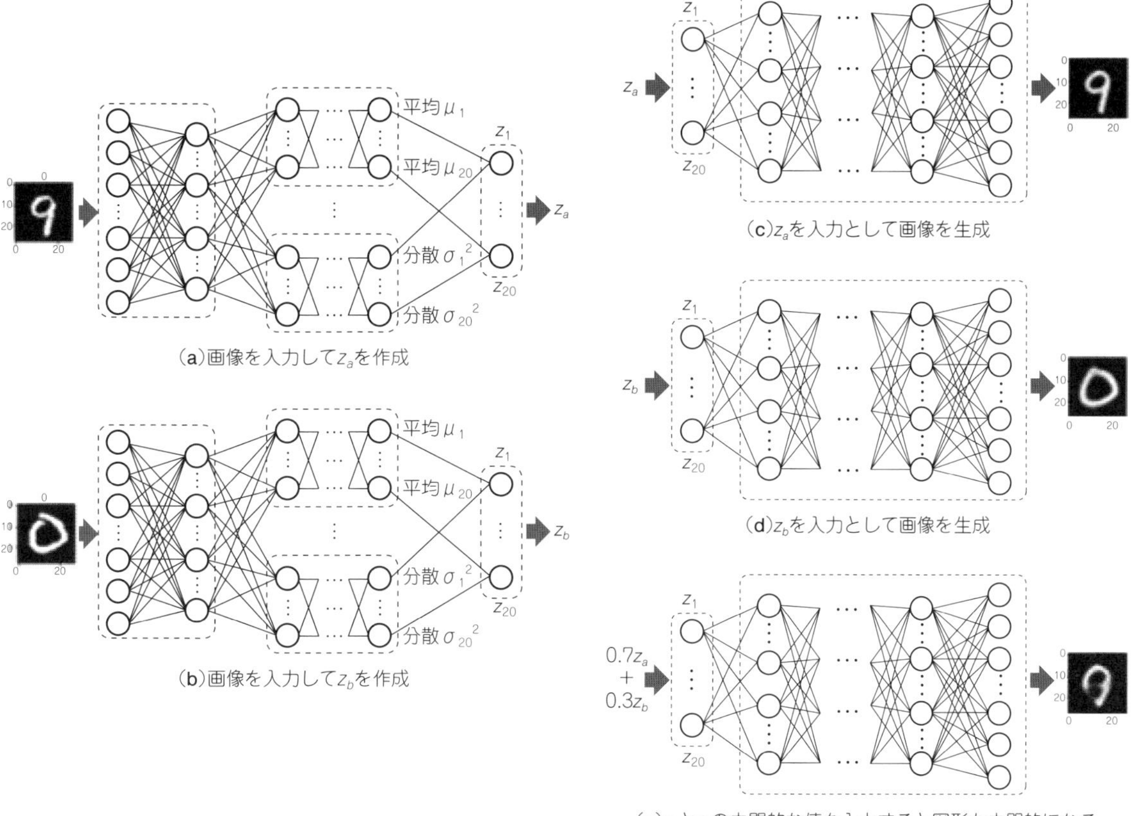

(a)画像を入力してz_aを作成

(b)画像を入力してz_bを作成

(c)z_aを入力として画像を生成

(d)z_bを入力として画像を生成

(e)z_aとz_bの中間的な値を入力すると図形も中間的になる

図3　変数zに与える値を変えるだけで異なる数字の画像が出てくる

て，その配分を変えることで中間的な画像まで作れてしまいます．これがすごいところです．

この変数をうまく作ることで，例えばモナリザを笑わせることができるようになります．

実験2：同じ書体をまねして自動生成

●できること…同じ癖のある文字を生成する

癖のある数字を1つだけ入れると，その癖を持った他の数字を自動的に生成します．MNISTの手書き文字を使って学習させたモデルを使用します．

実行すると，**図4**のような画像が生成されます．

●準備

実験には，**表2**のプログラムとデータを使います．これらは本書サポート・ページからダウンロードできます(p.304参照)．

●ステップ1：画像の学習

画像の学習は以下のコマンドで行います．

```
> python tf_train_supvae.py
```

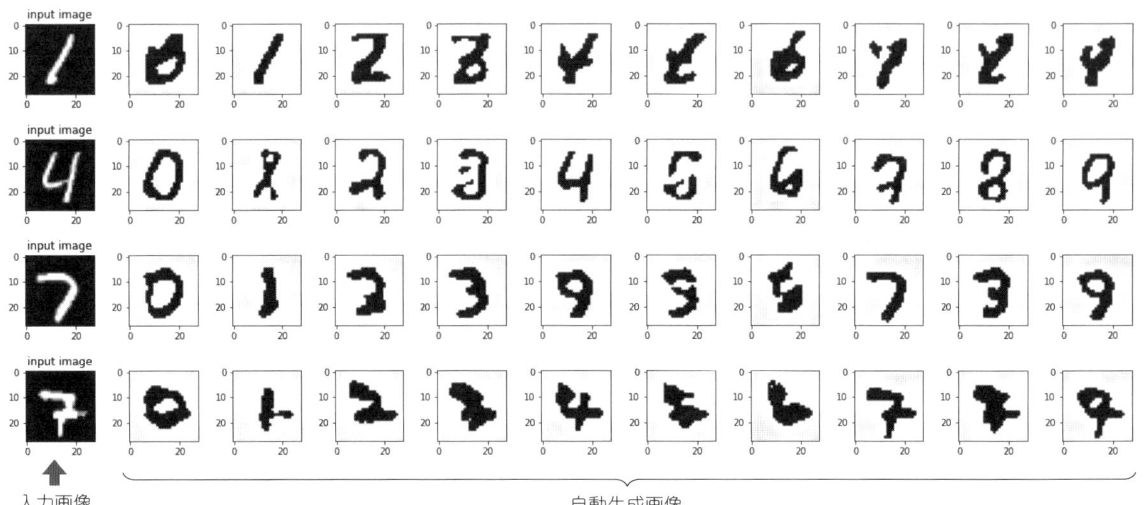

図4　同じ癖のある文字を生成する

表2　同じ癖のある文字を生成するプログラム（ディレクトリ名：VAE_moji）

使用プログラム	ファイル名
学習用	tf_train_supvae.py
評価用	tf_eval_supvae.py

リスト2　同じ癖のある文字を生成するための画像の学習結果例

```
> python tf_train_supvae.py
# 潜在変数の次元数: 100
# ミニバッチサイズ: 50
# エポック数: 20
# 初期学習率: 0.0001
# モデルの保存: model
Epoch 1/20
1200/1200 [==============================] - 28s 23ms/step - loss: 214.1528
Epoch 2/20
1200/1200 [==============================] - 28s 23ms/step - loss: 144.9630
(中略)
1200/1200 [==============================] - 30s 25ms/step - loss: 101.1640
The models were saved.
```

実行結果を**リスト2**に示します.

●ステップ2：画像の生成

画像の生成は以下のコマンドで行います.

```
> python tf_eval_supvae.py
```

実行すると，generated.pngとして，**図4**のような画像が生成されます.

リスト3　画像学習用プログラム**tf_train_vae.py**

```
import numpy as np
import argparse, os, random
import matplotlib.pyplot as plt
import tensorflow as tf
from tensorflow.keras.datasets import mnist
from tensorflow.keras.models import Model
from tensorflow.data import Dataset
from tensorflow.keras.losses import MSE
from tensorflow.keras.layers import Input, Dense,
                Conv2D, Flatten, Conv2DTranspose, Reshape

"""
モデルクラス(訓練ステップはなし)
"""
class ConvVAE(Model):
      def __init__(self, n_zdim):
           super(ConvVAE, self).__init__()
           self.n_zdim = n_zdim
           self.encoder = self.encoder_model(self.n_zdim)
           self.decoder = self.decoder_model(self.n_zdim)

      # エンコーダモデルの定義
      def encoder_model(self, n_zdim):
           encoder_in = Input(shape=(28, 28, 1))
           h = Conv2D(32, (3, 3), strides=(2, 2),
                              activation='relu')(encoder_in)
           h = Conv2D(64, (3, 3), strides=(2, 2),
                                  activation='relu')(h)
           h = Flatten()(h)
           z_mu = Dense(n_zdim, name='z_mu')(h) # 平均
           z_logvar = Dense(n_zdim, name='z_logvar')(h)
                                                    # 対数分散
           return Model(inputs=encoder_in, outputs=[z_mu,
                                z_logvar]) # 潜在変数の平均・分散

      # デコーダモデルの定義
      def decoder_model(self, n_zdim):
           latent_in = Input(shape=(n_zdim, ))
           h = Dense(7*7*32, activation='relu')(latent_in)
           h = Reshape(target_shape=(7, 7, 32))(h)
           h = Conv2DTranspose(filters=64, kernel_size=3,
          strides=2, padding='same', activation='relu')(h)
           h = Conv2DTranspose(filters=32, kernel_size=3,
          strides=2, padding='same', activation='relu')(h)
           output = Conv2DTranspose(filters=1, kernel_
      size=3, strides=1, padding='same', name='output')(h)
           return Model(latent_in, output)

      @tf.function
      # 再パラメタライゼーショントリック
      def reparameterization(self, z_mu, z_logvar):
           epsilon = tf.random.normal(shape=tf.shape(z_
                logvar), mean=0, stddev=1.0) # epsilon生成
           return z_mu + epsilon * tf.exp(0.5 * z_logvar)

      # エンコード処理
      def encode(self, x):
           mean, logvar = self.encoder(x)
           return mean, logvar

      # デコード処理
      def decode(self, z):
           return self.decoder(z)

"""
main関数
"""
def main():
      """
      オプション処理
      """
      parser = argparse.ArgumentParser(description='MNI
                                  ST VAE 画像生成プログラム')
      parser.add_argument('--zdim', '-z', type=int,
                        default=20, help='潜在変数の次元数')
      parser.add_argument('--modeldir', '-m',
               default='model', help='モデル保存ディレクトリ')
      parser.add_argument('--savefile', '-s',
                default='reconstructed.png', help='画像の保存ファイル名')
      args = parser.parse_args()

      print('# 潜在変数の次元数: {}'.format(args.zdim))
      print('# モデル: {}'.format(args.modeldir))
      print('# 画像ファイル: {}'.format(args.savefile))
      print('')

      """
      MNISTダウンロード&準備
      """
      (_, _), (x_test, y_test) = mnist.load_data()
                                    # テストセットの画像のみ利用
      testset = np.expand_dims(np.float32(x_test),
        -1) / 255. # チャンネルを増やして, float32に変換して正規化

      """
      訓練済みモデルのロード
      """
      VAE = ConvVAE(args.zdim)
      model_enc = os.path.join(args.modeldir,
                                          'MNIST_CVAE_ENC')
      model_dec = os.path.join(args.modeldir,
                                          'MNIST_CVAE_DEC')
      VAE.encoder.load_weights(model_enc)
      VAE.decoder.load_weights(model_dec)

      """
      VAEを使った画像生成・合成
      """
      idx = random.randint(0, 9998) # 任意の画像を1つ取り出す
      data = testset[idx:idx+2] # 2枚取り出す
      z_mu, z_logvar = VAE.encode(data) # エンコーダに通す

      w_mu = []
      w_logvar = []
      # 0.0から1.0の重みをつけてそれぞれの画像の平均, 分散を足し合わせる
      for i in range(11):
          w_mu.append((1.0 - i * 0.1) * z_mu[0] + (i *
                                          0.1) * z_mu[1])
          w_logvar.append((1.0 - i * 0.1) * z_logvar[0]
                                  + (i * 0.1) * z_logvar[1])
      w_mu = tf.Variable(w_mu) # ミニバッチを構成
      w_logvar = tf.Variable(w_logvar)
      z = VAE.reparameterization(w_mu, w_logvar)
                              # それぞれの画像の潜在ベクトルを求める
      outputs = VAE.decode(z) # 画像生成

      """
      画像の保存
      """
      # tf.TensorをNumPy(画像保存用)に変換
      def to_numpy(tftensorimg):
          npy = tftensorimg.numpy().reshape(28, 28)
                                              # NumPyへ変換
          max = npy.max()
          min = npy.min()
          npy = (npy - min) / (max - min) * 255.
                                # 濃淡値のレンジを0～255に広げる
          return np.uint8(npy)

      fig = plt.figure(figsize=(24, 2), dpi=72)
      plt.subplots_adjust(wspace=0.5) # 間隔調整
      ax = fig.add_subplot(1, 13, 1) # 1行13列の画像
      ax.set_title(str(y_test[idx]))
      ax.imshow(data[0], cmap='gray')
      for i in range(11):
          img = to_numpy(outputs[i])
          ax = fig.add_subplot(1, 13, i+2) # 1行13列の画像
          ax.imshow(img, cmap='gray')
      ax = fig.add_subplot(1, 13, 13) # 1行13列の画像
      ax.imshow(data[1], cmap='gray')
      ax.set_title(str(y_test[idx+1]))
      plt.savefig(args.savefile)
      # 終わり

if __name__ == '__main__':
      main()
```

リスト4　画像評価用プログラムtf_exal_vae.py

```
import numpy as np
import argparse, os
import tensorflow as tf
from tensorflow.keras.datasets import mnist
from tensorflow.keras.models import Model
from tensorflow.data import Dataset
from tensorflow.keras.losses import MSE
from tensorflow.keras.layers import Input, Dense,
Conv2D, Flatten, Conv2DTranspose, Reshape
from tensorflow.keras import losses
from tensorflow.keras.optimizers import Adam

"""
モデルクラス
"""
class ConvVAE(Model):
    def __init__(self, n_zdim):
        super(ConvVAE, self).__init__()
        self.n_zdim = n_zdim
        self.encoder = self.encoder_model(self.n_zdim)
        self.decoder = self.decoder_model(self.n_zdim)

    # 損失計算・誤差逆伝播関数をオーバーライド
    def train_step(self, data):
        with tf.GradientTape() as tape:
            z_mu, z_logvar = self.encoder(data)
                                # 入力画像の潜在ベクトルを計算
            z = self.reparameterization(z_mu, z_
                             logvar) # 潜在ベクトルの生成
            reconst = self.decoder(z)
                                # 潜在ベクトルから画像を生成
            """
            損失計算(MATLABチュートリアル参照)
            """
            reconst_loss = tf.reduce_sum(MSE(reconst,
                                    data)) # 平均二乗誤差
            KL_loss = -0.5 * tf.reduce_sum(1 + z_
        logvar - tf.square(z_mu) - tf.exp(z_logvar), 1)
            total_loss = reconst_loss + KL_loss

        gradients = tape.gradient(total_loss, self.
                    trainable_variables) # 勾配計算
        self.optimizer.apply_gradients(zip(gradients,
               self.trainable_variables)) # 誤差逆伝播
        return {'loss': total_loss, 'reconst_loss':
                    reconst_loss, 'KL_loss': KL_loss}

    # エンコーダモデルの定義
    def encoder_model(self, n_zdim):
        encoder_in = Input(shape=(28, 28, 1))
        h = Conv2D(32, (3, 3), strides=(2, 2),
                    activation='relu')(encoder_in)
        h = Conv2D(64, (3, 3), strides=(2, 2),
                             activation='relu')(h)
        h = Flatten()(h)
        z_mu = Dense(n_zdim, name='z_mu')(h) # 平均
        z_logvar = Dense(n_zdim, name='z_logvar')(h)
                                        # 対数分散
        return Model(inputs=encoder_in, outputs=[z_mu,
                      z_logvar]) # 潜在変数の平均・分散

    # デコーダモデルの定義
    def decoder_model(self, n_zdim):
        latent_in = Input(shape=(n_zdim, ))
        h = Dense(7*7*32, activation='relu')(latent_in)
        h = Reshape(target_shape=(7, 7, 32))(h)
        h = Conv2DTranspose(filters=64, kernel_size=3,
       strides=2, padding='same', activation='relu')(h)
        h = Conv2DTranspose(filters=32, kernel_size=3,
       strides=2, padding='same', activation='relu')(h)
        output = Conv2DTranspose(filters=1, kernel_
size=3, strides=1, padding='same', name='output')(h)
        return Model(latent_in, output)

    @tf.function
    # 再パラメタライゼーショントリック
    def reparameterization(self, z_mu, z_logvar):
        epsilon = tf.random.normal(shape=tf.shape(z_
            logvar), mean=0, stddev=1.0) # epsilon生成
        return z_mu + epsilon * tf.exp(0.5 * z_logvar)

    # エンコード処理
    def encode(self, x):
        mean, logvar = self.encoder(x)
        return mean, logvar

    # デコード処理
    def decode(self, z):
        return self.decoder(z)

"""
main関数
"""
def main():
    """
    オプション処理
    """
    parser = argparse.ArgumentParser(description='MNI
                                  ST VAE学習プログラム')
    parser.add_argument('--epoch', '-e', default=20,
                           type=int, help='エポック数')
    parser.add_argument('--zdim', '-z', type=int,
                     default=20, help='潜在変数の次元数')
    parser.add_argument('--batchsize', '-b', type=int,
                     default=50, help='ミニバッチサイズ')
    parser.add_argument('--modeldir', '-m',
           default='model', help='モデルの保存ディレクトリ')
    parser.add_argument('--lrate', '-r', type=float,
                      default=0.0001, help='初期学習率')
    args = parser.parse_args()

    print('# 潜在変数の次元数: {}'.format(args.zdim))
    print('# ミニバッチサイズ: {}'.format(args.batchsize))
    print('# エポック数: {}'.format(args.epoch))
    print('# 初期学習率: {}'.format(args.lrate))
    print('# モデルの保存: {}'.format(args.modeldir))
    print('')

    """
    MNISTダウンロード&準備
    """
    (x_train, _), (_, _) = mnist.load_data()
                                # 訓練データの画像のみ利用
    x_train = np.expand_dims(np.float32(x_train), -1)
        / 255. # チャンネルを増やして, float32に変換して正規化

    # tf.Tensor形式のデータセットの準備
    train_ds = Dataset.from_tensor_slices(x_train)
    train_ds = train_ds.shuffle(buffer_size=len(train_
                                                  ds))
    train_ds = train_ds.repeat(1)
    train_ds = train_ds.batch(args.batchsize)

    """
    訓練&モデルの保存
    """
    VAE = ConvVAE(args.zdim) # モデルの作成
    VAE.compile(optimizer=Adam(learning_rate=args.
                          lrate)) # 最適化関数の設定
    VAE.fit(train_ds, epochs=args.epoch) # 訓練

    model_enc = os.path.join(args.modeldir, 'MNIST_
                                          CVAE_ENC')
    model_dec = os.path.join(args.modeldir, 'MNIST_
                                          CVAE_DEC')
    VAE.encoder.save_weights(model_enc)
                             # 訓練済みパラメータの保存
    VAE.decoder.save_weights(model_dec)
    print('The models were saved.')
    # 終わり

if __name__ == '__main__':
    main()
```

第6部

自動運転や対戦AIのもと 深層強化学習

プロローグ

深層強化学習をマスタした方がよい理由

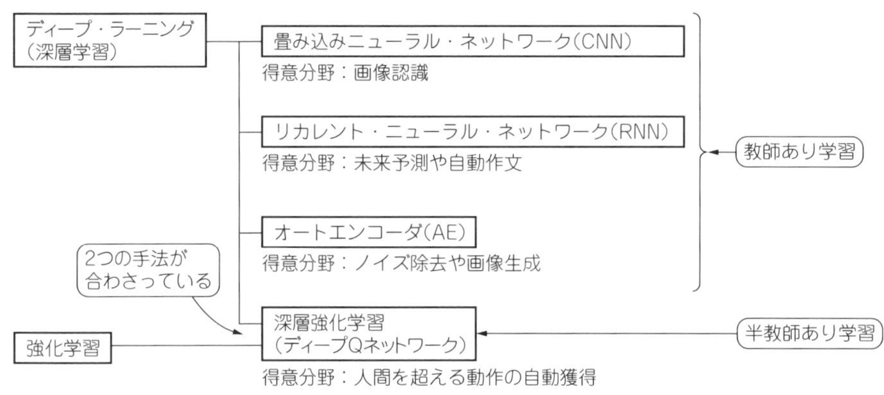

図1　ディープQネットワークはディープ・ラーニングの一種

ここで紹介する深層強化学習は，ディープ・ラーニングの一種として説明されることが多い手法ですが，強化学習を組み込んでいる点がこれまでの手法と異なります(**図1**)．これまで説明したCNN，RNN，AEは，答えのある問題を大量に学習することで，その分野に関する問題はかなりの精度で解けるというものでした．

例えば，症状から病名を答えるようなものや，画像に表示されたものを見分けるなどはそれに当たります．これは「教師あり学習」と呼ばれるものです．

ここで紹介する深層強化学習の一種であるディープQネットワーク(DQN)は，「半教師あり学習」と呼ばれています．この「半」というところがポイントで，全く答えがないわけではないけれども，全てに答えがあるわけではないという意味です．

ディープQネットワークでは，やってはいけないことや望ましいことが決まっているけれども，その過程は決まっていないものを自動的に学習していきます．

テレビ・ゲームのスーパーマリオブラザーズを例にとると，

- クリボーなどの敵に横から当たってはいけない
- 穴に落ちてはいけない
- 炎に当たってはいけない
- 早くゴールすることが望ましい

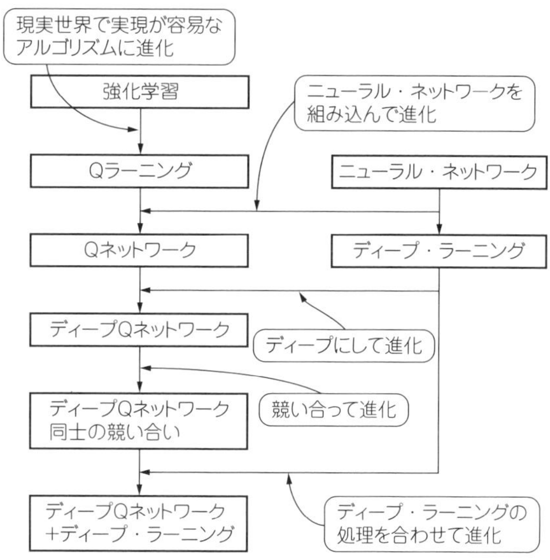

図2　ディープQネットワークはディープ・ラーニングの発展のおかげで実用化された

というルールだけを与えておきます．ディープQネットワークは，矢印キーやAボタンBボタンをうまく操作して，できるだけ早くゴールできるようになります．スタートからゲーム・オーバになるまでを繰り返すと，人間のレベルを超えていきます．

こんなところで使われている

人工知能が世界で注目されています．以下のニュースがありました．

(1) 現役囲碁トップ棋士に勝利
(2) 会話レベルの音声認識で人間と同レベルを達成
(3) テレビ・ゲームで人間よりもハイスコア
(4) トヨタのぶつからない車のデモ
(5) ファナックのバラ積み

これらは全て，深層強化学習が使われています．

また，企業や大学などの研究所のホームページを調べると，さまざまなニュースがあります．人間ができる動作を自動的に獲得して，人間を超えていくという，注目されている手法です．

強化学習がディープQネットワークに進化するまで

ディープ・ラーニングは突然出てきた技術ではなく，ニューラル・ネットワークの発展形です．

ディープQネットワークも突然出てきた技術ではありません．これは**図2**に示すように，Qラーニングという強化学習の一種から発展したものになります．

● やはりディープ・ラーニングの発展が大きい

まずはQラーニングとニューラル・ネットワークを組み合わせ，Qネットワークが作られました．概念は素晴らしかったのですが，ディープ・ラーニングが出る前のニューラル・ネットワークでは，解くことが難しいという問題がありました．

そして，ディープ・ラーニングの発展とともに，Qネットワークをディープにしたディープ Qネットワークが出てきました．これにより難しい問題も解けるようになり，いろいろなことができるようになったのです．

●ディープQ同士が対戦して強くなっていく

また，学習したディープQネットワーク同士が対戦してさらに強くなることも行われています．機械同士が何十万回も対戦を重ねることで，人間では太刀打ちできないレベルになります．このようにして，ディープQネットワークが発展してきています．

●前処理にCNNを使うとゲームの画面を直接入力できることも追い風

さらに，前処理にディープ・ラーニングの一種であるCNN（畳み込みニューラル・ネットワーク）などを使うようになっています．CNNは画像分類に強いディープ・ラーニングですので，テレビ・ゲームの画像をそのまま入力できるようになり，同じアルゴリズムでさまざまなテレビ・ゲームを学習できるようになるなど発展しています．

ただし，前処理にCNNを使うと学習時間が膨大になりますので，第6部ではディープ・ラーニング同士の対戦までを説明することとします．

ディープQネットワークをプログラムする

●開発環境は整っている

各社からディープ・ラーニングのプログラムを簡単に作ることのできるフレームワークが出ていましたが，現在はAlphabet社（Google）が開発しているTensorFlowとFacebook社が開発しているPyTorchの2大勢力となっている感があります．

それと同じように深層強化学習のためのフレームワークも出始めています．第6部ではTensorFlowを組み合わせて使うことができるTF-Agentsを使うこととします．

●ディープQネットワークを知るにはQラーニングから

TF-Agentsを使ったディープQネットワークの構築に，なぜQラーニングから知らなければならないかをお話ししたいと思います．

図2で示したように，ディープQネットワークはディープ・ラーニングとQラーニングの融合なのです．この2つの仕組みを知らないと，うまく作れません．

▶ディープ・ラーニングは洗練されている

ディープ・ラーニングはだいぶ洗練されているので，パラメータなど，プログラムを作る人が設定しなければならない部分がだいぶ少なくなってきています．

▶ Qラーニングは対象によって中身がだいぶ異なる

一方，Qラーニングは扱う問題（スーパーマリオブラザーズを対象とするのか，囲碁を対象とす

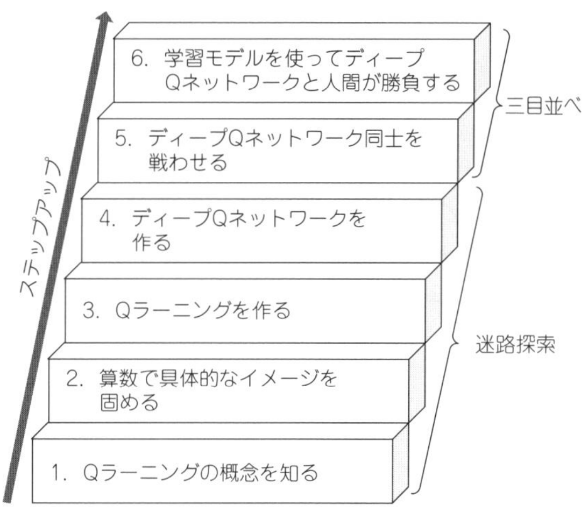

図3　ディープQネットワークをマスタするための階段

るのかなど）によって，作り方が全く異なります．そのため，しっかり使い方を知っていないと作ることができないのです．

まずは，Qラーニングの仕組みを知って，Qラーニングのプログラムを組めるレベルを目指しましょう．といっても，急に難しい話をするわけではありませんので安心してください．

●ディープQネットワークへのステップアップはこの流れで！

どのようにステップアップしてディープQネットワークを使いこなすかについて，**図3**に示します．

1. まず，Qラーニングの仕組みの概念を知ることから始めます．Qラーニングの説明によく用いられる迷路探索を第6部でも用います．
2. プログラムにする前に，どのような計算が必要になるのかを簡単な数値例を用いながら見ていきます．つまり，「算数から始まるディープQネットワーク」となります．
3. その後，プログラムを作りますが，どのように迷路を探索しているのか動きが見えると，とてもよく理解できます．そこで，グラフィカルに動きを確認できるようにします．ここまでが，Qラーニングのイメージ作りとプログラムの方法の説明になります．
4. このプログラムを改造して，ディープQネットワークで迷路探索を行います．
5. さらに，三目並べを対象としたディープQネットワークへ発展していきます．三目並べでは，ディープQネットワーク同士が対戦することで強くなるものを作ります．
6. 最後に学習済みのモデルを使って人間と勝負します．これによって，学習済みモデルを利用したプログラムを作れるようになります．

第1章

未来への1歩
ステップ1…基となるQラーニングの仕組み

●著者提供プログラムを動かして感じをつかむ

ここでは，Qラーニングで迷路を自動的に解くようすを見てみましょう．迷路探索問題は，探索している過程が見られると，どのようなことをしているのかイメージがしやすくなります．

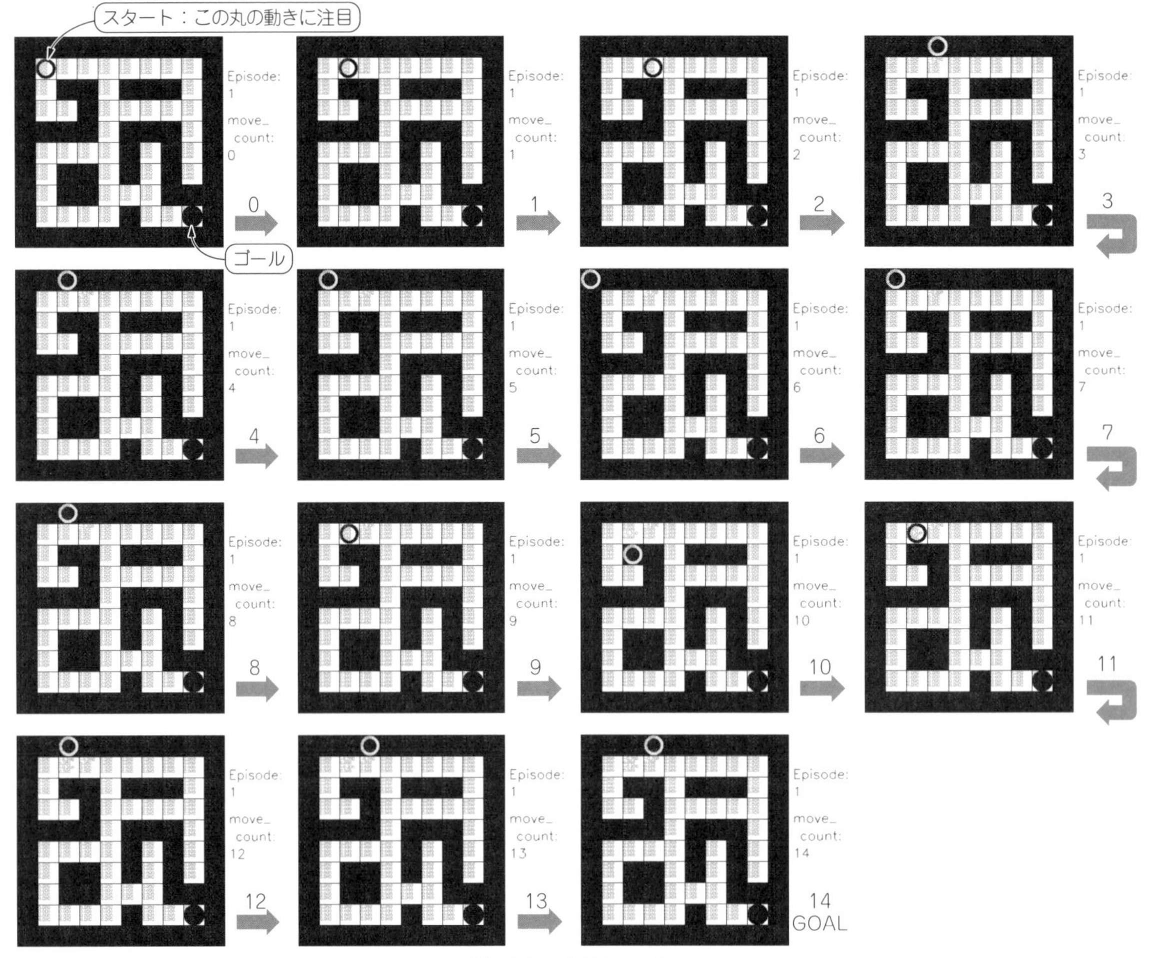

（a）最初はもどかしく動く

図1　Qラーニングで迷路を自動的に解く様子

実行にはOpenCVのライブラリが必要となります．以下のコマンドでインストールします[注1]．

```
> pip install opencv-python
```

次に本書のサポート・ページから，ダウンロード・データを入手します(p.304参照)．

実行するには，ダウンロードしたフォルダに移動し，以下のコマンドを打ち込みます．

```
> python maze_QL.py
```

図1に迷路探索問題を解く様子を示します．黒丸がゴールで，円がエージェントです．まず，**図1(a)**のように最初はもどかしく動いていますが，しばらく待つと**図1(b)**のようにゴールまで移動できるようになります．

迷路探索問題を例に仕組みを知る

Qラーニングとはどういうものでしょうか．ここでは概念をつかんでいきます．Qラーニングの「Q」というのは，今の状態でどう行動したら良いかが書かれた値となります．これだけでは分かり

注1：ディープ・ラーニングのフレームワークはPythonで動かすことが多く，TensorFlowもPythonで動かしている．多くの場合，Ubuntuでの動作を想定している．第6部では，Windowsで動かすときにはAnacondaを利用することを想定する(第2部参照)．

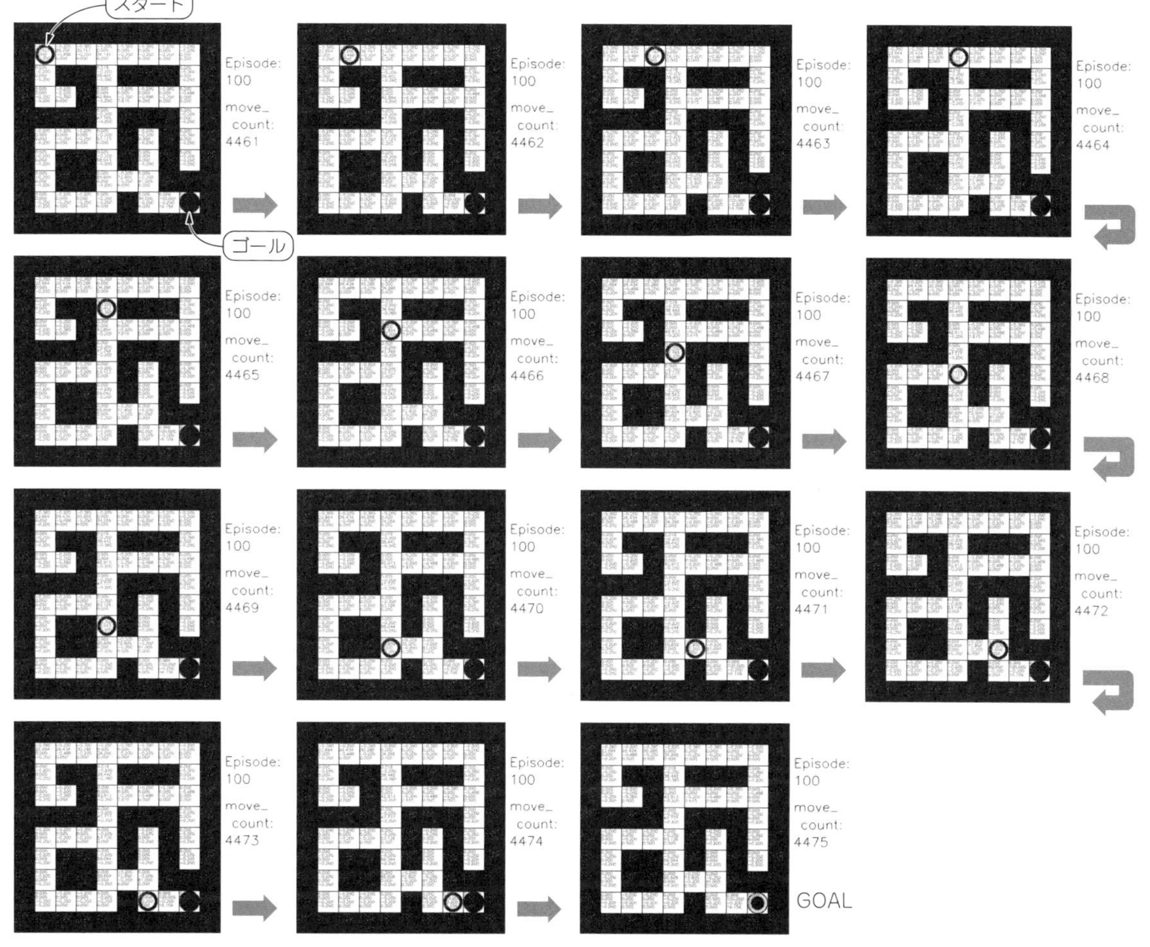

(b) しばらく待つとゴールまで移動できるようになる

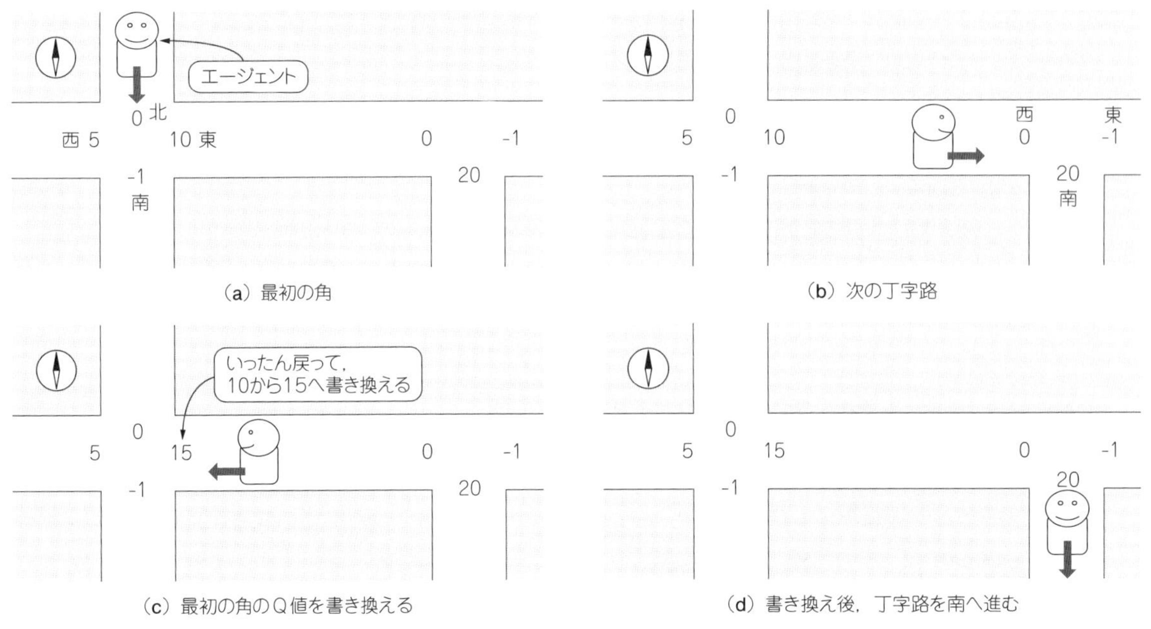

図2 Q値に従ったエージェントの移動とQ値の更新

にくいですね．例としてエージェントが迷路を進んでいることを考えます．なお，エージェントは迷路の全容は分かっていません．

このエージェントとは，つくばチャレンジの移動ロボットやゲーム中のロボット・プレーヤなど，状況を判断しながら移動するものを表しています．ここでは人間を想像するとよいかもしれません．

■ スタート

●最初の四つ角

図2(a)のように，エージェントが南に進んでいる途中で十字路に差し掛かかり，床に以下のヒントが書かれていたとします．

北に進むときのQ値：0
東に進むときのQ値：10
南に進むときのQ値：－1
西に進むときのQ値：5

エージェントは床に書かれた値をおおむね信用します．そこで，Q値が最も大きい行動を選択します．この場合は東に進むこととなります．

ここで「おおむね」と書いたのは，QラーニングではQ値を信用せずに，時々ランダムに行動する必要があるからです．時々ランダムに行動する仕組みはε-greedy法と呼ばれています．この説明では，Q値の値が大きい方にだけ移動するものとして話を進めます．

●次の曲がり角

さて，東に進むと今度は丁字路が表れました．ここでも床に次のように書かれていたとします［**図2(b)**］．

東に進むときのQ値：－1
南に進むときのQ値：20
西に進むときのQ値：0

エージェントは床に書かれた値を信用するので，Q値の最も大きい行動，つまり南に進むことを選択します．

●最初の四つ角の値を書き換える

これから起こすエージェントの行動がQラーニングの特徴となります．エージェントはいったん来た道を戻り，先ほどの十字路のQ値を書き換えに行きます［**図2(c)**］．進んだ先の丁字路にはQ値が20になっている道があるので，十字路に書かれた東に進むQ値の値を高くします．例えば，**図2(c)**のように変更します．

北に進むときのQ値：0(変更なし)
東に進むときのQ値：10→15(変更)
南に進むときのQ値：－1(変更なし)
西に進むときのQ値：5(変更なし)

そして，**図2(d)**のように先ほどの丁字路に戻ってから南に進みます．

●こんな四つ角もある

この後は，上記の手順の繰り返しです．分岐点にはQ値が書かれているので，1つ前のQ値を書き換えて，Q値に従って進みます．進んだ先の十字路には，

北に進むときのQ値：0
東に進むときのQ値：0
南に進むときのQ値：0
西に進むときのQ値：0

のようにQ値が全て0となっているものがあったり，

北に進むときのQ値：0
東に進むときのQ値：3
南に進むときのQ値：0
西に進むときのQ値：3

のように最も大きい値が2つあったりします．

全部0の場合は完全にランダムに行動します．最も大きい値が2つあった場合は，どちらかの行動がランダムに選ばれます．

■ ゴールに着いたとき

●開発者が報酬を決める

これを繰り返しているうちに，**図3(a)**に示すようにQ値が全て0となっている十字路をたまたま東に行ったらゴールに着いたとします．

ゴールに着いたときのQ値の与え方がQラーニングのもう1つの特徴となります．ゴールに着くと「報酬」がもらえ，この報酬はQ値に反映されます．この報酬だけがこの迷路ゲームを考えた人が決める値となっています．つまり，望ましい状態であることをエージェントに伝えるのです．

ここでは報酬として100をもらったとすると，エージェントはゴールに到着する前の分岐点のQ

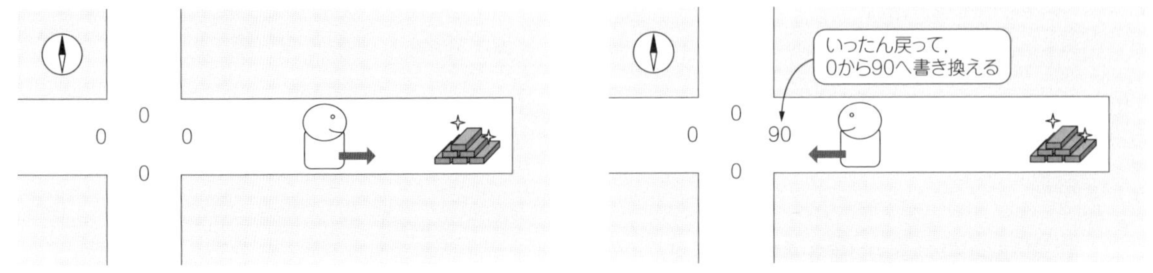

（a）ゴールが偶然あった

（b）直前の四つ角に戻りQ値を書き換える

図3　何番目かの角を進んだ際にゴールにたどり着いた

値を以下のように変更します［**図3**（**b**）］.

北に進むときのQ値：0→0（変更なし）
東に進むときのQ値：0→90（ゴール到着による報酬）
南に進むときのQ値：0→0（変更なし）
西に進むときのQ値：0→0（変更なし）

そして，またスタート地点からQ値に従った行動をします．これを繰り返すことで，スタートからゴールまでの道のりを自動的に学習するのです．

●Qラーニングは半教師あり学習の1つ

上記の迷路の例では，エージェントに教えたのはゴールに来たら報酬を与えるというものだけです．この1点しかエージェントに教えないのです．それ以外の行動は，エージェントが試行錯誤的に獲得します．

一方，「教師あり学習」の場合は，1つの行動に対して1つの答えを用意する必要があります．全く情報を与えないで，うまく動作するように学習するのが「教師なし学習」となります．

今回の場合は，全ての行動に対して答えを与えるのではなく，また，全く情報を与えないわけでもなく，望ましい状態（ゴールしたという状態）のときだけ教えるので，「半教師あり学習」となります．

ただし，今回の例では報酬はゴールだけでしたが，例えば行ってはいけないところではマイナスの報酬を設定しておくなど，報酬は幾つも設定できます．マイナスの報酬については，この後の例題を解きながら見ていきましょう．

第2章

シンプルな迷路を例に
ステップ2…数式でひも解くQラーニング

それでは具体的に解いてみましょう．ディープQネットワークは，その基になっているQラーニングを理解していると，より理解しやすくなります．そこで，Qラーニングの仕組みをひも解いていきましょう．

●5×5マスのシンプルな迷路を例に

ここでは**図1**の迷路を考えます（迷路というには単純ですね）．それぞれの四角には番号を付けておきます．スタートは**図1**の丸の位置とし，その位置を6と表します．ゴールは黒丸の位置18とします．白い部分が通れる場所，黒い部分が壁となります．

ここでは報酬を**図2**のように与えるものとします．ゴールの報酬は想像通りだと思います．壁の部分にはマイナスの報酬を付けておきます．そうすると，一度は壁の方に動きますが，その後はほぼ，壁に向かって動くことはなくなります．これも，計算しながら確認しましょう．

さて，床に描かれるQ値ですが，最初は**図3**(a)に示すように，全て0としておくことがよくあります．ある程度学習が進んでゴールに到達できるようになると，**図3**(b)のように，0以外の値が書き込まれます．

なお，この図は次章以降で説明するシミュレーション結果をそのまま使っています．4つの数字

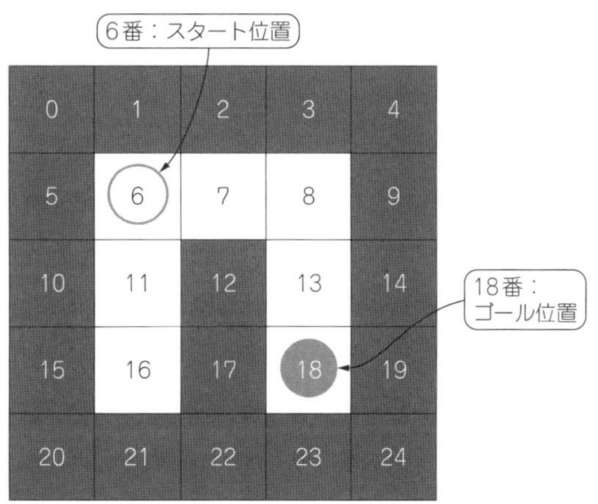

図1　Q値の更新を簡単な迷路で説明…各ブロックに番号を振る

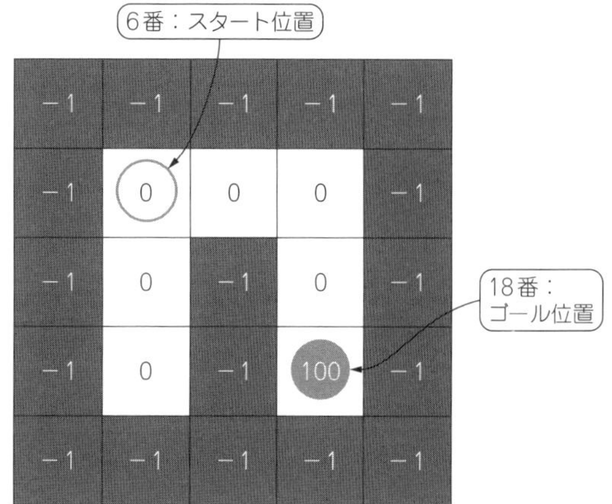

図2　各ブロックに報酬を設定

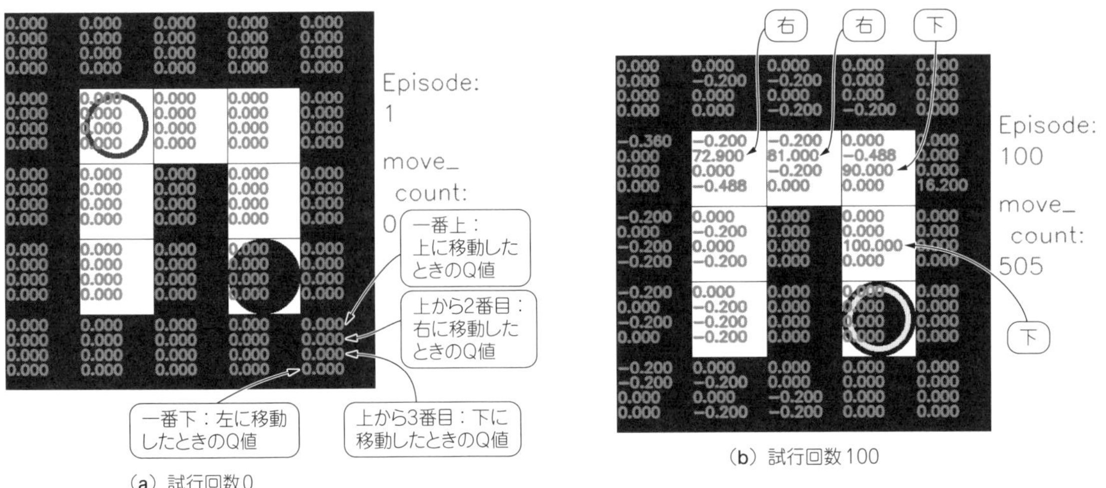

図3　最初のQ値はゼロ…学習が進んでゴールに到達することができるようになると（b）のように0以外の値が書き込まれる

がそれぞれの場所に書き込まれています．この数字と方向の関係は次のようになっています．

一番上　　　：上方向へのQ値
上から2番目：右方向へのQ値
上から3番目：下方向へのQ値
一番下　　　：左方向へのQ値

値の大きい方を順になぞっていくとゴールに到達できますね．

●基本の式

まず，エージェントが行動したときのQ値の更新について計算しましょう．QラーニングのQ値の更新は次の式に従っています．

$$Q(s_t, a) \leftarrow (1-\alpha)\,Q(s_t, a) + \alpha\left[r_{t+1} + \gamma \max_p Q(s_{t+1}, p)\right] \cdots\cdots (1)$$

この後，$\max_p Q(s_{t+1}, p)$は，$\max Q$と簡単に書くこととします．

ここでめげてはいけません．3×3の迷路の例と対応付けると，さほど難しくありません．この式の意味を知らなければ，Q値を更新できませんので，お付き合いください．

●αとγ

αとγは定数となっていて，共に0～1の値をとります．問題によって異なりますが，

αは0に近い値
γは1に近い値

とすることが多いです．この計算例では，次のように決めておきます．

$\alpha = 0.2$

$\gamma = 0.9$

●$Q(s_t, a)$ …s_tという場所でaという行動を取ったときのQ値

$Q(s_t, a)$はQ値を表しています．s_tという場所（状態とも呼ばれている）にいるときに，aという行動を取ったときを数値で表しています．

表1　行動の番号と移動方向

移動方向	行動番号
上方向	0
右方向	1
下方向	2
左方向	3

表2　移動方向のQ値

	移動方向のQ値
Q (6, 0)	− 0.2
Q (6, 2)	0
Q (6, 3)	− 0.488
Q (7, 0)	− 0.2
Q (7, 1)	81
Q (13, 0)	0
Q (13, 2)	100

表3　ゴール時におけるQ値の更新

Q (13, a)	更新前のQ値	更新後のQ値
Q (13, 0)	0	0
Q (13, 1)	− 0.2	− 0.2
Q (13, 2)	5	24
Q (13, 3)	− 0.5	− 0.5

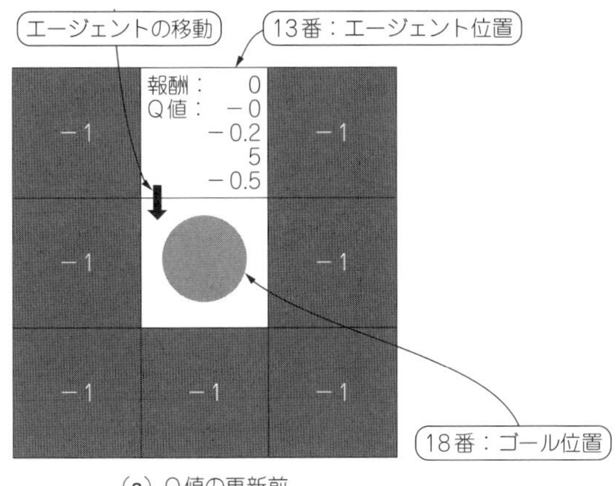

（a）Q値の更新前　　（b）Q値の更新後

図4　報酬r_{t+1}の説明

各場所での行動は上，右，下，左への移動の4つとなります．この行動に**表1**のような番号を付けておきます．こうすると「上方向へ移動した」ということは「0番の行動をした」と言い換えることができます．

s_tはエージェントの位置の番号となります．これは例えば，スタート地点にいる場合はs_tは6となります．

具体的に数字を当てはめてみましょう．ここでは迷路に描かれたQ値は，**図3(b)**となっているとしましょう．Q(6, 1)はエージェントが6番の位置にいるときに1番の行動(右方向へ移動)するQ値となるので，72.900となります．幾つかの例を**表2**に示しておきます．これで**図3(b)**とQ値の書き方の対応が付いたと思います．

●r_{t+1}…ある行動をしたらもらえる報酬

次にr_{t+1}の説明をします．これは，ある行動をしたらもらえる報酬を表しています．**図4**のようにエージェントが13番の位置にいて，2番の行動(下へ移動)を取ったものとします．このときのQ(s_t, a)はQ(13, 2)となります．するとゴールに到達しますね．

ここで，s_tとr_{t+1}に付いているtとt+1について説明します．これは時刻を表していて，t+1は時刻tの次の時刻ということを表しています．エージェントが13番の位置にいて，2番の行動をとったときの報酬はゴールに到達したので，r_{t+1}が100となります．

これを式(1)に入れると次のようになります．

$$Q(13, 2) \leftarrow (1 - 0.2)\,Q(13, 2) + 0.2\,(100 + 0.9 \times \max Q)$$

報酬がもらえると，つまりゴールすると，その試行を終わらせて，初期状態からスタートさせることがよくあります．この場合はそのマスにQ値はありませんので，max$Q$は0となります．そのため，

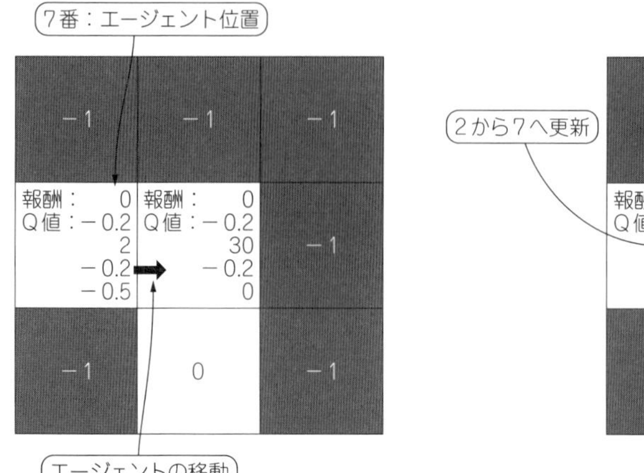

(a) 7番の位置にいる　　(b) 8番に移動後7番のQ値を更新

図5　エージェントの移動からmaxQをイメージする

表4　報酬が0のときのQ値の更新

$Q(7, a)$	更新前のQ値	更新後のQ値
$Q(7, 0)$	0	0
$Q(7, 1)$	2 ------→	7
$Q(7, 2)$	−0.2	−0.2
$Q(7, 3)$	−0.5	−0.5

表5　8番の位置のQ値

$Q(8, a)$	Q値
$Q(8, 0)$	−0.2
$Q(8, 1)$	−0.2
$Q(8, 2)$	30
$Q(8, 3)$	0

$$Q(13, 2) \leftarrow (1 - 0.2)\, Q(13, 2) + 0.2\,(100 + 0.9 \times 0)$$

という更新になります．例えば，13番の位置のQ値が**表3**の2列目のようになっていた場合，ゴール到達による報酬(100)を得たことによるQ値は，**表3**の3列目のようになります．

次に，エージェントが7番の位置にいて，1番の行動(右へ移動)を取ったとします．このときの報酬は**図2**から0となります．これを式(1)に入れると，次のようになります．

$$Q(7, 1) \leftarrow (1 - 0.2)\, Q(7, 1) + 0.2\,(0 + 0.9 \times \max Q)$$

また，エージェントが11番の位置にいて，時々起こるQ値が一番大きい方向ではない3番の行動(左へ移動)を取ったとすると**図2**より報酬は−1となります．

これを式に入れると，次のようになります．

$$Q(11, 3) \leftarrow (1 - 0.2)\, Q(11, 3) + 0.2\,(-1 + 0.9 \times \max Q)$$

残すはなんだか難しそうなmax$Q$だけになります．

●max$Q$…次の位置に移動したときのQ値の最大値

max$Q$は，次の位置に移動したときのQ値の最大値となります．迷路と数字を対応させればイメージが付きます．例えば**図5**のようにエージェントが7番の位置にいて，1番の行動(右へ移動)を取ったとします．また，7番の位置のQ値は**表4**の2列目であったとします．

右に動くと8番の位置にエージェントが移動します．8番の位置のQ値は**表5**であったとします．この中で最も大きいQ値がmax$Q$となりますので，30となります．

以上からエージェントが7番の位置にいて1番の行動(右へ移動)を取ったとき，報酬は0となり，max$Q$は30となります．これを式(1)に代入すると次のようになります．

$$Q(7, 1) \leftarrow (1 - 0.2) \times 2 + 0.2\,(0 + 0.9 \times 30) = 7$$

この計算から7番のQ値は**表4**の2列目のように2から7に更新されます．

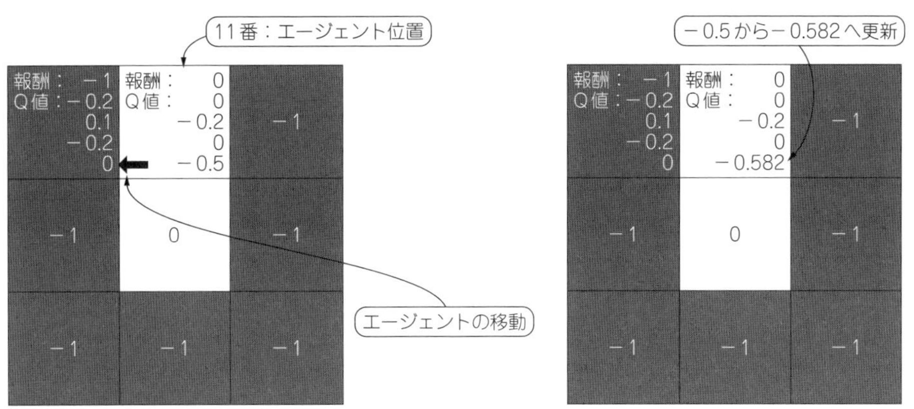

図6　11番の位置にいてQ値が一番大きい方向ではない3番の行動(左へ移動)を取ったとき

表6　10番の位置のQ値

$Q(10, a)$	Q値
$Q(10, 0)$	−0.2
$Q(10, 1)$	0.1
$Q(10, 2)$	−0.2
$Q(10, 3)$	0

表7　壁にぶつかったときのQ値の更新

$Q(11, a)$	更新前のQ値	更新後のQ値
$Q(11, 0)$	0	0
$Q(11, 1)$	−0.2	−0.2
$Q(11, 2)$	0	0
$Q(11, 3)$	−0.5 ---------→	−0.582

最後に，**図6**のようにエージェントが11番の位置にいて，時々起こるQ値が一番大きい方向ではない3番の行動(左へ移動)を取ったとします．これは，左に移動すると10番の位置に来ます．この位置のQ値が**表6**として書かれていたとします．

この場合のmax$Q$は0.1で，報酬は−1ですので，

$$Q(11, 3) \leftarrow (1 - 0.2) \times (-0.5) + 0.2(-1 + 0.9 \times 0.1) = -0.582$$

7番のQ値は**表7**として更新されます．式(1)は難しそうに見えましたが，分解してみると案外簡単ですね．

第3章

「なんとなくわかってきた」からのステップアップ
ステップ3…プログラミングで理解するQラーニング

Qラーニングの Q 値というものが何となく分かってきたと思います．Q 値は，ある位置（状態ともいう）でどのように行動するのかを数字で表したものと言えますね．

そして，各位置で最も Q 値の大きい行動をすると，全体を通してうまい行動となるように，Q 値が自動的に学習されていきます．

結局のところ，位置と行動の関係が分かれば良さそうです．

●迷路における振る舞いをニューラル・ネットワークで学習

ここでも先ほどの小さい迷路を例に考えます．この後出てくる迷路をQラーニングで学習するプログラムを使ってQ値を求めた結果が，前章の図3(b)となっていました．**図1**として再掲します．

図1において，全ての位置（0から24番の位置）で最も大きいQ値となる行動の番号（0：上に移動，1：右に移動，2：下に移動，3：左に移動）をまとめてその番号を示すと，**図2**となります．

図2から分かることとしては，

6を入力すると出力が1
7を入力すると出力が1
8を入力すると出力が2

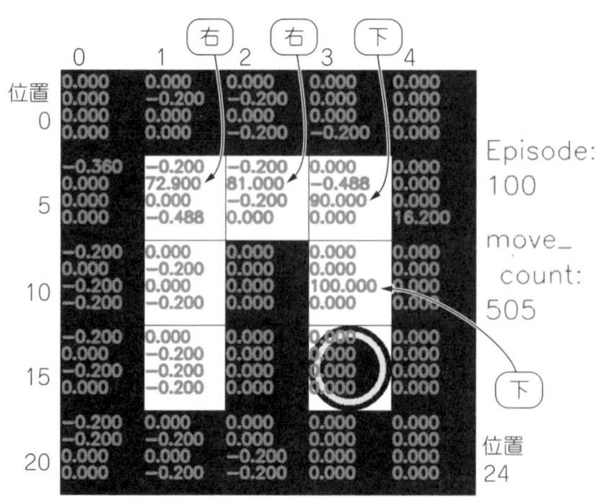

図1　迷路をQラーニングで学習するプログラムを使ってQ値を求めた結果［（第2章図3（b）再掲）］

不定	不定	不定	不定	不定
不定	1:→	1:→	2:↓	不定
不定	不定	不定	2:↓	不定
不定	不定	不定	ゴール	不定
不定	不定	不定	不定	不定

図2　Qラーニングで得られた場所と行動の対応

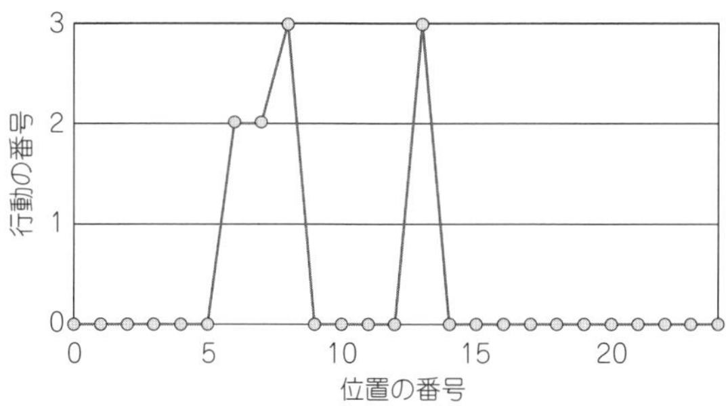

図3　位置と行動の関係

表1　0から24までの数字を2進数で表し3つの状態に分けた

0	1	2	3	4	5	6	7		
0	0	0	0	0	0	2	2		
8	9	10	11	12	13	14	15		
3	0	0	0	0	3	0	0		
16	17	18	19	20	21	22	23	24	状態
0	0	0	0	0	0	0	0	0	行動

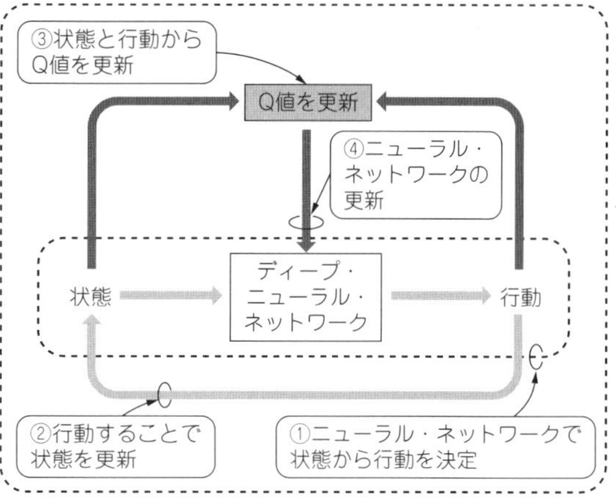

図4　ディープ・ニューラル・ネットワークを使ってQ値を更新するまでの流れ

13を入力すると出力が2
それ以外の行動が不定の部分では出力が0(とりあえず)
という関係が作れれば良いということです.

こうした関係性を学習するのはニューラル・ネットワークの得意分野で，**図3**のグラフを学習するなどお手の物です.

例えば，0から24までの数字を入力して4つの状態に分ける(**表1**)ニューラル・ネットワークは，2層(中間層のニューロンは4つ)のニューラル・ネットワークで実現できました．そのプログラムをコラム1で示し，簡単な解説を付けておきます.

●ディープQネットワークへはこう展開していく

ここまで簡単そうに書きましたが，最初は教師データを持っていません．従って，**図2**のような結果はQラーニングによって得られたものです．つまりQネットワークとは，Qラーニングによって Q値を更新することで教師データを少しずつ更新しながら，ニューラル・ネットワークで場所と行動の関係を学習していきます．この流れのイメージは**図4**のようになります.

まず，ニューラル・ネットワークで状態から行動を決定します(**図4**の①)．これがQラーニングにおいて，「ある状態のときの一番大きなQ値を選択する」ことに当たります.

次に，行動することで状態を更新します(**図4**の②)．これはQラーニングのときと同じです.

そして，状態と行動のセットからQ値を更新します(**図4**の③)．これもQラーニングのときと同じです.

それを何回か繰り返してQ値を更新したら，それをニューラル・ネットワークの教師データとしてニューラル・ネットワークを更新します(**図4**の④)．この部分がQネットワークの特徴的な点となります.

そして，ニューラル・ネットワークの部分がディープになったものがディープQネットワークとなります.

コラム1 表1の0から24までの数字を4つに分類するニューラル・ネットワーク

表1の対応を実現するニューラル・ネットワークのプログラムを**リストA**に示します．これは，tf_and.pyのネットワークと入出力を変更したものになります．

今回の場合は，右に移動する1の行動は出てきませんが，0，1，2，3の4つの状態に分かれるプログラムを作りました．また，入力はそのまま番号で与えました．**表A**に位置番号と行動の対応を示します．ここではTensorFlowのニューラル・ネットワークのプログラムで計算しました．

表A　位置番号と行動の対応

移動方向	行動番号
上方向	0
右方向	1
下方向	2
左方向	3

リストA　表1の0から24までの数字を4つに分類するニューラル・ネットワークtf_s2a.py

```
import numpy as np
import tensorflow as tf

# モデル定義
def LogicCircuit():
    # レイヤーの定義
    input = tf.keras.layers.Input(shape=(1,), name='INPUT')
    h = tf.keras.layers.Dense(16, activation='relu', name='FC1')(input)
    h = tf.keras.layers.Dense(16, activation='relu', name='FC2')(h)
    output = tf.keras.layers.Dense(4, activation='softmax', name='OUTPUT')(h)
    # モデル化
    model = tf.keras.Model(inputs=input, outputs=output)
    # オプティマイザや評価関数，評価尺度の設定
    model.compile(optimizer='adam', loss='sparse_categorical_crossentropy', metrics='accuracy')
    return model

def main():

    epoch = 20000
    batchsize = 2

    # 訓練&テストデータの作成
    trainx = [0, 1, 2, 3, 4, 5, 6, 7, 8, 9, 10, 11, 12, 13, 14, 15, 16, 17, 18, 19, 20, 21, 22, 23, 24]
                                                                                        # 入力データ
    trainy = [0, 0, 0, 0, 0, 0, 2, 2, 3, 0, 0, 0, 0, 3, 0, 0, 0, 0, 0, 0, 0, 0, 0, 0, 0] # 教師ラベル

    # ニューラルネットワークのインスタンス化
    model = LogicCircuit()
    # モデルのサマリーの表示
    model.summary()
    # モデル構造を保存(画像)
    tf.keras.utils.plot_model(model, show_shapes=True, show_layer_names=True, to_file='model.png')
    #TensorBoardの設定
    tensorboard_callback = tf.keras.callbacks.TensorBoard(log_dir='log/', histogram_freq=1)

    # Tensor型への変換(訓練セットの入力と教師ラベル合体させてTensorに変換)
    train_ds = tf.data.Dataset.from_tensor_slices((trainx, trainy))
    train_ds = train_ds.repeat(1)
                    # 1 epochで使われるデータの回数．1の場合，1epochで1回しか使われない．引き数を空欄にすると無限に使われる
    train_ds = train_ds.batch(batchsize) # ミニバッチを作る．今回1バッチ4の全データ

    # 訓練開始
    model.fit(train_ds, epochs=epoch, callbacks=[tensorboard_callback])
    # モデルの保存
    print('The model saved.')
    model.save('s2a.h5')

    # 評価
    print('Evaluation:')
    for x in trainx:
        xx = np.array(x, dtype=np.float32).reshape(1, 1) # データを変換
        pred = model.predict(xx)
        print(f'input: {x}, prediction: {pred.argmax()}')

if __name__ == '__main__':
    main()
```

プログラミング

●迷路探索を動かしてみる

Qラーニングのプログラムを実際に作っていきましょう.「またQラーニング?」と思う方も多いと思いますが,このQラーニングのプログラムでの実装方法を知らないと,ディープQネットワークがうまく動かないため,もう少しお付き合いください.ここでも「迷路探索」を例にして,作り方を紹介します.

どのようにプログラムを作るかがメインとなるため,先にプログラムを**リスト1**に載せることとします.**リスト1**は以下のコマンドで実行できます(実行方法は第1章にも示した).

```
> python maze_QL.py
```

ここでは10×10の迷路としました.コンソール横に表示される実行画面を**図5**に示します.この中の数字は,**図1**と同じように各位置の「Q値」を表しています.コンソールには**リスト2**が表示されます.`Epi`がエピソードの回数,`Num. of steps`がそのエピソードでゴールまたはマップからはみ出る失敗までに要したステップ数,`Goal`はゴールしたかどうかを`True`か`False`かで表しています.

最後に,100回のエピソードが終了したときのゴール回数(`Goals`)と失敗の回数(`out of maze`)と平均移動ステップ(`Ave. steps`)が表示されます.

なお,エピソードとは試行の回数で,エージェントがスタートしてからゴールまたはマップからはみ出る失敗までが1エピソードとなります.

●プログラムの流れ

リスト1のフローチャートは**図6**のようになっています.

1. 迷路の設定
2. Q値の設定

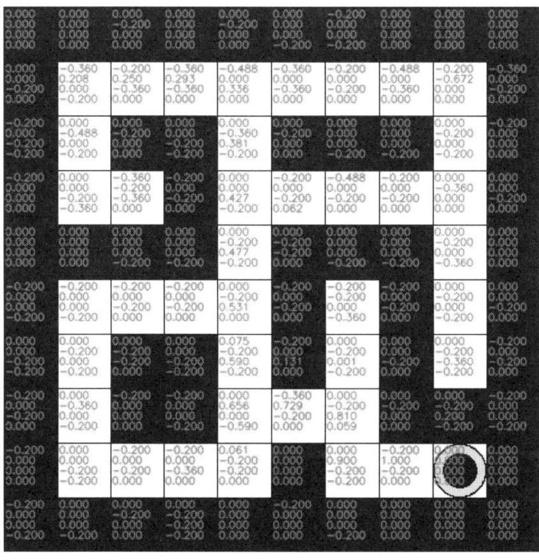

図5 10×10の迷路探索の実行画面

リスト2 学習の進み具合…リスト1を実行したときにコンソールに表示される

```
[DEBUG] Epi 1, Num. of steps: 7, Goal: False
[DEBUG] Epi 2, Num. of steps: 37, Goal: False
[DEBUG] Epi 3, Num. of steps: 5, Goal: False
        ⋮
[DEBUG] Epi 98, Num. of steps: 15, Goal: True
[DEBUG] Epi 99, Num. of steps: 15, Goal: True
[DEBUG] Epi 100, Num. of steps: 15, Goal: True
==== Episode 100 finished ====
Goals: 85, out of maze: 15, Ave. steps: 56.41
学習完了.
```

リスト1　迷路探索maze_QL.py

```
# -*- coding: utf-8 -*-
"""
迷路探索
2017.9.26
Hiromitsu Nishizaki, Koji Makino
"""
from __future__ import print_function
import numpy as np
import cv2

# 迷路の定義．(1,1)地点がスタート，(8,8)がゴール (-1: 壁, 0:道, 1:ゴール)
MAP = np.array([
[-1, -1, -1, -1, -1, -1, -1, -1, -1, -1],
[-1, 0, 0, 0, 0, 0, 0, 0, 0, -1],
[-1, 0, -1, -1, 0, -1, -1, -1, 0, -1],
[-1, 0, 0, -1, 0, 0, 0, 0, 0, -1],
[-1, -1, -1, -1, 0, -1, -1, -1, 0, -1],
[-1, 0, 0, 0, 0, -1, 0, -1, 0, -1],
[-1, 0, -1, -1, 0, -1, 0, -1, 0, -1],
[-1, 0, -1, -1, 0, 0, 0, -1, -1, -1],
[-1, 0, 0, 0, 0, -1, 0, 0, 0, -1],
[-1, -1, -1, -1, -1, -1, -1, -1, -1, -1],
], dtype=np.float32)

QV=np.zeros((100,4), dtype=np.float32)

# Create a black image
img = np.zeros((480,640,1), np.uint8)
font = cv2.FONT_HERSHEY_SIMPLEX

# 迷路クラス
class Maze():
  # インスタンス
  def __init__(self):
    self.reset()

  # 迷路のリセット
  def reset(self):
    self.map = MAP.reshape(1, 100)[0] # 迷路を1次元のマップに変換(DQNへの入力情報)
    self.pos = 11 # スタート地点
    self.pos_old = self.pos
    self.outofmaze = False
    self.done = False

  # エージェントの移動
  def move(self, act):
    if not self.is_movable(act):
      self.outofmaze = True # 迷路からはみ出たら
      self.done = True # 迷路探索を終了
      return
    self.pos_old = self.pos
    if act == 0: # 上
      self.pos = self.pos - 10
    elif act == 1: # 右
      self.pos = self.pos + 1
    elif act == 2: # 下
      self.pos = self.pos + 10
    else: # 左
      self.pos = self.pos - 1
    # 移動した結果ゴールに到達したら
    if self.goal_check():
      self.done = True

  # 移動チェック(マップをはみ出たら移動失敗)
  def is_movable(self, act):
    if act == 0: # 上方向
      if self.pos - 10 >= 0:
        return True
        #if self.map[self.pos-10] != -1:
        #  return True
    elif act == 1: # 右方向
      if self.pos // 10 == ((self.pos + 1) // 10):
        return True
        #if self.map[self.pos+1] != -1:
        #  return True
    elif act == 2: # 下方向
      if self.pos + 10 < 100:
        return True
        #if self.map[self.pos+10] != -1:
        #  return True
    else: # 左方向
      if self.pos // 10 == ((self.pos - 1) // 10):
        return True
        #if self.map[self.pos-1] != -1:
        #  return True
    # マップからはみ出たら False を返す
    return False

  # ゴールチェック
  def goal_check(self):
    if self.pos == 88: # 88の位置がゴール
      return True
    return False

  # ランダム探索
  def random_action(self):
    act = np.random.choice([0, 1, 2, 3])
    while not self.is_movable(act):
      act = np.random.choice([0, 1, 2, 3])
    return act

  # Q値による行動
  def action(self):
    epsilon = 0.01
    if np.random.rand()<epsilon:
      return self.random_action()
    else:
      a = np.where(QV[self.pos]==QV[self.pos].max())[0]
      return np.random.choice(a)

  # Q値の更新
  def ModifyQ(self, act, reward):
    alpha = 0.2
    gamma = 0.9
    maxQ = np.max(QV[self.pos])
    QV[self.pos_old][act] = (1-alpha)*QV[self.pos_old][act]+alpha*(reward + gamma*maxQ);

  # デバッグ用
  def show_position(self):
    print('agent position: {} {}'.format(self.pos, self.map[100]))

# 画面表示クラス
class MazeDisp():
  def __init__(self):
    self.count=0
  def disp(self, map, episode, move_count):
    img = np.zeros((480, 640,1), np.uint8)
    img.fill(255)
    d = 480//10
    for s in range(0, 100):
      x = (s%10)*d
      y = (s//10)*d
      if map.map[s]==-1:
        cv2.rectangle(img,(x,y),(x+d,y+d),0,-1)
      cv2.rectangle(img,(x,y),(x+d,y+d),0,1)
    x = (88%10)*d
    y = (88//10)*d
    cv2.circle(img,(x+d/2,y+d/2),d/2,0,-1)
    x = (map.pos%10)*d
    y = (map.pos//10)*d
    if (map.map[map.pos]==-1) or (map.pos==88):
      cv2.circle(img,(x+d/2,y+d/2),int(d/2*0.8),224,5)
    else:
      cv2.circle(img,(x+d/2,y+d/2),int(d/2*0.8),32,5)
    for s in range(0, 100):
      x = (s%10)*d
      y = (s//10)*d
      for a in range(0, 4):
        cv2.putText(img,str('%03.3f' % QV[s][a]),(x+1,y+(a+1)*(d/5)), font, 0.3,127,1)
    cv2.putText(img,'Episode:',(480+10,100),
```

```
                                    font, 1,0,1)
    cv2.putText(img,str(episode),(480+10,140),
                                    font, 1,0,1)
    cv2.putText(img,'move_',(480+10,200),
                                    font, 1,0,1)
    cv2.putText(img,' count:',(480+10,240),
                                    font, 1,0,1)
    cv2.putText(img,str(move_count),
                       (480+10,280), font, 1,0,1)

    cv2.imshow('res',img)
    cv2.imwrite("png/am"+('{0:06d}'.
             format(self.count))+".png", img)
                     #画面の保存．通常はコメントアウト
    cv2.waitKey(10)
    self.count = self.count+1


# メイン関数
def main():

  map = Maze() # 碁盤の初期化
  md = MazeDisp() # 画面保存の初期化
  # 探索回数
  n_episodes = 100 # 100回
  out_count = 0 # はみ出てしまった回数
  goal_count = 0 # ゴール回数
  move_count = 0 # 移動数

  #エピソードの繰り返し実行
  for i in range(1, n_episodes + 1):
    map.reset()
    reward = 0
    history = [map.pos] # エージェントの移動軌跡
    md.disp(map, i, move_count)
    #print('Debug agent position: {} {}'.format
                          (map.pos, map.map[100]))
    while not map.done:
      # エージェントの移動
      act = map.action()
      map.move(act)
      move_count += 1
      history.append(map.pos)
      # 移動の結果
      if map.outofmaze: #マップからはみ出てしまった
        out_count += 1
        reward = -1
                # はみ出た場合報酬は-1．エピソード終了．
      elif map.done: # ゴールできた
        goal_count += 1
        reward = 1 # 報酬は1．エピソード終了
      else:
        #reward += map.map[map.pos]
        reward = map.map[map.pos]
                        # 壁を踏んだら-1．道の上なら0

      map.ModifyQ(act, reward)
      # prev = map.pos # 状態を保存

      md.disp(map, i, move_count)

    goalf = False if map.outofmaze else True
    print('[DEBUG] Epi {}, Num. of steps:
    {}, Goal: {}'.format(i, len(history), goalf))

    # 学習の進捗表示．100エピソード毎にまとめを表示
    if i % 100 == 0:
      print('==== Episode {} finished ===='.
                                        format(i))
      print('Goals: {0}, out of maze: {1},
         Ave. steps: {2:2.2f}'.format(goal_count,
                  out_count, move_count / 100.0))
      # カウンタ変数の初期化
      out_count = 0 # はみ出てしまった回数
      goal_count = 0 # ゴール回数
      move_count = 0

    if i % 10 == 0:
      # 10エピソードごとにモデルを保存
      np.savetxt('qv'+str(i)+'.csv', QV,
                                    delimiter=',')
      f = open('pos'+str(i)+'.txt','w')
      f.write(str(history))
      f.close()

  print("学習完了。")
  cv2.waitKey(0) #何かキーを押すと終了
  cv2.destroyAllWindows() #ウインドウを閉じる


if __name__ == '__main__':
  main()
```

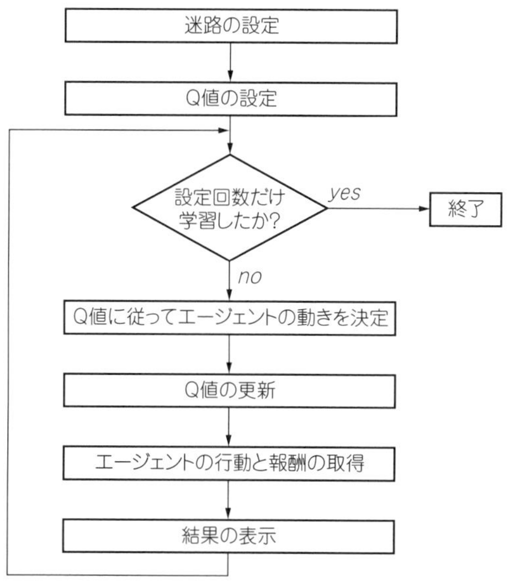

図6　Qラーニングを使った迷路探索プログラムの流れ

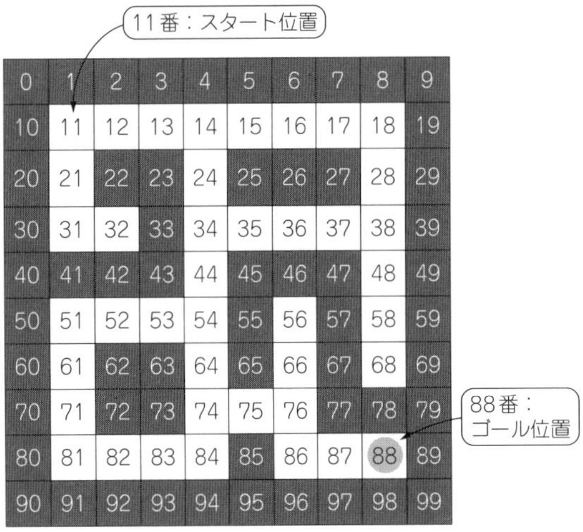

11番：スタート位置

88番：
ゴール位置

図7　10×10マスの迷路に番号を振った

表2　actの番号と行動の関係

移動方向	行動番号
上方向	0
右方向	1
下方向	2
左方向	3

3. エージェントがどのように動くかを設定
4. 第2章の式(1)に従ってQ値を更新
5. エージェントの行動と報酬
6. 結果の表示(グラフィカルな表示，100エピソードごとにまとめた結果)

以降ではこれらについて説明していきます．つまり，この動作を**リスト1**のプログラムで組んでいくわけです．

● (1) 迷路の設定

12行目の`MAP=np.array([`に続く`0`と`-1`の並びで2次元配列の迷路を設定しています．2次元配列で設定する理由は，単に見やすくするためで，ディープQネットワークの学習では1次元の配列に直して使います．

● (2) Q値の設定

Q値は迷路の各マスに(上下左右に動くため)4つずつ必要になります．迷路は10×10としましたので，マスの数は100となります．迷路は2次元で書きましたが，その後1次元に直します．そこで，25行目の2次元配列で100×4の配列を宣言し，その要素は全て`0`としています．

● (3) エージェントの動作の設定

Q値によって得られた行動の番号に従って，エージェントがどのように行動するのかを32～120行目の`Maze`クラスで設定しています．では具体的に見ていきましょう．

▶初期化：`__init__`関数

まず最初に実行されるのが34行目からの`__init__(self)`の部分です．ここでは`reset`関数が呼ばれています．

▶リセット：`reset`関数

このリセット関数は，38行目から書かれています．まず，2次元で設定された迷路を1次元に直しています．このプログラムでは10×10のプログラムですので，100次元のベクトルとなります．これによって迷路の各マスの位置を0～99の番号で表すことができます．この番号付けを**図7**に示します．

40行目ではスタート位置を11番の位置にしています．このposというのがエージェントの位置になります．

41行目のpos_oldは1つ前の位置を保存しておく変数となります．Qラーニングでは1つ前の位置のQ値を更新しますので，この変数が必要となります．

42～43行目ではマップの外に出たかどうかと，終了条件（ゴールに到達した，またはマップの外に出た）に達したかどうかを示す変数をFalseにすることで，マップ内部にいる状態であることと，まだ終了条件に到達していない状態であることを示しています．マップの外に出るとは，例えば3番の位置から上方向に動いたときとなります．

▶エージェントの移動：move関数

エージェントの移動はactという引き数によって決まります．このactという行動を決める数は，この後で説明するQ値によって決まります．ここではactが与えられたという前提で説明を行います．

actは0，1，2，3のいずれかの数で，番号と行動が**表2**のように決められています．これは**表A**と同じ関係です．

まず，47行目のif文で，この後説明するis_movable関数を呼び出してマップからはみ出るかどうかを調べます．もし，はみ出る場合はマップの外に出たことを示すoutofmazeをTrueにして，終了条件にマッチしたことを示すdoneをTrueにして，関数から抜けます．

52行目のif文以降は，その方向に移動してもマップの外にはみ出ないことが保証されていますので，その方向に動かします．また，エージェントの位置を更新する前に51行目で1ステップ前の位置を保存しています．

横方向に動く場合の方が簡単ですので，actが1（右に移動）の場合と3（左に移動）の場合から説明します．**図7**のマップと番号の関係から右に動くときは1を足して，左に動くときは1を引けばよいことが分かります．また，はみ出る場合は先ほどのis_movable関数で調べていますので，ここでは気にする必要がありません．

次に上下方向ですが，マップの横方向の長さが10なので，上方向に行くときは番号が－10になっていて，下方向に行くときは＋10になっていることが分かります．そこで，actが0（上に移動）のときは10を引き，2（下に移動）のときは10を足しています．

さらに移動した先がゴールかどうかを61行目で調べ，ゴールだったらdoneをTrueに変えます．

▶移動できるかどうかのチェック：is_movable関数

actで設定した方向へ移動したときに，マップの外にはみ出るかどうかを調べます．まずは上方向に移動（actが0）するときを考えます．この場合は－10すれば良いことは先ほど示しました．

マップからはみ出るかどうかはエージェントの位置の番号から10引いたときに0以上かどうかを調べれば良いこととなります．そこで，66行目のif文でそのチェックをして，0以上ならばTrue（はみ出ていない）を返しています．

下方向は同じ考え方で，10を足したときに100より小さい値かどうかを調べることとなります．

左右方向の移動にはちょっとしたテクニックを使っています．ここではまず，右方向に移動できるかどうかを調べます．これは72行目のif文で書かれています．例えば，右に移動するということは＋1することとなります．

では，右にはみ出るとはどういうことでしょうか．例えば今の位置が9であった場合，右に移動すると10となり，**図7**から分かるように，はみ出ると左の「下の列の番号」になっていることが分かります．この列が変わるところがポイントとなります．

エージェントの位置がどの列に入っているのか，というのはマップの横の長さ，つまり10で割った商で分かります．一番上の列を10で割った商は全て0，上から2番目の列を10で割った商は全て1となっています．

このことから，移動前の位置を10で割った商と移動後の位置を10で割った商を比べれば良いこととなります．ここでは「//」という演算子を使って商を求めています．

同じように左に移動するときは－1することとなります．0の位置にいるときに左に動くと－1になりますが，移動前の商は0，移動後の商は－1となるのでこの場合も見分けることができます．

▶ゴールのチェック：goal_check関数

88番の位置に設定したゴール位置にエージェントがいるかどうかを調べ，エージェントがゴールした場合Trueを，していない場合はFalseを返します．

▶ランダムに行動するときの動作：random_action関数

この関数では，0，1，2，3の値をランダムに選ぶことでランダムな行動を作っています．

ただし，マップからはみ出ないように，98行目のwhile文でマップからはみ出ない方向が選ばれるまで選び直しをしています．

Qラーニングでは，たまにランダムな動作をしないとうまく学習できません．この後に示すディープQネットワークでもこの関数の設定を行います．

▶行動を決める：action関数

この関数の中で次に行う行動を決めています．ランダムに決める場合と，Q値に従って決める場合の2種類が書かれています．

まず，104～105行目ではepsilonに設定した確率でランダムに選んでいます．ここでは0～1（正確には1未満）の乱数を得て，それとepsilonを比較することで実現しています．この仕組みはε-greedy法と呼ばれています．ここでは0.01に設定しています．この場合は1%の確率でランダムな行動をすることになります．

次に，108～109行目では次に行う行動をQ値に従って決めています．Qラーニングでは Q値の最も高い行動を選ぶこととなります．そのため，次のような場合，最もQ値が高い行動は2番となるため簡単に選ぶことができます．

0番の行動（右に移動）のQ値：20
1番の行動（下に移動）のQ値：－5
2番の行動（左に移動）のQ値：50
3番の行動（上に移動）のQ値：0

では次の場合はどうでしょうか．

0番の行動（右に移動）のQ値：0
1番の行動（下に移動）のQ値：－5
2番の行動（左に移動）のQ値：0
3番の行動（上に移動）のQ値：0

これはゴールに到達する前の学習の初期段階でよく現れるQ値になります．壁にぶつかるのでマイナスの報酬は得られますが，ゴールしたときのプラスの報酬がないため，このようになります．この場合は，0，2，3番の行動からランダムに選ぶ必要があります．

また，あまり起きませんが，次のようなQ値となったときにも2と3番の行動をランダムに選ぶ仕組みとしておかなければなりません．

0番の行動（右に移動）のQ値：0
1番の行動（下に移動）のQ値：－5
2番の行動（左に移動）のQ値：10
3番の行動（上に移動）のQ値：10

複雑な選び方ですが，NumPyライブラリの関数をうまく使えば簡単に書くことができます．

108行目で最大値をとる行動の番号のリストを得ています．例えば，0，1，2，3番のQ値がそれぞれ0，－5，10，10であった場合は，[2，3]というリストが返されます．

109行目ではその2つのうちの1つが選ばれ，その番号が戻り値となります．

●（4）Q値の更新：ModifyQ関数

さて，Q値を更新します．ここがポイントと言いながら実はそれほど難しくありません．この関数が呼び出される前にaction関数で行動選択（act）が行われ，move関数でエージェントの移動後の位置（pos）とエージェントの移動前の位置（pos_old）が更新され，移動後の報酬がrewardに与えられているとします．報酬の与え方はこの後で説明します．

Q値の更新は第2章の式（1）に従います．αとγはそれぞれ113行目と114行目で0.2と0.9に設定されています．

残るはmaxQの部分です．maxQは移動後の位置でのQ値の最大値です．これはNumPyライブラリのmax関数を使うと簡単に得ることができます．これで第2章の式（1）の全ての変数がそろいましたので，入れていくだけです．

ここで，$Q(s_t, a)$がQV[self.pos_old][act]になります．

そして，$Q(s_{t+1}, a)$がQV[self.pos][act]になります．

●（5）エージェントの行動と報酬

これらは174～197行目で設定されています．まず，Q値に従って行動を選択（182行目）し，その行動に従って移動（183行目）します．

移動した結果，得られるQ値と報酬を調べます（187～195行目）．その報酬を元にQ値の更新（197行目）を行います．

また，終了条件が満たされている（ゴールに到達またはマップからはみ出た）ならばエピソードを終了させます．そして，設定したエピソードの回数（n_episode）だけ繰り返します．これらがどこで行われているかを説明していきます．

▶設定した回数だけ繰り返して学習

エピソードの回数は168行目で設定するn_episodes変数に指定するものとし，174行目のfor文で繰り返しています．

エピソードが開始されたら，変数や設定の初期化を行う必要があります．

175行目では迷路の初期化をしています．これにより，エージェントの位置が初期位置に戻ったりなど，いつも同じ条件からエピソードが始められます．

176行目では得られる報酬（reward）をとりあえず0にしておきます．

177行目のhistoryはどのように動作したかを記録しておく変数です．動作の確認用ですので，なくてもディープQネットワークは動作します．

180行目からエージェントの動作が始まります．

▶**エージェントの行動選択と移動**

182行目のmap.action関数で次の行動の選択を行っています.

183行目のmap.move関数でエージェントを動かしています. この関数内で, マップからはみ出したか(outofmazeがTrueになる)またはマップからはみ出すかゴールするかのどちらかの終了条件を満たしたか(doneがTrueになる)も調べます.

▶**報酬の設定と学習**

187～200行目で報酬を設定し, 学習を行っています.

187行目のif文は, エージェントがマップからはみ出したかどうかを調べています. もし, マップからはみ出したならば, 報酬を－1にします.

190行目のelifは終了条件が満たされているかどうかですが, その前のif文でマップがはみ出した場合の処理をしているため, この処理はエージェントがゴールしたときの動作となります. もし, ゴールしたならば, 報酬を1にします.

193行目は終了条件を満たさなかった場合です. 報酬はマップに描かれた値としています. そのため, 壁のある位置にいる場合は－1の報酬が, そうでない場合は報酬はなし(つまり, 報酬が0)とします.

そして, 197行目のmap.ModifyQ関数でQ値を更新します.

これらの処理を180行目のwhile文で繰り返しています.

● (6) 結果の表示

123～159行目はグラフィカルに迷路とQ値, エージェントの位置などを表示するためのクラスを記述しています.

グラフィカルな表示にはOpenCVの機能を使っています. この部分をコメント・アウトすると学習は非常に速く進むようになります.

また, 157行目のコメント・アウトを外すと, 画面が連番のpngファイルで保存されます. 5分程度動かすと数Gバイトのファイルが作成されてしまうので, 気を付けてください. これは178行目(初期位置の表示用)と200行目(移動後の表示用)で呼び出されています.

202行目以降は結果をコンソールに表示しています.

203行目では, 終了までにかかったステップ数とゴールできたかどうかをTrueとFalseで示しています.

206～212行目では100ステップごとにまとめたデータを表示しています.

214～219行目ではQ値とエージェントの移動軌跡をファイルに保存しています.

ステップアップのために…迷路を変える

実際に自分で使うときには迷路を変更したくなりますね. ここでは変更の仕方を示します.

▶**スタート位置を変える**

reset関数中のself.pos=11の値を変更します.

▶**ゴール位置を変える**

goal_check関数の中のif self.pos == 88:の値を変更します.

コラム2 ダメな行動をする確率を残しておくと思わぬ成功を収めることも

● 真面目なエージェント…epsilonの値を0.01

マップを図Aのように書き換えました．ゴールに行こうとすると，かなり遠回りになります．ランダムに行動することが少なくなるようにepsilonの値を0.01に決める（1%の確率でランダムに移動）と，図Aのようになり，道順通りに移動するようになります．真面目なエージェントですね．

● 不真面目なエージェント…epsilonの値を0.1

では，ランダムに移動する確率が10%になるようにepsilonの値を0.1に決めた場合の結果は図Bとなります．壁を突き抜けて移動します．壁によるマイナスの報酬は－1ですが，ゴールによる報酬が100なので，少しぐらいマイナスの報酬をもらっても問題ないと学習するからです．

これはランダムが2回連続で起こることで得られる行動なので，ランダムに移動する確率が大きい，「あまり真面目ではないエージェント」でないと見つけられない裏ルートとなります．

報酬やランダムに移動する確率をうまく決めると思いがけない動作をするところもQラーニングの魅力の1つです．

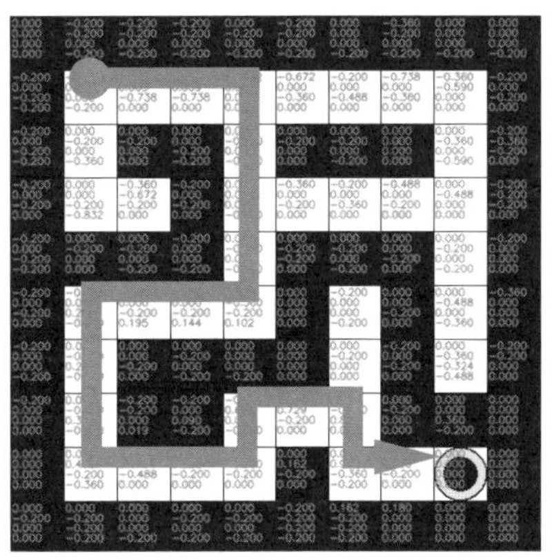

図A　真面目エージェントは道順通りに移動する

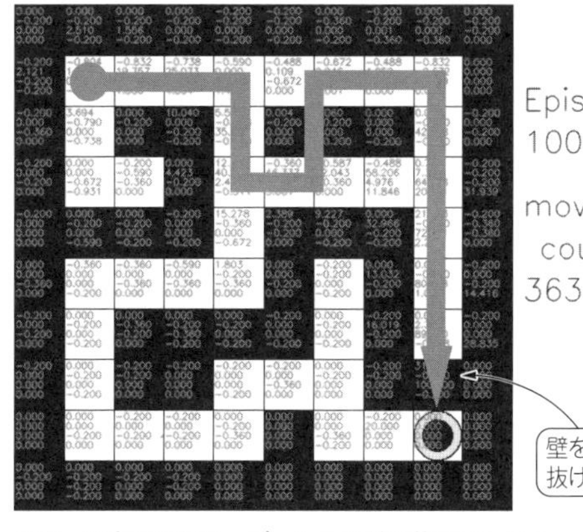

図B　不真面目なエージェントは壁を抜けてしまう

▶迷路の盤面を変える（大きさは変えない）

12行目からのMAP変数の0と-1を変えます．

▶迷路の盤面を変える（大きさを変える）

12行目からのMAP変数の0と-1を変えます．例えば横のサイズを15に，縦のサイズを8に変更する場合，39行目を次のように修正します．

```
self.map = MAP.reshape(1, 120)[0]
# 迷路を1次元のマップに変換（DQNへの入力情報）15×8=120であることから設定
```

また，move関数の中の53行目と57行目をそれぞれ，

```
self.pos = self.pos - 15
self.pos = self.pos + 15
```

に，is_movable関数の中の67行目，72行目，77行目，82行目をそれぞれ

```
if self.pos - 15 >= 0:
if self.pos // 8 == ((self.pos + 1) // 8)
if self.pos + 15 < 120:
if self.pos // 8 == ((self.pos - 1) // 8)
```

に修正します．

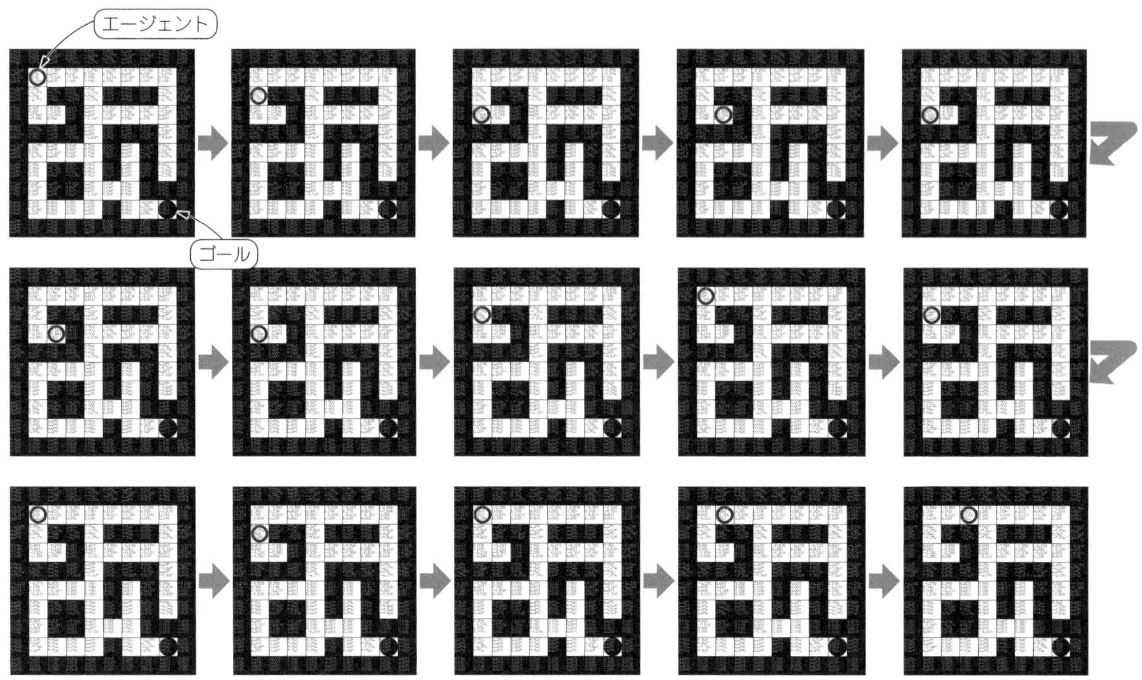

図8　10エピソード後のエージェントの移動

出力ファイルの見方

実行すると10エピソードおきにpos10.txtやqv10.csvなどのファイルが出力されます．

●pos***.txt…エージェントの動き

まずはpos***.txtの説明から行います．pos10.txtは10エピソードのときのエージェントの動きを表しています．例えばpos10.txtは次のようになっています．

```
[11, 12, 13, 12, 11, 12, 13, 14, 24, 14, 13, 12, 13, 14, 13, 14, 24, 23,
33, 34, 35, 34, 24, 34, 44, 54, 44, 54, 53, 63, 62, 52, 53, 52, 51, 41,
51, 61, 71, 81, 82, 92, 93, 94, 94]
```

これは，図8に示す通りに動いていることになります．ふらふらとゴールせずに壁にぶつかりながら動いています．

また，例えばpos100.txtは次のようになっています．

```
[11, 12, 13, 14, 24, 34, 35, 25, 15, 16, 17, 18, 28, 38, 48, 58, 68, 78,
88]
```

これは，図9に示す通りに動いていることになります．壁にぶつからずに動いています．

●qv***.csv…各マスのQ値

次に，qv***.csvの説明です．qv10.csvは10エピソードのときの各マスにおけるQ値が書かれています．

Excelで開くと図10となっています．横に4つ並んでいるのは左から，0番（上）の行動のQ値，1番（右）の行動のQ値，2番（下）の行動のQ値，3番（左）の行動のQ値となっています．

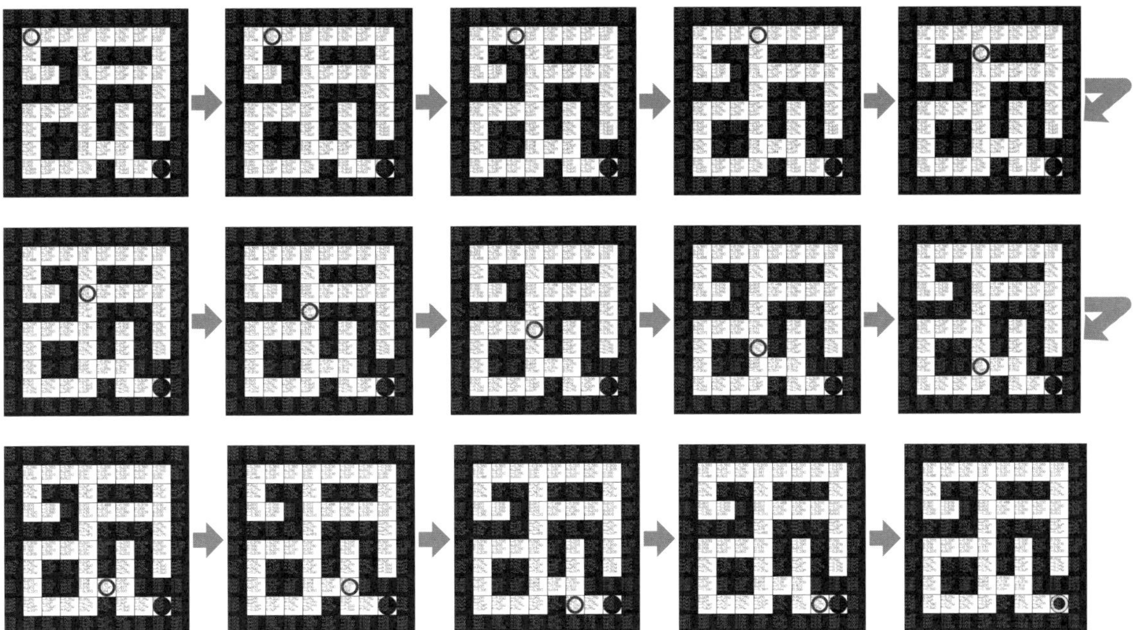

図9　100エピソード後のエージェントの移動

	0：上	1：右	2：下	3：左
	A	B	C	D
1	0.00E+00	0.00E+00	0.00E+00	0.00E+00
2	0.00E+00	-2.00E-01	0.00E+00	0.00E+00
3	0.00E+00	-2.00E-01	0.00E+00	0.00E+00
4	0.00E+00	-2.00E-01	0.00E+00	0.00E+00
5	0.00E+00	0.00E+00	0.00E+00	0.00E+00
6	-2.00E-01	0.00E+00	0.00E+00	-2.00E-01
7	0.00E+00	0.00E+00	0.00E+00	0.00E+00
8	0.00E+00	-2.00E-01	0.00E+00	-2.00E-01
9	0.00E+00	-2.00E-01	0.00E+00	-2.00E-01
10	0.00E+00	0.00E+00	-2.00E-01	-2.00E-01
11	0.00E+00	0.00E+00	0.00E+00	0.00E+00
12	-2.00E-01	0.00E+00	0.00E+00	-2.00E-01

図10　**qv10.csv**は10エピソードのときの各マスのQ値が書かれている

それが，マスの番号順に並んでいるものとなります．従って，これらはQ値の高いもの通りに進んでいることを確認したい人向けのファイルとなります．

第4章

Qラーニングを理解したらいよいよ
ステップ4…プログラミングで理解する深層強化学習

深層強化学習の仕組みについて，プログラミングを通して説明します．

開発環境

既にインストール済みの方が多数だと思いますが，確認のために書いておきます．深層強化学習のフレームワークとしてTF-Agentsを使います．

まずはTensorFlowをインストールし，続いてTF-Agentsをインストールします．

●TensorFlowのインストール

TensorFlowのインストールは以下のコマンドで実行できます．

```
> pip install tensorflow
```

●TF-Agentsのインストール

TF-Agentsのインストールは次のコマンドで実行できます．

```
> pip install tf-agents
```

非常に簡単にインストールできるようになっています．

まずは動かしてみる

ここから深層強化学習の1つである，ディープQネットワークのプログラムを紹介します．Qラーニングと同じ迷路の問題を解きます．同じ問題なので，作り方がよく分かると思います．

Qラーニングと同様にどのように動作しているのかをグラフィカルに表示するようにしました．ただし，Qラーニングに比べて学習に時間がかかりますので，スピードアップのために，100エピソードごとに確認できるようにしています．

リスト1 ディープQ ネットワークのプログラムtf_train_maze_py

```
import tensorflow as tf
from tensorflow import keras
from tensorflow.keras.regularizers import l2

from tf_agents.environments import gym_wrapper, py_environment, tf_py_environment
from tf_agents.agents.dqn import dqn_agent
from tf_agents.networks import network
from tf_agents.replay_buffers import tf_uniform_replay_buffer
from tf_agents.policies import policy_saver
from tf_agents.trajectories import time_step as ts
from tf_agents.trajectories import trajectory
from tf_agents.specs import array_spec
from tf_agents.utils import common
from tf_agents.drivers import dynamic_step_driver, dynamic_episode_driver

import numpy as np
import random

import cv2

#迷路の定義.(1,1)地点がスタート,(8,8)がゴール (-1: 壁, 0:道)
MAP = np.array([
[-1, -1, -1, -1, -1, -1, -1, -1, -1, -1],
[-1,  0,  0,  0,  0,  0,  0,  0,  0, -1],
[-1,  0, -1, -1,  0, -1, -1, -1,  0, -1],
[-1,  0,  0, -1,  0,  0,  0,  0,  0, -1],
[-1, -1, -1, -1,  0, -1, -1, -1,  0, -1],
[-1,  0,  0,  0,  0, -1,  0, -1,  0, -1],
[-1,  0, -1, -1,  0, -1,  0, -1,  0, -1],
[-1,  0, -1, -1,  0,  0,  0, -1, -1, -1],
[-1,  0,  0,  0,  0, -1,  0,  0,  0, -1],
[-1, -1, -1, -1, -1, -1,  0, -1, -1, -1],
], dtype=np.float32)

img = np.zeros((480,640,1), np.uint8)
font = cv2.FONT_HERSHEY_SIMPLEX


#シミュレータクラスの設定
class EnvironmentSimulater(py_environment.PyEnvironment):
  def __init__(self):
    super(EnvironmentSimulater, self).__init__()
    self._observation_spec = array_spec.BoundedArraySpec(
        shape=(101, ), dtype=np.float32, minimum=0, maximum=99
    )
    self._action_spec = array_spec.BoundedArraySpec(
        shape=(), dtype=np.int32, minimum=0, maximum=3
    )
    self._map = MAP.reshape(1, 100)[0] #迷路を1次元のマップに変換(DQNへの入力情報)
    self._map = np.append(self._map, 1).astype(
        np.float32) #マップにエージェントの位置情報を保存
    self._reset()
  def observation_spec(self):
    return self._observation_spec
  def action_spec(self):
    return self._action_spec
#初期化
  def _reset(self):
    self._pos = 11 # スタート地点
    self._map[100] = self._pos
    return ts.restart(np.array(self._map, dtype=np.float32))
#行動による状態変化
  def _step(self, act):
    #位置の指定(行動マップを作るときに使用)
    if act<0:
      self._pos = -act
      self._map[100] = self._pos
      return ts.restart(np.array(self._map, dtype=np.float32))
    #画面からはみ出る場合終了
    if not self.is_movable(act, self._pos):
      return ts.termination(np.array(self._map, dtype=np.float32), reward=-10)
    #移動
    reward = 0
    if act == 0: #上
      self._pos = self._pos - 10
    elif act == 1: #右
      self._pos = self._pos + 1
    elif act == 2: #下
      self._pos = self._pos + 10
    else: #左
      self._pos = self._pos - 1
    self._map[100] = self._pos
    #移動した結果ゴールに到達したら
    if self.goal_check():
      return ts.termination(np.array(self._map, dtype=np.float32), reward=10)
    #報酬の設定
    reward = self._map[self._pos]
    return ts.transition(np.array(self._map,
  dtype=np.float32), reward=reward, discount=1)
  #移動チェック(マップをはみ出たら移動失敗)
  def is_movable(self, act, pos):
    if act == 0: #上方向
      if pos - 10 >= 0:
        return True
    elif act == 1: #右方向
      if pos // 10 == ((pos + 1) // 10):
        return True
    elif act == 2: #下方向
      if pos + 10 < 100:
        return True
    else: #左方向
      if pos // 10 == ((pos - 1) // 10):
        return True
    # マップからはみ出たら False を返す
    return False
  #ゴールチェック
  def goal_check(self):
    if self._pos == 88: # 88の位置がゴール
      return True
    return False

#モデル定義
def MazeSolver(n_action):
    init = tf.keras.initializers.HeNormal() # パラメータ初期化用
    #レイヤーの定義
    input = tf.keras.layers.Input(shape=(101,), name='INPUT')
    h = tf.keras.layers.Dense(256,
 kernel_initializer=init, kernel_regularizer=l2(
  0.0001),activation='tanh', name='FC1')(input)
    h = tf.keras.layers.Dense(256,
    kernel_initializer=init, kernel_regularizer=
   l2(0.0001), activation='tanh', name='FC2')(h)
    output = tf.keras.layers.Dense(n_action,
    kernel_initializer=init, kernel_regularizer=
                 l2(0.0001), name='OUTPUT')(h)
    #モデル化
    model = tf.keras.Model(inputs=input, outputs=output)
    #オプティマイザや評価関数,評価尺度の設定
#     model.compile(optimizer='adam',
        loss='sparse_categorical_crossentropy',
                    metrics='accuracy')
    return model

#ネットワーククラスの設定
class MyQNetwork(network.Network):
  def __init__(self, observation_spec, action_
    spec, n_hidden_channels=2, name='QNetwork'):
    super(MyQNetwork,self).__init__(
      input_tensor_spec=observation_spec,
      state_spec=(),
```

リスト1 ディープQ ネットワークのプログラムtf_train_maze_py（つづき）

```
            name=name
        )
        n_action = action_spec.maximum -
                            action_spec.minimum + 1
        self.model = MazeSolver(n_action)
    def call(self, observation, step_type=None,
                network_state=(), training=True):
        actions = self.model(observation,
                                training=training)
        return actions, network_state

#画面表示クラス
class MazeDisp():
    def __init__(self):
        self.count=0
    def disp(self, map, episode, move_count,
                                    pos, map_act):
        img = np.zeros((480, 640,1), np.uint8)
        img.fill(255)
        d = 480//10
        for s in range(0, 100):
            x = (s%10)*d
            y = (s//10)*d
            if map[s]==-1:
                cv2.rectangle(img,(x,y),
                                    (x+d,y+d),0,-1)
            cv2.rectangle(img,(x,y),
                                    (x+d,y+d),0,1)
        x = (88%10)*d
        y = (88//10)*d
        cv2.circle(img,(x+d//2,y+d//2),d//2,0,-1)
        x = (pos%10)*d
        y = (pos//10)*d
        if (map[pos]==-1) or (pos==88):
            cv2.circle(img,(x+d//2,y+d//2),
                                int(d//2*0.8),224,5)
        else:
            cv2.circle(img,(x+d//2,y+d//2),
                                int(d//2*0.8),32,5)
        for s in range(0, 100):
            x = (s%10)*d
            y = (s//10)*d
            if map_act[s]==0:
              cv2.putText(img,str('A'),
                  (x+1,y+480//10), font, 1,127,1)
            elif map_act[s]==1:
              cv2.putText(img,str('>'),
                  (x+1,y+480//10), font, 1,127,1)
            elif map_act[s]==2:
              cv2.putText(img,str('V'),
                  (x+1,y+480//10), font, 1,127,1)
            elif map_act[s]==3:
              cv2.putText(img,str('<'),
                  (x+1,y+480//10), font, 1,127,1)

        cv2.putText(img,'Episode:',(480+10,100),
                                    font, 1,0,1)
        cv2.putText(img,str(episode),
                        (480+10,140), font, 1,0,1)
        cv2.putText(img,'move_',(480+10,200),
                                    font, 1,0,1)
        cv2.putText(img,' count:',(480+10,240),
                                    font, 1,0,1)
        cv2.putText(img,str(move_count),
                        (480+10,280), font, 1,0,1)

        cv2.imshow('res',img)
#         cv2.imwrite("png/am"+('{0:06d}'.format(
                    self.count))+".png", img)
                        #画面の保存.通常はコメントアウト
        cv2.waitKey(10)
        self.count = self.count+1

def main():
#環境の設定
    env_py = EnvironmentSimulater()
    env = tf_py_environment.TFPyEnvironment(env_
                                            py)
#ネットワークの設定
    primary_network = MyQNetwork(
        env.observation_spec(), env.action_spec())
#エージェントの設定
    n_step_update = 1
    agent = dqn_agent.DqnAgent(
      env.time_step_spec(),
      env.action_spec(),
      q_network=primary_network,
      optimizer=keras.optimizers.Adam(
                learning_rate=1e-4, epsilon=1e-2),
      n_step_update=n_step_update,
      epsilon_greedy=1.0,
      target_update_tau=1.0,
      target_update_period=10,
      gamma=0.9,
      td_errors_loss_fn =
                common.element_wise_squared_loss,
      train_step_counter = tf.Variable(0)
    )
    agent.initialize()
    agent.train = common.function(agent.train)
#行動の設定
    policy = agent.collect_policy
#データの保存の設定
    replay_buffer = tf_uniform_replay_buffer.
                            TFUniformReplayBuffer(
      data_spec=agent.collect_data_spec,
      batch_size=env.batch_size,
      max_length=10**6
    )
    dataset = replay_buffer.as_dataset(
      num_parallel_calls=
                tf.data.experimental.AUTOTUNE,
      sample_batch_size=32,
      num_steps=n_step_update+1
    ).prefetch(tf.data.experimental.AUTOTUNE)
    iterator = iter(dataset)
#事前データの設定
    env.reset()
    driver = dynamic_episode_driver.
                            DynamicEpisodeDriver(
      env,
      policy,
      observers=[replay_buffer.add_batch],
      num_episodes = 10,
    )
    driver.run(maximum_iterations=100)
#変数の設定の設定
    num_episodes = 100000 #エピソード数
    goal_n = 0 #ゴールした数

#ランダム行動の設定
    epsilon = np.linspace(start=1.0, stop=0.0,
                    num=num_episodes) #ε-greedy法用

#ポリシーの保存設定
    tf_policy_saver = policy_saver.PolicySaver(
                            policy=agent.policy)

#グラフィカル表示の設定
    md = MazeDisp()

    for episode in range(num_episodes):
      if episode%10==0: #行動マップの更新
        time_step = env.reset() #環境の初期化
        policy._epsilon = 0
        map_act = np.zeros(100, np.uint8)
        for i in range(100):
          time_step = env.step(-(i+1))
          policy_step = policy.action(time_step)
          map_act[i] =
            policy_step.action.numpy().tolist()[0]
#         print('** action map:')
#         print(map_act.reshape(10,10))
        if episode%1000==0:np.savetxt(
            'action_map/am'+str(episode)+'.txt',
              map_act.reshape(10,10), fmt='%d')
```

```
    episode_rewards = 0 #報酬の計算用
    episode_average_loss = [] #lossの計算用
    policy._epsilon = epsilon[episode]
                        #エピソードに合わせたランダム行動の確率
    time_step = env.reset() #環境の初期化

    for t in range(100):
      policy_step = policy.action(time_step)
                                        #状態から行動の決定
      next_time_step = env.step(
            policy_step.action) #行動による状態の遷移
      traj =  trajectory.from_transition(
time_step, policy_step, next_time_step) #データの生成
      replay_buffer.add_batch(traj) #データの保存
      experience, _ = next(iterator)
                                    #学習用データの呼び出し
      loss_info = agent.train(
                experience=experience) #学習

      R = next_time_step.reward.numpy().astype(
                            'int').tolist()[0]
      episode_average_loss.append(
                          loss_info.loss.numpy())
      episode_rewards += R
      if episode%10==0:
        md.disp(MAP.reshape(1, 100)[0], episode,
    t, next_time_step.observation.numpy().astype(
                'int').tolist()[0][100], map_act)

      if next_time_step.is_last()[0]:
        break

      time_step = next_time_step
                                  #次の状態を今の状態に設定

    if R > 0:
      goal_n += 1
    if episode%10000==0:tf_policy_saver.save(
                              f"policy_{episode}")
    print(f'Episode:{episode:4.0f},
          Step:{t:3.0f}, R:{episode_rewards:3.0f},
                                Goal:{goal_n:3.0f},
           AL:{np.mean(episode_average_loss):.4f},
                        PE:{policy._epsilon:.6f}')

  #ポリシーの保存
  tf_policy_saver.save(export_dir='policy')
  print('Training finish.')
  #移動できているかのチェック
  time_step = env.reset()
  time_step = env.step(-11)
  print('Evaluation start.')
  policy._epsilon = 0
  Rt = 0
  for t in range(100):  #試行数分繰り返す
    policy_step = policy.action(time_step)
                                          #状態から行動
    next_time_step = env.step(
              policy_step.action) #行動から状態の更新
    act = policy_step.action.numpy().tolist()[0]
                                              #行動の値
    R = next_time_step.reward.numpy().astype(
                          'int').tolist()[0] #報酬
    pos1 = time_step.observation.numpy().astype(
              'int').tolist()[0][100] #行動前の位置
    pos2 = next_time_step.observation.numpy().
          astype('int').tolist()[0][100] #行動後の値
    Rt = Rt + R
    print(t,pos1, act, pos2, R, Rt)
    if next_time_step.is_last()[0]:
      break
    time_step = next_time_step
  print('Evaluation finish.')

  env.close()
if __name__ == '__main__':
  main()
```

●迷路探索の結果

まずは，どのような迷路をどう解くのかを確認するために，学習済みポリシー（ディープ・ラーニングのモデルに当たるもの）を使って動かしてみます．準備として，本書のサポート・ページから，ダウンロード・データを入手します．

https://interface.cqpub.co.jp/2023deep/

実行するには，ダウンロードしたフォルダに移動し，以下のコマンドを打ち込みます．

```
> python tf_play_maze_DQN.py
```

実行すると，迷路が表示されて丸印が右下のゴールに向かって移動するアニメーションが表示されます．

●学習

次に，学習について説明します．どのようにプログラムを作るのかがメインとなるため，まずはプログラムを**リスト1**に示します．これを実行してみましょう．

実行は以下のコマンドで行います．

```
> python tf_train_maze_DQN.py
```

実行結果を**リスト2**に示します．実行するとEpisodeから始まるテキストが表示されます．

リスト2　リスト1の実行結果

```
>python tf_train_maze_DQN.py

Episode:   0, Step:  4, R:-14, Goal:  0, AL:4.3493,
                                        PE:1.000000
Episode:   1, Step:  2, R:-12, Goal:  0, AL:2.5973,
                                        PE:0.999990
Episode:   2, Step:  6, R:-14, Goal:  0, AL:4.4681,
                                        PE:0.999980
Episode:   3, Step: 10, R:-15, Goal:  0, AL:7.3063,
                                        PE:0.999970
(中略)
Episode:  98, Step: 10, R:-19, Goal:  0, AL:2.4440,
                                        PE:0.999020
Episode:  99, Step:  1, R:-11, Goal:  0, AL:0.6909,
                                        PE:0.999010
** action map:
[[2 2 2 2 2 2 1 1 1 1]
 [1 1 1 1 1 0 0 0 0 0]
 [0 0 0 0 0 0 0 0 0 0]
 [0 0 0 0 0 0 0 0 0 0]
 [0 0 0 0 0 0 0 0 0 0]
 [0 0 0 0 0 0 3 3 3 3]
 [3 3 3 3 3 3 3 3 3 3]
 [3 3 3 3 3 3 3 3 3 3]
 [3 3 3 3 3 3 3 3 3 3]
 [3 3 3 3 3 3 3 3 3 3]]
Episode: 100, Step:  1, R:-11, Goal:  0, AL:2.6507,
                                        PE:0.999000
Episode: 101, Step: 11, R:-18, Goal:  0, AL:2.5151,
                                        PE:0.998990
(中略)
Episode:99898, Step: 13, R: 10, Goal:57737,
                              AL:0.3452, PE:0.000110
Episode:99899, Step: 13, R: 10, Goal:57738,
                              AL:0.1389, PE:0.000100
** action map:
[[2 2 2 2 2 2 2 1 1 1]
 [1 1 1 2 3 3 3 2 1 1]
 [0 0 1 2 2 2 2 2 1 1]
 [1 2 2 2 2 3 2 2 2 2]
 [2 2 2 2 2 2 2 2 1 1]
 [1 1 1 2 2 2 2 2 2 1]
 [0 0 1 2 2 2 2 2 2 2]
 [2 1 1 1 1 2 2 2 2 1]
 [1 1 1 1 1 1 1 1 0 0]
 [0 0 0 0 0 0 0 0 0 0]]
(中略)
Episode:99995, Step: 13, R: 10, Goal:57744,
                              AL:0.4272, PE:0.000040
Episode:99996, Step: 13, R: 10, Goal:57745,
                              AL:0.1375, PE:0.000030
Episode:99997, Step: 13, R: 10, Goal:57746,
                              AL:0.1349, PE:0.000020
Episode:99998, Step: 13, R: 10, Goal:57747,
                              AL:0.1347, PE:0.000010
Episode:99999, Step: 13, R: 10, Goal:57748,
                              AL:0.1682, PE:0.000000
Training finish.
Evaluation start.
0 11 1 12 0 0
1 12 1 13 0 0
2 13 1 14 0 0
3 14 2 24 0 0
4 24 2 34 0 0
5 34 2 44 0 0
6 44 2 54 0 0
7 54 2 64 0 0
8 64 2 74 0 0
9 74 1 75 0 0
10 75 1 76 0 0
11 76 2 86 0 0
12 86 1 87 0 0
13 87 1 88 10 10
Evaluation finish.
```

●結果の見方

実行後は以下が表示されます．

Episode：エピソード数
Step　：範囲からはみ出るか，ゴールするまでの移動ステップ数
R　　：報酬の合計
Goal　：これまでにゴールした回数
AL　　：平均損失
PE　　：ランダムに行動する確率

報酬は黒い部分を通るごとに－1され，ゴールに到達すると10が得られます．そのため，合計は10に近いほど良い値を示しています．

また，`** action map:`と書かれた下の行は，10エピソードごとに各位置にいるときの行動を示しています．例えば，`3`と書かれている部分にいる場合は左に移動します．スタート位置は上から2番目で左から2番目の位置ですので，`1`が書かれています．そのため，スタート位置にいる場合は右に移動します．

なお，プログラム中に2カ所ある`if episode%10==0:`の`10`を変更すると表示の間隔を変えることができます．

また，10ステップおきに，**図1**で示すようなアニメーションが表示されます．各マスに書かれた記号は以下の意味を示しています．

（a）Episode 20

（b）Episode 110

図1　プログラム実行時に表示されるアニメーション

迷路の設定

エージェントの動作の設定
（class EnvironmentSimulater）

ネットワークの設定
（def MazeSolverとclass MyQNetwork）

画面表示の設定
（class MazeDisp）

エージェントの設定

設定回数だけ学習したか？ （yes → テスト → 終了／no ↓）

Q値に従ってエージェントの動きを決定
（policy.action）

エージェントの行動と報酬の取得
（env.step）

学習のためのデータ作成

学習（agent.train）

マップの外へ移動？
ゴールした？
設定回数だけ移動？ （yes → Q値に従ってエージェントの動きを決定へ／no → 設定回数だけ学習したか？へ）

図2　ディープQネットワークを試すためのプログラム・フロー

A：上に移動
>：右に移動
V：下に移動
<：左に移動

アニメーションを見ていると，うまく移動できそうかどうかが直感的に分かります．

ここで，**リスト2**に示す実行結果のAL（平均損失）に着目します．この値が小さくなっていけば学習がうまく進んでいることとなります．この迷路の例では，平均損失が0.5を切らないと迷路を解くことはできませんでした．

そして，最後にEvaluation start．の下に学習終了後の行動履歴を示しています．この数字は以下の順に並んでいます．

行動回数　現在の位置番号　行動番号　行動後の位置番号　行動したときの報酬　報酬の合計

これを**図3**（後掲）に示す迷路の位置番号と対応させると，壁にぶつからずに最短経路でゴールできていることが分かります．

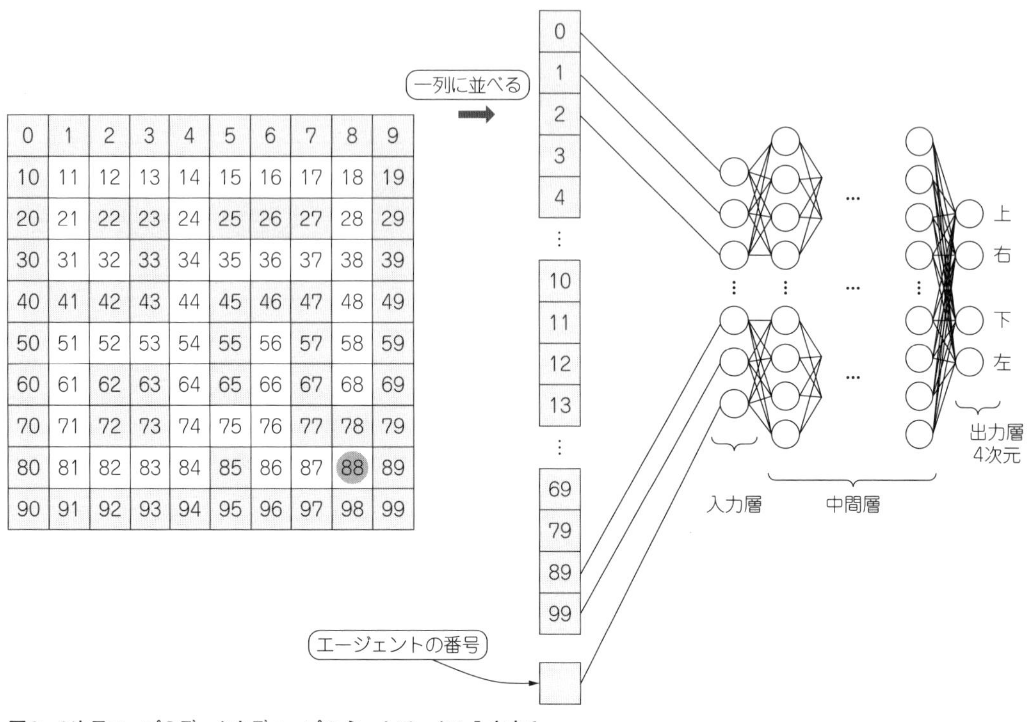

図3　2次元マップのデータをディープQネットワークへ入力する

プログラミング

●全体構成

フローチャートは図2のようになっています.

1. 迷路の設定(MAP)
2. エージェント動作の設定(class EnvironmentSimulater)
3. モデルとネットワークの設定(def MazeSolverとclass MyQNetwork)
4. 画面表示の設定(class MazeDisp)
5. エージェントの行動と報酬の設定(def mainの最初からエピソードの繰り返し直前まで)
6. 学習(エピソードの繰り返し)
7. テスト(どのような経路を通るか表示)

以降ではこれらについて説明していきます.

●1. 迷路の設定

この迷路の設定は前章図7に示したQラーニングの迷路と同じ形をしています.

●2. エージェントの動作の設定

エージェントがどのように動作するかは, EnvironmentSimulaterクラスにまとめて設定する必要があります. ここでは, 設定しなければならない5つの関数とエージェントが行動を決めるときに使う2つの関数の説明を行います.

▶**初期化：__init__（必須）**

最初に実行されるのが41行目からの__init__(self)の部分です．ここでは入力（_observation_spec）と出力（_action_spec）の設定が重要な部分です．

今回は，**図3**に示すように迷路を1列に並べて，最後にエージェントが今いる位置の番号を付けるという方針で入力を作成します．迷路は10×10ですので，入力部分では101の1次元の値を設定しています．

そして，入力の最小と最大を設定します．エージェントの位置は0から99が設定できますので，最小値は0として設定し，最大値は99と設定します．また，出力は上下左右の4つの値であるため，最小値は0で，最大値は3と設定します．

その後，入力のための変数としてself._mapを設定します．ここでは，49行目で設定した迷路を1次元に並べなおしたものを設定し，50行目でエージェントの位置を入力する部分を追加しています．

そして，最後に_reset関数を呼び出して変数の初期化を行っています．

▶**リセット：_reset関数（必須）**

深層強化学習では，学習を初期値に戻して何度も行う必要があります．その際に呼ばれるのが_reset関数です．先頭にアンダーバー（_）を付ける点に注意してください．

エージェントの位置としてself._posを設定し，初期位置として11を設定しています．その位置をself._map変数の最後の値であるself._map[100]に値を代入しています．

そして，TF-Agents特有の設定となりますが，戻り値をts.restartを用いて作成しています．

▶**入力の情報：observation_spec関数（必須）**

入力の情報を戻す関数です．設定しておく必要のある関数です．

▶**行動の情報：action_spec関数（必須）**

行動の情報を戻す関数です．入力の情報と同様に，設定しておく必要があります．

▶**行動：_step関数（必須）**

行動を入力すると，状態を変更するための関数です．これもアンダーバー（_）を付ける点に注意してください．この関数はQラーニングのmove関数に似ていますが，大きく異なる点は戻り値をts.termination関数やts.transition関数で設定する点です．ts.termination関数はエピソードが終了するときに使い，ts.transition関数はエピソードがまだ続くときに使います．

また，ここで，行動を表すact変数が0より小さい場合の設定をしています．これは，**リスト2**のaction_mapの下に出てくる，エージェントの位置によってどの行動を行うかを表示する情報を作るときに使うための関数で，実際の学習には使いません．

▶**移動できるかをチェック：is_movable関数（任意）**

Qラーニングのプログラムと同じで，現在の位置と行動を引き数として与えると，指定した迷路の外にはみ出さないか事前に調べるための関数です．これは関数として設定していますが，_step関数の中に書いても問題ない部分です．

なお，独自に設定した関数や変数は，この後説明するmain関数内で呼び出すことはできません．

▶**ゴールのチェック：goal_check関数（任意）**

移動後にゴールに達しているかを調べるための関数で，Qラーニングのプログラムと同じです．これも読みやすくするために関数化してあるだけですので，_step関数内に書いても問題ありません．

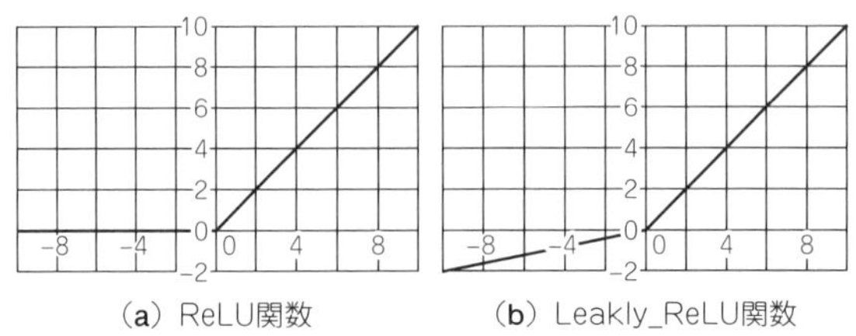

図4 Leakly_ReLU関数は正の値だとそのまま，負の値だと1より小さい倍率（例えば0.2）を掛けて出力する

●3. モデルとネットワークの設定

Qラーニングでは，Q値を第2章の式(1)として計算しましたが，ディープQネットワークではQ値はディープ・ラーニングによって計算されます．この部分が「ディープ」Q「ネットワーク」と呼ばれる理由です．

Qネットワークのための設定は，**リスト1**の125～136行目の`MyQNetwork`クラスの中で設定しています．そして，実際のネットワークの設定は`MazeSolver`関数で行っています．

この中にある`MyQNetwork`クラス中で呼び出される`MazeSolver`関数（111～122行目）が重要です．これは2層の中間層を持つネットワークから成り立っています．中間層のノード数は256とし，活性化関数は`tanh`としています（115，116行目）．深層強化学習では負の値が重要になる場合がありますので，tanh関数を利用します．なお，**図4**のようなLeakly_ReLU関数を用いる場合もあります．

入力の数は，迷路の盤面数（10×10）にエージェントの位置番号（`0`から`99`までの数）を足した`101`として設定されています（114行目）．

出力の数は上下左右の4パターンあるので，`4`として設定されます．そして，ディープQネットワークでは出力層に活性化関数を設定する必要がありません．

●4. 画面表示の設定（class MazeDisp）

図1のようにグラフィカルに表示するための設定です．これはQラーニングのプログラムとほぼ同じです．

Qラーニングのプログラムでは各マスにQ値を表示していましたが，このプログラムでは各マスで進む方向を以下のように表示しています．

文字	移動方向	行動番号
A	上	0
>	右	1
V	下	2
<	右	3

なお，行動は今の状態からだけでなく，それ以前の行動も影響します．そのため，**図1**で示された方向は参考程度で，必ずしもその方向に動くわけではありません．

●5. エージェントの行動と報酬の設定（def mainの最初からエピソードの繰り返し直前まで）

TF-Agentsでは設定がたくさんあります．ここでは，その設定について説明していきます．設定項目はたくさんありますが，変更しなければならない部分は少なく，多くの部分は上級者になってから変更できるようになれば問題ありません．

▶環境の設定（186，187行目）

エージェントの動作を設定したEnvironmentSimulaterクラスのオブジェクトを作成し，それをtf_py_environment.TFPyEnvironmentで処理します．ここで設定したenvをこの後使います．

▶ネットワークの設定（189行目）

ネットワークを設定したMyQNetworkクラスのオブジェクトを作成しています．

▶エージェントの設定（192行目から）

dqn_agent.DqnAgent関数でディープQネットワークを行うための設定をしています．たくさんの設定がありますが，変更するとうまく学習が進むようになるパラメータをここでは説明します．

- optimizer=keras.optimizers.Adam(learning_rate=1e-4, epsilon=1e-2)

最適化関数の設定をしています．引き数として設定しているlearning_rate（またはlrと設定することも可）は学習率で，これを小さくすると平均損失（**リスト2**の中のALの値）の更新が穏やかになります．

また，epsilonは学習中にゼロ除算を避けるための値で，これを設定しておくとうまくいくことが多くあります．これらの値は1e-5（10の－5乗）や1e-3（10の－3乗）のように乗数を変えることを行います．

- target_update_period=10

学習の更新の頻度を設定するための値です．毎回パラメータを更新するとうまくいかないことが分かっていますが，その大きさはどの程度かを知るには問題によるところが大きいとされています．この値を2倍にしたり10倍にしたりなど変更してみてください．

- gamma=0.9

割引率の設定です．この値は0から1までの範囲を設定できますが，1に近い値にしておく必要があります．0.8から0.99の間程度が良いでしょう．

▶行動の設定

208行目のpolicy = agent.collect_policyで行動選択に関する設定をしています．TF-Agentsでは行動選択に関することをポリシーと呼んでいます．

行動の選択の仕方はいろいろな方法があります．例えば，ランダムに選択するということも行動選択の1つの方法です．ここでは，collect_policyというものを設定しています．たいていの場合はこれを設定しておけば問題ありません．

▶データの保存

ディープQネットワークを含む深層強化学習では，どのように行動したかというデータを大量に保存しておき，それを利用して学習を行います．そのための設定を210～220行目で行っています．

たいていの部分はこのままで良いですが，あえて変更するとなると，sample_batch_size=32の値を変更すれば学習がうまくいくことがあります．変更するときには2の累乗数（2のn乗）を設定するようにすると効率良く実行できます．

▶事前データの設定

エピソードの繰り返しに入る前に事前にデータを収集しておくことができます．まず，222行目で初期化を行い，その後データの収集の設定を行います．

ここではDynamicEpisodeDriver関数を用いていますので，その引き数num_episodes = 10で設定した10回のエピソードを行います．

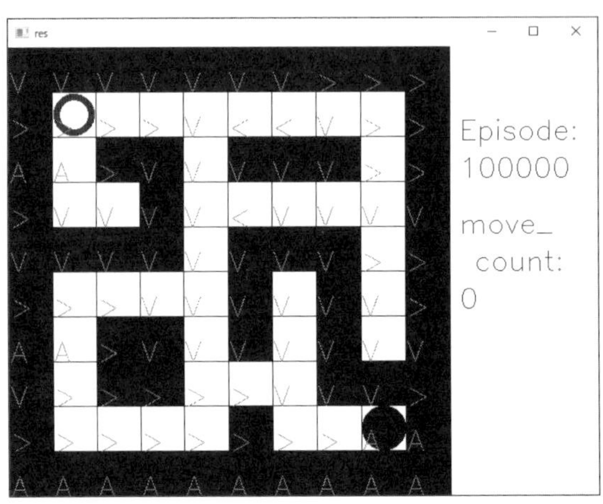

図5　100,000エピソード後の行動

そして，229行目のdriver.run関数で実際にシミュレーションを行いデータを集めています．なお，maximum_iterations=100と設定することで，何かしらの理由で10回のエピソードが終了しなかった場合でも100回行動すると強制的に終わるように設定しています．また，DynamicStepDriver関数を用いると行動数で設定することができます．

▶変数の設定

2つの変数を設定しています(231，232行目)．num_episodesはエピソード数で，goal_nはゴールした数を保存するための変数です．

▶ランダム行動の設定

ディープQネットワークでも，Qラーニングと同様にランダムに行動する確率を決める必要があります．

ここではlinspace関数を用いて，最初が1.0(100%ランダムな行動)でnumで設定したエピソード数になったときに，0.0(ランダムな行動を全くしない)になるように1次の関数で減少させるように設定しています(235行目)．これは一例ですので，多項式でも反比例の関数でも問題ありません．

▶ポリシーの保存

学習済みのデータを保存するための設定をしています(235行目)．ディープ・ラーニングの場合はモデルと呼びましたが，深層強化学習ではポリシーと呼びます．

▶グラフィカル表示の設定

どのように動作しているのかをグラフィカルに表示すると直感的に分かります．241行目ではその設定をしています．

●6．学習

いよいよ学習です．243行目のepisodeのfor文で設定したエピソード数だけシミュレーションを行います．244～253行目は，**図5**の各マスの移動方向を調べるための部分ですので，学習には直接関係はありません．

255～258行目は学習の事前準備です．episode_rewardsとepisode_average_lossは各エピソードで得られる報酬と平均損失を計算するための変数です．

policy._epsilonはランダム行動を行うための値の設定です．ここでは235行目で設定した

epsilonを用いていますが，定数や関数を設定することもできます．そして，env.reset関数で環境の初期化をしています．これにより戻り値のtime_step変数に状態などが保持されます．

260行目のtのfor文で，1回のエピソードの間で行動を行います．ここでは100を設定していますが，これは最大の行動数ですので，ゴールしたもしくはマップからはみ出た，といった状態になるとループを抜けるようになっています．

このループでは，(1) 状態から行動の決定，(2) 行動から状態の更新，(3) 学習データの保存，(4) 学習，(5) 情報の表示，(6) ループを終了させるかどうかのチェックを行っています．

▶状態から行動の決定

261行目のpolicy.action(time_step)で状態から行動を決定します．

▶行動から状態の更新

262行目のenv.step(policy_step.action)で行動によって状態を遷移させます．ここで，step関数を用いていますが，実際に実行されるのは_step関数です．

▶学習データの保存

263，264行目で学習データの保存を行っています．保存するデータとして，行動前の状態(time_step)，行動(policy_step)，行動後の状態(next_time_step)の3つをtraj変数にまとめ，それを保存しています．

▶学習

265，266行目で学習を行っています．まず，next(iterator)関数で学習データを取り出します．そして，そのデータを用いて学習を行います．

▶情報の表示

268 ～ 272行目で情報を表示しています．特に271行目のif文で**図5**のような表示を行う間隔を設定しています．この値を変えたときは，244行目のif文の値も同じにして，行動マップの更新を行うことをお勧めします．

▶ループを終了させるかどうかのチェック

274行目でループを終了するかどうかをチェックしています．このif文は_step関数の戻り値がts.termination関数で作られた場合に成り立ち，その次のbreak文でループを抜けます．

すべてのエピソードが終了した後，285行目でポリシーを保存しています．

●7．テスト

テストとして学習後にどのような経路を通るかを表示します．まず，env.reset()関数で初期化します(288行目)．289行目で初期位置を設定しています．ここは学習時に行ったときと同じです．

その後，tのfor文で行動を繰り返します．状態から行動(294行目)，行動から状態の更新(295行目)を行い，296 ～ 299行目で行動(act)，報酬(R)，行動前の位置(pos1)，行動後の位置(pos2)を取得しています．

そして，302行目のif文で終了条件(ゴールもしくはマップからはみ出る)かどうかを調べています．さらに続く場合は，304行目でtime_stepを更新しています．

●迷路を変える方法

迷路を変える方法について説明します．以下に示す部分以外は，Qラーニングのプログラムと同じです．

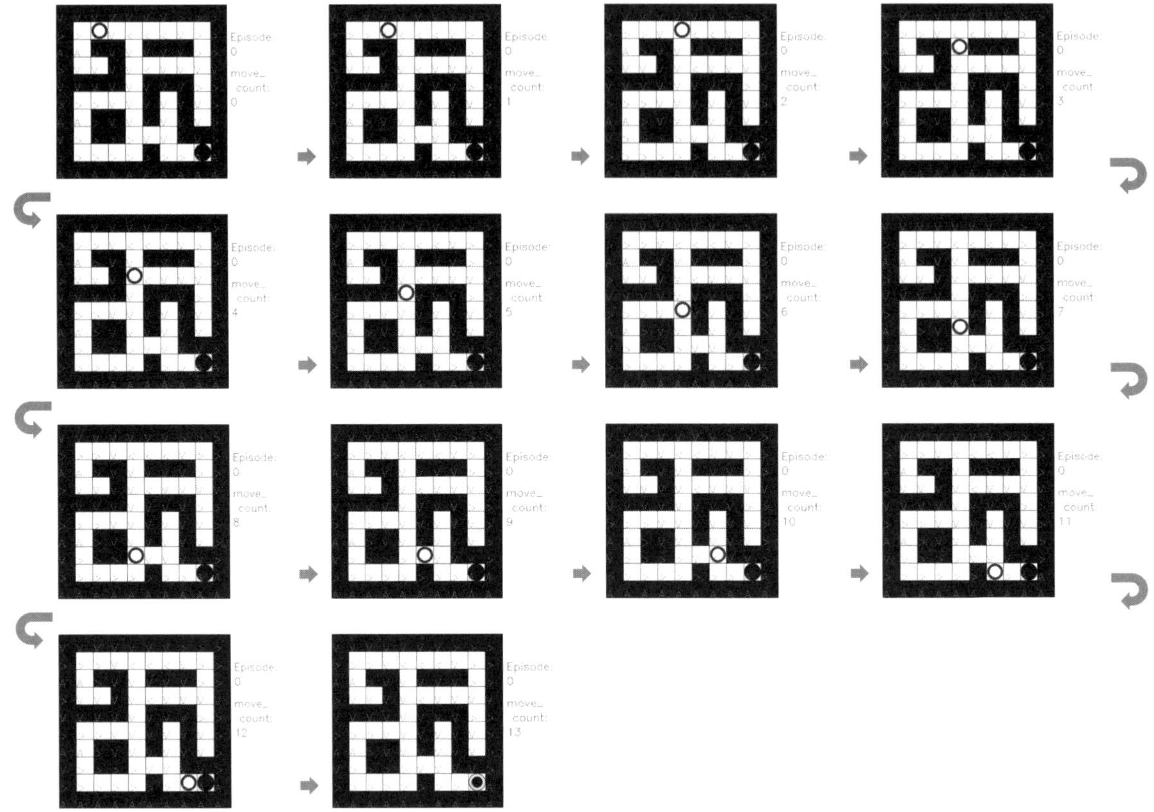

図6　アニメーションで行動を確認

変更する部分は，以下に示すEnvironmentSimulaterクラス中の4つの部分の100を迷路のサイズに変えます．変数で設定することもできましたが，変更する部分を示すことでプログラムの理解が進むことを期待し，数字で指定しています．

- `__init__`関数（Qネットワークの大きさと最大値）

  `shape=(101, ), dtype=np.float32, minimum=0, maximum=100`
- `__init__`関数（マップ・サイズの設定）

  `self._map = MAP.reshape(1, 100)[0]`
- `_reset`関数（エージェントのスタート位置）

  `self.map[100] = self.pos`
- `_step`関数（エージェント位置の更新）

  `self.map[100] = self.pos`

●実行結果

実行後は，10エピソードごとに図6に示すようなアニメーションが表示されます．Qラーニングの時は各マスにQ値を表示しましたが，この図ではそれぞれのマスに来た時にどちらに進むかが表示されます．

ただし，ディープQネットワークでもQラーニングと同様に，ある確率でランダムに行動するように設定していますので，矢印通りには行動しません．

最後に，100000エピソード後のエージェントの行動を同じように表すと図5となります．ほぼ，どの位置からでも矢印をたどると，ゴールに向かうことができるように成長しています．エージェントの学習過程が見られますね．

●行動の確認

図1や**図5**は，後から確認することもできます．これは，実行後にaction_mapフォルダの下にできるam1000.pyなどのデータを，tf_show_map.pyで読み込むことで表示することができます．

tf_show_map.pyの中のepisode=0の数字を変えることでさまざまなデータを読み込むことができます．なお，行動は今の状態からだけでなく，それ以前の行動も影響します．そのため，**図5**で示された方向は参考程度で，必ずしもその方向に動くわけではありません．

実行は以下のコマンドで行います．

```
> python tf_show_map.py
```

●アニメーションで行動の確認

最後に保存されたポリシーを読み込んで，アニメーションで確認することも可能です．以下を実行することで**図6**に示すアニメーションが表示されます．

```
> python tf_play_maze_DQN.py
```

第5章

ついに人間と対決!

深層強化学習総仕上げ…成長して強くなるAIづくり

本章では，2つのエージェントが競い合いながら，だんだん強くなっていくAIを作ります．具体的には，三目並べをディープQネットワークで学習させ，その学習結果を用いて人間と対戦できるものを作ります．

まずは対AI戦を体験

AIとの対戦がどのようなものかを体験してもらいましょう．準備として本書のサポート・ページから，ダウンロード・データを入手します．

`https://interface.cqpub.co.jp/2023deep/`

実行するには，ダウンロードしたフォルダに移動し，以下のコマンドを打ち込みます．

```
> python tf_play_sanmoku.py
```

すると，**図1**のように表示され，入力をするたびに盤面が進んでいきます．

AI同士が成長するプログラム

●処理の流れ

いきなりAIとの対戦を体験してもらいましたが，今回は，あらかじめルールを教えることなくAIが対戦のルールを覚えて強くなっていくプログラムを作ります．

プログラム(`tf_train_sanmoku.py`)を**リスト1**に，処理の流れを以下に示します．フローチャートは**図2**のようになっています．

1. 盤面の設定
2. エージェントの動作の設定(`class Board`)
3. モデルとネットワークの設定(`def SanmokuSolver`と`class MyQNetwork`)
4. 2つのエージェントの行動と報酬の設定(`def main`の最初からエピソードの繰り返しの直前)
5. 学習(エピソードの繰り返し)

この動作をプログラムで組んでいきます．**図2**のフローチャートは，迷路のフローチャートとほ

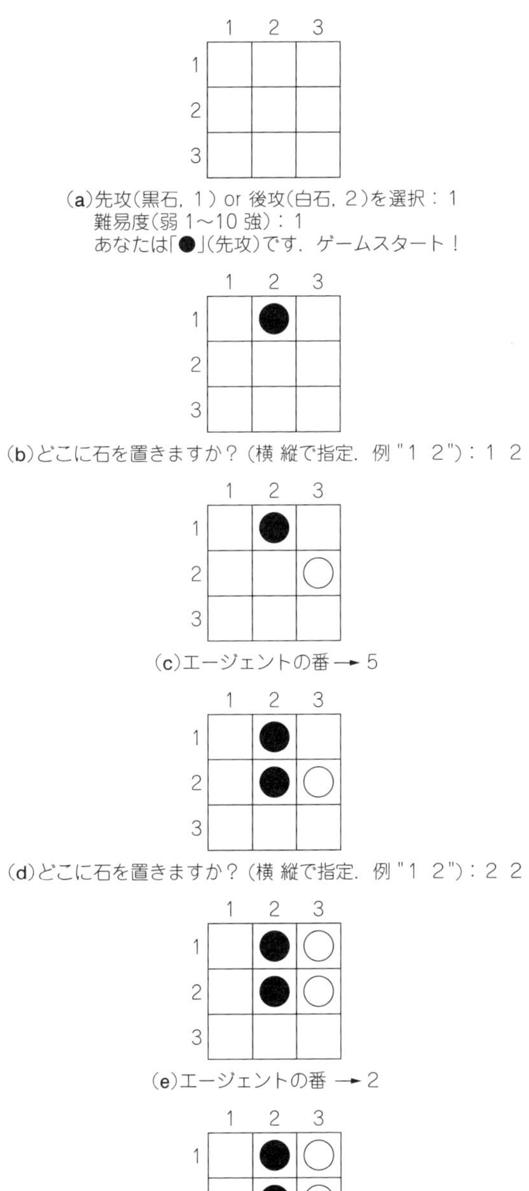

図1　三目並べで自分が作ったAIと対戦できるようになる

図2　対戦することでAI同士が成長するプログラムtf_train_sanmoku.pyのフローチャート

ぼ一緒です．異なるのは，1番目の「迷路の設定」が「盤面の設定」になった点，4番目の「エージェントの設定」が「2つのエージェントの設定」になった点，石が置けるかどうかを判定し置けるまで繰り返すといった「行動が追加」された点です．

なお，迷路では学習が終了したときに経路を表示しましたが，三目並べでは必勝法があるわけではありませんので表示しません．

基本さえ押さえてしまえば，いろいろな問題に応用できそうです．だからといって，基本だけ知っていても応用例がないと，なかなか改造するのは難しいですね．

三目並べで違う問題への応用方法を身に付けると，より効果的にディープQネットワークが使え

リスト1　対戦することでAI同士が成長するプログラム`tf_train_sanmoku.py`

```
import tensorflow as tf
from tensorflow import keras

from tf_agents.environments import gym_wrapper, py_environment, tf_py_environment
from tf_agents.agents.dqn import dqn_agent
from tf_agents.networks import network
from tf_agents.replay_buffers import tf_uniform_replay_buffer
from tf_agents.policies import policy_saver
from tf_agents.trajectories import time_step as ts
from tf_agents.trajectories import trajectory, policy_step as ps
from tf_agents.specs import array_spec
from tf_agents.utils import common, nest_utils

import numpy as np
import random
import copy

BOARD_SIZE = 3 # 盤面のサイズ SIZE*SIZE
NONE = 0  # 盤面のある座標にある石:なし
BLACK = 1 # 盤面のある座標にある石:黒
WHITE = 2 # 盤面のある座標にある石:白
STONE = {NONE:" ", BLACK:"●", WHITE:"○"} # 石の表示用
REWARD_WIN = 1  # 勝ったときの報酬
REWARD_LOSE = -1 # 負けたときの報酬
# 2次元のボード上での隣接8方向の定義(左から,上,右上,右,右下,下,左下,左,左上)
DIR = ((-1,0), (-1,1), (0,1), (1,1), (1,0), (1, -1), (0,-1), (-1,-1))
#シミュレータークラス
class Board(py_environment.PyEnvironment):
  def __init__(self):
    super(Board, self).__init__()
    self._observation_spec = array_spec.BoundedArraySpec(
      shape=(BOARD_SIZE*BOARD_SIZE,), dtype=np.float32, minimum=0, maximum=2
    )
    self._action_spec = array_spec.BoundedArraySpec(
      shape=(), dtype=np.int32, minimum=0, maximum=BOARD_SIZE*BOARD_SIZE-1
    )
    self.reset()
  def observation_spec(self):
    return self._observation_spec
  def action_spec(self):
    return self._action_spec

#ボードの初期化
  def _reset(self):
    self.board = np.array([NONE] * (BOARD_SIZE * BOARD_SIZE), dtype=np.float32) # 碁盤は1次元配列で定義 (1x9)
    self.winner = NONE # 勝者
    self.turn = random.choice([BLACK,WHITE])
    self.game_end = False # ゲーム終了チェックフラグ
    self.miss_end = False # エージェントのミス打ち判定フラグ
    time_step = ts.restart(self.board)
    return nest_utils.batch_nested_array(time_step)

#行動による状態変化(石を置く)
  def _step(self, pos):
    pos = nest_utils.unbatch_nested_array(pos)
    if self.board[pos] == NONE:
      self.board[pos] = self.turn
      self.end_check()
    else:
      self.winner = WHITE if self.turn == BLACK else BLACK
      self.miss_end = True
      self.game_end = True
    time_step = ts.transition(self.board, reward=0, discount=1)
    return nest_utils.batch_nested_array(time_step)

  #ターンチェンジ
  def change_turn(self, role=None):
    self.turn = WHITE if self.turn == BLACK else BLACK

  #ランダムに石を置く場所を決める(ε-greedy用)
  def random_action(self):
    return self.find_empty_positions()

  # 空いているマスを見つけて,座標をランダムに1つ選択する
  def find_empty_positions(self):
    pos = np.where(self.board == 0)[0]
    if len(pos) > 0:
      return np.random.choice(pos) # 空いている場所の座標の1つをランダム返す
    else:
      return 0 # 空きなし

  # ゲームの終了チェック
  def end_check(self):
    for i in range(0, BOARD_SIZE * BOARD_SIZE):
      self.winner = self.conjunction_check(i)
      if self.winner != NONE:
        self.game_end = True # 3連ができたらゲーム終了
        break
    if np.count_nonzero(self.board) == BOARD_SIZE * BOARD_SIZE: # 碁盤がすべて埋まった場合ゲーム終了
      self.game_end = True

  # 座標(line, row)から3連接のチェック
  def conjunction_check(self, pos):
    # 石の有無チェック
    if self.board[pos] == NONE:
      return NONE # 石がなければNONEを返す
    # 縦方向のチェック
    if pos + (BOARD_SIZE * 2) < BOARD_SIZE * BOARD_SIZE:
      if self.board[pos] == self.board[pos+BOARD_SIZE] == self.board[pos+(BOARD_SIZE*2)]:
        return self.board[pos] # 縦3連が存在
    # 斜め(右下)方向のチェック
    if pos + ((BOARD_SIZE + 1) * 2) < BOARD_SIZE * BOARD_SIZE:
      if self.board[pos] == self.board[pos+BOARD_SIZE+1] == self.board[pos+((BOARD_SIZE+1)*2)]:
        return self.board[pos] # 右下斜め3連が存在
    # 斜め(左下)方向のチェック
    if pos + ((BOARD_SIZE - 1) * 2) < BOARD_SIZE * BOARD_SIZE:
      if ((pos + (BOARD_SIZE - 1) * 2) // BOARD_SIZE) - (pos // BOARD_SIZE) >= 2:
        if self.board[pos] == self.board[pos+BOARD_SIZE-1] == self.board[pos+((BOARD_SIZE-1)*2)]:
          return self.board[pos] # 左下斜め3連が存在
    # 横方向チェック
    if pos // BOARD_SIZE == (pos + 2) // BOARD_SIZE: # 先頭と末尾が同じ行かどうか
      if self.board[pos] == self.board[pos+1] == self.board[pos+2]:
        return self.board[pos] # 横3連が存在
    return 0 # 3連は存在せずの場合は-1を返す

  # 盤面を表示する
  def show_board(self):
    print('  ', end='')
    for l in range(1, BOARD_SIZE + 1):
      print(' {}'.format(l), end='')
    print('')
    row = 1
```

```
    print('{0:2d} '.format(row), end='')
    row += 1
    for i in range(0, BOARD_SIZE * BOARD_SIZE):
      if i != 0 and i % BOARD_SIZE == 0:
                                              # 1行表示したら改行
        print('')
        print('{0:2d} '.format(row), end='')
        row += 1
      if self.board[i] == 0:
        ix = 0
      elif self.board[i] == 1:
        ix = 1
      else:
        ix = 2
      print('{} '.format(STONE[ix]), end='')
    print('')

  @property
  def batched(self):
    return True

  @property
  def batch_size(self):
    return 1

# モデル定義
def SanmokuSolver(n_action):
    # レイヤーの定義
    input = tf.keras.layers.Input(shape=(
        BOARD_SIZE * BOARD_SIZE,), name='INPUT')
    h = tf.keras.layers.Dense(128,
           activation='tanh', name='FC1')(input)
    h = tf.keras.layers.Dense(128,
               activation='tanh', name='FC2')(h)
    h = tf.keras.layers.Dense(128,
               activation='tanh', name='FC3')(h)
    output = tf.keras.layers.Dense(n_action,
                                  name='OUTPUT')(h)
    # モデル化
    model = tf.keras.Model(inputs=input,
                                    outputs=output)
    # オプティマイザや評価関数,評価尺度の設定
    return model


# ネットワークの設定
class MyQNetwork(network.Network):
  def __init__(self, observation_spec,
             action_spec, n_hidden_channels=256,
                               name='QNetwork'):
    super(MyQNetwork,self).__init__(
      input_tensor_spec=observation_spec,
      state_spec=(),
      name=name
    )
    n_action = action_spec.maximum -
                          action_spec.minimum + 1
    self.model = SanmokuSolver(n_action)
  def call(self, observation, step_type=None,
               network_state=(), training=True):
    observation = tf.cast(observation,
                                      tf.float32)
    actions = self.model(observation,
                             training=training)
    return actions, network_state

#ランダム行動を行うときのポリシー
def random_policy_step(random_action_function):
  random_act = random_action_function()
  if random_act is not False:
    return ps.PolicyStep(
          action=tf.constant([random_act]),
          state=(),
          info=()
        )
  else:
    raise Exception("No position avaliable.")

def main():
#環境の設定
  env_py = Board()
  env = tf_py_environment.TFPyEnvironment(
                                          env_py)
# 黒と白の2つを宣言するために先に宣言
  primary_network = {}
  agent = {}
  replay_buffer = {}
  iterator = {}
  policy = {}
  tf_policy_saver = {}
  n_step_update = 1
  for role in [BLACK, WHITE]: # 黒と白のそれぞれの設定
# ネットワークの設定
    primary_network[role] = MyQNetwork(
      env.observation_spec(), env.action_spec())
# エージェントの設定
    agent[role] = dqn_agent.DqnAgent(
      env.time_step_spec(),
      env.action_spec(),
      q_network = primary_network[role],
      optimizer = keras.optimizers.Adam(
                           learning_rate=1e-3),
      n_step_update = n_step_update,
      target_update_period=100,#0,
      gamma=0.99,
      train_step_counter = tf.Variable(0),
      epsilon_greedy = 0.0,
    )
    agent[role].initialize()
    agent[role].train = common.function(
                             agent[role].train)
# 行動の設定
    policy[role] = agent[role].collect_policy
# データの保存の設定
    replay_buffer[role] =
 tf_uniform_replay_buffer.TFUniformReplayBuffer(
      data_spec=agent[role].collect_data_spec,
      batch_size=env.batch_size,
      max_length=10**6,
    )
    dataset = replay_buffer[role].as_dataset(
        num_parallel_calls=
                tf.data.experimental.AUTOTUNE,
        sample_batch_size=16,
        num_steps=n_step_update+1,
      ).prefetch(tf.data.experimental.AUTOTUNE)
    iterator[role] = iter(dataset)
# ポリシーの保存設定
    tf_policy_saver[role] =
    policy_saver.PolicySaver(agent[role].policy)

  num_episodes = 10000
  decay_episodes = 7000
  epsilon = np.concatenate( [np.linspace(
       start=1.0, stop=0.1, num=decay_episodes),
                          0.1 * np.ones(shape=(
              num_episodes-decay_episodes,)),],0)

  action_step_counter = 0
  replay_start_size = 1000

  winner_counter = {BLACK:0, WHITE:0, NONE:0}
                   # 黒と白の勝った回数と引き分けの回数
  episode_average_loss = {BLACK:[], WHITE:[]}
                                 # 黒と白の平均loss

  for episode in range(1, num_episodes + 1):
    policy[WHITE]._epsilon = epsilon[episode-1]
                                   # ε-greedy法用
    policy[BLACK]._epsilon = epsilon[episode-1]
    env.reset()

    rewards = {BLACK:0, WHITE:0} # 報酬リセット
    previous_time_step = {BLACK:None, WHITE:None}
    previous_policy_step =
                     {BLACK:None, WHITE:None}
```

リスト1　対戦することでAI同士が成長するプログラム`tf_train_sanmoku.py`（つづき）

```
252
253       while not env.game_end: # ゲームが終わるまで繰り返す
254         current_time_step =
                                   env.current_time_step()
255         while True: # 置ける場所が見つかるまで繰り返す
256           if previous_time_step[env.turn] is None:
                                   # 1手目は学習データを作らない
257             pass
258           else:
259             previous_step_reward = tf.constant(
                [rewards[env.turn],],dtype=tf.float32)
260             current_time_step = current_time_
          step._replace(reward=previous_step_reward)
261
262             traj = trajectory.from_transition(
                      previous_time_step[env.turn],
                    previous_policy_step[env.turn],
                    current_time_step ) # データの生成
263             replay_buffer[env.turn].add_batch(
                              traj ) # データの保存
264
265             if action_step_counter >=
                   2*replay_start_size: # 事前データ作成用
266               experience, _ =
                             next(iterator[env.turn])
267               loss_info = agent[env.turn].train(
                       experience=experience) # 学習
268               episode_average_loss[
           env.turn].append(loss_info.loss.numpy())
269             else:
270               action_step_counter += 1
271
272           if random.random() < epsilon[episode-1]:
                             # ε-greedy法によるランダム動作
273             policy_step = random_policy_step(
             env.random_action) # 設定したランダムポリシー
274           else:
275             policy_step = policy[env.turn].action(
                 current_time_step) # 状態から行動の決定
276
277           previous_time_step[env.turn] =
                    current_time_step # 1つ前の状態の保存
278           previous_policy_step[env.turn] =
                          policy_step # 1つ前の行動の保存
279
280           pos = policy_step.action.numpy()[0]
281           if env.board[pos] == 0:
282             rewards[env.turn] = 0
283             break
284           else:
285             rewards[env.turn] = REWARD_LOSE
                        # 石が置けない場所であれば負の報酬
286
287         env.step(policy_step.action) # 石を配置
288
289         if env.game_end: # ゲーム終了時の処理
290           if env.winner == BLACK: # 黒が勝った場合
291             rewards[BLACK] = REWARD_WIN
                                          # 黒の勝ち報酬
292             rewards[WHITE] = REWARD_LOSE
                                          # 白の負け報酬
293             winner_counter[BLACK] += 1
294           elif env.winner == WHITE: # 白が勝った場合
295             rewards[BLACK] = REWARD_LOSE
296             rewards[WHITE] = REWARD_WIN
297             winner_counter[WHITE] += 1
298           else: # 引き分けの場合
299             winner_counter[NONE] += 1
300           # エピソードを終了して学習
301           final_time_step =
             env.current_time_step() # 最後の状態の呼び出し
302           for role in [WHITE, BLACK]:
303             final_time_step =
                              final_time_step._replace(
         step_type = tf.constant([2], dtype=tf.int32),
                 reward = tf.constant([rewards[role]],
              dtype=tf.float32), ) # 最後の状態の報酬の変更
304             traj = trajectory.from_transition(
                              previous_time_step[role],
                            previous_policy_step[role],
                          final_time_step ) # データの生成
305             replay_buffer[role].add_batch( traj )
                                         #事前データ作成用
306             if action_step_counter >=
                                2*replay_start_size:
307               experience, _ = next(iterator[role])
308               loss_info = agent[role].train(
                                experience=experience)
309               episode_average_loss[role].append(
                                 loss_info.loss.numpy())
310         else:
311           env.change_turn()
312
313       # 学習の進捗表示 (100エピソードごと)
314       if episode % 100 == 0:
315         print(f'==== Episode {episode}: black win
                             {winner_counter[BLACK]},
                     white win {winner_counter[WHITE]},
                      draw {winner_counter[NONE]} ====')
316         if len(episode_average_loss[BLACK]) == 0:
317           episode_average_loss[BLACK].append(0)
318         print(f'<BLACK> AL: {np.mean(
                     episode_average_loss[BLACK]):.4f},
                      PE:{policy[BLACK]._epsilon:.6f}')
319         if len(episode_average_loss[WHITE]) == 0:
320           episode_average_loss[WHITE].append(0)
321         print(f'<WHITE> AL:{np.mean(
                     episode_average_loss[WHITE]):.4f},
                      PE:{policy[WHITE]._epsilon:.6f}')
322         # カウンタ変数の初期化
323         winner_counter = {BLACK:0, WHITE:0, NONE:0}
324         episode_average_loss = {WHITE:[], BLACK:[]}
325
326       if episode % (num_episodes//10) == 0:
327         tf_policy_saver[BLACK].save(
                         f"policy_black_{episode}")
328         tf_policy_saver[WHITE].save(
                         f"policy_white_{episode}")
329
330   if __name__ == '__main__':
331     main()
```

ると思います．

●1．盤面の設定

18行目で盤面が3×3であることを設定します．

19～21行目では，`NONE`，`BLACK`，`WHITE`の3つの定数をそれぞれ`0`，`1`，`2`として設定しています．

22行目で碁石の表示をどのようにするかを設定しています．

0	1	2
3	4	5
6	7	8

図3
三目並べの碁盤の番号

●2. エージェント動作の設定

エージェントがどのように動作するかは，Boardクラスにまとめて設定する必要があります．これは，迷路探索のEnvironmentSimulaterクラスに相当する部分です．

ここでは，設定しなければならない4つの関数と，エージェントが行動を決める時に使う2つの関数の説明を行います．

▶初期化：__init__（必須）

最初に実行されるのが29行目からの__init__(self)の部分です．これは迷路探索のときと似ています．今回は，**図3**に示すように三目並べの碁盤を1列に並べた番号を付けます．各マスには0，1，2の番号が入りますので，最小値は0，最大値は2と設定します．そして，出力は碁盤のマスの値であるため，最小値は0で最大値は8（=BOARD_SIZE×BOARD_SIZE-1）と設定します．

最後に，_reset関数を呼び出して変数の初期化を行っています（37行目）．

▶リセット：_reset関数（必須）

前章でも述べましたが，深層強化学習では初期値に戻して何度も行う必要があり，その際に呼ばれる関数です．これは，44行目に書かれています．これも迷路探索のときと似ています．

まず，2次元で設定された碁盤を1次元に直しています．これによって碁盤の位置を0～8の番号で**図3**のように表すことができます．

46行目のwinnerは勝者を表す変数で，最初はNONEにしてあり，勝者が決まるとBLACKまたはWHITEのどちらかが入ります．

47行目のturnは，次に碁石を打つエージェントを示しています．最初の順番はランダムに始まるように設定されています．

48行目のgame_endは，ゲームの終了条件に達したらTrueになります．これは迷路探索のdoneと同じ意味となります．

49行目のmiss_endは，エージェントが既に碁石のある位置に碁石を打とうとした場合，Trueになります．

そして，TF-Agents特有の設定となりますが，50行目のように戻り値をts.restartを用いて作成しています．さらに，nest_utils.batch_nested_array関数を通して戻り値としています．この理由は_step関数の部分で説明します．

▶入力の情報：observation_spec関数（必須）

入力の情報を戻す関数です．設定しておく必要のある関数です．

▶行動の情報：action_spec関数（必須）

行動の情報を戻す関数です．入力の情報と同様に，設定しておく必要があります．

▶白黒のターン・チェンジ：change_turn関数

turnの白と黒を反対に変えることで，打ち手を変更しています．

▶行動：_step関数（必須）

迷路探索のときと似ています．エージェントの次に碁石を打つ位置はposという引き数によって決まります．このposという行動を決める数は，この後で説明するディープQネットワークによって得られます．ここでは，posが与えられたという前提で説明を行います．

posは0～8のいずれかの数で，碁盤のマスの番号に対応しています．

56行目のif文でその位置に碁石がないかどうかを調べ，碁石がなければ，その位置にそのターンの色の碁石を打ちます．そして，58行目でend_check関数を呼び出して，3連ができたかまたは全ての盤面が埋まったかをチェックします．

59行目のelse文は，既に碁石のあるところに碁石を打った場合に実行されます．このときは勝者をその順番とは逆の色とするように60行目で設定しています．そして，ゲームが終了したことを示すgame_end変数と，打ちミスをしたことを示すmiss_end変数をTrueにします．

戻り値はnest_utils.batch_nested_array関数を使用して作成します．迷路探索で用いたようにTF-Agentsにおける戻り値は，ts.terminationもしくはts.transitionを用いて作成しますが，class内の変数をmain関数内など，他の部分で使用しなければならない場合は，この例のようにnest_utils.batch_nested_array関数を用いなければなりません．

▶ランダムに行動するときの動作：random_action関数

ディープQネットワークでも，ある一定の確率でランダムに動作させるようにする必要があります．ここでは，空いているマスの中からランダムに1つ選ぶための関数を呼び出しています．

▶空いているマスを見つけて座標をランダムに1つ選択する：find_empty_positions関数

Pythonの機能を使えば簡単に実現できます．

76行目では，0となっている要素だけを抜き出してposに入れています．

77行目のif文で0となっている要素の数が0超であることを調べ，0超ならば，78行目でその中から1つだけ番号を返しています．もし，空いているマスがなければ0を返します．実際には，空いているマスがないときには，碁石を打つと終わるようになっていますので，この部分は呼ばれません．

▶ゲーム終了のチェック：end_check関数

ゲームの終了は2種類あります．1つは3連ができた場合で，もう1つは盤面が埋まった場合です．

- 3連ができた場合

まずは3連ができたかどうかを，85～88行目でチェックしています．この後説明するconjunction_check関数で調べると，3連ができていた場合はその勝者が戻り値として得られます．勝者がNONEでなければ，game_end変数をTrueにしてゲームを終了させます．

- 盤面が埋まった場合

もう1つは，盤面が全て埋まっている場合（89行目）です．これは，board要素の中に0（つまりNONE）ではない要素が幾つあるかを数える関数を使い，盤面と同じ数の9だったら，game_endをTrueにしてゲームを終了させます．

▶座標（line，row）から3連接のチェック：conjunction_check関数

3連ができているかどうかをチェックするのは結構面倒な作業です．ちょっと複雑ですが，手順を追っていけば理解できるので頑張ってみましょう．ここで説明する考え方を使えば，広い盤面を使う五目並べもできます．

この関数には引き数posがあります．ここで説明するposの位置から縦，横，斜めができているかどうかを調べています．そして，posの値を0から8まで変えながら9回呼ばれます．

まずは，posが0の場合を例に見ていきます．95行目のif文ではposの位置に碁石がなければ

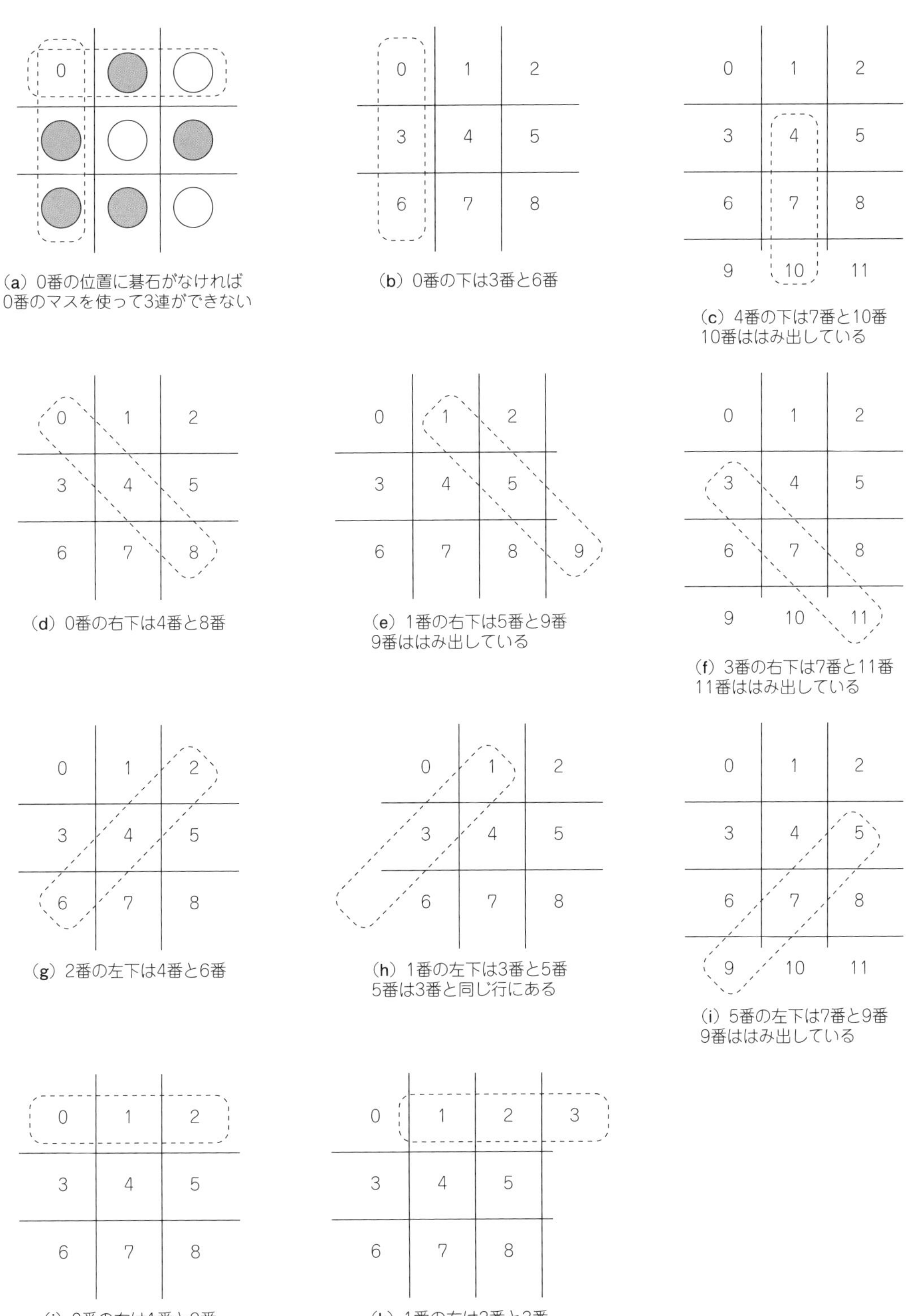

図4　座標(line, row)から3連接のチェック

NONEを返しています．なぜなら**図4(a)**に示すように，0番に碁石がなければ0番の位置を使った縦，横，斜めができないからです．

• 縦

98行目と99行目のif文では，posの位置を使った縦方向の3連ができているかどうかを調べています．まず，98行目では，図4(b)や(c)のように2つ下の位置は盤面の中にあるかどうかを調べています．0番を対象とした場合は，2つ下の位置番号は$0 + 3 \times 2 = 6$となります．6番の位置は，盤面の中にあります．その場合，99行目のif文で0番の碁盤の状態(BLACK/WHITE)と3番(0+BOARD_SIZE)の碁盤の状態(NONE/BLACK/WHITE)と6番(0+BOARD_SIZE*2)の状態(NONE/BLACK/WHITE)が全て等しいかどうかを調べています．

このとき，0番に碁石が置かれていない場合は，その前のif文でNONEを返していますので，この条件文が実行されているときには0番には碁石が必ず置かれています．そのため，全てがNONEとなることはありません．

例えば，posが2番の場合も2つ下の番号を計算すると8となりますので，チェックの対象となります．しかし，posが3番以降の場合は2つ下の番号を計算すると9以上となりますので，チェックの対象となりません．

• 斜め(右下)

102行目と103行目のif文では，posの位置を使った斜め(右下)の3連ができているかどうかを調べています．この考え方は縦のときと同じで，図4(d)～(f)のように2つ右下の位置が碁盤上にあるかどうかを調べて，あれば，103行目で3つの碁盤上に置かれた碁石の色が同じかどうかを調べています．

• 斜め(左下)

106～108行目のif文では，posの位置を使った斜め(左下)の3連ができているかどうかを調べています．この考え方は斜め(右下)に似ていますが，条件が1つ多くなっています．

まず，図4(g)～(i)のように2つ左下の位置が碁盤上にあるかどうか(106行目)は同じで，3つの碁盤上に置かれた色が同じかどうかを調べる(108行目)のも同じです．

異なるのは，ちゃんと並んでいるかどうかを調べている部分(107行目)です．これは，2つ左下となるはずの位置(pos+(BOARD_SIZE-1)*2)が2つ下の行になっているかを調べています．まず，posの行は，

```
pos//BOARD_SIZE
```

で計算できます．そして，2つ左下となるはずの位置の行は，

```
(pos+(BOARD_SIZE-1)*2)//BOARD_SIZE
```

で計算できます．この差が2つかどうかを見ています．

• 縦

111行目と112行目のif文では，posの位置を使った横方向の3連ができているかどうかを調べています．

図4(j)，(k)のようにposの行とpos+2の行が同じ行であるかを調べ，同じ行ならば112行目で3つの碁盤上に置かれた碁石の色が同じかを調べています．

3連が存在しなかった場合は0を返しています．そして，3連ができている場合は基準となる位置posの碁石の色を戻り値としています．

以上のように，縦，横，斜めについて全ての起点で調べることで，3連を見分けるようになっています

▶盤面を表示する(デバッグ用)：show_board関数

盤面を表示するための部分です．これを学習中に表示すると，この表示に時間がかかるためここ

では使いません．この後説明する人間との対戦のときに使います．

●3．モデルとネットワークの設定

Qネットワークのための設定は**リスト1**の148～174行目の`MyQNetwork`クラスの中で設定しています．

実際のネットワークの設定は`SanmokuSolver`関数で行っています．これは3層の中間層を持つネットワークから成り立っており，中間層のノード数は128とし，活性化関数は`tanh`としています(151～153行目)．入力の数は，盤面の数(3×3)です(150行目)．出力の数は盤面の数が8パターンあるので，`n_action`(=8)として設定されます(154行目)．ディープQネットワークでは出力層に活性化関数を設定する必要はありません．

●4．エージェントの行動と報酬(def mainの最初からエピソード繰り返しの直前まで)

TF-Agentsでは設定がたくさんあります．処理は迷路探索とほぼ同じですが，2つのエージェントを設定している点が異なります．これは200行目の

```
for role in [BLACK, WHITE]:
```

のループで設定しています．

また，TF-Agentsでは2つ以上のエージェントの動作は想定していないため，事前にデータを集めるための`driver`関数が現時点では対応していません．そのため，今回のような対戦型では`driver`関数を用いずに，学習の中でそれに相当することを行う必要があります．

手順はディープQネットワークの迷路探索と似ています．まず，Q値に従って碁石を打つ位置を選択(275行目)し，その行動に従って碁石を打ちます(287行目)．打った結果，得られる報酬を計算します(290～299行目)．その報酬を元に学習を行います(282行目，303～309行目)．

また，終了条件が満たされている(3連ができた，9マス全て埋まった)ならばエピソードを終了させます．そして，設定した回数(`num_episodes`)だけ繰り返します．

これらがどこで行われているかを以降で説明してきます．

▶設定した回数だけ繰り返して学習

`num_episodes`変数で指定した回数だけ繰り返して学習するように，244行目の`for`文で繰り返しています．エピソードが開始されたら，碁盤の初期化(247行目)，報酬(`rewards`)の初期化(249行目)をしています．ここで，`rewards`も2つの要素を持つ配列として設定しています．これは200行目の黒用と白用のディープQネットワークと同じ考え方です．

▶エージェントの行動選択と移動

267行目の`agent[env.turn].train`でこれまでの行動や得られた報酬から学習を行っています．ここで，`agent[env.turn]`とすることで，`env.turn`が`BLACK`の場合は`agent_black`として設定されたディープQネットワークが使われ，`env.turn`が`WHITE`の場合は`agent_white`として設定されたディープQネットワークが使われます．

報酬も同じ仕組みで白と黒を分けています．275行目の`policy[env.turn].action`で碁石を打っています．

▶報酬の設定

290～299行目で報酬を設定しています．289行目の`if`文はゲームが終了したかどうかを調べています．

291行目では黒が勝った場合の処理をしています．この場合，黒の報酬(`rewards[BLACK]`)を

REWARD_WIN（＝1）にし，白の報酬（rewards[WHITE]）をREWARD_LOSE（＝－1）にしています．そして，黒が勝ったことを数える変数（winner_counter[BLACK]）のカウントを増やしています．

295～297行目では白が勝った場合の処理をしています．

299行目は引き分けの場合で，引き分けの数を数える変数（draw）のカウントを増やしています．

●5．学習

学習の方法は迷路探索と同様に，現在の状態から次の行動を決める，その行動を行う，学習するを繰り返します．

三目並べでは，これ以外に2つのことを行う必要があります．1つは，迷路探索で用いていた事前学習のための機能であるdriverを使わないため，学習中にそれを実装することです．もう1つは，ゲームは自分の行動と相手の行動が繰り返されますので，自分の行動の1つ前の自分の状態と行動を用いて学習することです．プログラムでは1つ前の状態と行動は相手の行動になりますので，注意が必要な点となります．

それでは学習の説明を行います．

244行目のepisodeのfor文の部分で設定したエピソードの数だけシミュレーションを行います．245～251行目は事前準備です．policy[WHITE]._epsilonの部分はランダム行動を行うための値の設定です．

ここでは236行目で設定したepsilonを用いていますが，定数や関数を設定することもできます．

env.reset関数で環境の初期化をしています．その後，報酬（rewards），状態に相当する変数（previous_time_step），行動に相当する変数（previous_policy_step）の初期化を行っています．

253行目のwhile文でゲーム終了までの繰り返しを行っています．このループでは，まず石が置ける位置が見つかるまで繰り返す学習と，石が置けた場合の学習の2つが含まれています．

まず，254行目で最初の状態を得ます．255行目のwhile文では置ける場所が見つかるまで繰り返すことを行っています．

このイメージを人間に例えて説明します．

三目並べをしたことのない人がマスの中に○（もしくは×）を打つという説明だけを聞いているとします．その人はすでに○（もしくは×）が打たれているマスに○（もしくは×）を打ったとします．これは「反則だから負け！」として最初から始めるのではなく，それは反則だから「別の場所に打って」と教えて，打てる部分に打つまで繰り返してもらいます．こうすることで，ゲームを最後まで行うことができるだけでなく，徐々にルール自体も覚えてきます．

今回の学習では，この例のような「もう一度その手だけをやり直し」ということを行うことで学習の効率を上げています．

272行目のif文ではε-greedy法によるランダム動作を行うかどうかを調べています．ランダム動作を行う場合は273行目，ランダム動作を行わない場合は275行目で状態から行動を決定します．そして，277と278行目で，行動する前の状態とその行動を保存しておきます．

280行目で打つ位置をposに代入しています．281行目のif文でまだ打たれていない場所かどうかを調べ，打たれていない場所であれば報酬を取りあえず0にして，255行目のwhile文を抜けます．逆に，すでに打たれている位置であった場合は負けのときの報酬を設定して繰り返します．

石が置けた場合，287行目のenv.step関数で環境（三目並べのマスの状態）を変化させます．この関数内で，勝ち負けが判定されます．

289行目で勝ち負けが決まり，ゲームが終了したかどうかを調べています．290～299行目では報酬を設定し，どちらが何回勝ったかを調べるための値winner_counterを＋1します．

301～309行目で勝負が決まった後の学習を行います．これは2つの部分に分かれています．

まず，303～305行目で学習データを作成します．303行目で最後の行動を行う前の状態を取り出します．その状態の報酬を変更します．これにより，勝敗が決まる直前の学習データを作ることができます．

306行目のif文は事前データが十分にたまっているかどうかを調べています．事前データが十分にたまっていれば307，308行目で学習を行います．

これと同様のことが265～268行目の部分でも行われています．この部分ではすでに打たれている場所に打ってしまったときの学習ですので，負けた側の学習のみ行っています．

人間と対戦するAIのプログラム

人間と対戦するAIのプログラム実行方法は以下です．

```
> python tf_play_sanmoku.py
```

ここまではディープQネットワークで学習する方法を示しましたが，学習した結果を使って何かしたいですね．そこで，ここでは学習済みモデル（深層強化学習ではポリシーと呼ばれる）の使い方に焦点を当てて説明します．

ここでは，エージェント同士で対戦している部分を人間と対戦するように変更します．

ここで押さえておきたい点を以下に示します．

- 学習済みモデルを読み出す方法
- エージェントの行動を得る方法

エージェントと人間が対戦するAIプログラムから説明用に，一部を抜き出したものを**リスト2**に示します．**リスト2**は，**リスト1**の135行目以降を改造しています．プログラムのフローチャートを**図5**に示します．

167行目で「先攻（黒石，1） or 後攻（白石，2）を選択：」を表示させて，入力された番号をyou変数に入れています．

●難易度をつける

172行目で「難易度（弱1～10強）:」を表示させて，入力された番号をlevel変数に入れています．

ここが「うまく作ったポイント」（自画自賛）です．学習が進むと，エージェントはどんどん強くなっていきます．これは何となく想像がつきます．また，三目並べの学習では1,000エピソードごとに学習済みモデルを保存しています．そのモデル名はpolicy_black_1000やpolicy_white_3000のように，白黒＋学習回数としています．

そこで，難易度に1を入力したときは1,000エピソード後の学習モデルを使い，難易度10を入力したときは10,000エピソード後の学習モデルを使うようにしています．

学習済みデータのファイル名への変換は，tf_train_sanmoku.py（**リスト1**）中の327と328行目で行っています．

リスト2　エージェントと人間が対戦するAIのプログラム`tf_play_sanmoku.py`

```
import numpy as np
import random

import tensorflow as tf

from tf_agents.environments import
                py_environment, tf_py_environment
from tf_agents.trajectories import time_step as
                                              ts
from tf_agents.trajectories import trajectory,
                                policy_step as ps
from tf_agents.specs import array_spec
from tf_agents.utils import nest_utils

import re

seed = 1
random.seed(seed)
np.random.seed(seed)
tf.random.set_seed(seed)

BOARD_SIZE = 3 # 盤面のサイズ SIZE*SIZE
NONE = 0   # 盤面のある座標にある石:なし
BLACK = 1  # 盤面のある座標にある石:黒
WHITE = 2  # 盤面のある座標にある石:白
STONE = {NONE:" ", BLACK:"●", WHITE:"○"}
                                      # 石の表示用
REWARD_WIN = 1    # 勝ったときの報酬
REWARD_LOSE = -1 # 負けたときの報酬
# 2次元のボード上での隣接8方向の定義
                (左から,上,右上,右,右下,下,左下,左,左上)
DIR = ((-1,0), (-1,1), (0,1), (1,1), (1,0),
                        (1, -1), (0,-1), (-1,-1))
# シミュレータークラス
class Board(py_environment.PyEnvironment):
  def __init__(self):
    super(Board, self).__init__()
    self._observation_spec =
                       array_spec.BoundedArraySpec(
      shape=(BOARD_SIZE*BOARD_SIZE,),
          dtype=np.float32, minimum=0, maximum=2
    )
    self._action_spec =
                       array_spec.BoundedArraySpec(
      shape=(), dtype=np.int32, minimum=0,
                  maximum=BOARD_SIZE*BOARD_SIZE-1
    )
    self.reset()
  def observation_spec(self):
    return self._observation_spec
  def action_spec(self):
    return self._action_spec

# ボードの初期化
  def _reset(self):
    self.board = np.array([NONE] * (
     BOARD_SIZE * BOARD_SIZE), dtype=np.float32)
                        # 碁盤は1次元配列で定義 (1x9)
    self.winner = NONE # 勝者
    self.turn = random.choice([BLACK,WHITE])
    self.game_end = False # ゲーム終了チェックフラグ
    self.miss_end = False
                      # エージェントのミス打ち判定フラグ
    time_step = ts.restart(self.board)
    return nest_utils.batch_nested_array(
                                       time_step)

# 行動による状態変化(石を置く)
  def _step(self, pos):
    pos = nest_utils.unbatch_nested_array(pos)
    if self.board[pos] == NONE:
      self.board[pos] = self.turn
      self.end_check()
    else:
      self.winner = WHITE if self.turn ==
                               BLACK else BLACK
      self.miss_end = True
      self.game_end = True
    time_step = ts.transition(self.board,
                           reward=0, discount=1)
    return nest_utils.batch_nested_array(
                                       time_step)

# ターンチェンジ
  def change_turn(self, role=None):
    if role is None or role != self.turn:
      self.turn = WHITE if self.turn ==
                                BLACK else BLACK
# ランダムに石を置く場所を決める(ε-greedy用)
  def random_action(self):
    return self.find_empty_positions()
  # 空いているマスを見つけて,座標をランダムに1つ選択する
  def find_empty_positions(self):
    pos = np.where(self.board == 0)[0]
    if len(pos) > 0:
      return np.random.choice(pos)
                  # 空いている場所の座標の1つをランダム返す
    else:
      return 0 # 空きなし

  # ゲームの終了チェック
  def end_check(self):
    for i in range(0, BOARD_SIZE * BOARD_SIZE):
      self.winner = self.conjunction_check(i)
      if self.winner != NONE:
        self.game_end = True # 3連ができたらゲーム終了
        break
    if np.count_nonzero(self.board) ==
                          BOARD_SIZE * BOARD_SIZE:
                      # 碁盤がすべて埋まった場合ゲーム終了
      self.game_end = True

  # 座標(line, row)から3連接のチェック
  def conjunction_check(self, pos):
    # 石の有無チェック
    if self.board[pos] == NONE:
      return NONE # 石がなければNONEを返す
    # 縦方向のチェック
    if pos + (BOARD_SIZE * 2) < BOARD_SIZE *
                                      BOARD_SIZE:
      if self.board[pos] ==
                   self.board[pos+BOARD_SIZE] ==
                 self.board[pos+(BOARD_SIZE*2)]:
        return self.board[pos] # 縦3連が存在
    # 斜め(右下)方向のチェック
    if pos + ((BOARD_SIZE + 1) * 2) < BOARD_SIZE
                                    * BOARD_SIZE:
      if self.board[pos] ==
                 self.board[pos+BOARD_SIZE+1] ==
             self.board[pos+((BOARD_SIZE+1)*2)]:
        return self.board[pos] # 右下斜め3連が存在
    # 斜め(左下)方向のチェック
    if pos + ((BOARD_SIZE - 1) * 2) < BOARD_SIZE
                                    * BOARD_SIZE:
      if ((pos + (BOARD_SIZE - 1) * 2) //
         BOARD_SIZE) - (pos // BOARD_SIZE) >= 2:
        if self.board[pos] ==
                 self.board[pos+BOARD_SIZE-1] ==
             self.board[pos+((BOARD_SIZE-1)*2)]:
          return self.board[pos] # 左下斜め3連が存在
    # 横方向チェック
    if pos // BOARD_SIZE == (pos + 2) //
              BOARD_SIZE: # 先頭と末尾が同じ行かどうか
      if self.board[pos] == self.board[pos+1] ==
                              self.board[pos+2]:
        return self.board[pos] # 横3連が存在
    return 0 # 3連は存在せずの場合は-1を返す

  # 盤面を表示する
  def show_board(self):
    print('  ', end='')
    for l in range(1, BOARD_SIZE + 1):
      print(' {}'.format(l), end='')
    print('')
    row = 1
    print('{0:2d} '.format(row), end='')
```

```
124     row += 1
125     for i in range(0, BOARD_SIZE * BOARD_SIZE):
126       if i != 0 and i % BOARD_SIZE == 0:
                                        # 1行表示したら改行
127         print('')
128         print('{0:2d} '.format(row), end='')
129         row += 1
130       if self.board[i] == 0:
131         ix = 0
132       elif self.board[i] == 1:
133         ix = 1
134       else:
135         ix = 2
136       print('{} '.format(STONE[ix]), end='')
137     print('')
138
139   @property
140   def batched(self):
141     return True
142
143   @property
144   def batch_size(self):
145     return 1
146
147
148 def convert_coordinate(pos):
149   pos = pos.split(' ')
150   i = int(pos[0]) - 1
151   j = int(ROWLABEL[pos[1]]) - 1
152   return i*SIZE + j
153
154 def judge(winner, a, you):
155   if winner == a:
156     print('Game over. You lose!')
157   elif winner == you:
158     print('Game over. You win!')
159   else:
160     print('Game over. Draw.')
161
162 def main():
163 # 環境の設定
164   env = Board()
165   ### ここからゲームスタート ###
166   print('=== リバーシ ===')
167   you = input('先攻(黒石, 1) or 後攻(白石, 2)を選択:')
168   you = int(you)
169   assert(you == BLACK or you == WHITE)
170
171   level = input('難易度(弱 1 ～ 10 強):')
172   level = int(level) * 1000
173
174   if you == BLACK: # ポリシーの読み込み
175     adversary = WHITE
176     adversary_policy_dir =
                              f'policy_white_{level}'
177     stone = '「●」(先攻)'
178   else:
179     adversary = BLACK
180     adversary_policy_dir =
                              f'policy_black_{level}'
181     stone = '「○」(後攻)'
182
183   policy = tf.compat.v2.saved_model.load(
                                 adversary_policy_dir)
184   policy._epsilon = 1#ε-greedy法用
185
186   print(f'あなたは{stone}です.ゲームスタート!')
187   env.reset()
188   env.change_turn(BLACK)
189   env.show_board()
190   # ゲーム開始
191   while not env.game_end:
192     print(env.turn, adversary)
193 # エージェントの手番
194     if env.turn == adversary:
195       print('エージェントのターン.')
196       current_time_step =
                              env.current_time_step()
197       action_step = policy.action(
                                 current_time_step )
198       pos = int(action_step.action.numpy())
199       if env.board[pos] == 0:
200         print('Agent pos: ', pos)
201       else:
202         pos = env.find_empty_positions()
203         print('Random Agent pos: ', pos)
204       env.step(pos) # posに石を置く
205       env.show_board()
206
207 # 終了判定
208       env.end_check()
209       if env.game_end:
210         judge(env.winner, adversary, you)
211         break
212 # 手番の変更
213       env.change_turn()
214
215 # プレーヤーの手番
216     while True:
217       print('あなたのターン.')
218       pos = input('どこに石を置きますか? (行列で指定.
                                          例 "1 2"):')
219       pos = pos.split(' ')
220       print('You pos: ', pos)
221       # 1次元の座標に変換する
222       pos = (int(pos[0]) - 1) * BOARD_SIZE +
                                    (int(pos[1]) - 1)
223       print('You pos: ', pos)
224       if env.board[pos] == 0:
225         env.step(pos) # posに石を置く
226         env.show_board()
227         break
228       else:
229         print('ここには石を置けません。')
230
231 # 終了判定
232     env.end_check()
233     if env.game_end:
234       judge(env.winner, adversary, you)
235       break
236 # 手番の変更
237     env.change_turn()
238
239 if __name__ == '__main__':
240   main()
241
```

●学習済みモデルを読み出す方法

ここが1つ目の重要なポイントとなる「学習済みモデルを読み出す方法」です.

183行目のtf.compat.v2.saved_model.load関数で，学習済みデータ(学習済みポリシー)をディープQネットワークに組み込んでいます．とても簡単ですが，大変重要なポイントです.

その後，187行目で盤面をリセットし，189行目でボードを表示しています.

191～237行目までは，ゲーム終了まで繰り返す部分となります.

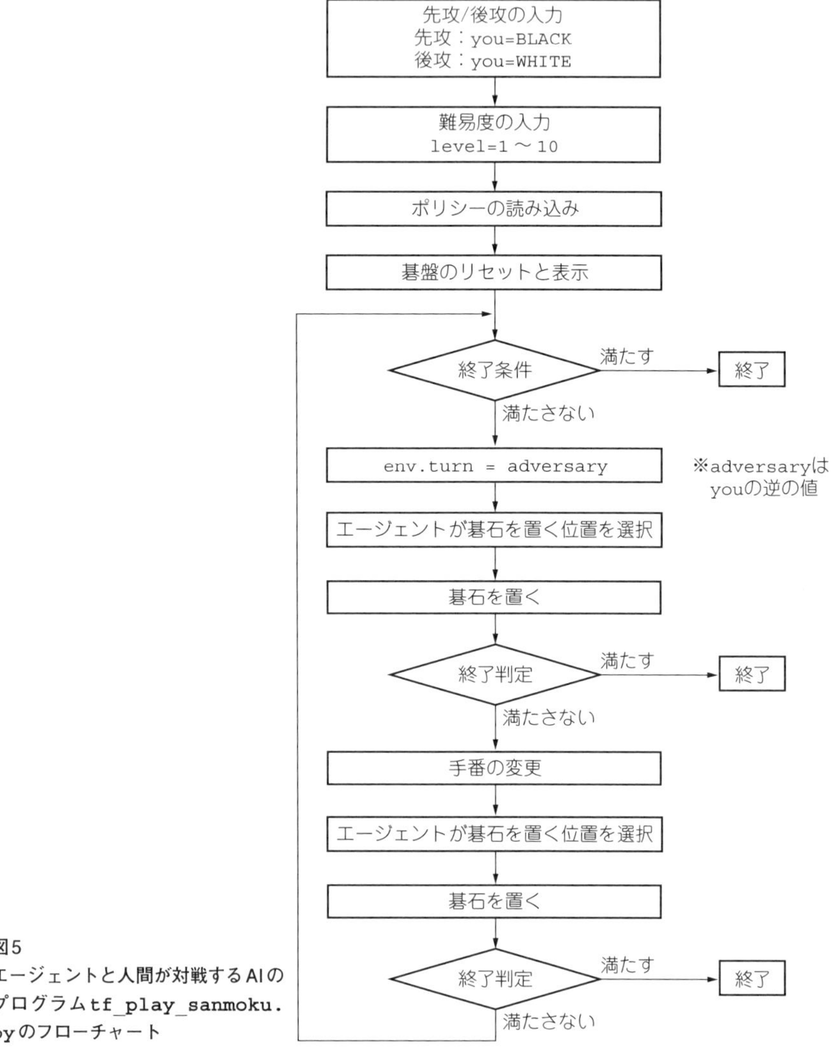

図5
エージェントと人間が対戦するAIのプログラムtf_play_sanmoku.pyのフローチャート

194～205行目はエージェントが碁石を打つ部分となり，216～229行目は人間が碁石を打つ部分となります．人間が先手を選択した場合，adversaryはWHITE（175行目で設定）となっています．これにより，194行目のif文によって，人間から始めることができます．

●学習済みモデルを用いてエージェントの行動を取得する方法

それではエージェントの行動を見ていきます．ここが2つ目の重要なポイントとなる「学習済みモデルを用いてエージェントの行動を取得する方法」です．

196～198行目で碁盤の状態を引き数にして，エージェントの行動を取得しています．これだけで学習済みモデルを用いて行動を選択できます．とても簡単ですが，重要なポイントです．

199行目のif文で，石が置ける位置かどうかを調べています．石が置けなければ置ける中からランダムに選びなおしとなります（その場合はRandom Agent posと表示される）が，著者が何度も対戦したところ，石が置けない位置に置こうとした例はほとんどなく，ルールも学習できていました．

204行目でその位置に碁石を打ち，205行目で盤面を表示しています．

208～211行目で勝敗判定をしています．game_endやmiss_endは，学習のときと同じルールで変化します.

213行目で手番を変えています.

●人間の行動を取得する方法

次に人間の行動を見ていきます.

218行目で「どこに石を置きますか？（行列で指定. 例 "1 2"）：」と表示し, 入力された2つの番号をpos変数に入れています.

222行目で1次元の座標に変換しています.

224行目で入力された位置に碁石が置けるかどうかを調べています. 置ける位置の場合は225行目で石を打ち, 226行目で盤面を表示しています.

その後, 勝敗判定（232 ～ 235行目）と手番の変更（237行目）を行っています.

◆第6部の参考文献◆

(1) ディープ・ラーニングの自動設計アルゴリズム, 三菱電機.
http://www.mitsubishielectric.co.jp/news/2016/1007.html
(2) 日本語での論理的な対話を可能とする人工知能の基礎技術を開発, 日立製作所.
http://www.hitachi.co.jp/New/cnews/month/2016/06/0602.html
(3) 対話システム：対話（チャットや音声対話）の応答文の生成に強化学習（DQNあるいはその改良版等）使用することで, 人間らしい対話などが実現を目指す, コーネル大学.
https://arxiv.org/abs/1606.01541
(4) 今の相場に応じて, 売り・買い・何もしないを判断するトレーダーエージェント, リクルート.
http://recruit.gmo.jp/engineer/jisedai/blog/deep-q-learning/
(5) 車庫入れを自動でやってくれる研究例（シミュレーション）, Preffered Networks.
https://research.preferred.jp/2017/03/deep-par

索 引

【記号・数字】

_reset関数 273
_step関数 273
ε -greedy 244, 290
σ 194
1-of-K 137, 207
7-zip 93

【A】

accuracy 139
action_spec関数 273
activation 138, 139
Adagrad 141
adam 139
Adam 141
AE 4, 22, 26, 119, 217, 238
Alphabet社 22, 38, 113
Anaconda 2, 41, 45, 50, 75, 83
Anaconda Navigator 47
AND回路 132
argmax 163
argparse 161
args.imgfile 163
ATR音素バランス503文 106
Autoencoder 4, 22, 26, 174

【B】

BinaryCrossentropy 144

【C】

Caffe 39
callbacks 145, 155
CNN 4, 22, 23, 89, 116, 174, 188, 197, 238, 240
CNTK 39
collect_policy 275
Convolutional Neural Network 4, 22, 23, 174, 116
CUDA 62
CUDAツールキット 63
cuDNN 65

【D】

DAE 121, 217
DCGAN 20
Deep Convolutional Generative Adversarial Network 20
Deep Neural Network 4, 22
Deep Q Network 27
Denoising Autoencoder 121, 217
Dense層 179
dlib 43, 91
DNN 4, 22, 151
DQN 27
DqnAgent 275

【E】

Epoch 50
ExOR回路 150

【G】

gamma 275
Google 22, 38, 113
Google Colaboratory 40
GPU 29, 62, 107, 184, 188
graphviz 42, 43, 75

【I】

ifconfig 56

【K】

Keras 38
keras.callbacks.TensorBoard 145
keras.layers.Dense 138
keras.layers.Input 138
keras.models.load_model 154

keras.utils.plot_model……145
kernel_initializer……138
KLDivergence……144

【L】
Leakly_ReLU関数……274
librosa……43, 104, 107
Linux……52, 70
load_image……163
Long Short Term Memory……21, 192, 194
loss……139
LSTM……21, 192, 194, 197, 205

【M】
m4a形式……218
matplotlib……42, 43, 44, 50
maxQ……248
MeanAbsoluteError……144
MeanSquaredError……144
MeCab……44, 212, 215
metrics……139
mfcc……104
MNIST……49, 156, 174, 231
model.fit……141, 145, 155
model.predict……142, 163
model.summary……142
Mozc……72
MXNet……39

【N】
Neural Network……4, 22, 110
nkf……43, 215
NN……4, 22
NotoSansCJKLight.ttc……87
NumPy……42, 43, 135
NVIDIA……62
NVIDIA DEVELOPER……65

【O】
observation_spec関数……273
OpenCV……43, 50, 83, 243, 262
opencv-python……243
optimizer……139, 275
OR回路……145
os……135

【P】
perl……43
Pillow……43, 83
pred.argmax……142
pyaudio……42, 43, 75
pydot……42, 43, 75
Python……2, 22, 41
PyTorch……35, 39, 240

【Q】
Q……243
Qネットワーク……239, 240, 253, 274
Qラーニング……239, 240, 243, 247, 252, 274
Q値……252

【R】
Raspberry Pi Imager……53, 54
Raspberry Pi OS……53
raspi-config……56
Rectified Linear Unit……29, 125
Recurrent Neural Network……4, 22, 24, 117, 190
ReLU関数……29, 125, 126, 127, 129, 137, 151, 166, 179, 185
RMSprop……141
RNN……4, 22, 24, 103, 117, 174, 190, 238

【S】
scipy……42, 43, 75, 218
SGD……141
softmax……135

索　引

SOM……19
sox……43，44，77，218
sparse_categorical_crossentropy……139
SparseCategoricalCrossentropy……144
SRC……106
SSH……56
SVM……31

【T】

tanh 関数……194，274
target……275
TensorBoard……61，144，145，176，191
TensorFlow……2，22，35，38，41，42，48，49，57，75，113，123，132，135，240
TensorFlow Extended……39
TensorFlow Lite……39
TensorFlow.js……39
Terminal……71
TF-Agents……41，42，48，60，240，266，274，285
TFX……39

【U】

Ubuntu……50，70
U-net……225

【V】

VAE……26，121，230
Variational Autoencoder……26，121，230
VGG16……188

【W】

WinSCP……56

【Y】

YOLOv7……18

【あ・ア行】

青空文庫……214
エピソード……255
エポック……140，144
オートエンコーダ……4，22，26，116，119，129，174，217，227，238
オフライン学習……139
重み……112，155
重み付け……113
音声資源コンソーシアム……106

【か・カ行】

回帰問題……115，116
顔画像……89
過学習……144，159，206
学習……19，81，112
学習回数……140
学習済みポリシー……269
学習データ……133
学習率……275
仮想環境……47
画像処理……165
画像認識……156
活性化関数……115，126，127，137，138，139，165，179，274
為替……190
環境変数……46，69
感情推定……182
感情認識……182
感情分類……182
強化学習……238，239
教師あり学習……238，246
教師信号……112
教師データ……26，97，112
教師なし学習……246
クロス・エントロピー……135，137，139
訓練データ……133
勾配消失問題……28

誤差……112，144

【さ・サ行】
最適化関数……139，141
作文……205
サポート・ベクタ・マシン……31
三目並べ……241，280
シグモイド・ニューラル・ネットワーク……194
シグモイド関数……28，29，137
自己組織化マップ……19
自動作文……204
出力ゲート……194
出力層……112
巡回セールスマン問題……30
状態……248，252
神経回路網……110
人工知能……2，16
深層学習……18，61，238
深層強化学習……7，27，41，97，238，239，266
推論……87
ストライド……169
正規化……87，225
精度……139
正答率……144
ゼロ・パディング……211
全結合……179
全結線……116
双曲線正接……137
ソフトマックス……135，137，138
損失関数……137，139，144

【た・タ行】
畳み込み……116，165，166，177
畳み込みニューラル・ネットワーク……4，17，22，23，89，116，156，165，174，182，212，238，240
端末……71
中間層……112，115，126，150
ディープ・ニューラル・ネットワーク……4，22，112，119，126，151，200
ディープ・ラーニング……2，4，18，19，22，238，239
ディープ・ラーニング・フレームワーク……35
ディープQネットワーク……27，97，238，239，240，253，266，280
ディノイジング・オートエンコーダ……121，217
データ・マイニング……19
手書き文字……156，174
手書き文字認識……49
デコーダ回路……148
転移学習……188
テンソル……181
特徴量……32
トリミング……87
ドロップアウト……206

【な・ナ行】
日本語……72
日本語フォント……87
ニューラル・ネットワーク……4，22，110，239，240
入力ゲート……194
入力層……112
ノイズ除去……121，129

【は・ハ行】
バイナリ・クロス・エントロピー……138
ハイパボリック・タンジェント・ニューラル・ネットワーク……194
ハイパボリック・タンジェント関数……137
バック・プロパゲーション……32
パディング……168
パディング・サイズ1……168
パディング・サイズ2……168
半教師あり学習……238，246
半教師付き学習……27，97
判定……81，116

索　引

評価……81
フィルタ……165, 166
プーリング……116, 165, 170, 177, 179, 185
富岳……30
物体認識……18
フレームワーク……2, 38, 81, 113, 123
分類問題……115, 116, 136
平滑化処理……233
平均損失……271
平坦化……179
並列化……29
変分オートエンコーダ……26, 121, 230
ボイスレコーダ……227
忘却ゲート……194
報酬……245, 249
ポリシー……275, 276
ホワイト・ノイズ……226

【ま・マ行】

前処理……31, 81
マスク……207
ミニ・バッチ学習……139
迷路……97, 247, 266
迷路探索……241, 242
メル化周波数ケプストラム係数……107
モデル……51, 276

【や・ヤ行】

予測……117

【ら・ラ行】

ライブラリ……135
ラズベリー・パイ……3, 5, 50, 52
ラベル……112
リアルタイム……87
リカレント・ニューラル・ネットワーク……4, 22, 24, 103, 116, 117, 119, 126, 174, 190, 192, 204, 238
量子コンピュータ……30

【わ・ワ行】

ワンホット・ベクトル……207

著者略歴

牧野 浩二（まきの こうじ）

1975年　神奈川県横浜市生まれ.
（学歴）
1994年　神奈川県立横浜翠嵐高等学校卒業
2008 年　東京工業大学 大学院理工学研究科 制御システム工学専攻 修了 博士（工学）
（職歴）
2001 年　株式会社本田技術研究所 研究員
2008 年　財団法人高度情報科学技術研究機構 研究員
2009 年　東京工科大学 コンピュータサイエンス学部 助教
2013 年　山梨大学 大学院総合研究部工学域 助教
2019 年　山梨大学 大学院総合研究部工学域 准教授

これまでに地球シミュレータを使用してナノカーボンの研究を行い，Arduinoを使ったロボコン型実験を担当した．マイコンからスーパーコンピュータまでさまざまなプログラミング経験を持つ．人間の暗黙知（分かってるけど言葉に表せないエキスパートが持つ知識）の解明に興味を持つ．

西崎 博光（にしざき ひろみつ）

1975年　兵庫県佐用町生まれ.
1996 年　津山工業高等専門学校 情報工学科卒業
2003 年　豊橋技術科学大学 大学院工学研究科 博士課程電子・情報工学専攻修了 博士（工学）
2003 年　山梨大学 大学院医学工学総合研究部 助手
2015 年　国立台湾大学 電機情報学院 客員研究員
2016 年　山梨大学 大学院総合研究部工学域 准教授
2022 年　山梨大学 大学院総合研究部工学域 教授

音声言語処理の研究に従事．特に音声認識やこれを応用したアプリケーションの研究を行っている．例えば，スマートスピーカに先立って，人間同士の会話に聞き耳を立てておいて会話内容から必要な情報を先読みして提示する「聞き耳インタフェース」を開発している．これを応用して，講義や会議でノートや議事録を記録したり技術伝承向けに作業内容を記録したりするための電子ノート作成支援システムを開発している．

協力者（山梨大学）

太田 健斗（おおた けんと）
TensorFlow版のプログラムの検証，環境構築の検証．

中村 優作（なかむら ゆうさく）
文章の校正，プログラムの検証，環境構築の検証．

名取 智紘（なとり ともひろ）
ラズベリー・パイ実験の検証と写真撮影，文章の校正．

那波 知弥（なば ともや）
文章の校正，プログラムの検証，ラズベリー・パイ実験の検証．

LEOW CHEE SIANG（れお ちー しゃん）
ラズベリー・パイを使ったディープ・ラーニング・プログラムの動作検証，一部プログラムの開発，環境構築の検証．

初出一覧

本書は「算数＆ラズパイから始める ディープ・ラーニング（2018年3月1日発行）」（前著）の改訂版です．

前著はInterface誌2017年8月号「算数＆ラズパイから始める人気AI ディープ・ラーニング」（元記事）に掲載された記事を元に加筆，再編集したものです．

本書と元記事との対応は以下の通りです．

本書における章番号	Interface誌2017年8月号掲載時の記事タイトル
第1部 第1章	第1部 第1章 やってくる人工知能「ディープ・ラーニング」の世界
第1部 第2章	第1部 第2章 ディープ・ラーニング・アルゴリズム選抜2017
第1部 第3章	第1部 Appendix 1 ディープ・ラーニングが良いと言われる理由
第2部 第1章	第1部 Appendix 2 ディープ・ラーニング用ソフトChainerを選んだ理由
第3部 第1章	第1部 第3章 ラズパイでディープ・ラーニング初体験①…音でお菓子認識
第3部 第2章	第1部 第4章 ラズパイでディープ・ラーニング初体験②…画像認識
第4部 第1章	第2部 第1章 基礎はイメージから！今どきAIディープ・ラーニング
第4部 第2章	第2部 第2章 算数からはじめるディープ・ラーニング
第4部 第3章	第2部 第3章 自作AIステップ1…最小構成ニューラル・ネットワークを作る
第4部 第4章	第2部 第4章 自作AIステップ2…ちょっとディープなのを作る
第4部 第5章	第2部 第5章 自作AIステップ3…挑戦！画像ディープ・ラーニング
第4部 第6章	第2部 第6章 算数からはじめる画像ディープ・ラーニング
第5部 第1章	第3部 第1章 画像向きCNN①…Hello World的手書き認識
第5部 第2章	第3部 第2章 画像向きCNN②…自分AI実現の肝「画像の学習」
第5部 第3章	第3部 第3章 データ分析向きRNN①…値の未来予測
第5部 第4章	第3部 第4章 データ分析向きRNN②…日本語文の自動生成
第5部 第5章	第3部 第5章 音声向きAE…自動で精度UPするノイズ・フィルタ
第5部 第6章	第3部 第6章 人間の代わりにAIを働かせてみる

本書で解説している各種サンプル・プログラムは，本書サポート・ページからダウンロードできます．URL は以下の通りです．

https://interface.cqpub.co.jp/2023deep/

ダウンロード・ファイルは zip アーカイブ形式です．

[改訂] TensorFlow 版
算数＆ラズパイから始める ディープ・ラーニング

2023 年 4 月 1 日　初版発行

著　者　牧野 浩二，西崎 博光
発行人　櫻　田　洋　一
発行所　ＣＱ出版株式会社
〒 112-8619　東京都文京区千石 4-29-14
電話　編集　03-5395-2122
営業　03-5395-2141

ISBN978-4-7898-4520-5

定価はカバーに表示してあります
乱丁，落丁本はお取り替えします

編集担当　熊谷 秀幸
DTP　クニメディア株式会社
イラスト　神崎 真理子，浅井 亮八
印刷・製本　三共グラフィック株式会社
Printed in Japan